"十二五"全国高校动漫游戏专业课程权威教材

中文版 Photoshop CS6 平面设计全实例

张丕军　杨顺花　朱希伟　编著

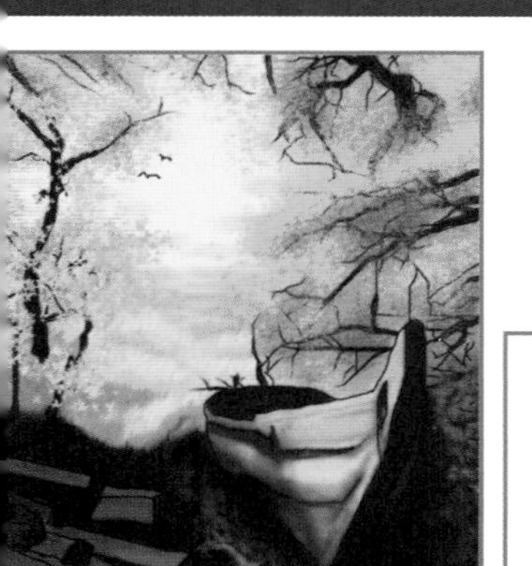

50种设计思路
50幅范例制作流程
50个产品制作模板
50个范例制作视频

海洋出版社
2013年·北京

内 容 简 介

本书以 50 个典型范例的制作流程图、范例效果图、精彩应用效果图、具体操作步骤和视频教学，详细、完整、准确地介绍了 Photoshop CS6 在平面设计领域的精彩应用。

全书分为 11 章，主要介绍了 Photoshop CS6 在文字特效、按钮制作、照片修饰、图像处理、影像合成、绘画、动画制作、产品造型、广告设计和包装设计等方面的操作方法和技巧。最后通过范例“光盘盒封面设计、宝宝秀电子相册制作、啤酒标签设计、啤酒标签合成、室内设计和室外建筑效果”综合介绍了使用 Photoshop CS6 进行平面设计的方法与技巧。

适用范围：电脑初学者、高等院校电脑美术专业师生和社会平面设计培训班，平面设计、三维动画设计、影视广告设计、电脑美术设计、电脑绘画、网页制作、室内外设计与装修等广大从业人员。

光盘说明：50 个综合范例的影音视频文件+效果文件+范例源和素材文件。

图书在版编目(CIP)数据

中文版 Photoshop CS6 平面设计全实例/张丕军，杨顺花，朱希伟编著. —北京：海洋出版社，2013.12

ISBN 978-7-5027-8716-5

Ⅰ.①中… Ⅱ.①张…②杨…③朱… Ⅲ.①图象处理软件 Ⅳ.①TP391.41

中国版本图书馆 CIP 数据核字（2013）第 257892 号

总 策 划：刘 斌
责任编辑：刘 斌
责任校对：肖新民
责任印制：赵麟苏
排 版：海洋计算机图书输出中心 申彪
出版发行：海洋出版社
地 址：北京市海淀区大慧寺路 8 号（707 房间）100081
经 销：新华书店
技术支持：（010）62100055 hyjccb@sina.com

发 行 部：（010）62174379（传真）（010）62132549
（010）68038093（邮购）（010）62100077
网 址：http://www.oceanpress.com.cn/
承 印：北京画中画印刷有限公司
版 次：2013 年 12 月第 1 版
2013 年 12 月第 1 次印刷
开 本：787mm×1092mm 1/16
印 张：25.5 （全彩印刷）
字 数：612 千字
印 数：1~3000 册
定 价：78.00 元（1DVD）

彩虹效果——彩虹灯（P2）

牌匾金字（P5）

招牌字（P15）

铜板福字（P18）

变形字（P22）

巧克力特效字（P27）

空间立体特效字（P49）

玻璃质感按钮（P57）

播放按钮（P62）

Home | Gallery | Effects | Drawing | Animation | Buttons

导航按钮（P67）

制作数码免冠照（P77）

撕纸效果（P82）

给衣服添加花纹（P87）

装饰相片（P91）

祛痘美白（P99）

将夏季图片调整为秋季粉红色效果（P104）

突出图片中的主体（P108）

将美女图片处理为手绘效果（P112）

使用通道对复杂的头发进行抠图（P119）

美丽的夜景（P125）

梦幻的都市（P130）

晚霞（P136）

北极夕阳（P141）

绘制花鸟画（P148）

绘制逼真的橙子（P160）

绘制山野风景画（P170）

绘制绘图本风格的插画（P186）

俏皮可爱的闪图（P202）

制作在背景上移动的流光字（P206）

可爱的流光字（P210）

沿着边框滑行的流光效果（P215）

汽车广告动画（P222）

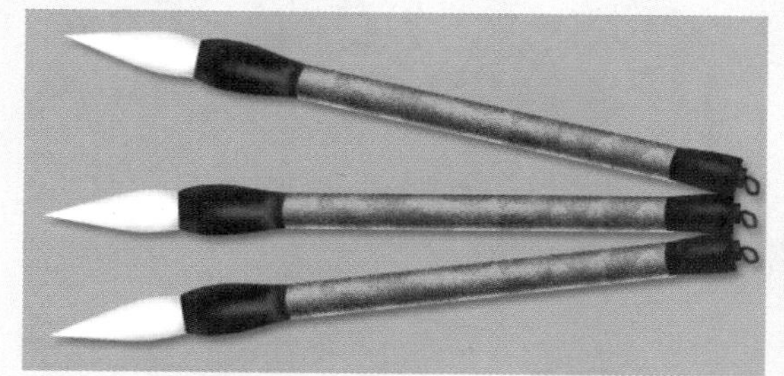

毛笔（P227）

牌匾（P234）

时钟（P243）

茶具（P251）

小区楼盘广告（P267）

杨梅酒广告（P271）

汽车广告（P275）

户外广告（P282）

湿巾包装设计（P286）

包装平面设计（P296）

包装平面分析图（P305）

包装立体效果图（P315）

光盘盒封面设计（P326）

宝宝秀电子相册制作（P338）

啤酒标签设计（P343）

啤酒标签合成（P355）

室内设计（P370）

室外建筑效果（P389）

中文版Photoshop CS6是Adobe公司开发的图形图像软件，它是一款功能强大、使用范围广泛的图像处理和编辑软件，是世界标准的图像编辑解决方案。Photoshop因其友好的工作界面、强大的功能、灵活的可扩充性，已成为专业美工人员、电子出版商、摄影师、平面广告设计师、广告策划者、平面设计者、装饰设计者、网页及动画制作者等必备的工具。

本书共分为11章，主要内容介绍如下：

第1章文字特效，包括范例彩虹效果——彩虹灯、牌匾金字、招牌字、铜板福字、变形字、巧克力特效字和空间立体特效字。

第2章按钮系列，包括范例玻璃质感按钮、播放按钮和导航按钮。

第3章照片修饰，包括范例制作数码免冠照、撕纸效果、给衣服添加花纹、装饰相片和祛痘美白。

第4章图像处理，包括范例将夏季图片调为秋季粉红色效果、突出图片中的主体、将美女图片处理为手绘效果、使用通道对复杂的头发进行抠图和美丽的夜景。

第5章影像合成，包括范例梦幻的都市、晚霞和北极夕阳。

第6章绘画系列，包括范例绘制花鸟画、绘制逼真的橙子、绘制山野风景画和绘制绘图本风格的插画。

第7章动画制作，包括范例俏皮可爱的闪图、制作在背景上移动的流光字、可爱的流光字、沿着边框滑行的流光效果和汽车广告动画。

第8章产品造型，包括范例毛笔、牌匾、时钟和茶具。

第9章广告设计，包括范例小区楼盘广告、杨梅酒广告、汽车广告和户外广告。

第10章包装设计，包括范例湿巾包装设计、包装平面设计、包装平面分析图和包装立体效果图。

第11章综合设计，包括范例光盘盒封面设计、宝宝秀电子相册制作、啤酒标签设计、啤酒标签合成、室内设计和室外建筑效果。

本书的特点介绍如下：

- 基础知识紧跟实用范例，书中范例都是初学者想掌握的热点、焦点，设计思路清晰，步骤讲解详细、环环紧扣。
- 书中的大部分范例都在课堂上多次讲过，深受学员们的喜爱。在编写时，巧妙地将Photoshop CS6中文版强大的功能划分为50个知识块，从易到难，为初学者量身定做，知识点与实际操作相结合，学习有趣又快乐。

- 书中50个典型范例就是50种应用、50种设计思路、50种制作方法、50个产品制作模板，读者在学习时可以举一反三、活学活用。
- 多媒体视频教学。配套光盘中的视频教学软件立体演示每个范例的具体实现步骤，让读者喜出望外，事半功倍，创意无限！

本书可作为高等院校平面设计专业教材，同时也是社会平面设计培训班的优秀教材，并且可作为平面设计师的最佳参考书。

本书由张丕军、杨顺花、朱希伟编著，在编写过程中得到了杨喜程、莫振安、王靖城、杨顺乙、杨昌武、龙幸梅、张声纪、唐小红、唐帮亮、武友连、王翠英、韦桂生等亲朋好友的大力支持，在此表示衷心的感谢!

编 者

第1章 文字特效

第2章 按钮系列

第3章 照片修饰

第4章 图像处理

第5章 影像合成

第6章 绘画系列

第7章 动画制作

第8章 产品造型

第9章 广告设计

第10章 包装设计

第11章 综合设计

第1章 文字特效

本章通过彩虹效果——彩虹灯、牌匾金字、招牌字、铜板福字、变形字、巧克力特效字、空间立体特效字7个范例的制作，介绍文字特效制作技巧。

1.1 彩虹效果——彩虹灯

实例说明

在制作广告招牌、封面设计和霓虹灯时，都可以用到本例中的“彩虹效果——彩虹灯”制作方法，如图1-1所示为范例效果图，如图1-2所示为类似范例的实际应用效果图。

图1-1　彩虹效果——彩虹灯的最终效果图

图1-2　精彩效果欣赏

设计思路

先新建一个文档，再使用横排文字蒙版工具创建一个文字选框，然后使用描边、渐变工具、图层样式等命令或功能制作出彩框渐变效果。制作流程如图1-3所示。

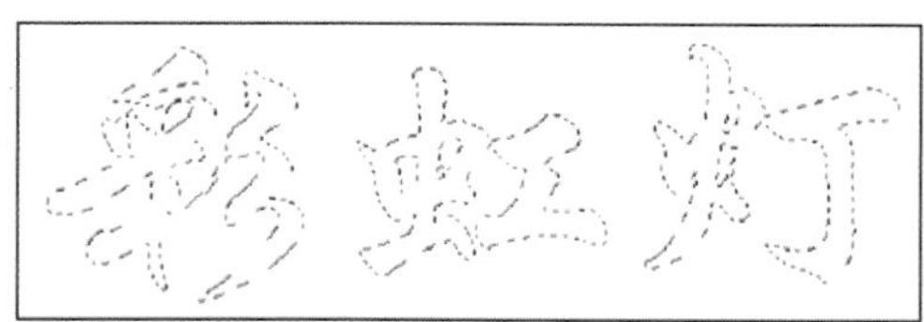

① 用横排文字蒙版工具创建好的文字选区

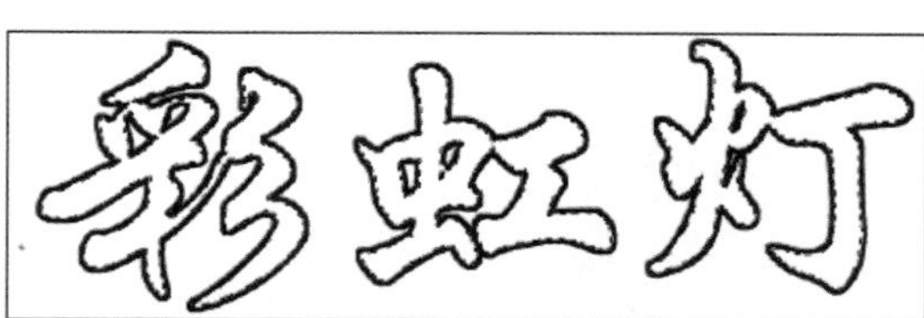

② 用描边命令给文字选区描边

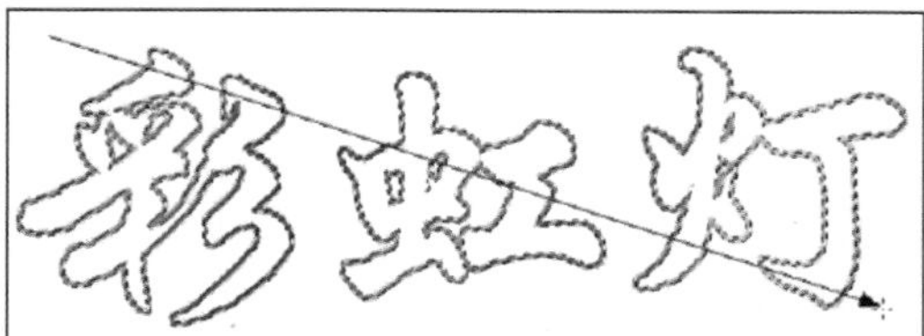

③ 将描边后的文字载入选区并进行渐变填充

④ 添加斜面和浮雕、投影后的效果

图1-3　制作流程图

操作步骤

01 打开Photoshop CS6程序，按“Ctrl”+“N”键，弹出【新建】对话框，在其中设置大小为600×300像素，【分辨率】为100像素/英寸，【颜色模式】为RGB颜色，【背景内容】为白色，如图1-4所示，设置好后单击【确定】按钮，即可新建一个空白的文件。

02 在工具箱中设置前景色为黑色，再选择横排文字蒙版工具，并在选项栏中设置【字体】为华文行楷，【字体大小】为150 点，然后在画面中单击并输入“彩虹灯”，按“Ctrl”+“A”键全选文字，再在【字符】面板中设置【所选字符间距】为-100，如图1-5所示，单击按钮确认文字输入，即可得到如图1-6所示的文字选区。

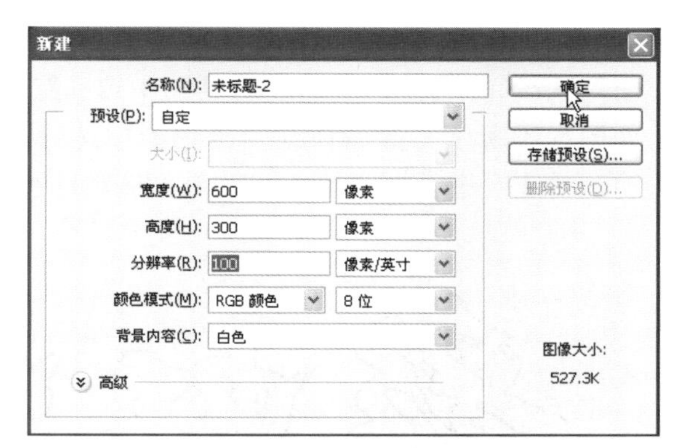

图1-4 【新建】对话框

图1-5 输入文字并设置字符格式

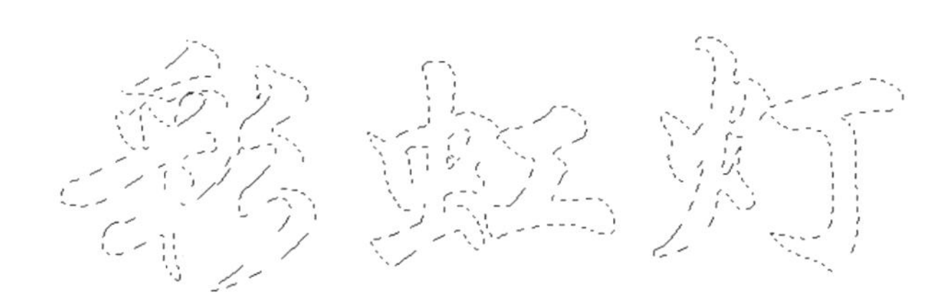

图1-6 创建好的文字选区

03 在【图层】面板中单击（创建新图层）按钮，新建图层1，如图1-7所示，然后在菜单中执行【编辑】→【描边】命令，弹出【描边】对话框，在其中设置【宽度】为3像素，【位置】为居外，如图1-8上所示，单击【确定】按钮，即可得到如图1-8下所示的效果。

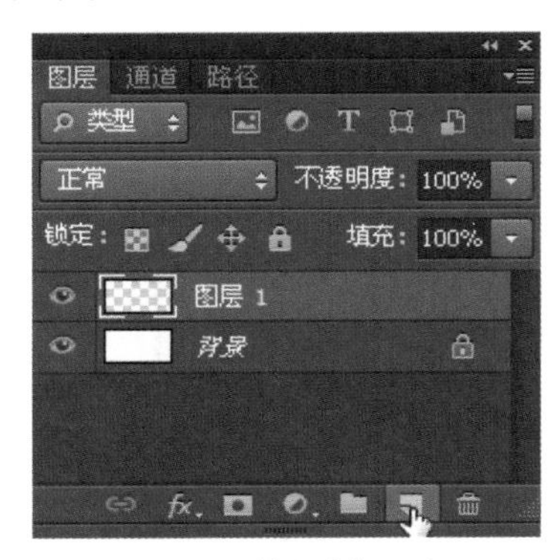

图1-7 【图层】面板

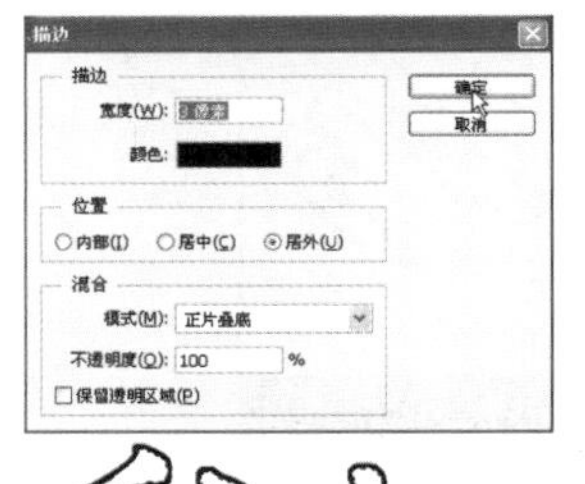

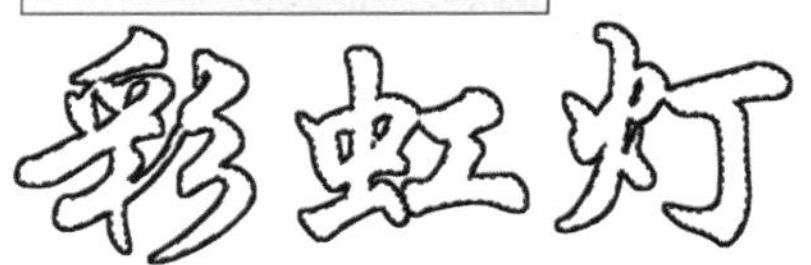

图1-8 给文字添加描边效果

04 按“Ctrl”键在【图层】面板中单击图层1，使图层1的内容载入选区，即可得到如图1-9所示的选区，然后在工具箱中选择■渐变工具，在选项栏中选择■线性渐变，如图1-10所示，接着在渐变拾色器中选择色谱渐变，再从选区的左上角向右下角拖动，对选区进行渐变填充，效果如图1-11所示。

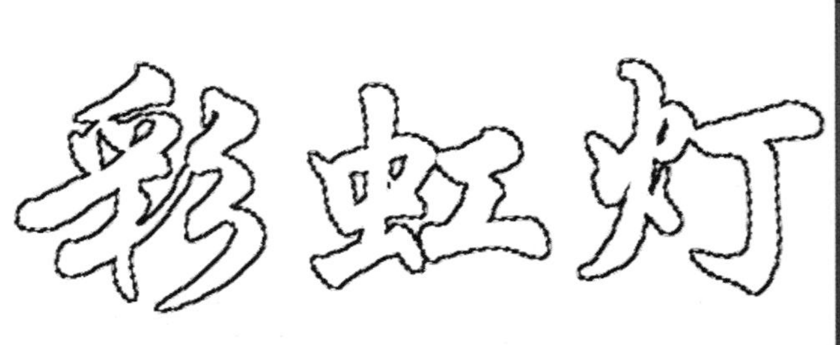

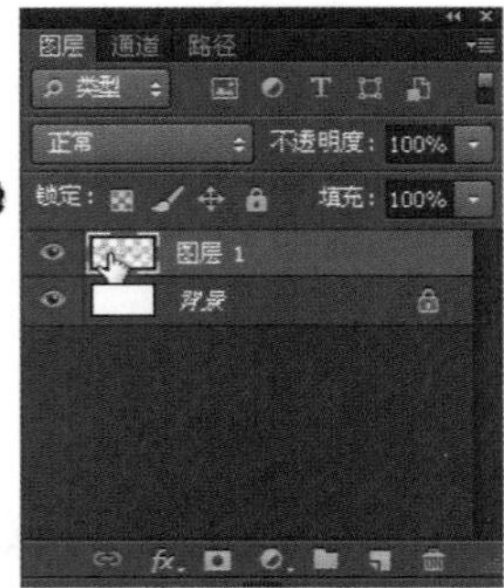

图1-9 使文字载入选区

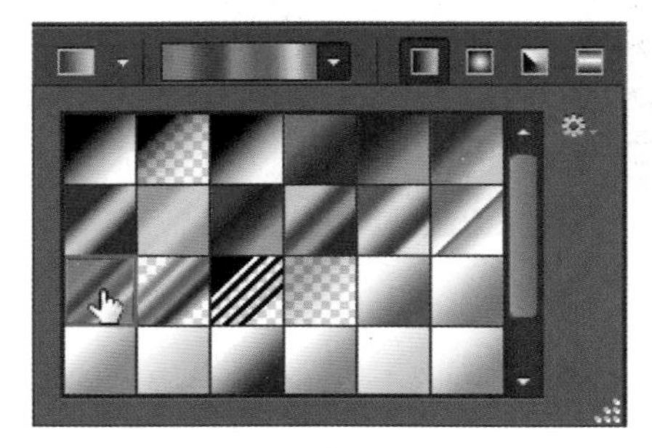

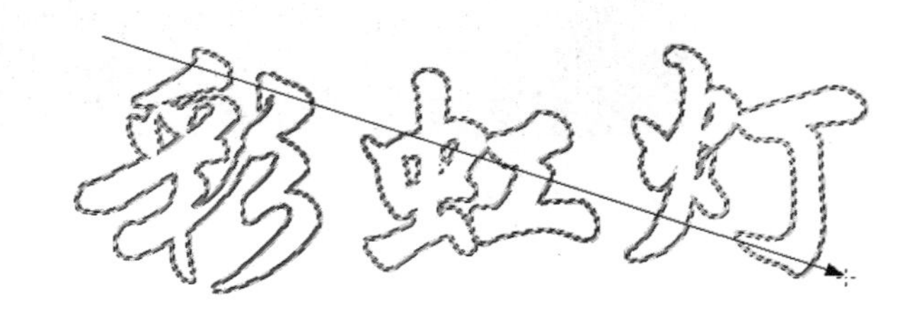

图1-10 渐变拾色器

图1-11 对选区进行渐变填充

05 按“Ctrl”+“D”键取消选择，在【图层】面板中双击图层1，弹出【图层样式】对话框，在其左边栏中单击【斜面和浮雕】选项，然后在右边栏中设置【样式】为枕状浮雕，【光泽等高线】为环形，其他为默认值，如图1-12所示。

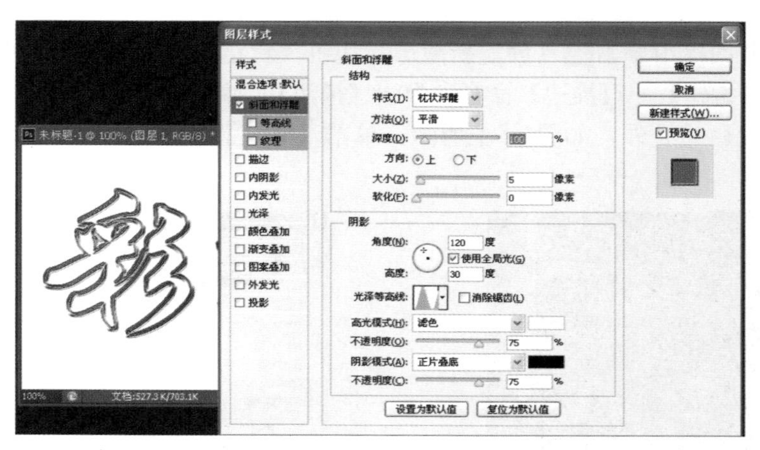

图1-12 为文字添加斜面和浮雕效果

06 在【图层样式】对话框的左边栏中单击【投影】选项，然后在右边栏中设置投影的【不透明度】为30%，【距离】为7像素，其他为默认值，再在左边栏中勾选【外发光】选项，如图1-13所示，单击【确定】按钮，即可得到如图1-14所示的效果，彩虹效果就制作完成了 。

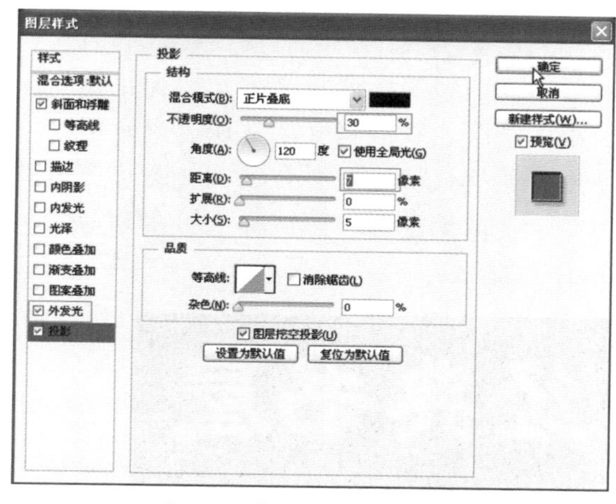

图1-13 【图层样式】对话框

图1-14 制作好的彩虹效果

1.2 牌匾金字

实例说明

在制作广告招牌、封面设计、海报设计时，可以用到本例中的“牌匾金字”的制作方法。如图1-15所示为范例效果图，如图1-16所示为类似范例的实际应用效果图。

图1-15 牌匾金字的最终效果图

图1-16 精彩效果欣赏

设计思路

先新建一个文档，再使用横排文字工具输入所需的文字，接着使用载入选区、将选区存储为通道、高斯模糊、扩展、复制通道、曲线等命令将文字处理为花纹立体效果，然后使用复制、粘贴、应用图像、载入选区、扩展将文字从通道中应用到图层中并增强立体效果与对比效果，最后使用图层样式、通道混合器调整图层、矩形工具、通过复制的图层、矩形选框工具、清除、取消选择、图层样式等命令与工具为文字添加色彩与背景。如图1-17所示为制作流程图。

① 输入文字

② 将文字载入选区后存储为通道

③ 用高斯模糊命令模糊后的效果

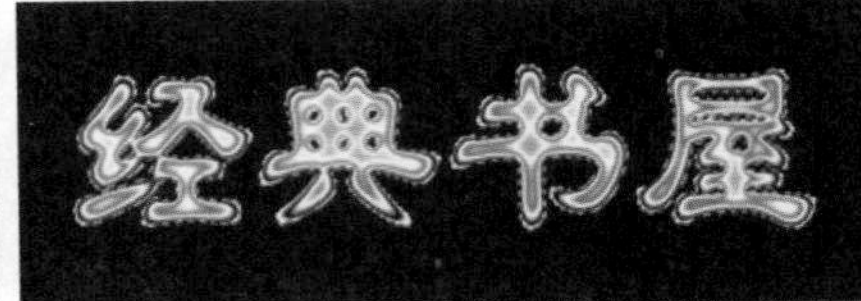
④ 曲线调整后的效果

⑤ 拷贝到图层后再执行应用图像命令，然后再添加图层样式效果

⑥ 用通道混合器命令调整图像颜色

⑦ 用矩形工具绘制背景后复制一个副本并清除中间的部分以得到一个边框

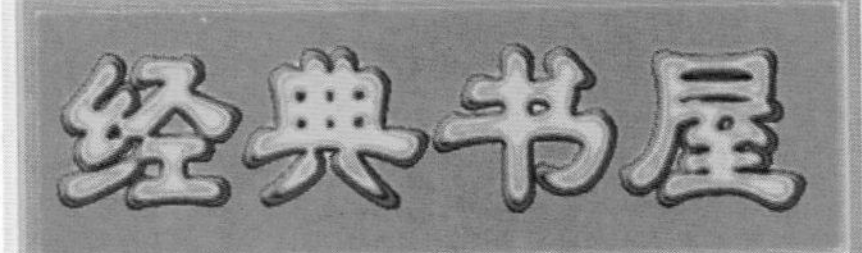
⑧ 为边框添加图层样式效果

图1-17　制作流程图

操作步骤

01 按“Ctrl”+“N”键新建一个大小为600×230像素，【分辨率】为100像素/英寸，【颜色模式】为RGB颜色，【背景内容】为白色的文件。

02 在工具箱中选择T横排文字工具，并在画面的适当位置单击并输入“经典书屋”文字，选择文字，在选项栏中单击按钮，显示【字符】面板，在其中设置【字体】为隶书，【字体大小】为90点，【垂直缩放】为140%，【所选字符间距】为0，选择T（仿粗体）按钮，如图1-18所示，设置好后单击✓（提交）按钮，确认文字输入，效果如图1-19所示。

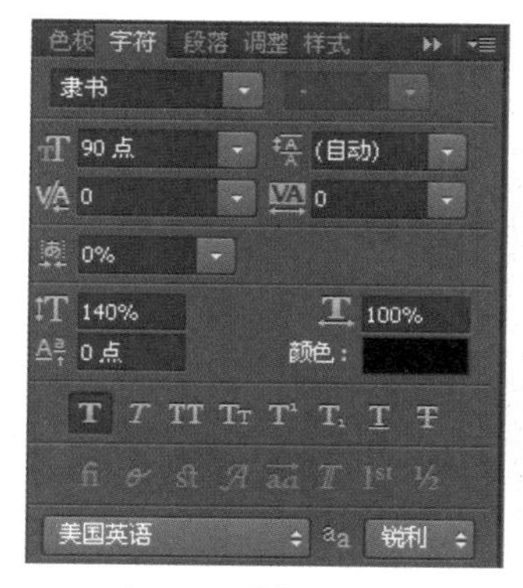

图1-18 【字符】面板

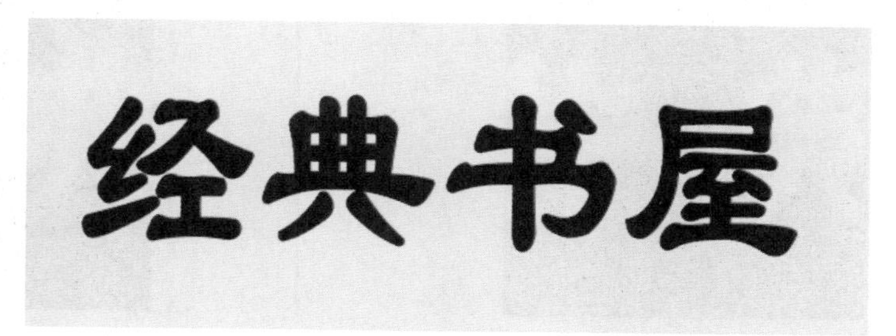

图1-19 创建好的文字

03 按“Ctrl”键在【图层】面板中单击文字图层的缩览图，使文字载入选区，即可得到如图1-20所示的文字选区。

图1-20 使文字载入选区

04 显示【通道】面板，在其中单击（将选区存储为通道）按钮，将选区存储为通道，得到Alpha 1通道，再激活它并以它为当前通道，如图1-21所示。

图1-21 将选区存储为通道

05 在菜单中执行【滤镜】→【模糊】→【高斯模糊】命令，弹出【高斯模糊】对话框，在其中设置【半径】为6像素，如图1-22所示，单击【确定】按钮，即可将选区的内容由边缘向内进行模糊。

06 在菜单中执行【滤镜】→【模糊】→【高斯模糊】命令，弹出【高斯模糊】对话框，在其中设置【半径】为4像素，如图1-23所示，单击【确定】按钮，完成第2次模糊，以加强立体效果。再一次在菜单中执行【滤镜】→【模糊】→【高斯模糊】命令，弹出【高斯模糊】对话框，并在其中设置【半径】为2像素，如图1-24所示，单击【确定】按钮，完成第3次模糊，以加强立体效果，模糊后的效果如图1-25所示。

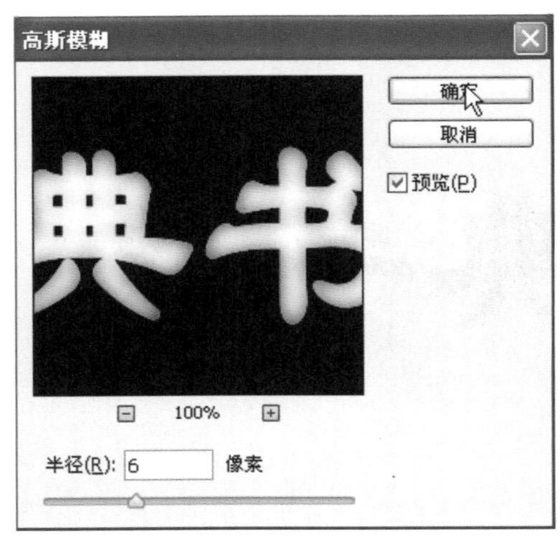

图1-22 【高斯模糊】对话框

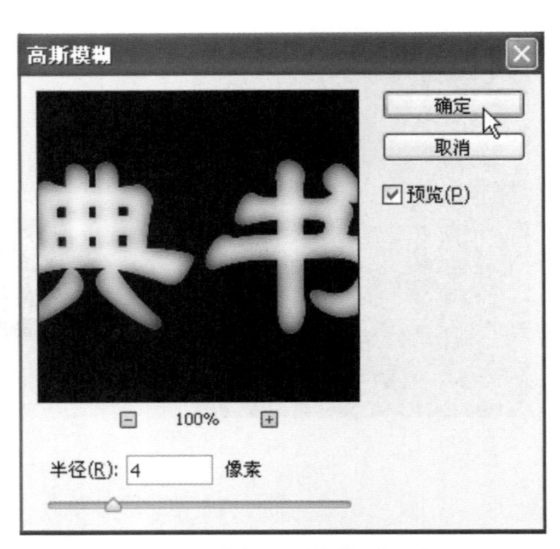

图1-23 【高斯模糊】对话框

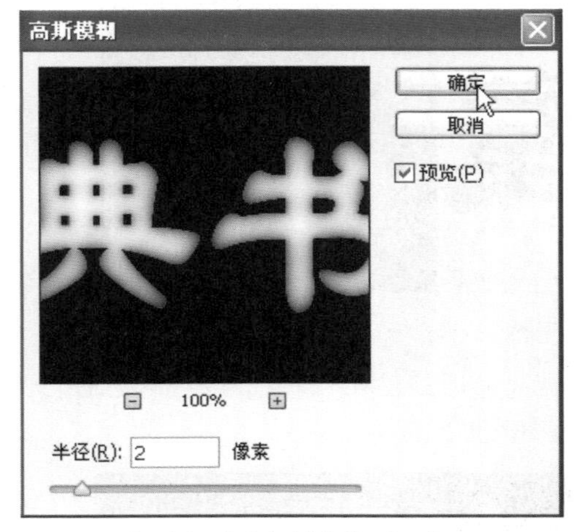

图1-24 【高斯模糊】对话框

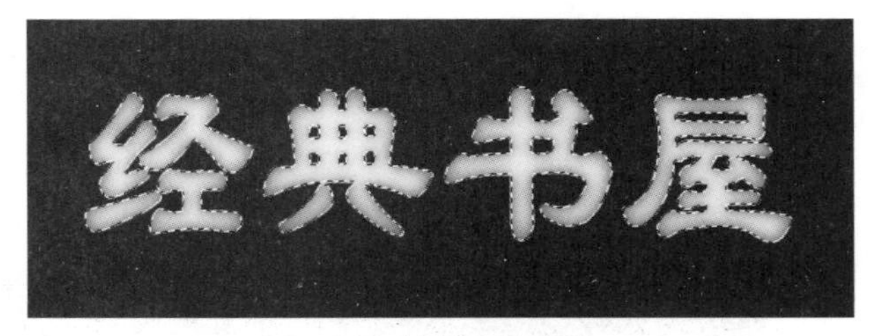

图1-25 模糊后的效果

07 在菜单中执行【选择】→【修改】→【扩展】命令，弹出【扩展选区】对话框，在其中设置【扩展量】为1像素，如图1-26所示，设置好后单击【确定】按钮，即可将选区扩展1个像素，如图1-27所示。

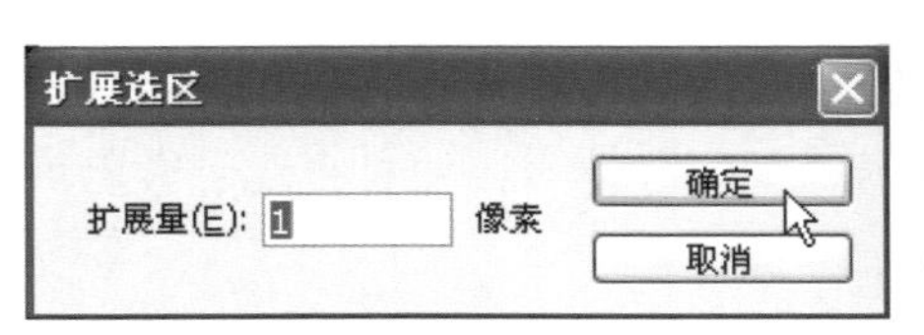

图1-26 【扩展选区】对话框

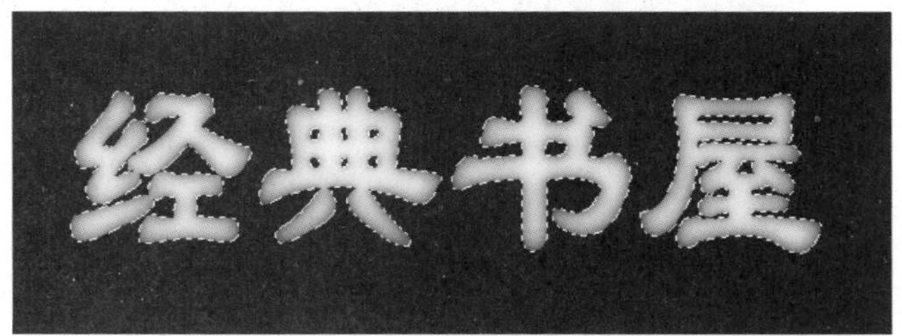

图1-27 扩展后的选区

08 在菜单中执行【滤镜】→【模糊】→【高斯模糊】命令，弹出【高斯模糊】对话框，在其中设置【半径】为2.0像素，如图1-28所示，单击【确定】按钮，即可将选区的边缘像素进行模糊。

09 在【通道】面板中拖动Alpha 1通道到 (创建新通道)按钮上，当按钮呈凹下状态(如图1-29所示)时松开左键，即可复制一个通道，如图1-30所示。

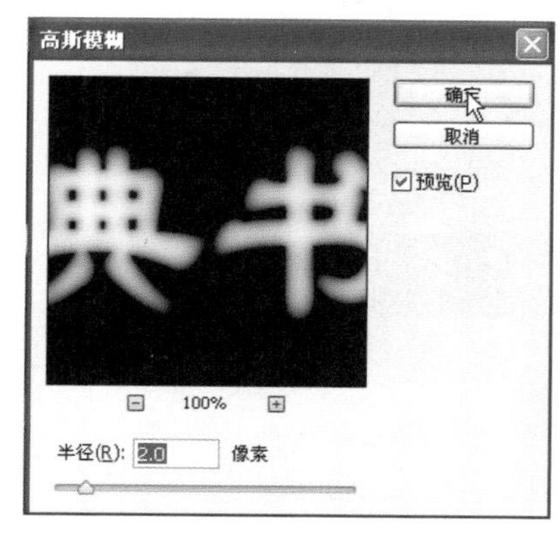

图1-28 【高斯模糊】对话框

图1-29 【通道】面板

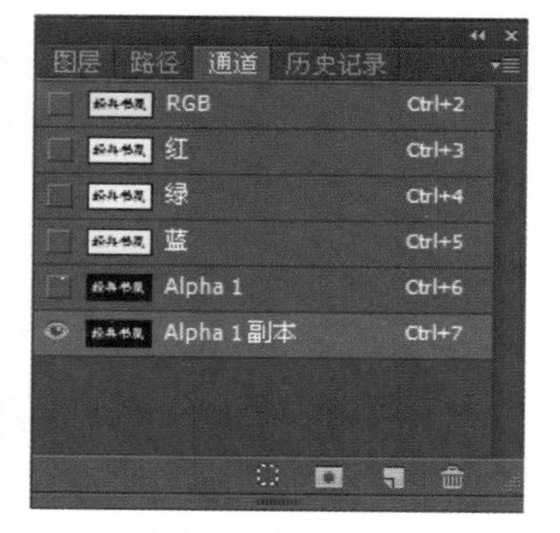

图1-30 【通道】面板

10 按“Ctrl”+“M”键执行【曲线】命令，弹出【曲线】对话框，在其中的网格内编辑所需的曲线，如图1-31所示，单击【确定】按钮，即可得到如图1-32所示的效果。

提 示

在对话框的网格中编辑曲线时需要一边看画面效果一边编辑，直到达到所需的效果为止。

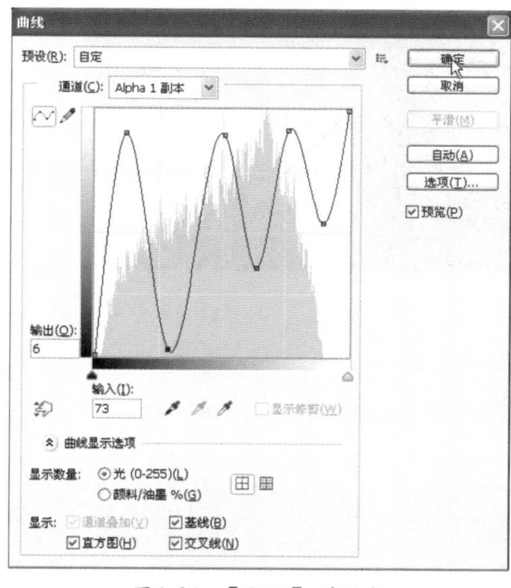

图1-31 【曲线】对话框

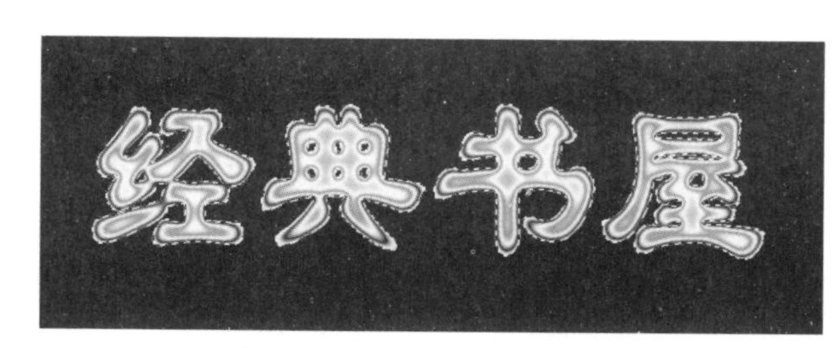

图1-32 曲线调整后的效果

11 按“Ctrl”+“C”键将选区内容复制到剪贴板中，再显示【图层】面板，在其中激活文字图层，然后按“Ctrl”+“V”键将复制到剪贴板中的内容粘贴到图层中，并自动生成图层1，如图1-33所示。

12 在菜单中执行【图像】→【应用图像】命令，弹出【应用图像】对话框，在其中设置【通道】为Alpha 1，【混合】为强光，如图1-34所示，设置好后单击【确定】按钮，即可得到如图1-35所示的效果。

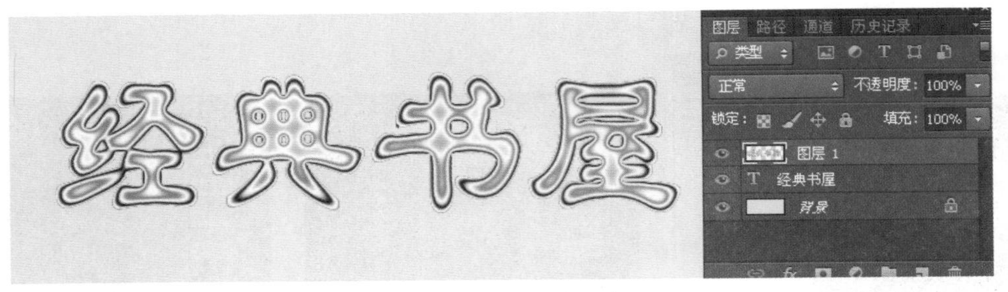

图1-33　复制到图层的效果

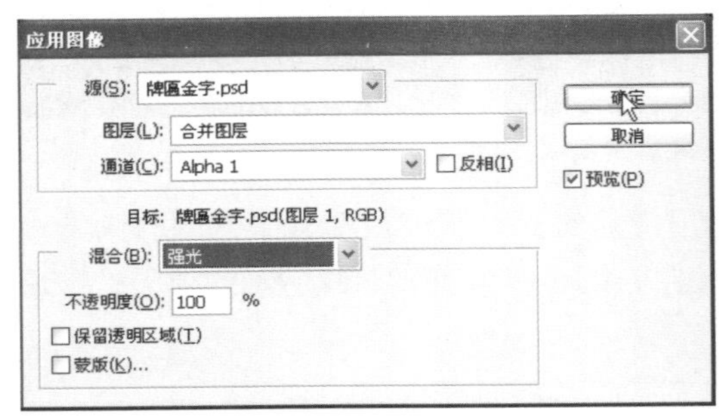

图1-34　【应用图像】对话框

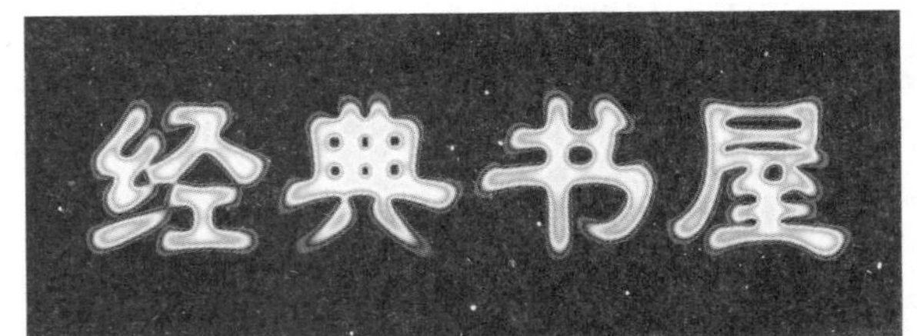

图1-35　使用【应用图像】命令混合后的效果

13 按"Ctrl"键单击文字图层的缩览图，使文字载入选区，如图1-36所示。

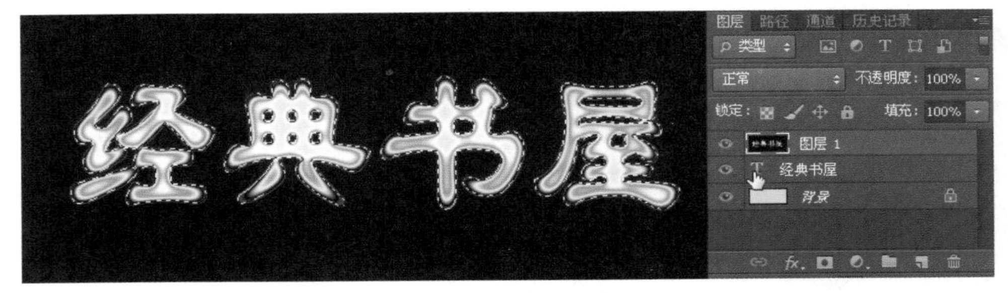

图1-36　使文字载入选区

14 在菜单中执行【选择】→【修改】→【扩展】命令，弹出【扩展选区】对话框，在其中设置【扩展量】为2像素，如图1-37所示，设置好后单击【确定】按钮，即可将选区扩展2个像素，如图1-38所示。

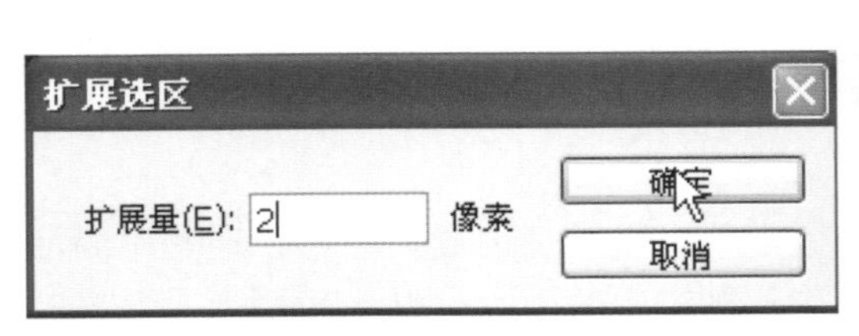

图1-37　【扩展选区】对话框

图1-38　扩展后的选区

15 按"Ctrl"+"C"键进行复制，再按"Ctrl"+"V"键进行粘贴，由选区建立一个新图层，再关闭图层1，如图1-39所示。

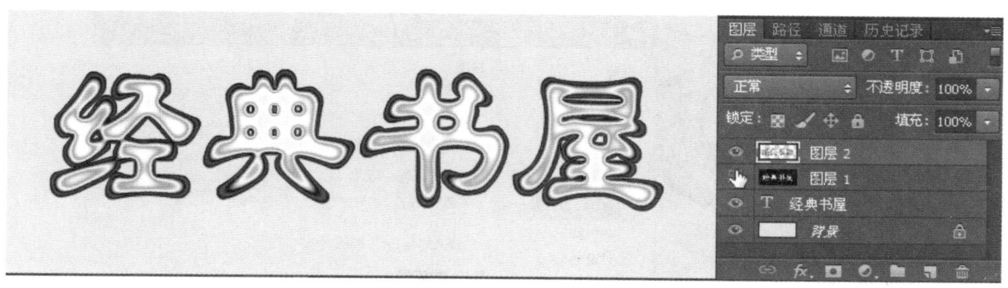

图1-39 复制选区为新图层

16 在【图层】面板中双击图层2，弹出【图层样式】对话框，在其中选择【颜色叠加】选项，再设置【颜色】为#ffc000，【不透明度】为80%，如图1-40所示。

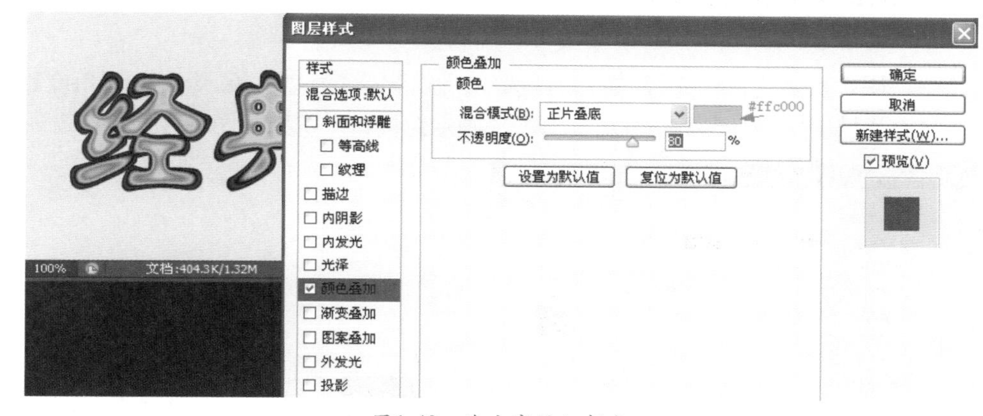

图1-40 为文字添加颜色

17 在【图层样式】对话框中选择【斜面和浮雕】选项，再设置【深度】为150%，【大小】为8像素，【角度】为130度，【高光模式】为强光，【颜色】为#f7d206，【阴影模式】为正片叠底，【颜色】为#e32c14，如图1-41所示。

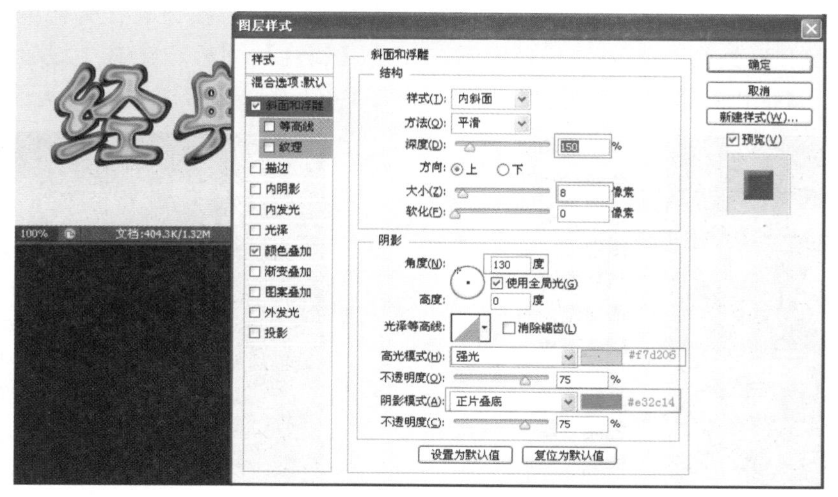

图1-41 添加斜面和浮雕效果

18 在【图层样式】对话框中选择【描边】选项，再设置【大小】为1像素，其他为默认值，如图1-42所示。

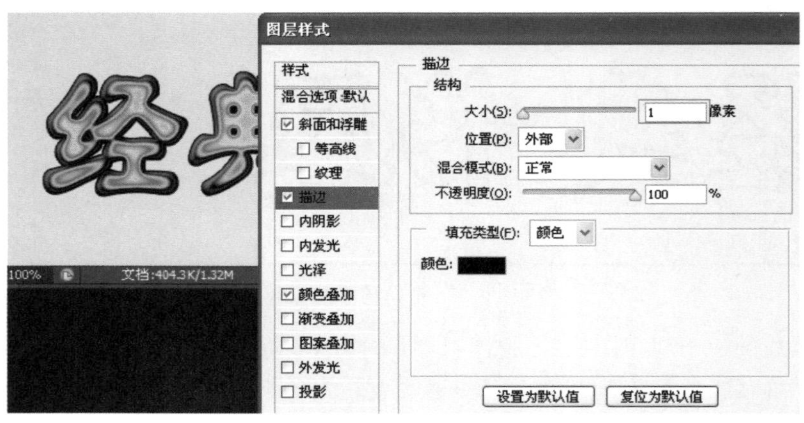

图1-42　添加描边效果

19 在【图层样式】对话框中选择【投影】选项，再设置【距离】为2像素，【角度】为130度，其他为默认值，如图1-43所示，单击【确定】按钮，得到如图1-44所示的效果。

图1-43　【图层样式】对话框

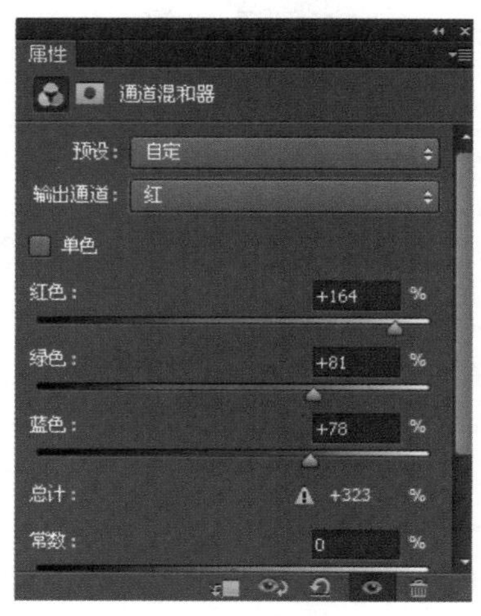

图1-44　添加投影后的效果

20 在【图层】面板中单击（创建新的填充或调整图层）按钮，在弹出的菜单中选择【通道混合器】命令，如图1-45所示，显示【属性】面板，在其中设置【红色】为+164%，【绿色】为81，【蓝色】为78，如图1-46所示，得到如图1-47所示的效果。

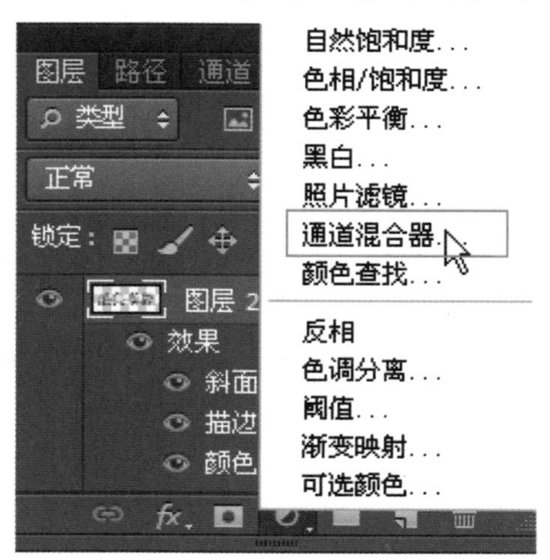

图1-45　选择【通道混合器】命令

图1-46　【属性】面板

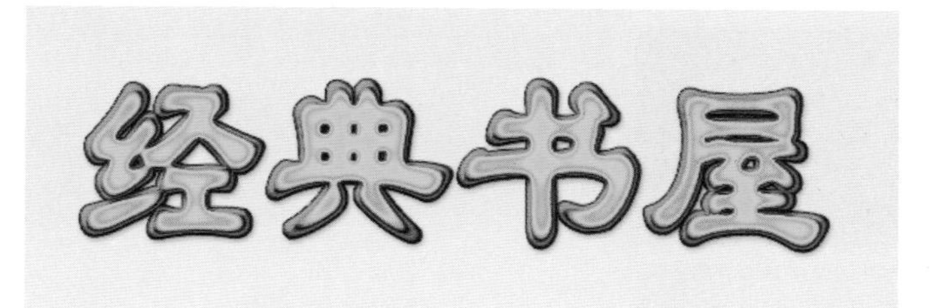

图1-47　改变颜色后的效果

21 在【图层】面板中先单击图层1，以它为当前图层，再单击（创建新图层）按钮，新建一个图层为图层3，如图1-48所示。然后设置前景色为红色，接着在工具箱中选择矩形工具，在选项栏中选择像素，在画面中绘制矩形作为文字的背景，绘制好矩形后的画面效果如图1-49所示。

图1-48　【图层】面板

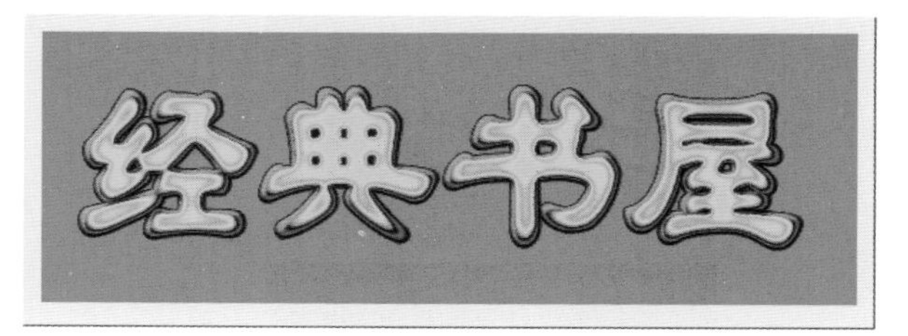

图1-49　绘制背景后的效果

22 按“Ctrl”+“J”键复制图层3为图层3副本，如图1-50所示，再在工具箱中选择矩形选框工具，采用默认值，在画面中绘制一个矩形选区，然后再按“Delete”键清除选区内容，如图1-51所示，再按“Ctrl”+“D”键取消选择。

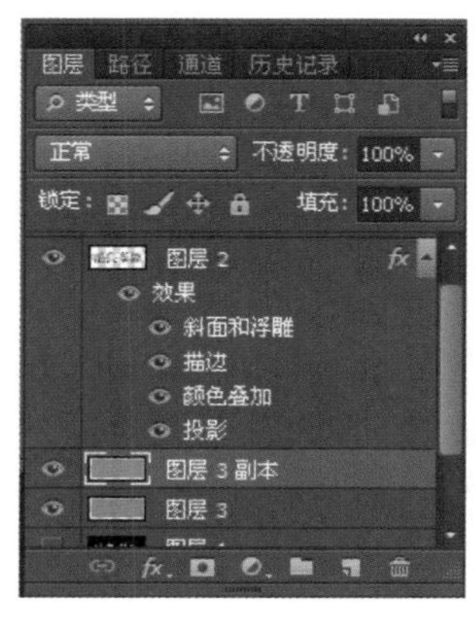

图1-50　复制图层

图1-51　框选不需要的内容并清除

23 在【图层】面板中双击图层3副本，弹出【图层样式】对话框，在其左边栏中选择【斜面和浮雕】选项，再在右边栏中设置【深度】为1000%，【大小】为4像素，其他参数为默认值，如图1-52所示。

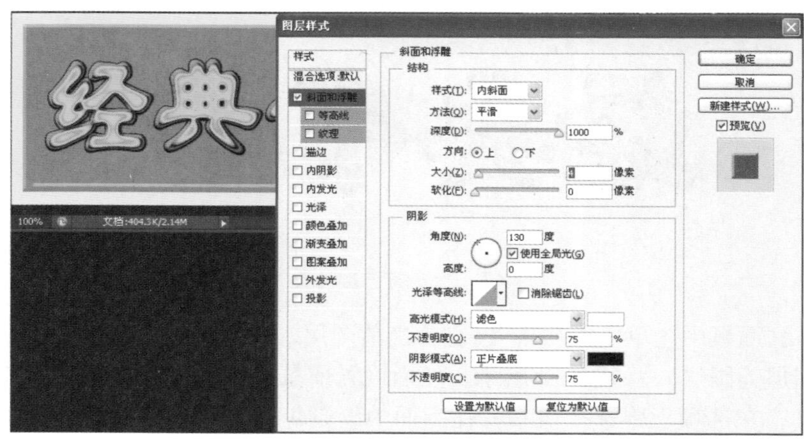

图1-52　添加斜面和浮雕

24 在【图层样式】对话框的左边栏中选择【颜色叠加】选项，然后在右边栏中设置叠加颜色为# ff7800，其他参数不变，如图1-53所示。

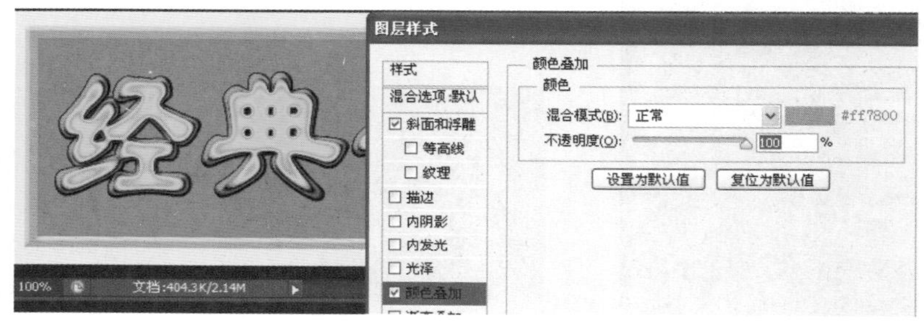

图1-53　改变颜色

25 在【图层样式】对话框的左边栏中选择【外发光】选项，然后在右边栏中设置【大小】为10像素，其他参数为默认值，如图1-54所示。

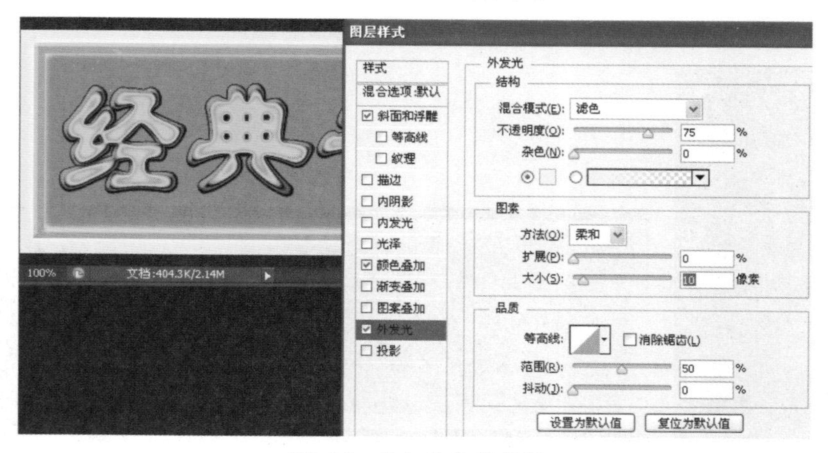

图1-54　添加外发光效果

26 在【图层样式】对话框的左边栏中选择【描边】选项，然后在右边栏中设置【位置】为居中，【大小】为1像素，其他参数为默认值，如图1-55所示，设置好后单击【确定】按钮，即可得到如图1-56所示的效果。

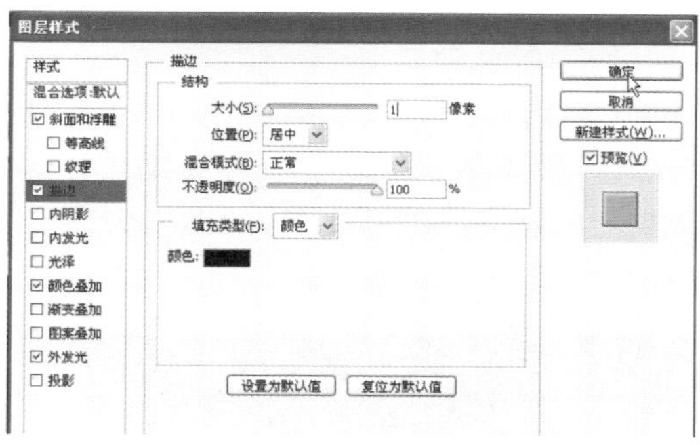

图1-55 【图层样式】对话框

图1-56 添加描边后的效果

27 在【图层】面板中双击图层1，弹出【图层样式】对话框，在其左边栏中选择【外发光】选项，再在右边栏中设置【大小】为9像素，其他参数为默认值，如图1-57所示，单击【确定】按钮，即可得到如图1-58所示的效果，牌匾金字就制作完成了。

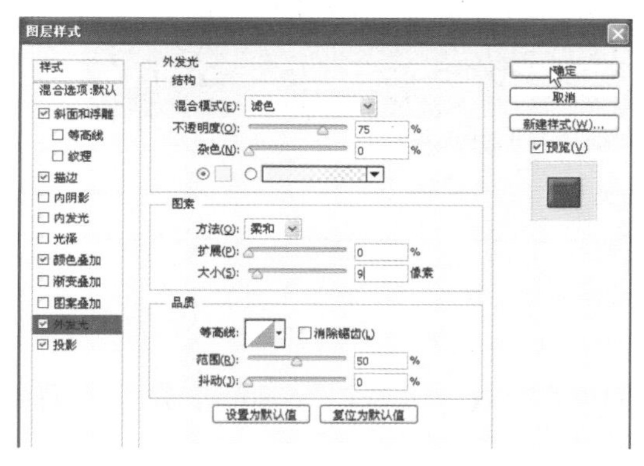

图1-57 【图层样式】对话框

图1-58 添加外发光后的效果

1.3 招牌字

实例说明

在制作广告招牌、封面设计、雕刻、海报时，可以用到本例中的“招牌字”的制作方法。如图1-59所示为范例效果图，如图1-60所示为类似范例的实际应用效果图。

图1-59 招牌字最终效果图

图1-60 精彩效果欣赏

设计思路

先新建一个文档，再使用渐变工具、分层云彩、浮雕效果等功能制作出纹理背景，然后使用横排文字工具、图层样式等命令或功能添加立体雕刻文字。如图1-61所示为制作流程图。

① 用渐变工具填充画面后的效果

② 执行分层云彩、浮雕效果命令后的效果

③ 用横排文字工具输入文字

④ 添加图层样式后的效果

图1-61　制作流程图

操作步骤

01 按“Ctrl”+“N”键新建一个宽度为600×200像素，【分辨率】为96像素/英寸，【颜色模式】为RGB颜色，【背景内容】为白色的文件。

02 在工具箱中选择渐变工具，在选项栏中选择（径向渐变）按钮，接着单击渐变条，再在弹出的【渐变编辑器】对话框中进行设置，具体参数如图1-62所示，设置好后单击【确定】按钮，然后按“Shift”键从左边向右边拖动以对画面进行渐变填充，渐变填充后的效果如图1-63所示。

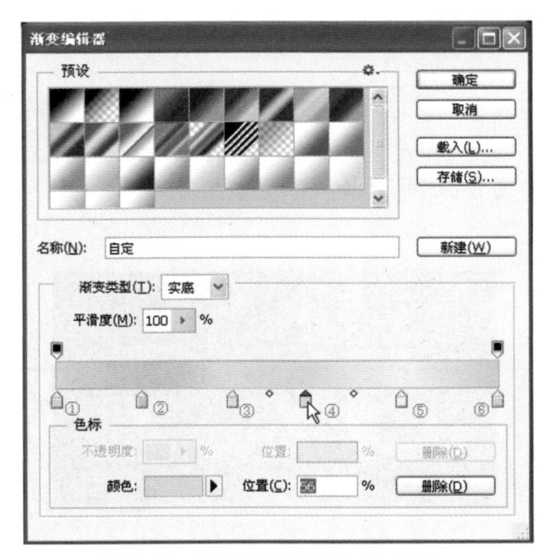

图1-62　【渐变编辑器】对话框

图1-63　填充渐变颜色后的效果

提 示

色标1的颜色为#bedeec，色标2的颜色为#bcb7d7，色标3的颜色#f0c9d7，色标4的颜色为#f5c8b5，色标5的颜色为#f5f2ca，色标6的颜色为#c0ddc7。

03 设置前景色为黑色，背景色为#2947b8，在菜单中执行【滤镜】→【渲染】→【分层云彩】命令，得到如图1-64所示的效果。

04 在菜单中执行【滤镜】→【风格化】→【浮雕效果】命令，弹出如图1-65所示的【浮雕效果】对话框，在弹出的对话框中设置【角度】为5度，【高度】为5像素，【数量】为500%，单击【确定】按钮。

图1-64 分层云彩效果

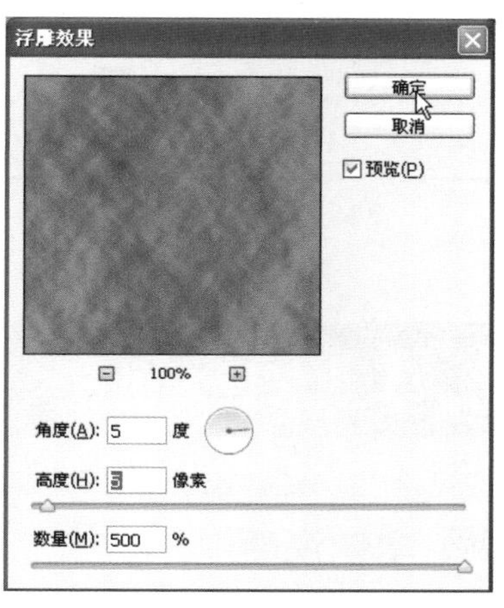

图1-65 【浮雕效果】对话框

05 在工具箱中设置前景色为#f3cd1a，选择横排文字工具，在选项栏中单击（切换字符和段落调板）按钮，显示【字符】面板，在其中设置【字体】为华文行楷，【字体大小】为130点，【所选字符间距】为-200，如图1-66所示，然后在画面中单击并输入“知足常乐”文字，在选项栏中单击按钮，得到如图1-67所示的文字。

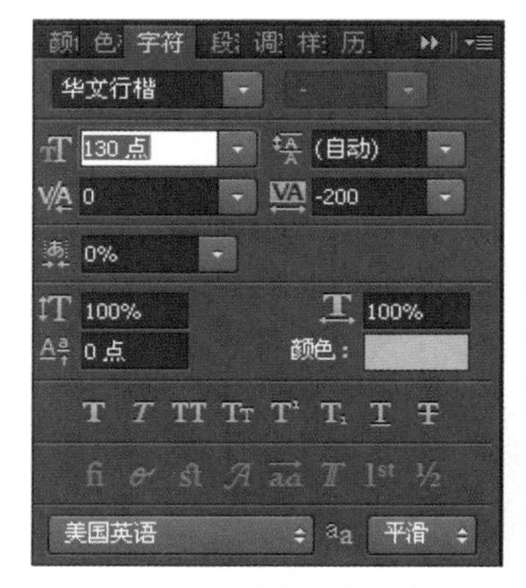

图1-66 【字符】面板

图1-67 输入好的文字

06 在【图层】面板中双击“知足常乐”文字图层，弹出【图层样式】对话框，在其左边栏中勾选【投影】选项，单击【斜面和浮雕】选项，然后在右边栏中设置【样式】为枕状浮雕，【深度】为256%，【大小】为7像素，其他为默认值，如图1-68所示，单击【确定】按钮，得到如图1-69所示的效果。

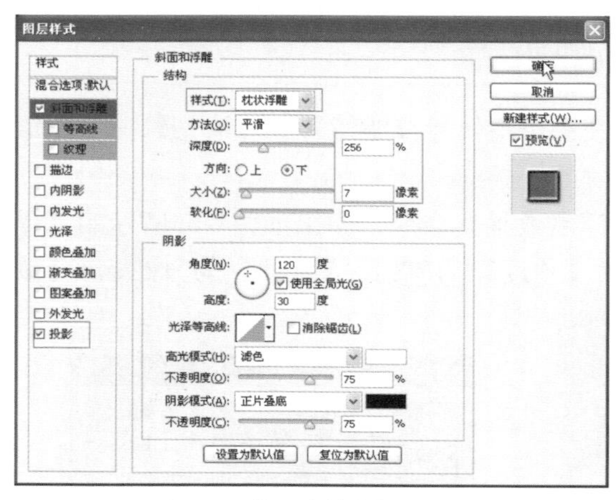

图1-68 【图层样式】对话框

图1-69 添加立体效果的文字

1.4 铜板福字

实例说明

在制作广告招牌、封面设计，海报、雕刻时，可以用到本例中的“铜板福字”的制作方法。如图1-70所示为范例效果图，如图1-71所示为类似范例的实际应用效果图。

图1-70 铜板福字最终效果图

图1-71 精彩效果欣赏

设计思路

本例先使用铜板作为背景及文字纹理，接着使用横排文字工具创建文字选区，然后使用图层样式中的外发光、斜面和浮雕、光泽、投影、描边来制作立体光感效果。如图1-72所示为制作流程图。

① 打开的图片

② 用横排文字蒙版工具在画面中创建一个文字选区

③ 由选区复制一个副本后添加图层样式效果

图1-72 制作流程图

操作步骤

01 按“Ctrl”+“O”键从配套光盘的素材库中打开一张如图1-73所示的背景图片。

02 在工具箱中选择横排文字蒙版工具，接着在画面上圆形内单击并输入“福”字，选择文字后在选项栏中设置【字体】为文鼎CS大黑，【字体大小】为130 点，然后在选项栏中单击按钮确定文字输入，得到如图1-74所示的文字选区。

图1-73 打开的图片

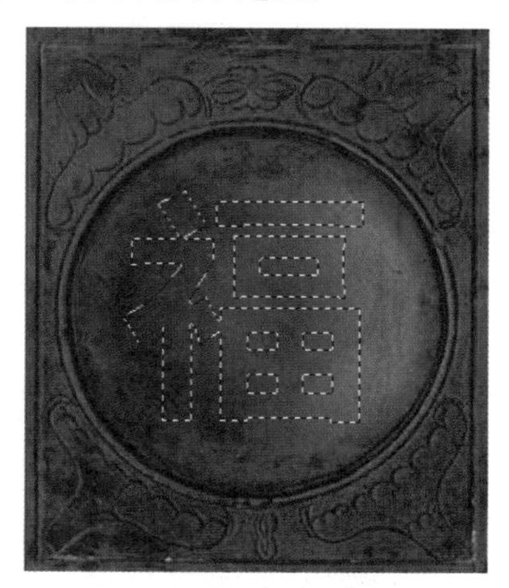

图1-74 创建好的文字选区

03 按“Ctrl”+“C”键进行复制，按“Ctrl”+“V”键进行粘贴，得到图层1，如图1-75所示。

04 在【图层】面板中双击图层1，弹出【图层样式】对话框，在其左边栏中单击【外发光】选项，然后在右边栏中设置【大小】为6像素，其他为默认值，如图1-76所示。

图1-75 由选区复制出一个新图层

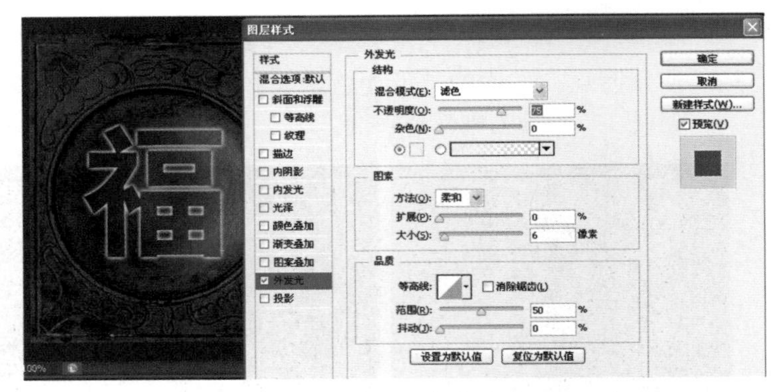

图1-76 添加外发光效果

05 在【图层样式】对话框的左边栏中单击【斜面和浮雕】选项，然后在右边栏中设置【样式】为浮雕效果，【方法】为雕刻柔和，【深度】为134%，【大小】为6像素，【高光模式】为叠加，【阴影模式】为明度，【阴影颜色】为#d807e5，如图1-77所示。

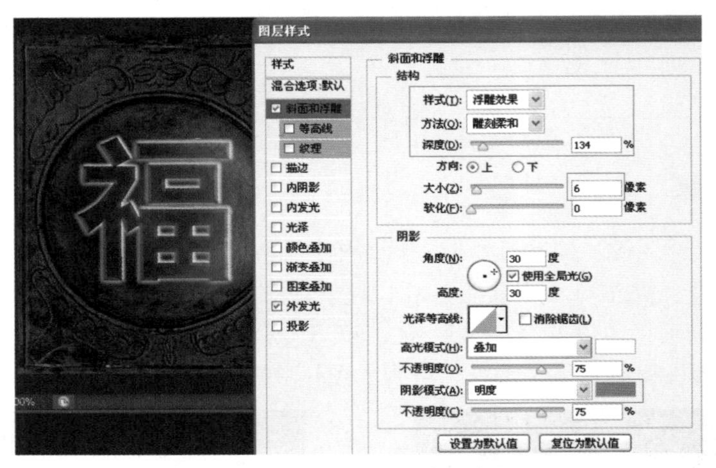

图1-77 添加斜面和浮雕效果

06 在【图层样式】对话框的左边栏中单击【光泽】选项，然后在右边栏中设置【光泽颜色】为#6d3d04，【距离】为8像素，【大小】为10像素，其他为默认值，如图1-78所示。

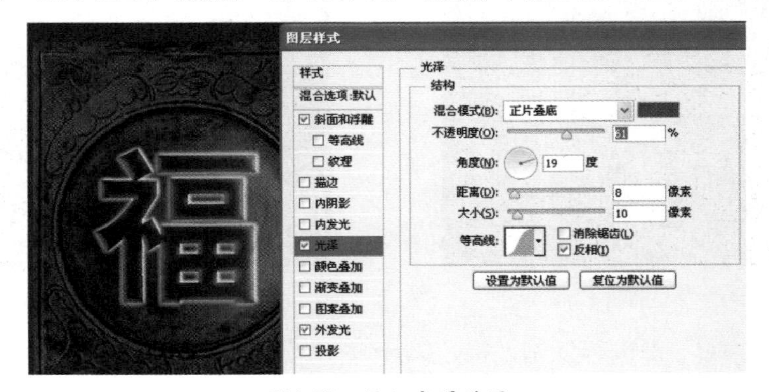

图1-78 添加光泽效果

07 在【图层样式】对话框的左边栏中单击【投影】选项，然后在右边栏中设置【不透明度】为44%，【距离】为4像素，【大小】为0像素，其他不变，如图1-79所示。

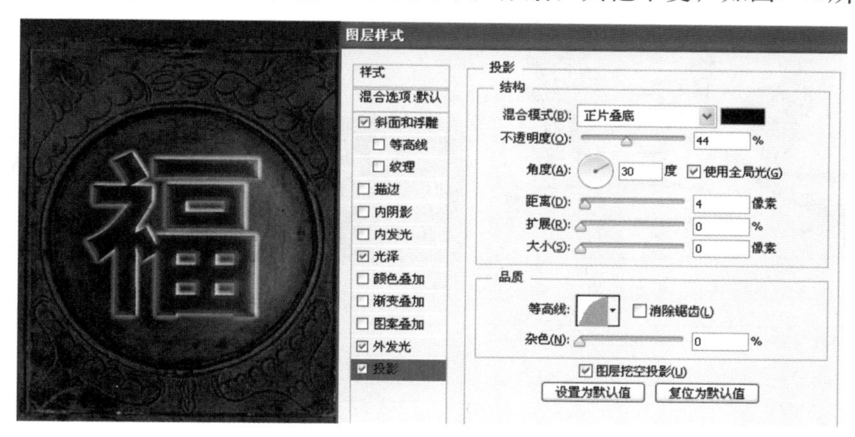

图1-79 添加投影效果

08 在【图层样式】对话框的左边栏中单击【描边】选项，然后在右边栏中设置【大小】为1像素，如图1-80所示，其他不变，单击【确定】按钮，即可得到如图1-81所示的效果。

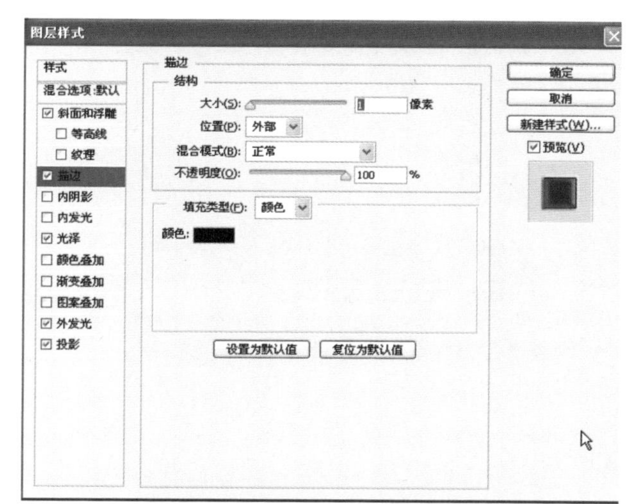

图1-80 【图层样式】对话框

图1-81 添加描边效果

1.5 变形字

实例说明

在制作广告、招牌、封面和设计艺术字时，可以用到本例中的“变形字”的制作方法。如图1-82所示为范例效果图，如图1-83所示为类似范例的实际应用效果图。

图1-82　变形字最终效果图

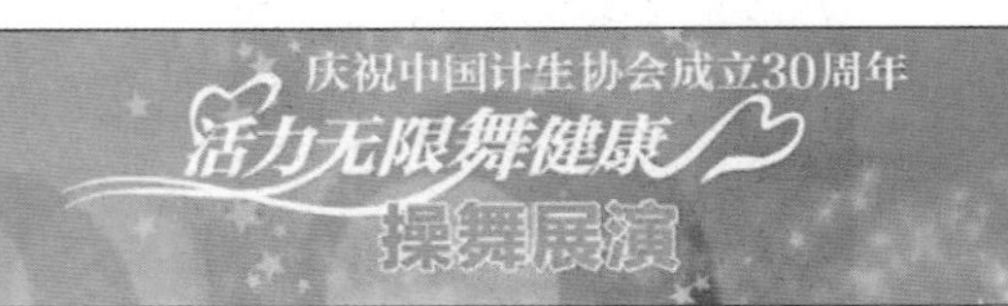

图1-83　精彩效果欣赏

设计思路

本例先利用彩虹图片作为背景，接着使用横排文字工具创建文字选区，然后使用从选区生成工作路径、钢笔工具对文字进行艺术变形，最后使用图层样式(包括斜面和浮雕、渐变叠加、描边、投影)为变形艺术字添加效果。如图1-84所示为制作流程图。

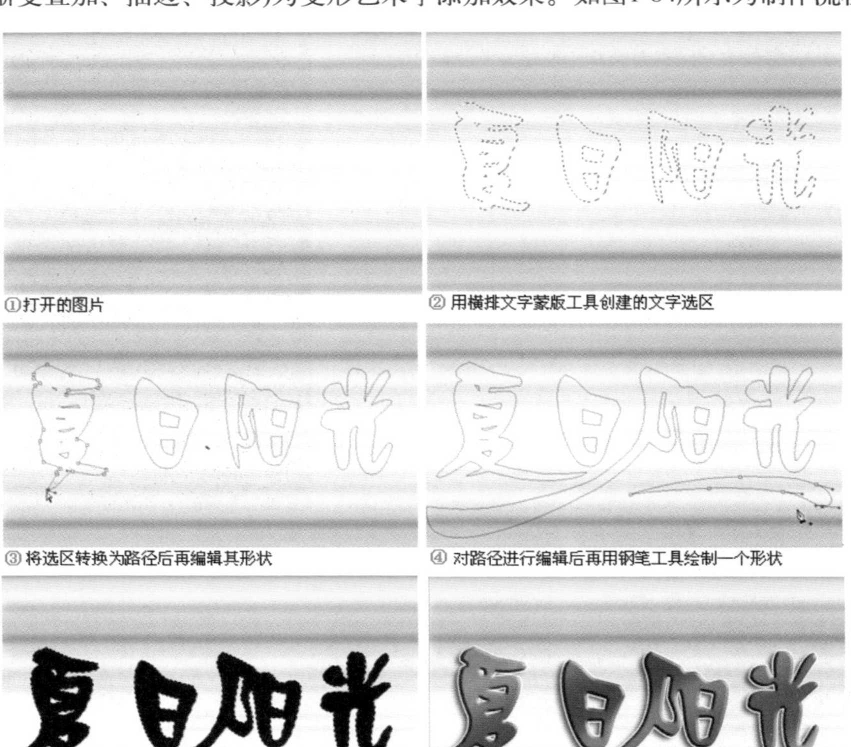

图1-84　制作流程图

操作步骤

01 按“Ctrl”+“O”键从配套光盘的素材库中打开一张如图1-85所示的图片，作为变形字的背景。

02 在工具箱中选择横排文字蒙版工具，显示【字符】面板，在其中设置【字体】为文鼎中特广告体，【字体大小】为100点，【垂直缩放】为130%，其他参数如图1-86所示，设置好后在画面的适当位置单击并输入“夏日阳光”文字，如图1-87所示，输入好后在选项栏中单击（提交）按钮，确认文字输入，即可得到如图1-88所示的文字选区。

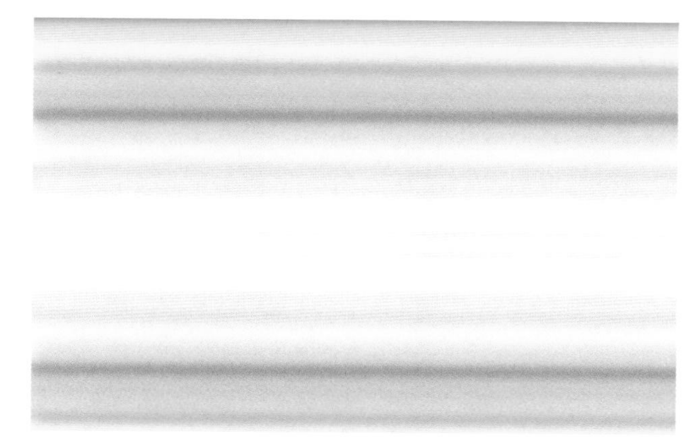

图1-85 打开的图片

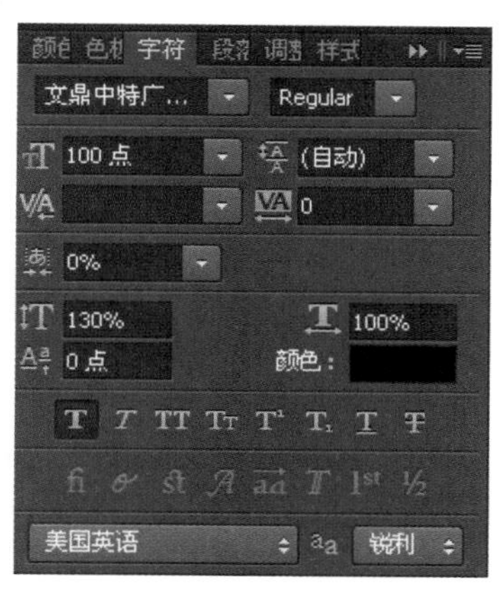

图1-86 【字符】面板

图1-87 输入文字

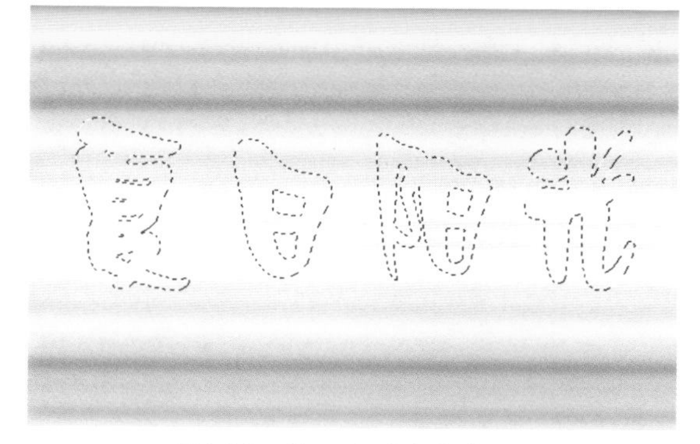

图1-88 输入好的文字选区

03 显示【路径】面板，在其中单击（从选区生成工作路径）按钮，即可将选区转换为工作路径，同时画面中的选框也转换为路径，如图1-89所示。

04 在工具箱中选择钢笔工具，接着按“Ctrl”键单击路径，以选择路径，再按“Ctrl”键拖动要移动的锚点到适当位置，如图1-90所示。

05 移动指针到需要删除的锚点上，在指针右下角带上一个“-”号时单击，即可将该锚点删除，如图1-91所示。再按“Ctrl”键拖动需要移动的锚点到适当位置，如果需要添加锚点，可以移动指针到要添加的锚点的地方单击，即可添加一个锚点，这样连续操作，直到得到所需的效果为止，调整好后的“夏”字如图1-92所示。

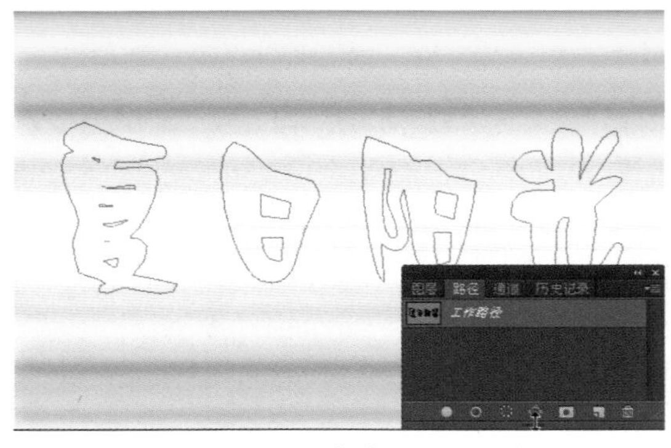

图1-89　由文字选区转换的路径

图1-90　用钢笔工具编辑路径

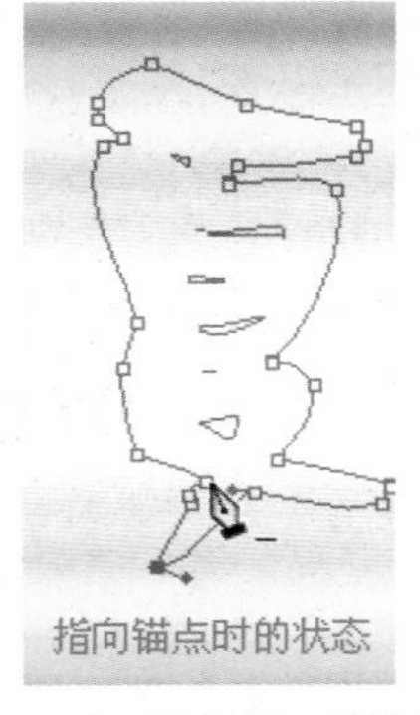

图1-91　用钢笔工具编辑路径

图1-92　用钢笔工具编辑路径

06 使用前面同样的方法对“阳”字进行变形调整，调整后的结果如图1-93所示。

07 使用钢笔工具在文字的下方绘制一个图形，如图1-94所示。

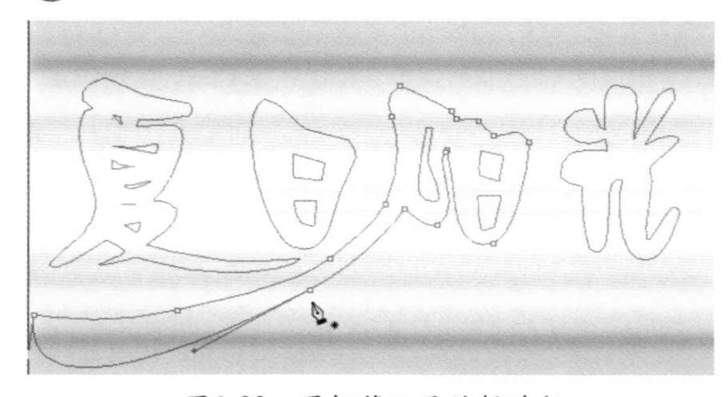

图1-93　用钢笔工具编辑路径

图1-94　用钢笔工具绘制路径

08 按“Ctrl”键在【路径】面板中单击工作路径的缩览图，使工作路径载入选区，如图1-95所示。

09 设置前景色为黑色，接着显示【图层】面板，在其中单击（创建新图层）按钮，新建图层1，如图1-96所示，再按“Alt”+“Delete”键填充前景色，即可将选区填充为黑色，如图1-97所示的效果，然后按“Ctrl”+“D”键取消选择。

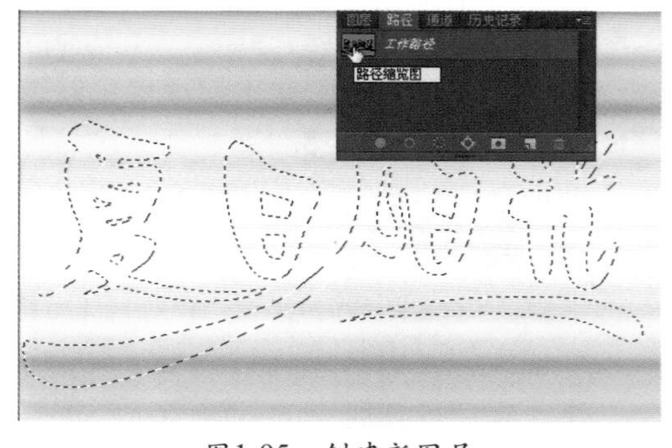

图1-95　创建新图层

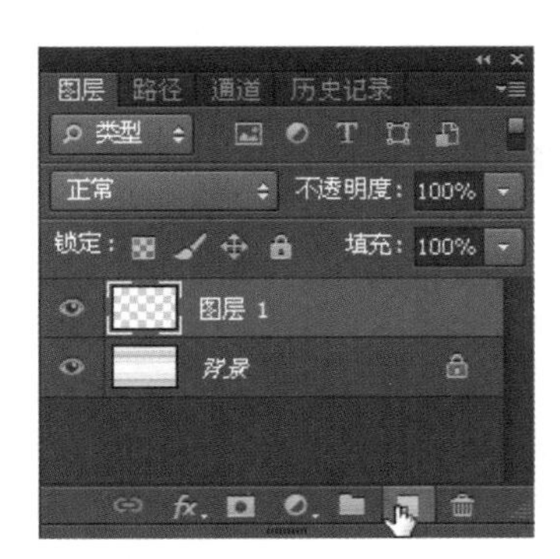

图1-96　将路径载入选区

图1-97　给选区填充黑色

⑩ 在【图层】面板中双击图层1，弹出【图层样式】对话框，在其左边栏中单击【斜面和浮雕】选项，然后在右边栏中设置【深度】为265%，其他参数为默认值，如图1-98所示。

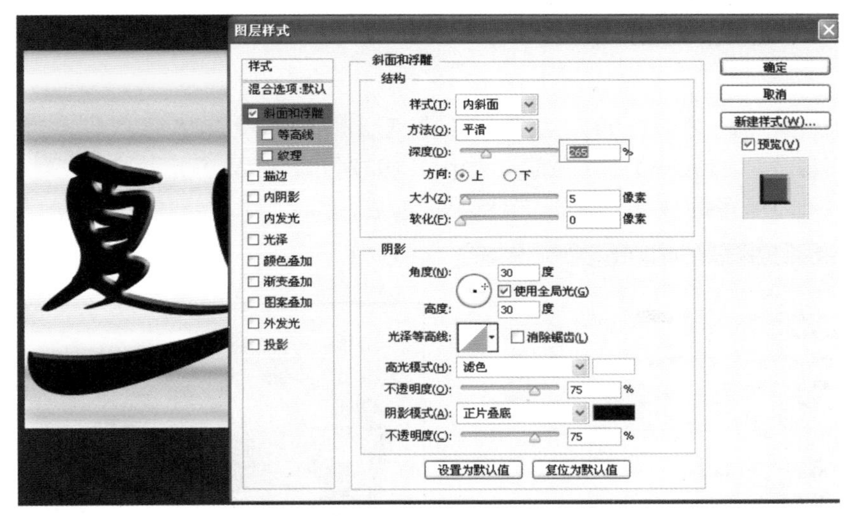

图1-98　添加斜面和浮雕效果

⑪ 在【图层样式】对话框的左边栏中单击【渐变叠加】选项，然后在右边栏中设置【角度】为-67度，【缩放】为147%，再单击渐变条的下拉按钮，在弹出的【渐变拾色器】中选择色谱，其他参数为默认值，如图1-99所示，设置好后的画面效果如图1-100所示。

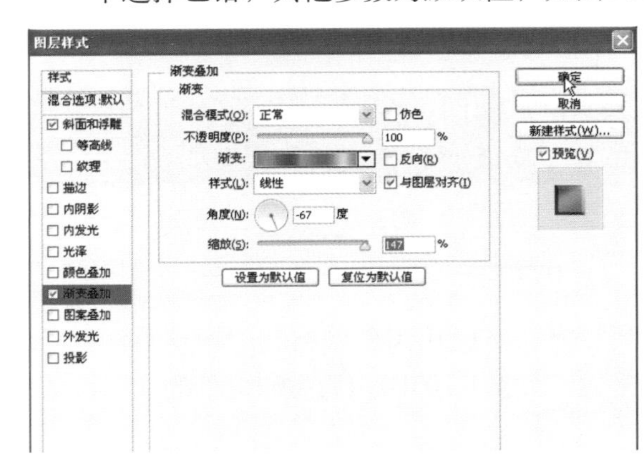

图1-99　【图层样式】对话框

图1-100　添加渐变颜色

⑫ 在【图层样式】对话框的左边栏中单击【描边】选项，然后在右边栏中设置【颜色】为白色，如图1-101所示。

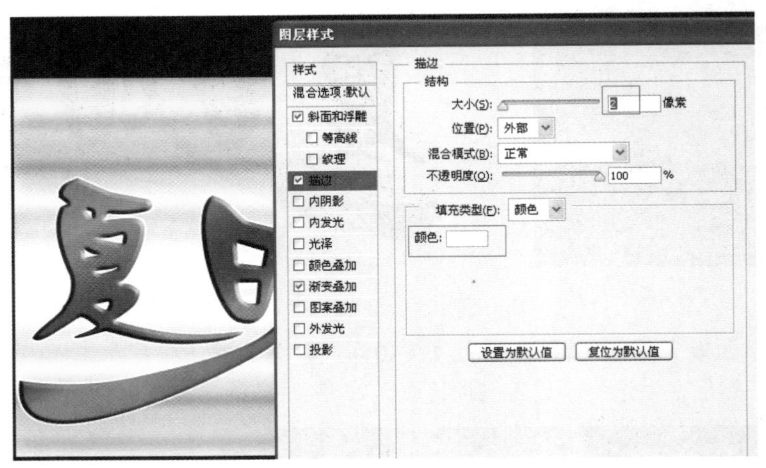

图1-101 添加描边后的效果

⑬ 在【图层样式】对话框的左边栏中单击【投影】选项，然后在右边栏中设置【距离】为8像素，【大小】为8像素，如图1-102所示，设置好后单击【确定】按钮，得到如图1-103所示的效果。变形字就制作完成了。

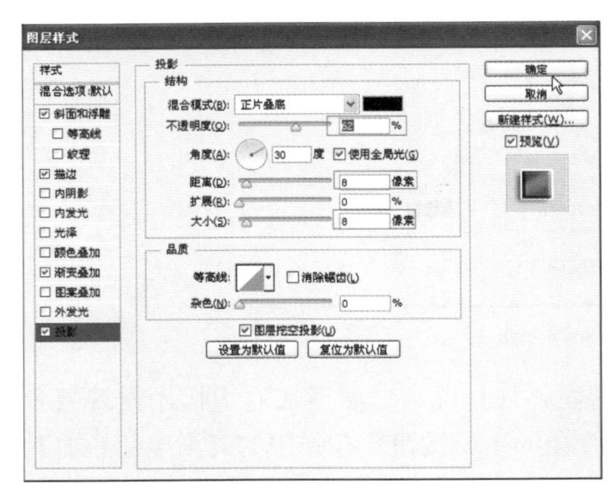

图1-102 【图层样式】对话框

图1-103 添加投影后的效果

1.6 巧克力特效字

实例说明

在绘制巧克力饼干、封面设计和包装设计时，可以用到本例中的"巧克力特效字"的制作方法。如图1-104所示为范例效果图，如图1-105所示为类似范例的实际应用效果图。

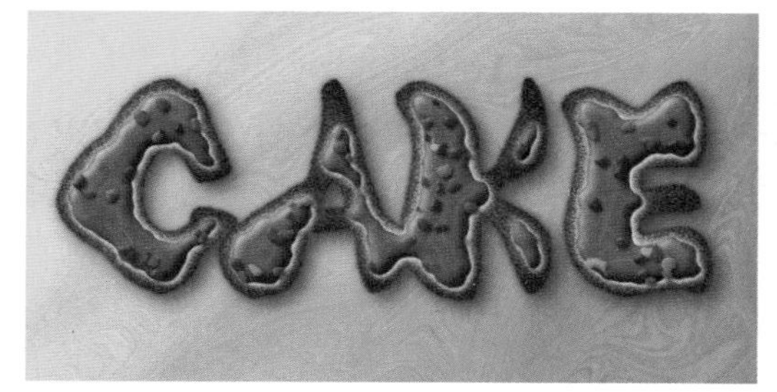

图1-104　巧克力特效字最终效果图

图1-105　精彩效果欣赏

设计思路

先使用横排文字工具、高斯模糊、色阶、晶格化、描边、进一步模糊、位移、反选等工具与命令制作立体文字效果；再使用添加杂色、消褪、色相/饱和度、塑料包装、扩散等工具与命令制作出蓬松的蛋糕效果；然后使用浮雕效果、羽化、亮度/对比度、铬黄渐变、色彩平衡、曲线等命令制作出巧克力与霜糖；最后使用添加杂色、点状化、亮度/对比度、色阶、进一步模糊、去边、图层样式等命令或功能制作出糖屑。如图1-106所示为制作流程图。

用横排文字工具创建文字

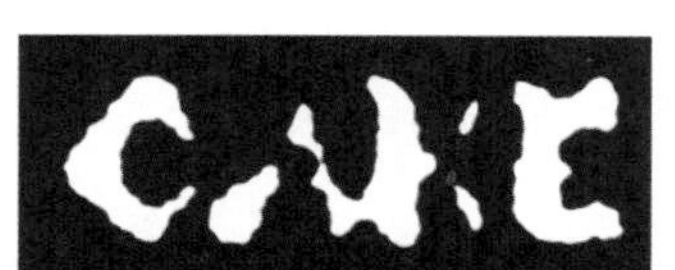

将文字载入选区后存储为通道，然后对通道执行高斯模糊、色阶、晶格化、色阶命令后的效果

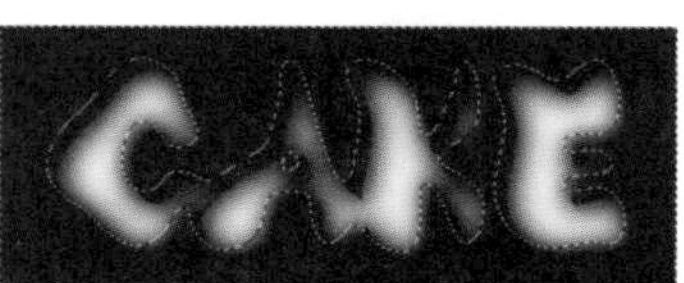

在图层面板中将文字载入选区并填充白色，然后进行模糊与色阶处理

①用添加杂色、色相/饱和度、塑料包装、渐隐等命令

②对通道进行扩散滤镜处理后载入选区，反选后删除不需要的内容

③用高斯模糊、浮雕效果、羽化、填充、渐隐、色相/饱和度、塑料包装、亮度/对比度、添加杂色、铬黄渐变等命令制作香浓的巧克力

④将通道载入选区后填充白色，并对白色进行高斯模糊处理

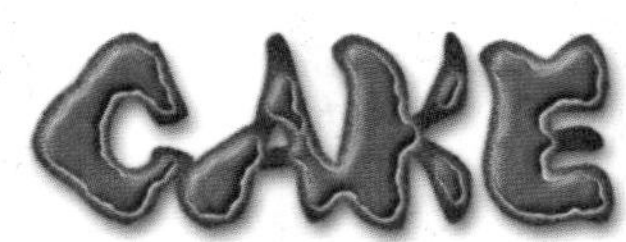

⑤对巧克力进行颜色调整

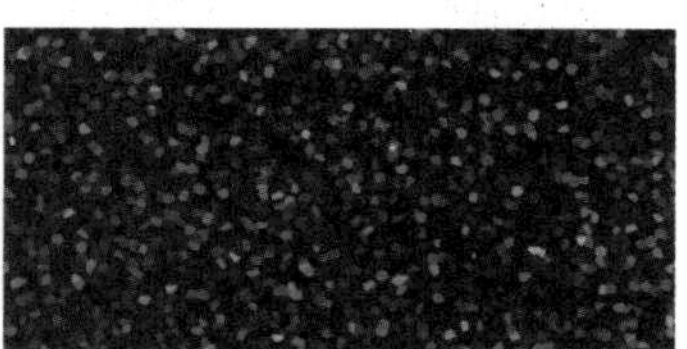

⑥新建一个图层并添加杂色后进行点状化命令后的效果

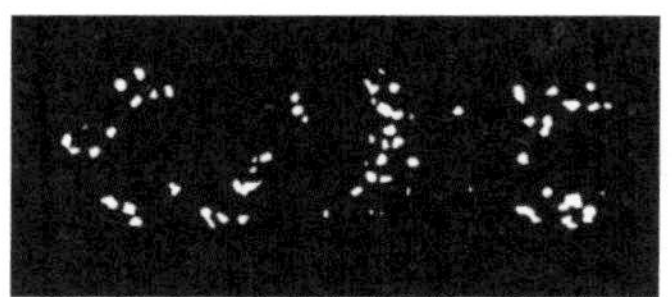

⑦复制一个通道后对该副本进行色阶、亮度/对比度调整

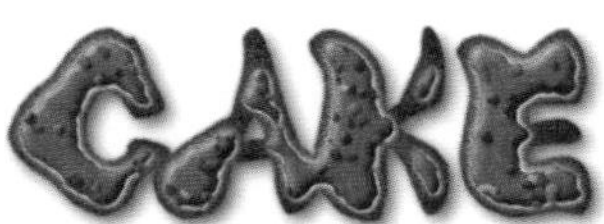

⑧将调整后的副本通道载入选区后添加图层样式效果

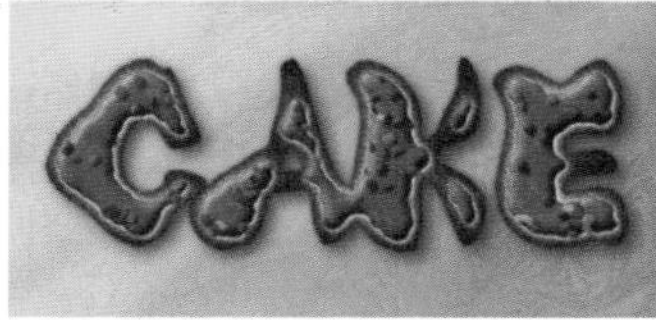

⑨置入一张图片并调整亮度

图1-106　制作流程图

操作步骤

（1）制作立体文字效果

01 按“Ctrl”+“N”键新建一个大小为600×300像素，【分辨率】为100像素/英寸，【背景内容】为白色的文件。

02 按“D”键复位色板，在工具箱中选择T横排文字工具，在画面中单击并输入“CAKE”文字，选择文字后在【字符】面板中设置【字体】为文鼎花瓣体，【字体大小】为180点，【字符间距】为-100，如图1-107所示，单击移动工具确认文字输入。

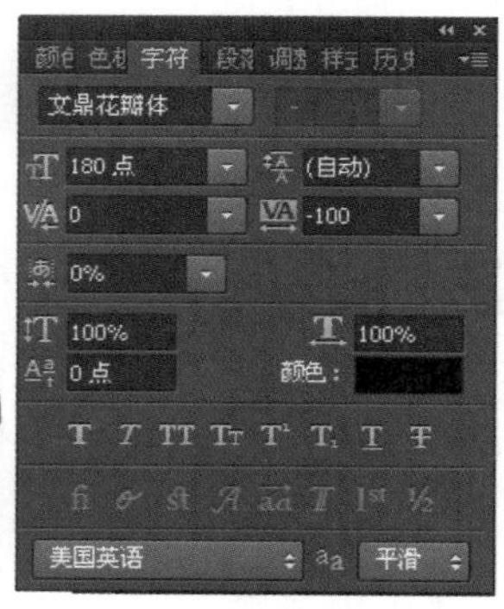

图1-107　输入文字

提　示

不要使字体间距太大，可以用一种比较粗大的字体，字体的大小可以大一些，这样做起来的效果更容易表现。

03 按住“Ctrl”键单击文字图层，使文字载入选区，显示【通道】面板，在其中单击【将选区存储为通道】按钮，得到Alpha 1通道，并激活它，如图1-108所示，按“Ctrl”+“D”键取消选择。

图1-108　使文字载入选区并存储为通道

04 在【通道】面板中拖动Alpha 1通道到【创建新通道】按钮上，当按钮成凹下状态时松开左键，即可复制Alpha 1为Alpha 1副本，如图1-109所示。

05 在菜单中执行【滤镜】→【模糊】→【高斯模糊】命令，在弹出的对话框中设置【半径】为6.0像素，如图1-110所示，单击【确定】按钮，即可得到如图1-111所示的效果。

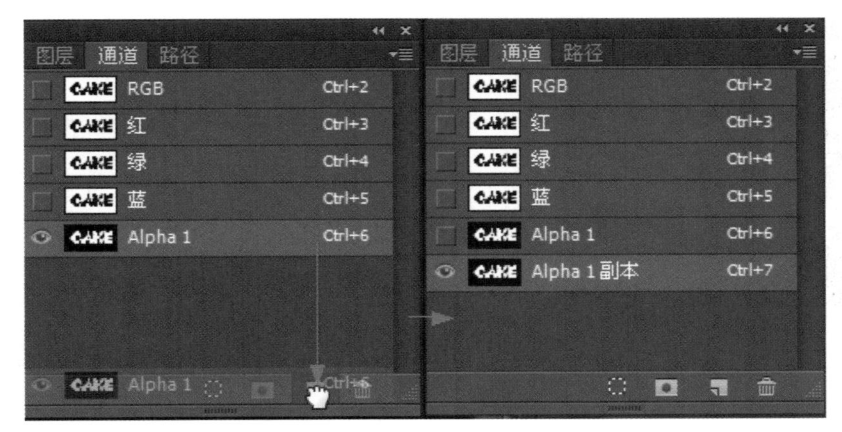

图1-109 复制通道

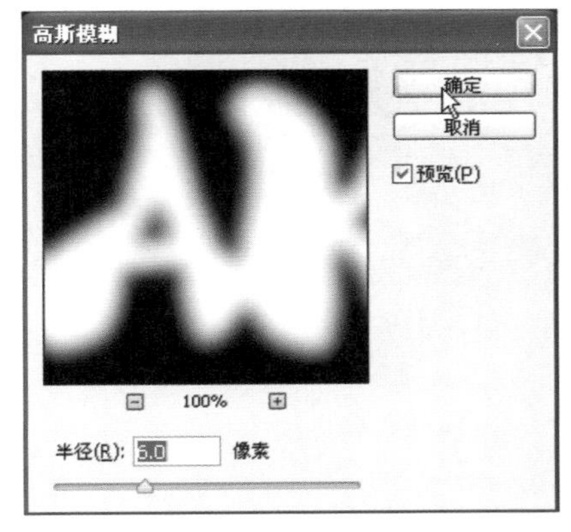

图1-110 【高斯模糊】对话框

图1-111 模糊后的效果

06 按“Ctrl”+“L”键执行【色阶】命令，在弹出的对话框中进行设置，如图1-112所示，设置好后单击【确定】按钮，即可得到如图1-113所示的效果。

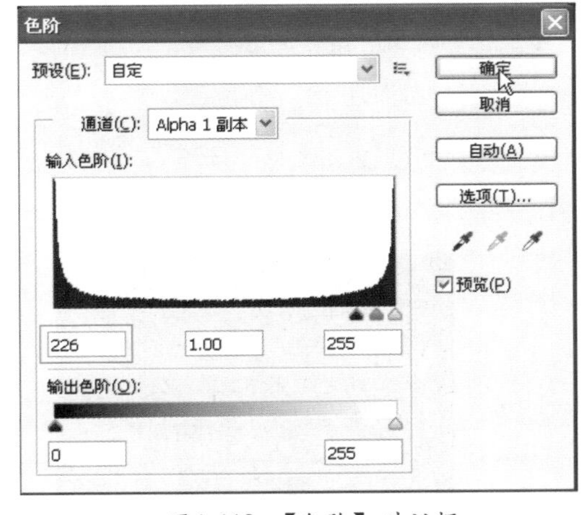

图1-112 【色阶】对话框

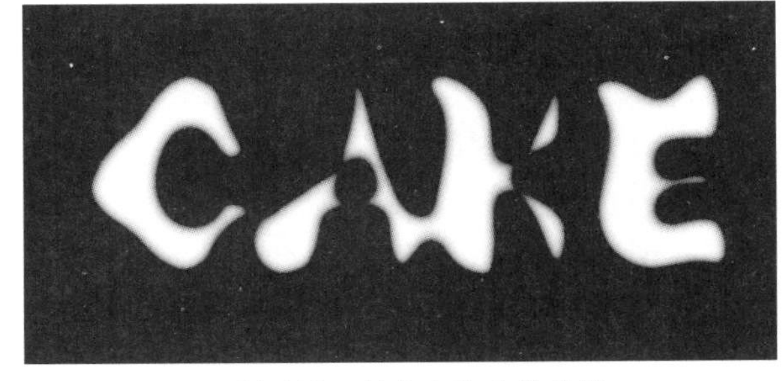
图1-113 调整色阶后的效果

07 在菜单中执行【滤镜】→【像素化】→【晶格化】命令，在弹出的对话框中设置【单元格大小】为10，如图1-114所示，单击【确定】按钮，即可得到如图1-115所示的效果。

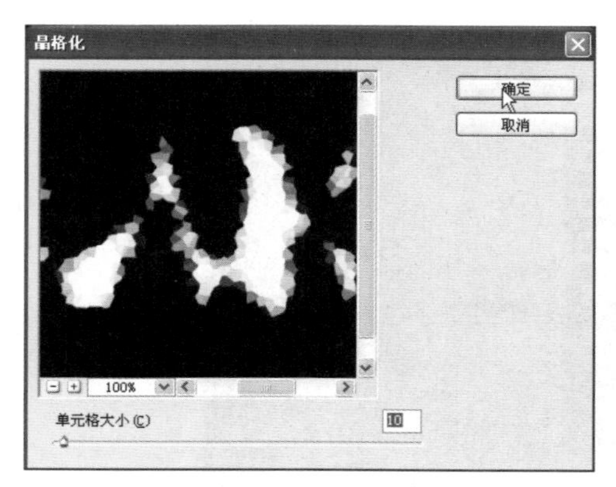

图1-114 【晶格化】对话框

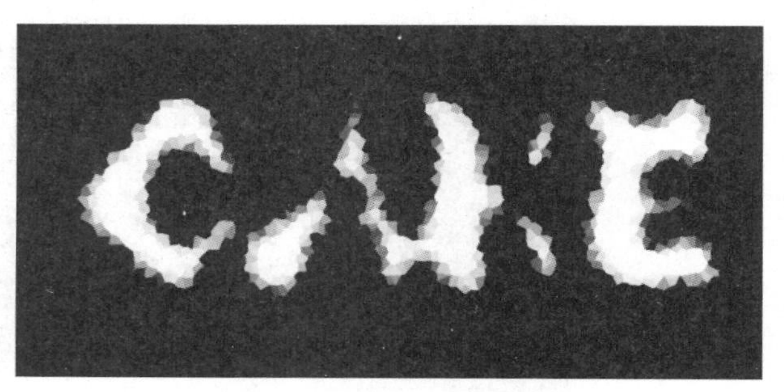
图1-115 晶格化后的效果

08 执行【高斯模糊】滤镜，设置【半径】为3.0像素，效果如图1-116所示；再次调整色阶，并在【色阶】对话框中将【输入色阶】分别设为80、1.00、109，如图1-117所示，单击【确定】按钮，即可得到如图1-118所示的效果。

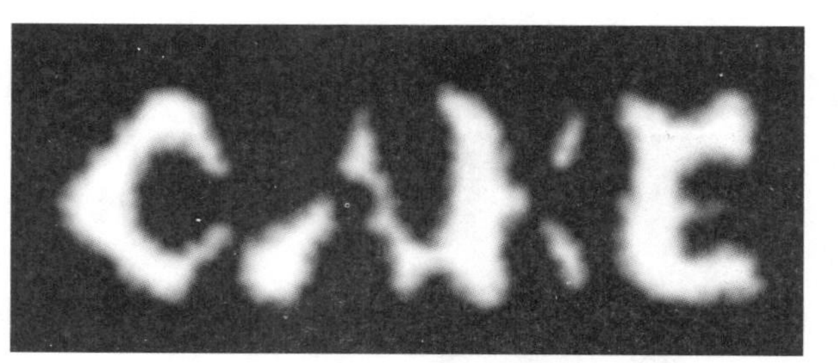
图1-116 【高斯模糊】后的效果

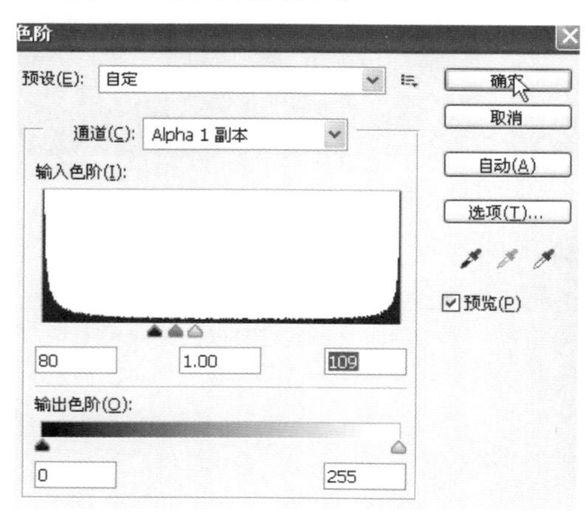

图1-117 【色阶】对话框

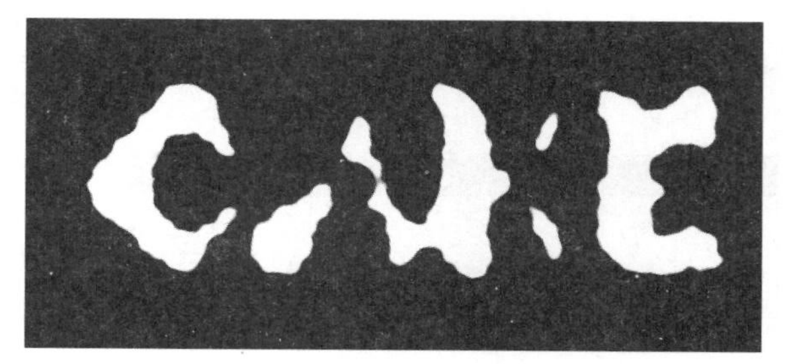
图1-118 调整色阶后的效果

09 显示【图层】面板，在其中新建图层1，如图1-119所示，按“Alt”+“Delete”键填充颜色为黑色。按“Ctrl”键在【图层】面板中单击文字图层的“T”字图标，使文字载入选区，并按“Ctrl”+“Delete”键填充颜色为白色，如图1-120所示。

10 在菜单中执行【滤镜】→【模糊】→【高斯模糊】命令，在弹出的【高斯模糊】对话框中设置【半径】为8像素，如图1-121所示，单击【确定】按钮。再在菜单中执行【编辑】→【描边】命令，弹

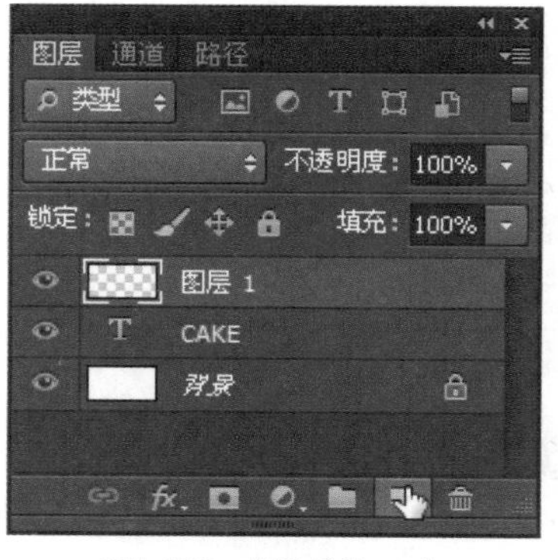

图1-119 【图层】面板

出【描边】对话框并在其中设置【颜色】为黑色，【位置】为居中，【宽度】为8像素，如图1-122所示，单击【确定】按钮，即可得到如图1-123所示的效果，目的是为了使不透明像素减少。

图1-120　将文字选区填充为白色并使背景为黑色

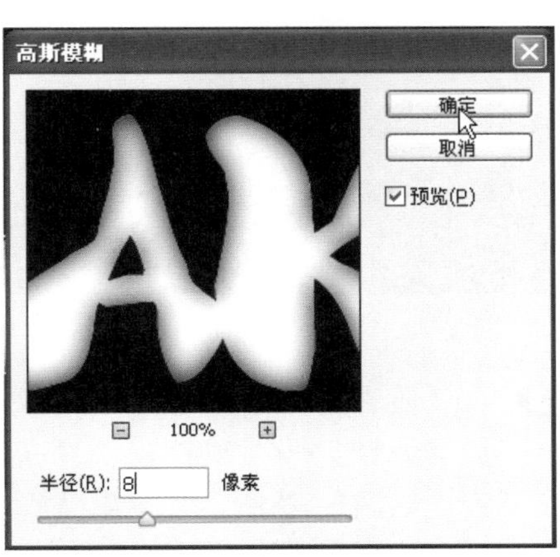

图1-121　【高斯模糊】对话框

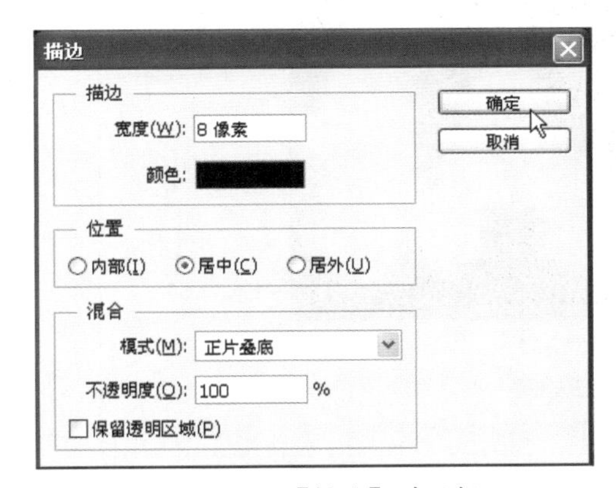

图1-122　【描边】对话框

图1-123　黑色描边后的效果

提　示

不取消选择进行【高斯模糊】命令，可以使半透明像素只朝内侧延伸。

⑪ 重复执行上一步的操作（即再次执行【高斯模糊】滤镜，【半径】为8.0像素；再次执行【描边】命令，并不改变设置），即可得到如图1-124所示的效果，这样，就得到了虚化边缘的效果。

⑫ 按“Ctrl”+“F”键执行【高斯模糊】命令两次，设置【半径】均为8像素，效果如图1-125所示；按“Ctrl”+“D”键取消选择，接着在菜单中执行两次【滤镜】→【模糊】→【进一

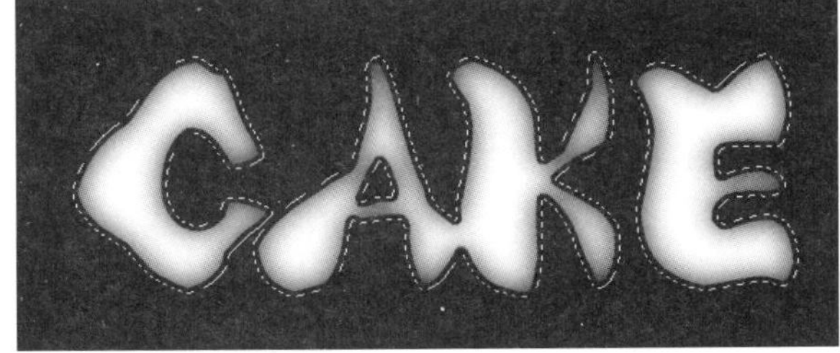

图1-124　模糊并黑色描边后的效果

步模糊】命令，使锐利的边缘变得较为柔和，效果如图1-126所示。此时的当前图层为图层1。

图1-125　模糊后的效果

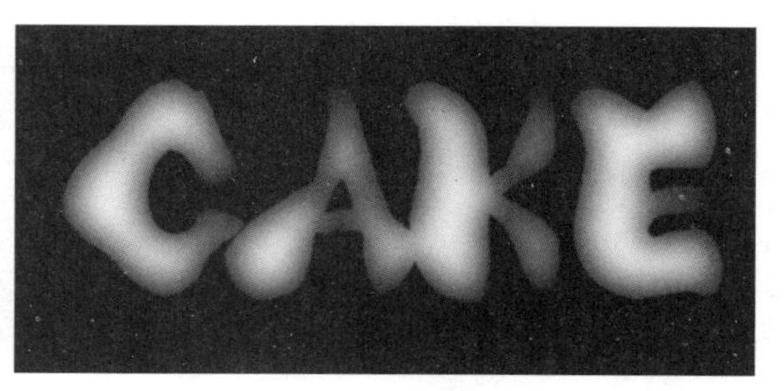

图1-126　进一步模糊后取消选择

13 在【通道】面板中复制Alpha 1副本为Alpha 1副本2，如图1-127所示，接着在菜单中执行【滤镜】→【模糊】→【高斯模糊】命令，在弹出的对话框中设置【半径】为6像素，如图1-128所示，单击【确定】按钮。

图1-127　复制通道

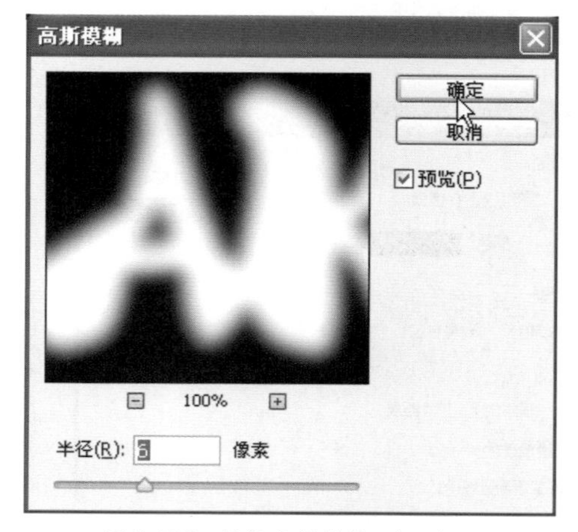

图1-128　【高斯模糊】对话框

14 在菜单中执行【滤镜】→【其它】→【位移】命令，在弹出的对话框中设置水平和垂直的位移量都为-10（也就是说向左和向上各移动10像素），如图1-129所示，单击【确定】按钮。

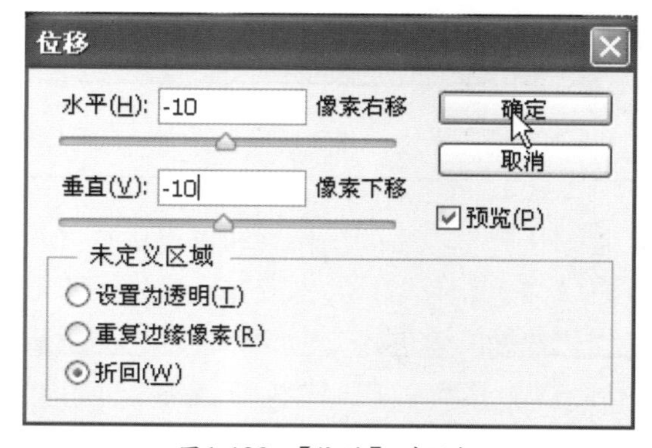

图1-129　【位移】对话框

（2）制作蓬松的蛋糕

15 按住“Ctrl”键单击Alpha 1副本2，使它载入选区，激活RGB复合通道，如图1-130所示；按“Ctrl”+“Shift”+“I”键反选选区，再按“Ctrl”+“L”键执行【色阶】命令，在弹出的对话框中设置【灰度值】为0.59，如图1-131所示，单击【确定】按钮，将选区内的白色模糊区域进一步缩小，效果如图1-132所示，然后按“Ctrl”+“D”键取消选择。

图1-130 使Alpha 1副本2载入选区

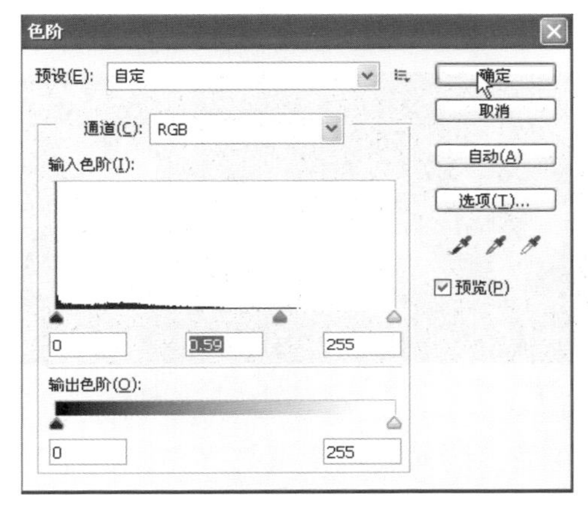

图1-131 【色阶】对话框

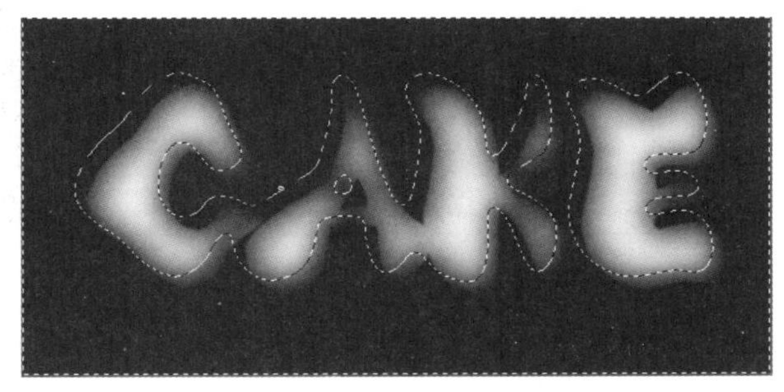

图1-132 反选后调整色阶后的结果

16 在菜单中执行【滤镜】→【杂色】→【添加杂色】命令，在弹出的对话框中设置【数量】为30%，【分布】为平均分布，勾选【单色】选项，如图1-133所示，单击【确定】按钮；如果觉得颗粒过于粗糙，可以在菜单中执行【编辑】→【渐隐添加杂色】命令，在弹出的对话框中设置【不透明度】为60%，【模式】为正常，如图1-134所示，单击【确定】按钮，即可得到如图1-135所示的效果。

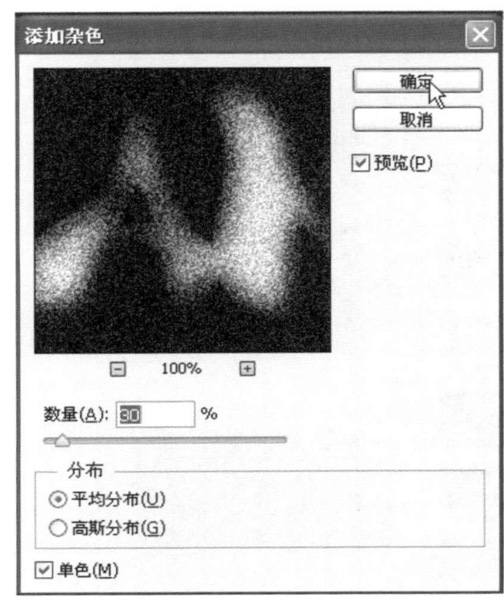

图1-133 【添加杂色】对话框

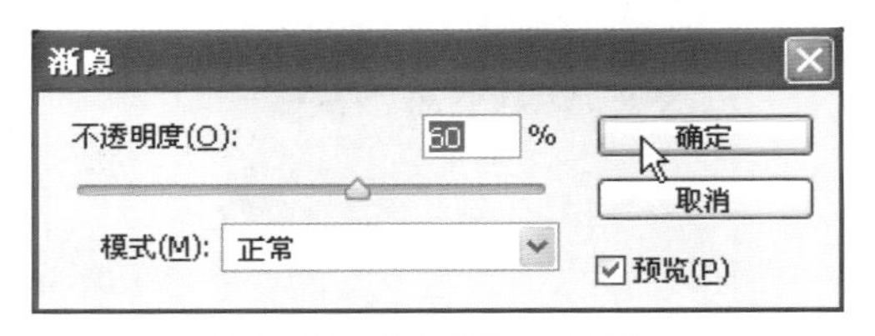

图1-134 【渐隐】对话框

⑰ 按“Ctrl”+“U”键执行【色相/饱和度】命令，在弹出的对话框中勾选【着色】复选框，再设置【色相】为20，【饱和度】为40，【明度】为-18，如图1-136所示，单击【确定】按钮，即可得到如图1-137所示的效果。

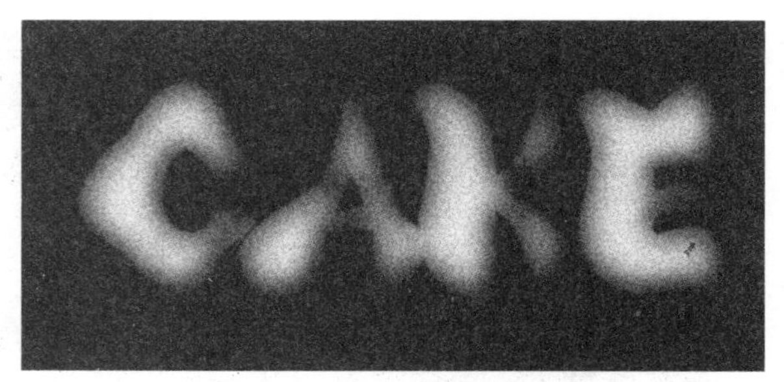

图1-135 添加杂色后的效果

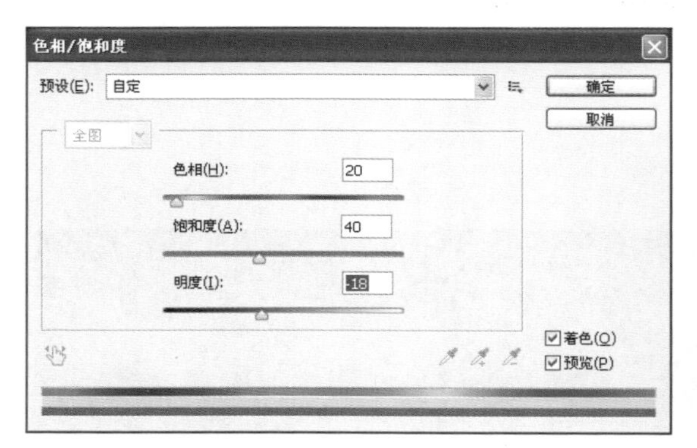

图1-136 【色相/饱和度】对话框

图1-137 添加色相/饱和度后的效果

⑱ 在菜单中执行【滤镜】→【滤镜库】命令，在弹出的对话框中展开【艺术效果】滤镜，再在其中选择【塑料包装】滤镜，在弹出的对话框中设置【高光强度】为15，【细节】为9，【平滑度】为7，如图1-138所示，单击【确定】按钮。再按“Shift”+“Ctrl”+“F”键执行【渐隐】命令，弹出如图1-139所示的对话框，在其中设置【不透明度】为25%，【模式】为叠加，单击【确定】按钮，这次【渐隐】命令的作用不像上次那么明显，但它会轻微增加画面的对比度，使颜色更鲜明，效果如图1-140所示。

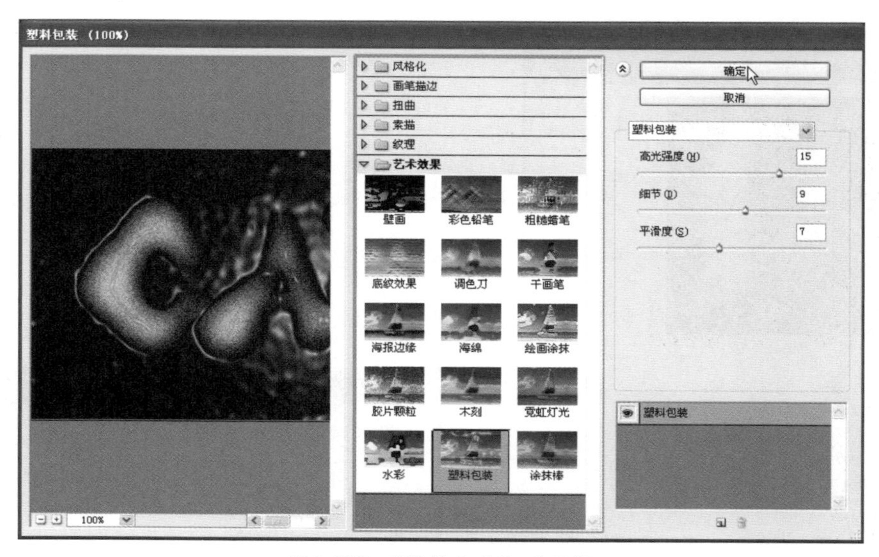

图1-138 【塑料包装】对话框

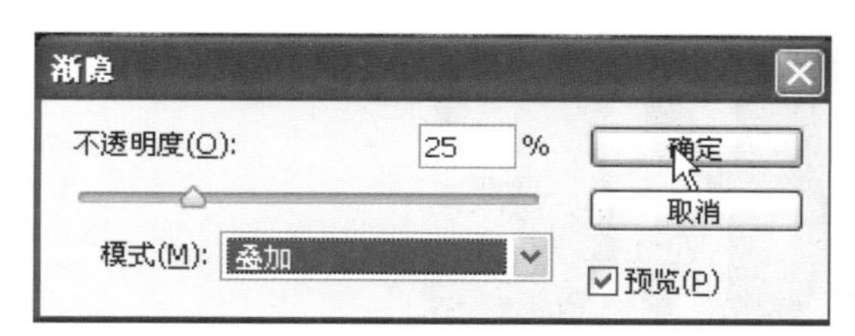

图1-139 【渐隐】对话框

图1-140 渐隐塑料包装后的效果

19 在【通道】面板中激活Alpha 1，在菜单中执行【滤镜】→【风格化】→【扩散】命令，在弹出的对话框中设置【模式】为正常，如图1-141所示，单击【确定】按钮，接着按“Shift”+“Ctrl”+“F”键执行【渐隐】命令，弹出如图1-142所示的对话框，在其中设置【不透明度】为50%，单击【确定】按钮，即可得到如图1-143所示的效果。

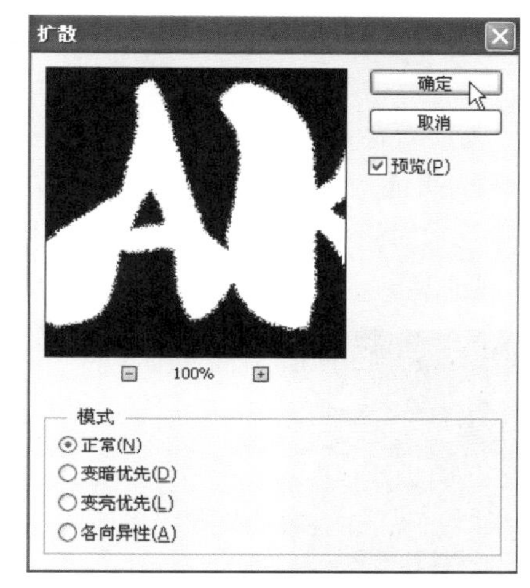

图1-141 【扩散】对话框

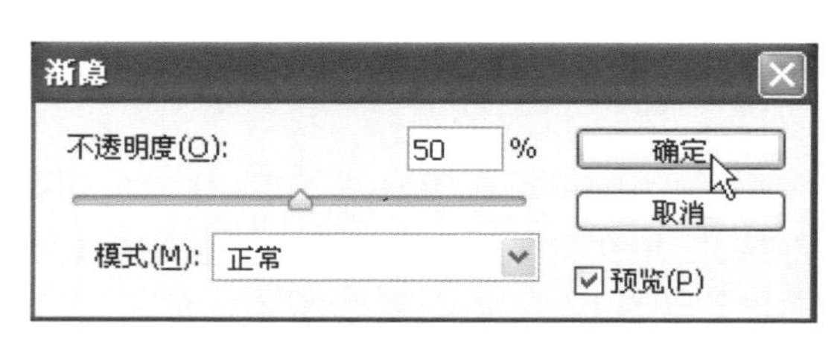

图1-142 【渐隐】对话框

图1-143 渐隐扩散后的效果

20 在【通道】面板中单击（将通道作为选区载入）按钮，将Alpha 1载入选区，再激活RGB复合通道，按“Ctrl”+“Shift”+“I”键反选选区，如图1-144所示；然后按“Delete”键删除选区内容，如图1-145所示，按“Ctrl”+“D”键取消选择。

图1-144 将Alpha 1载入选区后激活RGB复合通道

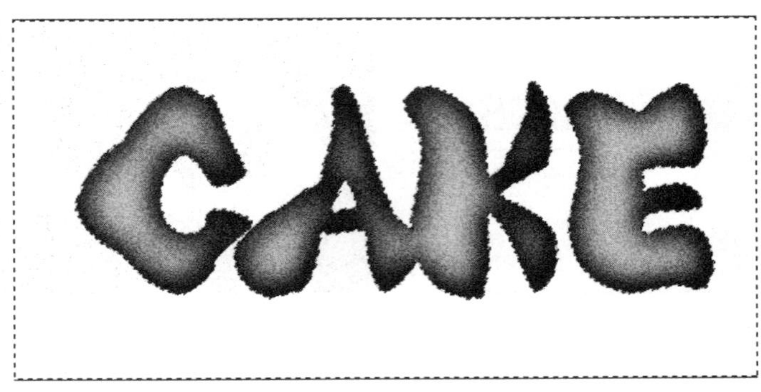

图1-145　反选并清除后的效果

（3）制作香浓的巧克力

21 显示【图层】面板，在其中单击文字图层前面的眼睛图标，将其隐藏，再单击 （创建新的图层）按钮，新建图层2，如图1-146所示；按“Ctrl”+“Delete”键填充白色；再显示【通道】面板并按住“Ctrl”键单击Alpha 1副本，使它载入选区，如图1-147所示。

图1-146　【图层】面板

图1-147　使Alpha 1副本载入选区

22 按“Alt”+“Delete”键填充黑色，按“Ctrl”+“D”键取消选择，接着在菜单中执行【滤镜】→【模糊】→【高斯模糊】命令，在弹出的对话框中设置【半径】为4.0像素，如图1-148所示，单击【确定】按钮，再按“Shift”+“Ctrl”+“F”键执行【渐隐】命令，在弹出的对话框中设置【不透明度】为50%，如图1-149所示，单击【确定】按钮，只在外围保留一点点模糊。

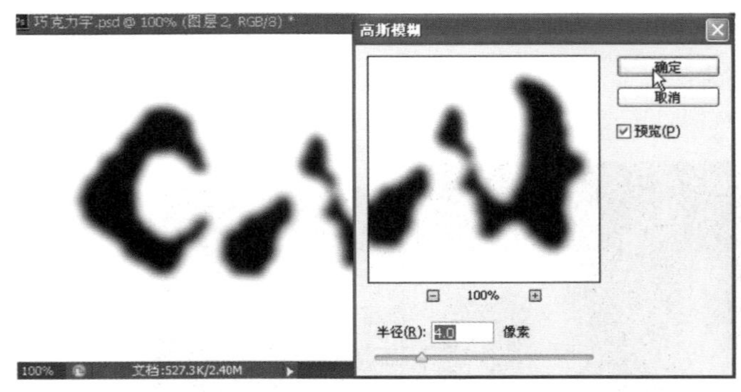

图1-148　填充黑色后模糊

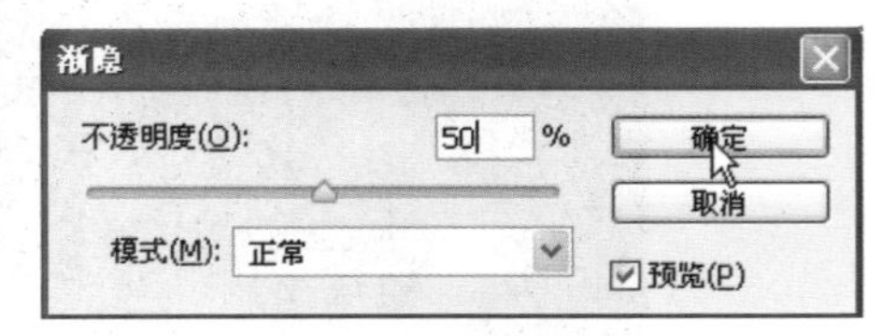

图1-149　【渐隐】对话框

23 在菜单中执行【滤镜】→【风格化】→【浮雕效果】命令，在弹出的对话框中设置【角度】为135度，【高度】为4像素，【数量】为150%，如图1-150所示，单击【确定】按钮，接着按住“Ctrl”键在【通道】面板中单击Alpha 1副本，使它载入选区，如图1-151所示。

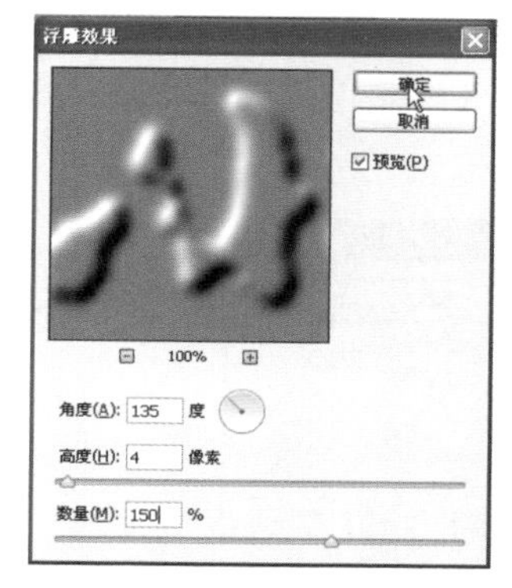

图1-150 【浮雕效果】对话框

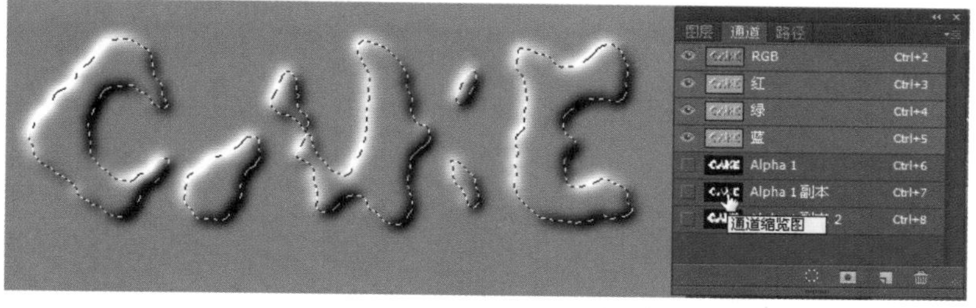

图1-151 添加浮雕效果

24 按“Shift”+“F6”键执行【羽化】命令，弹出【羽化选区】对话框，在其中设置【半径】为2像素，如图1-152所示，单击【确定】按钮，按“Ctrl”+“Shift”+“I”键反选选区，按“Alt”+“Delete”键填充黑色，再按“Shift”+“Ctrl”+“F”键进行执行【渐隐】命令，弹出【渐隐】对话框，在其中设置【不透明度】为75%，如图1-153所示，单击【确定】按钮，即可得到合适的立体效果。

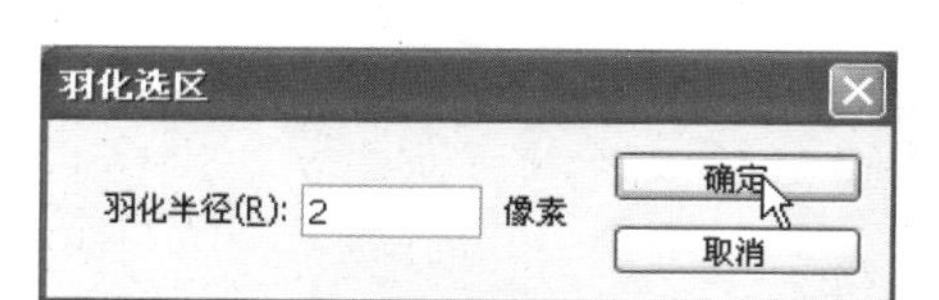

图1-152 【羽化选区】对话框

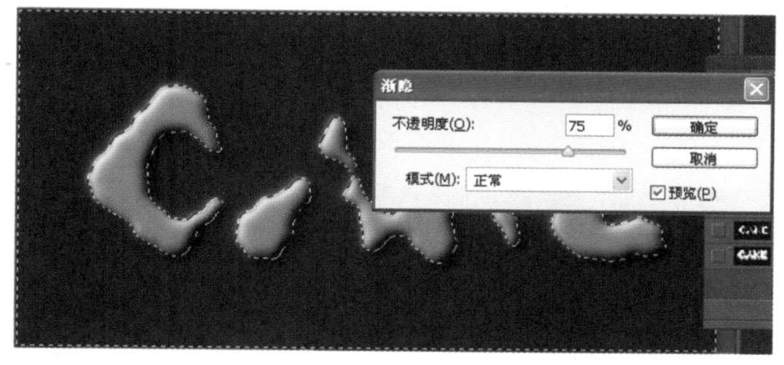

图1-153 填充黑色后稍微渐隐

（4）添加巧克力颜色

25 按“Ctrl”+“D”键取消选择，按“Ctrl”+“U”键执行【色相/饱和度】命令，在弹出的对话框中勾选【着色】复选框，再设置【色相】为23，【饱和度】为50，【明度】为0，如图1-154所示，单击【确定】按钮，即可得到如图1-155所示的效果。

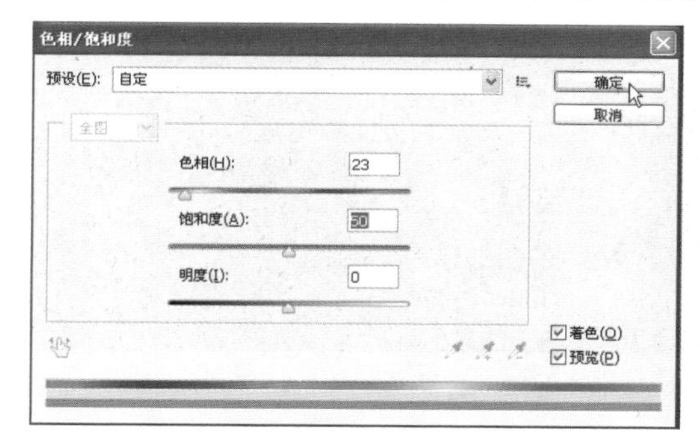

图1-154 【色相/饱和度】对话框

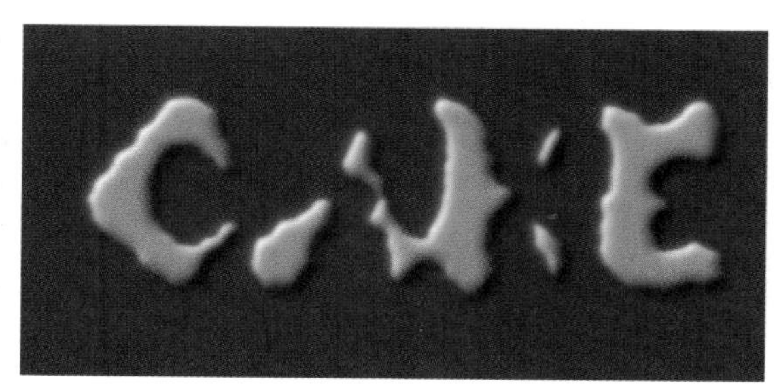

图1-155 添加色相/饱和度后的效果

26 在菜单中执行【滤镜】→【滤镜库】命令，在其中选择【艺术效果】→【塑料包装】滤镜，采用前面的设置，如图1-156所示，直接单击【确定】按钮，按“Shift”+“Ctrl”+“F”键执行【渐隐】命令，在弹出的对话框中设置【不透明度】为30%，【模式】为叠加，如图1-157所示，单击【确定】按钮，即可得到如图1-158所示的效果。

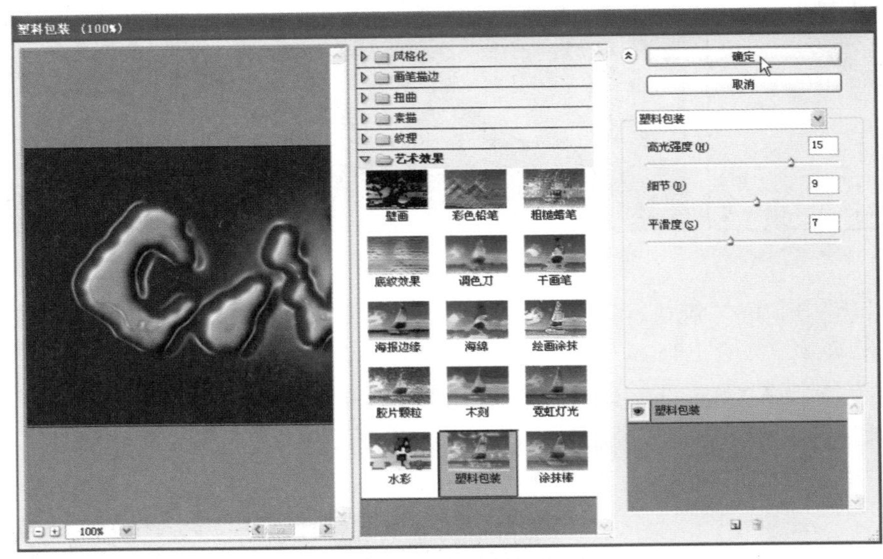

图1-156 【塑料包装】对话框

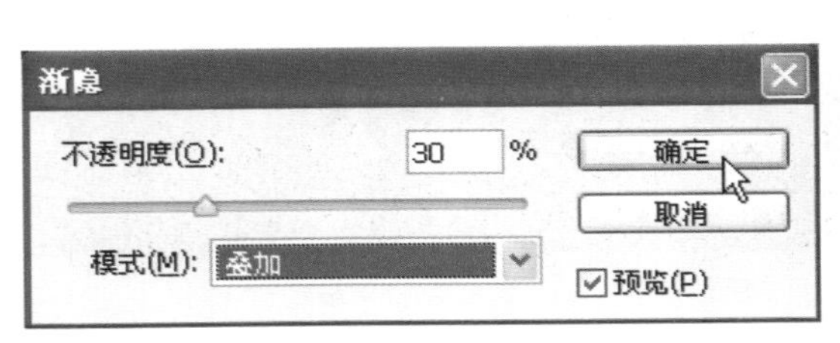

图1-157 【渐隐】对话框

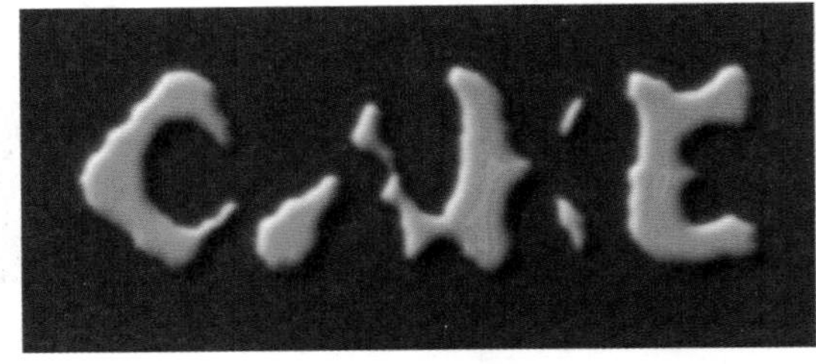

图1-158 渐隐塑料包装后的效果

27 由于巧克力的颜色并不是桔红色，所以还需要进行调整，在菜单中执行【图像】→【调整】→【亮度/对比度】命令，在弹出的对话框中设置【亮度】为-100，【对比度】为+15，如图1-159所示，单击【确定】按钮，即可得到如图1-160所示的效果。

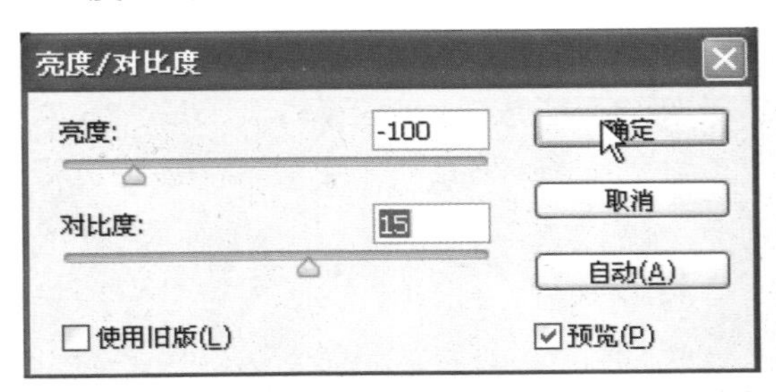

图1-159 【亮度/对比度】对话框

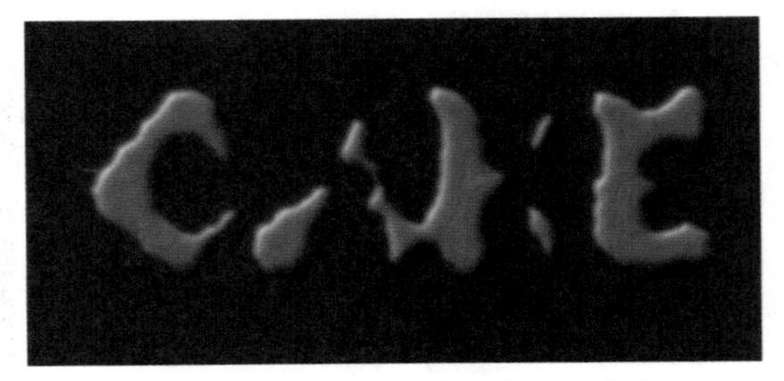

图1-160 调整亮度/对比度后的效果

28 在菜单中执行【滤镜】→【杂色】→【添加杂色】命令，在其中设置【数量】为2%，其他不变，如图1-161所示，单击【确定】按钮，接着在菜单中执行【滤镜】→【滤镜库】命令，再在其中选择【素描】→【铬黄渐变】滤镜，在弹出的对话框中设置【细节】为4，【平滑度】为7，如图1-162所示，单击【确定】按钮；按“Shift”+“Ctrl”+“F”键执行【渐隐】命令，在弹出的对话框中将【不透明度】调至25%，【模式】为滤色，如图1-163所示，单击【确定】按钮，其目的是为了进一步增强巧克力内部的细节，使巧克力的质感更强。

29 按“Ctrl”键在【通道】面板中单击Alpha 1副本，使它载入选区，按“Ctrl”+“Shift”+“I”键反选选区，并按“Delete”键删除选区内容，即可得到如图1-164所示的效果，按“Ctrl”+“D”键取消选择。

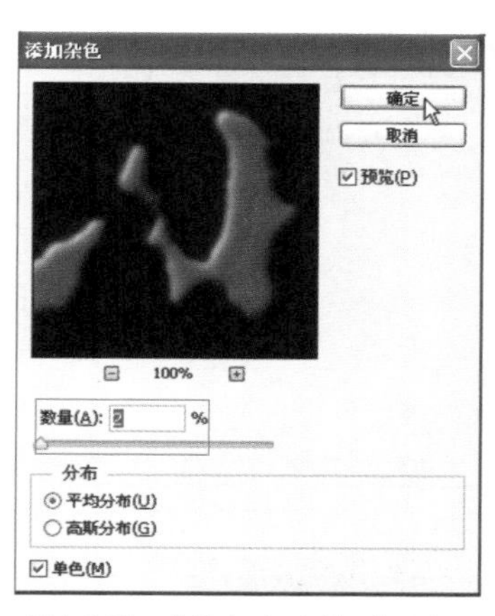

图1-161 【添加杂色】对话框

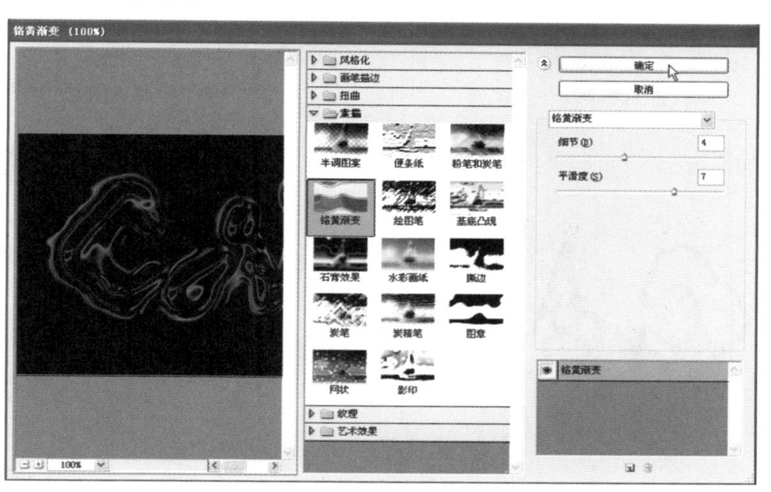

图1-162 【铬黄渐变】对话框

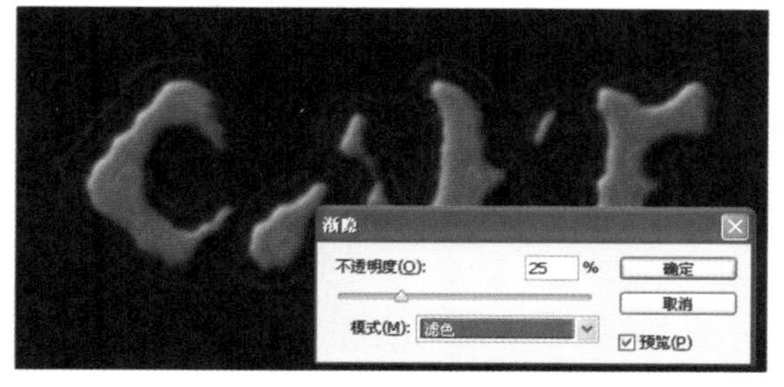

图1-163 渐隐铬黄渐变效果

图1-164 反选区并删除选区内容

(5) 制作巧克力层下的霜糖

30 为了方便观察，先单击图层2前面的眼睛图标，使之不可见，再激活图层1，并在其上新建图层3，如图1-165所示；显示【通道】面板并按“Ctrl”键单击Alpha 1副本，使它载入选区，接着按“Ctrl”+“Delete”键填充白色，如图1-166所示。

31 保持选择，再激活图层1，并新建图层4，同样按“Ctrl”+“Delete”键填充白色，如图1-167所示，按“Ctrl”+“D”键取消选择。

图1-165 创建新图层

32 将图层4隐藏，激活图层3，在菜单中执行【滤镜】→【模糊】→【高斯模糊】命令，并在弹出的对话框中设置【半径】为2像素，如图1-168所示，单击【确定】按钮，再将图层3的【不透明度】设为75%，如图1-169所示。

图1-166　使Alpha 1副本载入选区后填充白色

图1-167　创建新图层后给选区白色填充

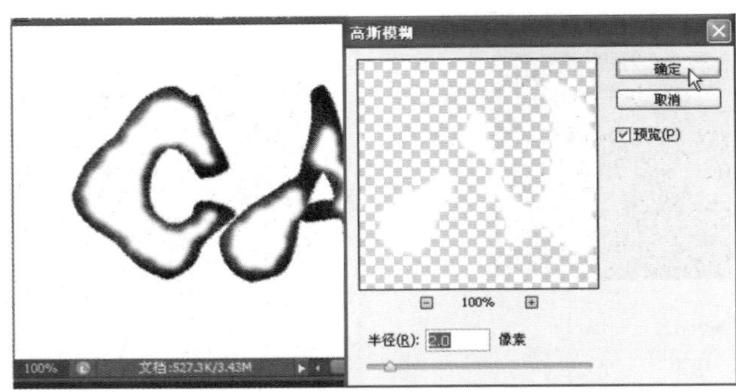

图1-168　模糊处理

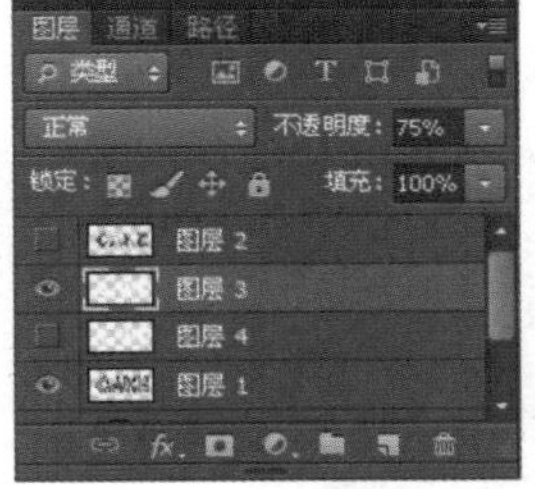

图1-169　改变不透明度后的效果

33 在【图层】面板中激活图层4并显示它，保持移动工具的选择，然后在键盘上交叉单击向下键和向右键各两次，将其向下和向右各移动两个像素，如图1-170所示。再用【高斯模糊】滤镜连续两次模糊，【半径】都为2.0像素，并将图层4的【不透明度】设为75%，效果如图1-171所示。

图1-170　移动图层4中的内容

图1-171 模糊并降低不透明度

34 在【图层】面板中激活图层2并显示它，再按“Shift”键在【图层】面板中单击图层4，以选择图层4、图层2、图层3这3个图层，如图1-172所示，按“Ctrl”+“E”键合并选择的图层为一个图层，如图1-173所示。

图1-172 【图层】面板

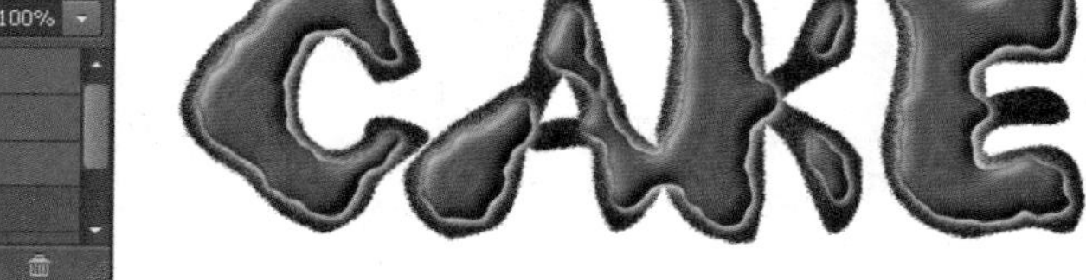

图1-173 合并图层

35 先激活背景层，再新建一个图层为图层 3并隐藏图层1和图层2，如图1-174所示；在菜单中执行【选择】→【载入选区】命令，在弹出的【载入选区】对话框中选择【通道】为Alpha 1，如图1-175所示，单击【确定】按钮，然后按“Alt”+“Delete”键填充黑色，如图1-176所示。

图1-174 创建新图层

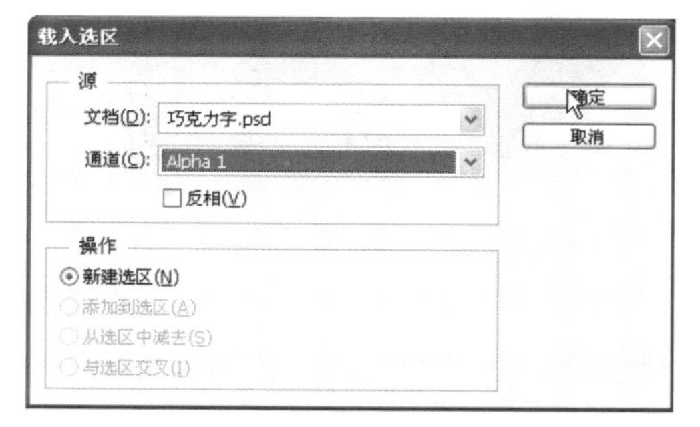

图1-175 【载入选区】对话框

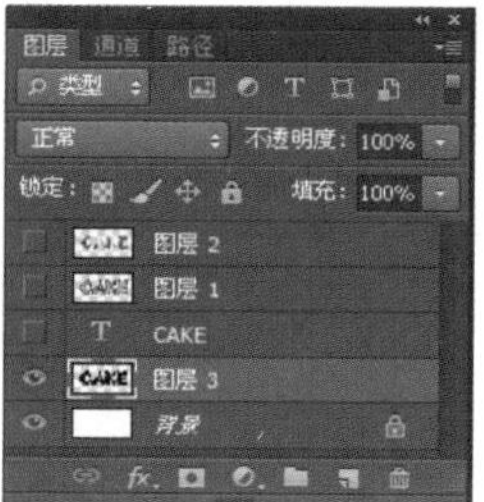

图1-176 载入选区后填充黑色

36 按“Ctrl”+“D”键取消选择，在菜单中执行【滤镜】→【模糊】→【高斯模糊】命令，在弹出的对话框中设置【半径】为2.0像素，如图1-177所示，单击【确定】按钮，然后设置图层3的【不透明度】为85%，如图1-178所示。这样蛋糕的边缘会柔软一些。

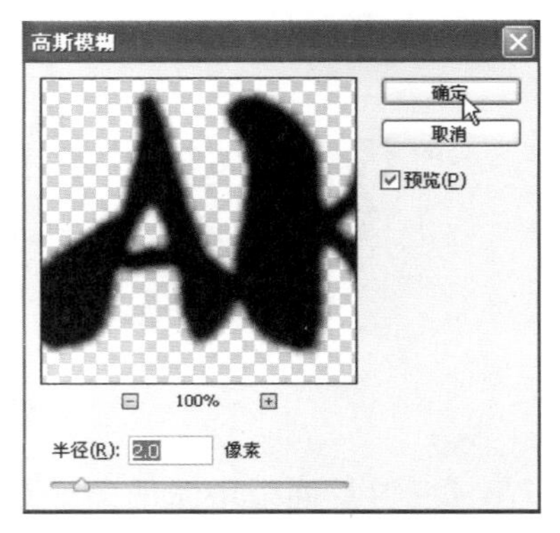

图1-177 【高斯模糊】对话框

37 在【图层】面板中开启图层1和图层2，这样边缘部分看起来有点像烤糊了的样子，需要通过调整颜色使其恢复松软。在【图层】面板中激活图层1，按“Ctrl”+“B”键执行【色彩平衡】命令，弹出【色彩平衡】对话框，在其中选择【中间调】选项，接着设置【色阶】为+29、-14、-41，如图1-179所示。

图1-178 模糊后降低不透明度

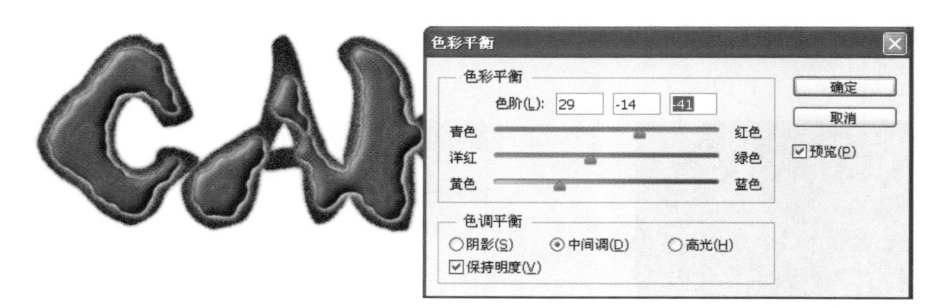

图1-179 调整色彩

38 在【色彩平衡】对话框的【色调平衡】栏中选择【阴影】，再设置色彩平衡色阶为9、-14、-47；如图1-180所示，单击【确定】按钮，即可得到如图1-181所示的效果。

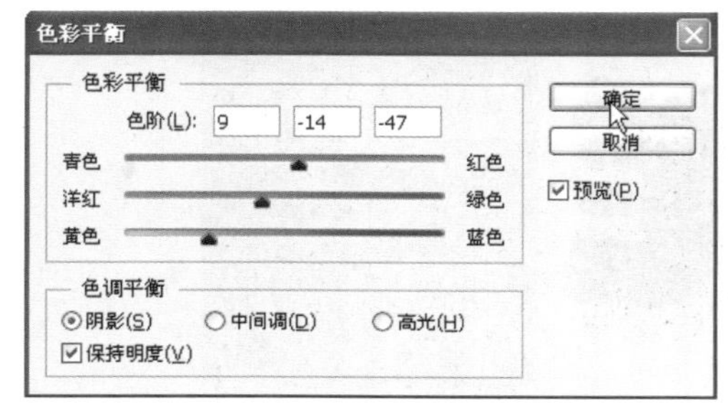

图1-180 【色彩平衡】对话框

图1-181 调整色彩

39 按“Ctrl”+“M”键执行【曲线】命令，在弹出的对话框中将直线调为如图1-182所示的曲线，以将边缘调亮，单击【确定】按钮，即可得到如图1-183所示的效果。

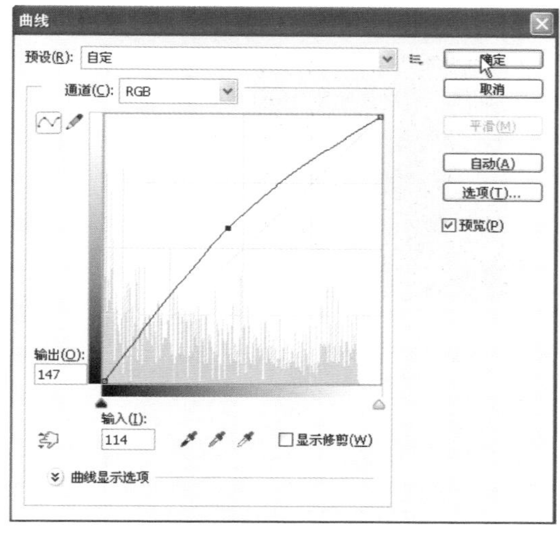

图1-182 【曲线】对话框

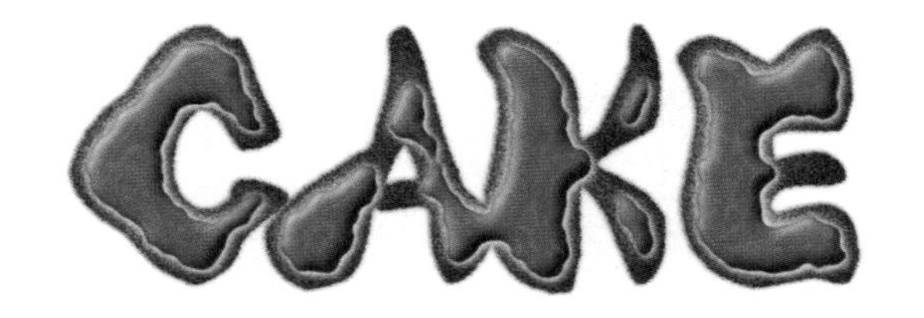

图1-183 调亮后的效果

40 在【图层】面板中双击图层3，弹出【图层样式】对话框，在其左边栏中单击【投影】选项，然后在右边栏中设置【不透明度】为80%，【距离】为10像素，【大小】为16像素，其他为默认值，如图1-184所示，单击【确定】按钮，即可得到如图1-185所示的效果。

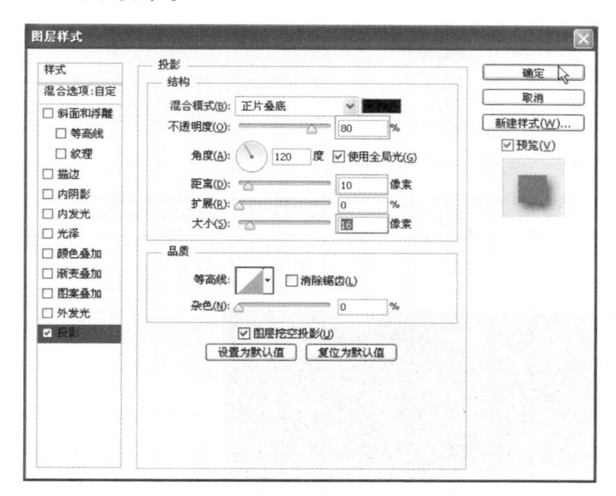

图1-184 【图层样式】对话框

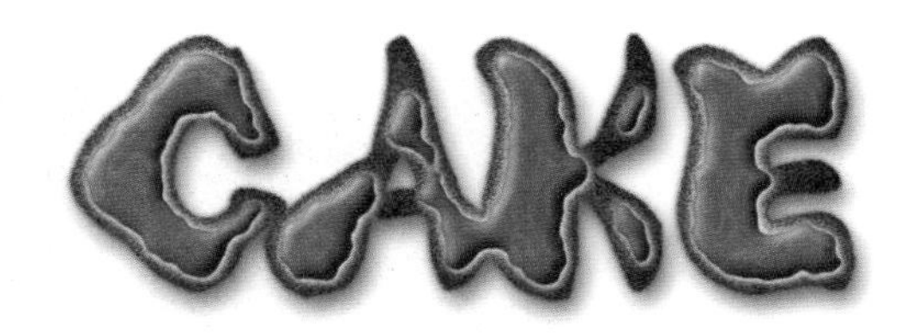

图1-185 添加投影后的效果

（6）制作糖屑

41 在【图层】面板中先激活图层2，再新建一个图层为图层4，如图1-186所示；按“Alt”+“Delete”键填充前景色（黑色），接着在菜单中执行【滤镜】→【杂色】→【添加杂色】命令，在弹出的对话框中设置【数量】为30%，其他不变，如图1-187所示，单击【确定】按钮。

42 按“X”键切换色板，在菜单中执行【滤镜】→【像素化】→【点状化】命令，在弹出的对话框中设置【单元格大小】为12，如图1-188所示，单击【确定】按钮，再按

“Ctrl” + “U”键执行【色相/饱和度】命令，在弹出的对话框中设置【饱和度】为100，如图1-189所示，单击【确定】按钮，即可得到如图1-190所示的效果。

图1-186　创建新图层

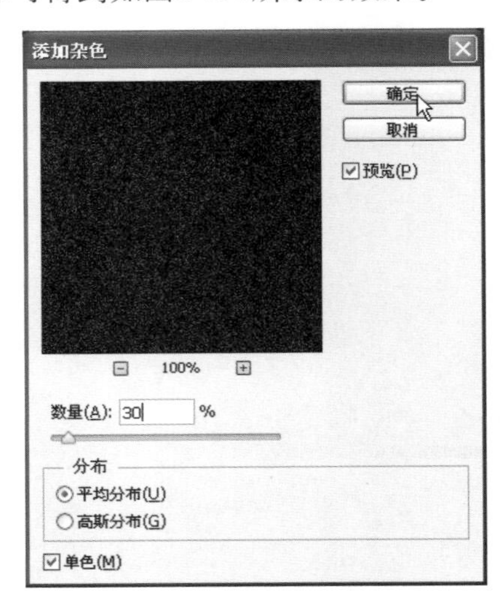

图1-187　【添加杂色】对话框

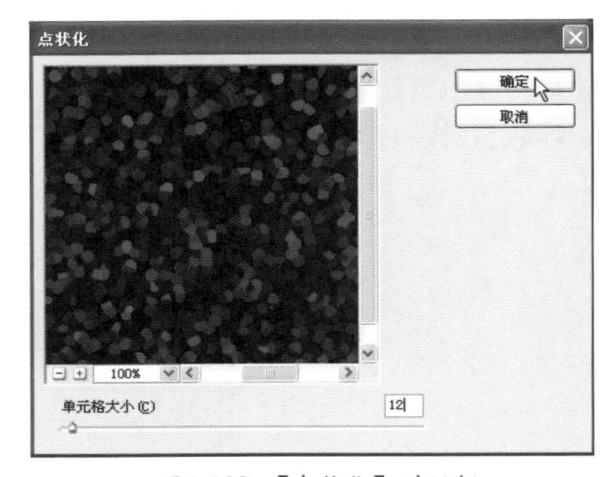

图1-188　【点状化】对话框

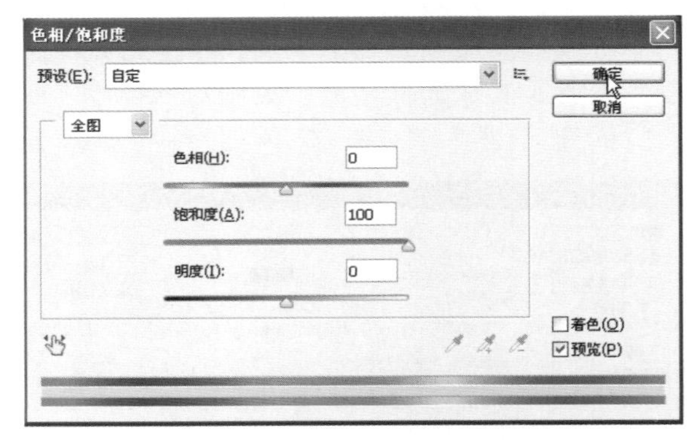

图1-189　【色相/饱和度】对话框

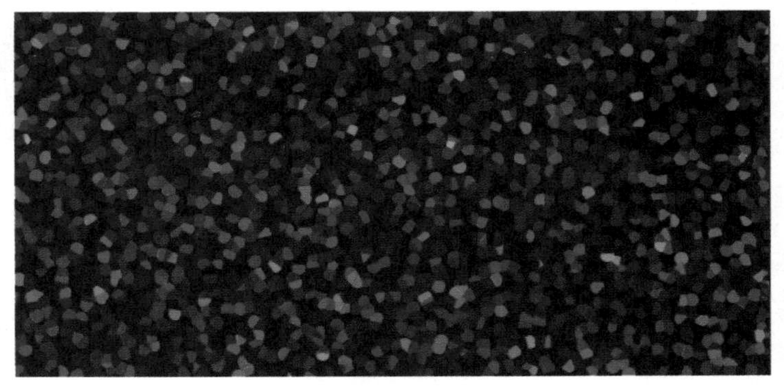

图1-190　加强饱和度后点状化效果

43 在菜单中执行【图像】→【调整】→【亮度/对比度】命令，在弹出的对话框中设置【对比度】为60，如图1-191所示，单击【确定】按钮，即可得到如图1-192所示的效果。

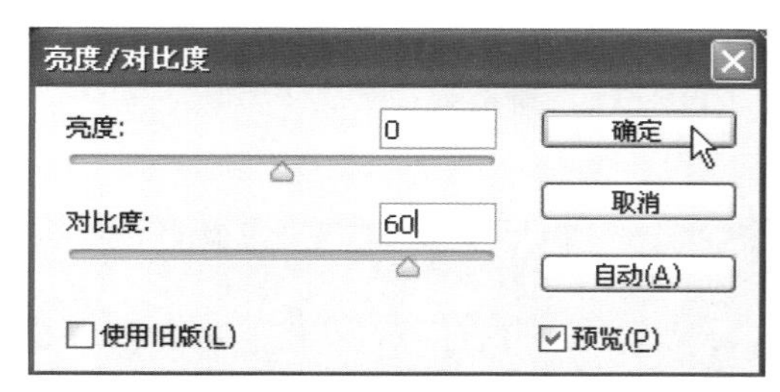

图1-191 【亮度/对比度】对话框

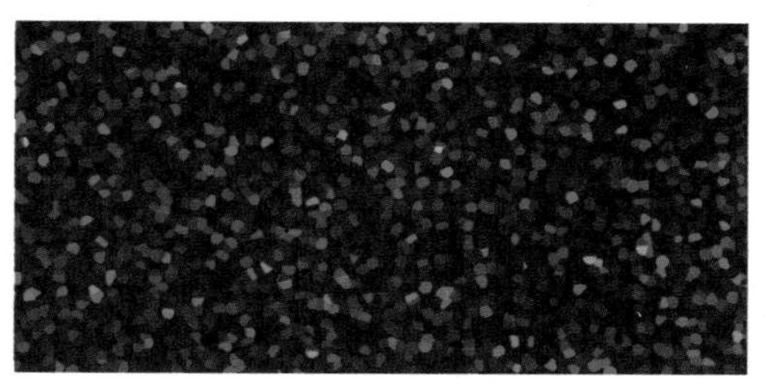

图1-192 加强亮度/对比度后的效果

44 转到【通道】面板，随机复制RGB通道中的一个，如绿通道，得到绿副本通道，如图1-193所示。按“Ctrl”键单击Alpha 1副本通道，使它载入选区，接着按“Ctrl”+“Shift”+“I”键反选选区，如图1-194所示；然后按“Ctrl”+“Delete”键填充黑色，再按“Ctrl”+“D”键取消选择，效果如图1-195所示。

图1-193 【通道】面板

45 按“Ctrl”+“L”键执行【色阶】命令，在弹出的对话框中设置【输入色阶】为26、1.00、62，如图1-196所示，以消除部分灰色，单击【确定】按钮；接着在菜单中执行【滤镜】→【模糊】→【进一步模糊】命令，即可得到如图1-197所示的效果。

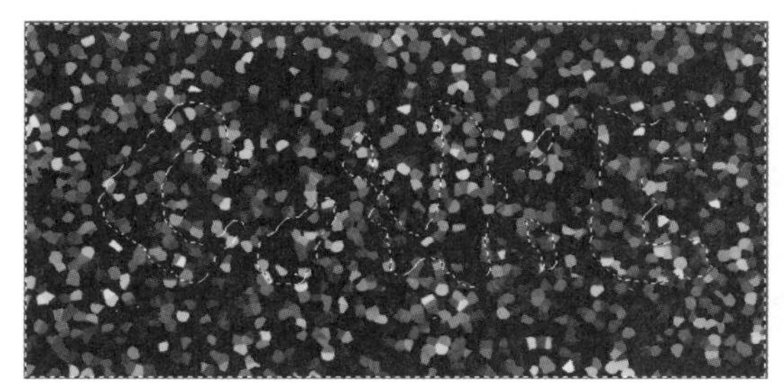

图1-194 使Alpha 1副本通道载入选区

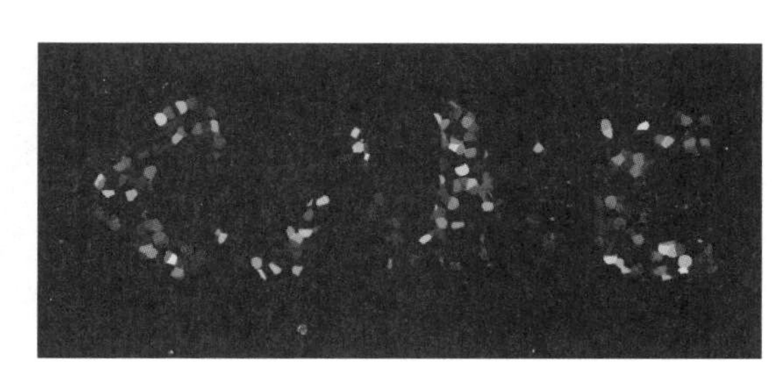

图1-195 反选后删除选区内容后的效果

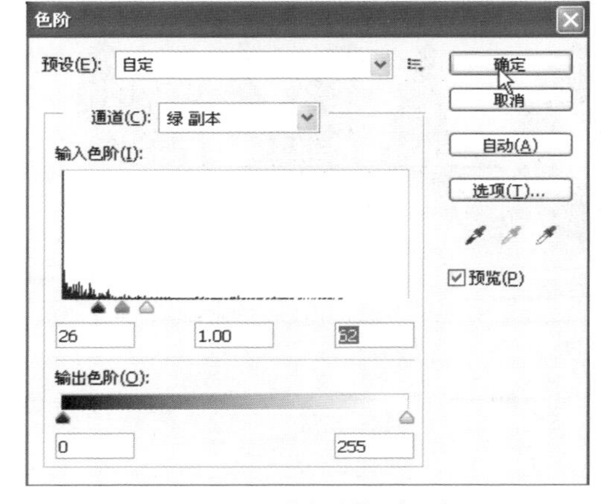

图1-196 【色阶】对话框

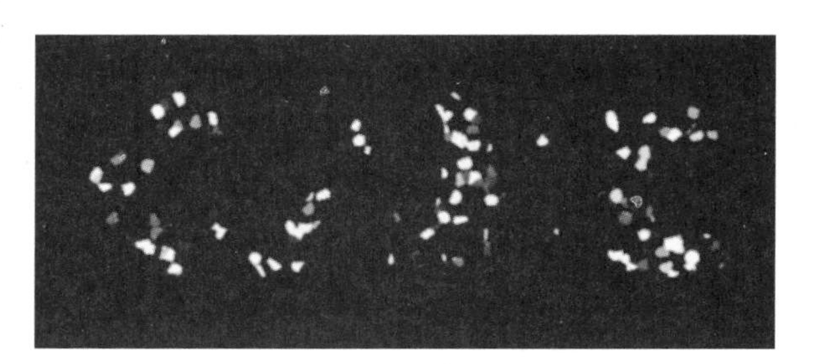

图1-197 调整色阶并模糊后的效果

46 在菜单中执行【图像】→【调整】→【亮度/对比度】命令，在弹出的对话框中设置【亮度】为-24，【对比度】为27，如图1-198所示，单击【确定】按钮，将更多灰色消除，效果如图1-199所示。

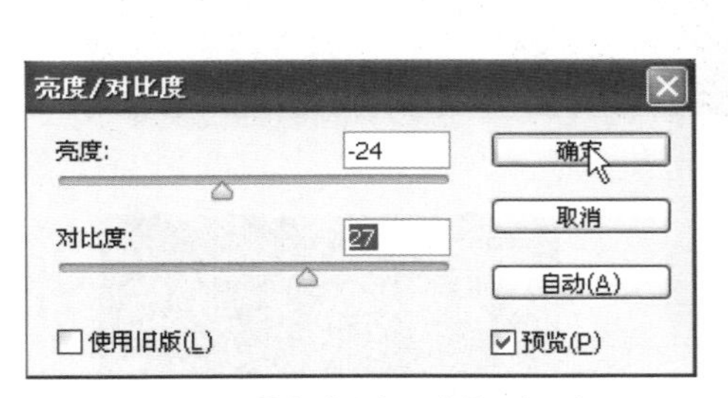

图1-198 【亮度/对比度】对话框

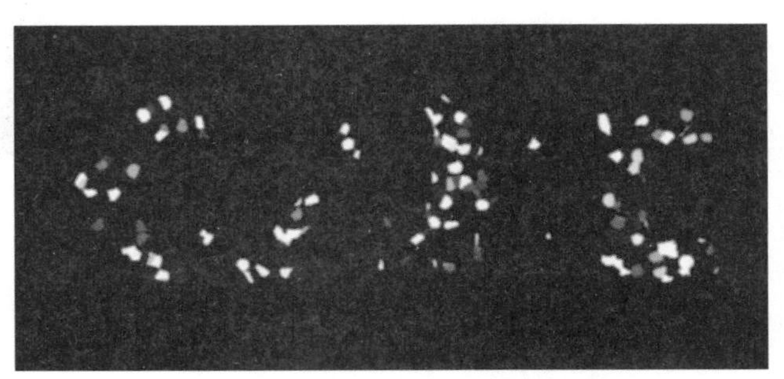
图1-199 调整亮度与对比度后的效果

47 执行【进一步模糊】命令，按“Ctrl”+“L”键执行【色阶】命令，在弹出的对话框中设置【输入色阶】为60、1.00、99，如图1-200所示，单击【确定】按钮，以完全消除灰色，效果如图1-201所示。

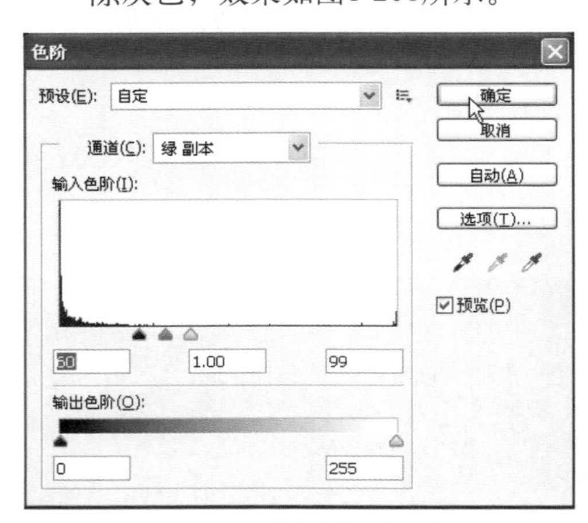

图1-200 【色阶】对话框

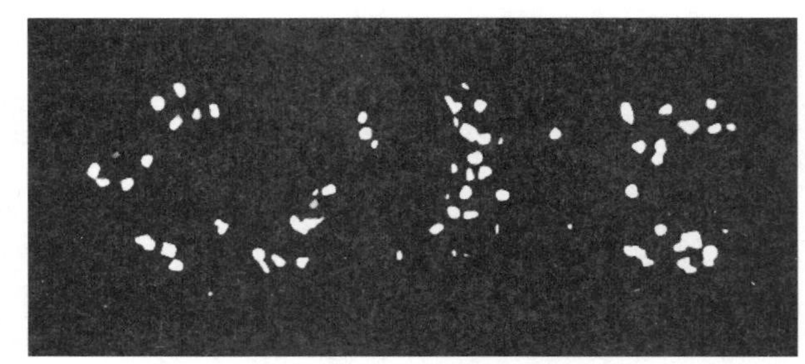
图1-201 调整色阶后的效果

48 按“Ctrl”键单击绿副本通道，使它载入选区，单击RGB复合通道，按“Ctrl”+“Shift”+“I”键反选选区，接着按“Delete”键将选区内容删除，效果如图1-202所示，按“Ctrl”+“D”键取消选择。

图1-202 反选并删除选区内容后的效果

49 此时可以发现有些糖果粒周围有残余下来的彩色，影响美观，所以应将其边去掉。在菜单中执行【图层】→【修边】→【去边】命令，在其中设置【宽度】为1像素，如图1-203所示，单击【确定】按钮，即可将大部分多余的彩色边缘去除，效果如图1-204所示。

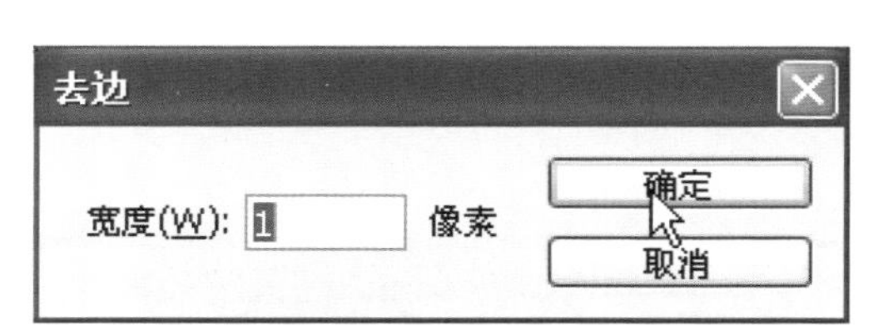

图1-203 【去边】对话框

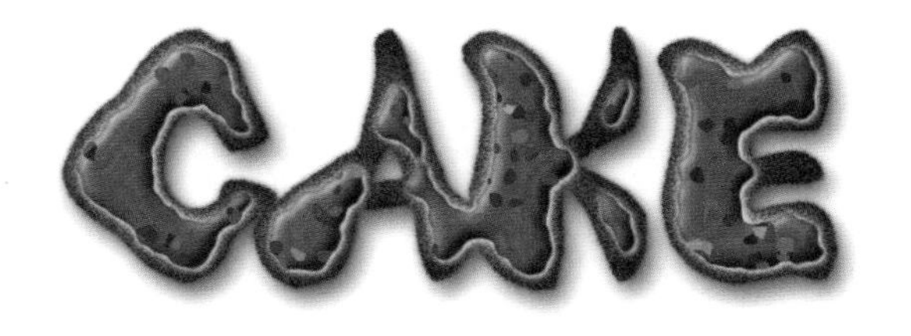

图1-204 修边后的效果

50 为糖果屑添加立体效果。双击图层4，弹出【图层样式】对话框，在其左边栏中单击【投影】选项，然后在右边栏中设置【距离】为3像素，【大小】为3像素，其他为默认值，如图1-205所示；接着在左边栏中单击【斜面和浮雕】选项，在右边栏中设置【方法】为雕刻清晰，【大小】为2像素，【角度】为135度，其他为默认值，如图1-206所示，单击【确定】按钮，即可得到如图1-207所示的效果。

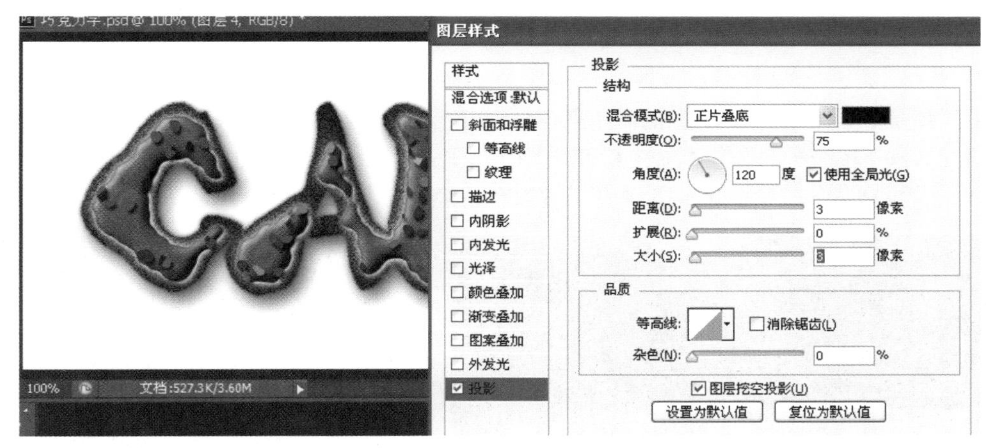

图1-205 添加投影效果

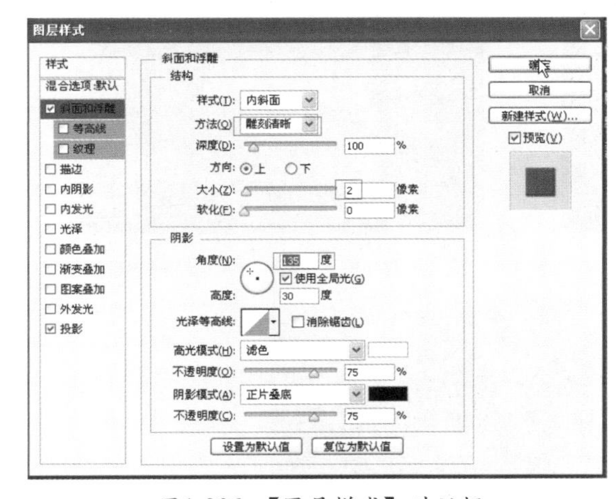

图1-206 【图层样式】对话框

图1-207 添加斜面和浮雕后的效果

（7）添加背景

51 在【图层】面板中激活背景层，在菜单中执行【文件】→【置入】命令，在弹出的对话框中选择所需的木纹图片，如图1-208所示，选择好后单击【置入】按钮，即可将选择的文件置入到画面中，如图1-209所示。

图1-208 【置入】对话框

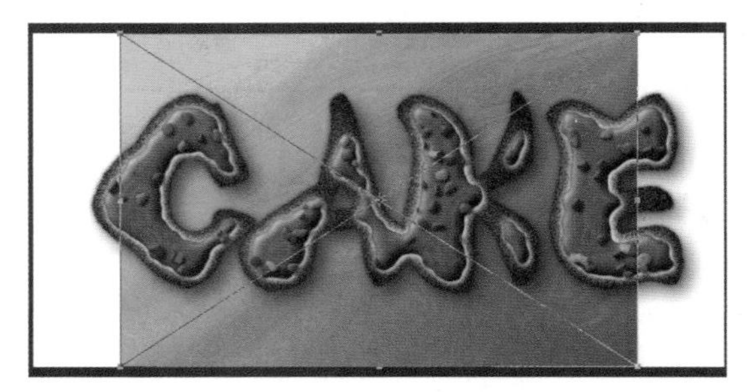

图1-209 置入后的效果

52 在选项栏中设置【W：（宽度）】与【H：（高度）】的比例均为98%，如图1-210所示，以调整图片的大小，再在置入框中双击确认置入。

53 在【图层】面板的底部单击 （创建新的填充或调整图层）按钮，在弹出的菜单中执行【曲线】命令，再在【属性】面板中调整网格中的直线为如图1-211所示的曲线，得到如图1-212所示的效果，巧克力字就制作完成了。

图1-210 调整置入图片的大小

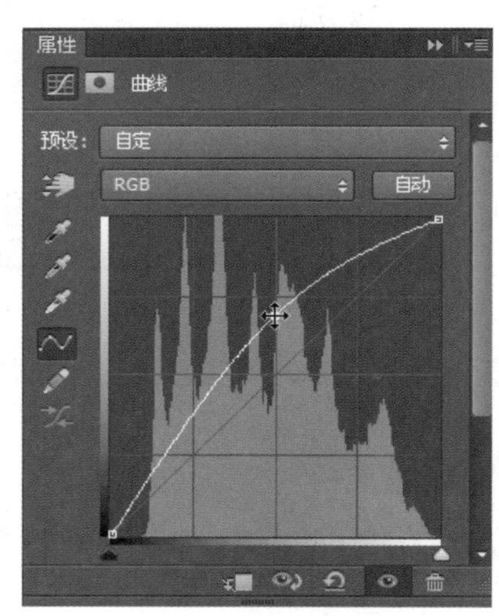

图1-211 【属性】面板

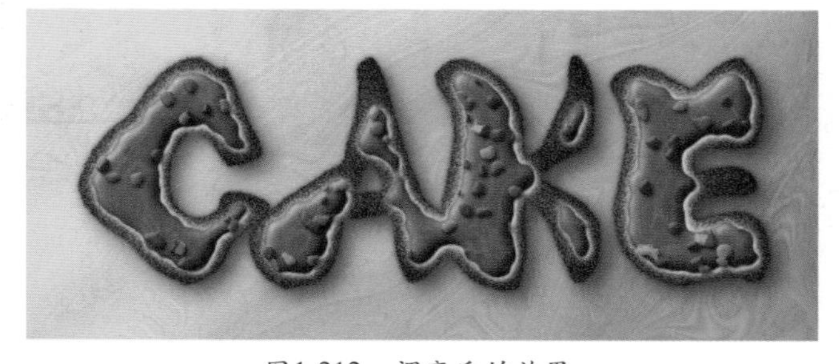

图1-212 调亮后的效果

1.7 空间立体特效字

实例说明

在制作场景、广告招牌、海报时，可以用到本例中的“空间立体特效字”的制作方法。如图1-213所示为实例效果图，如图1-214所示为类似范例的实际应用效果图。

图1-213 空间立体特效字最终效果图

图1-214 精彩效果欣赏

设计思路

先使用矩形选框工具、定义图案、填充、自由变换等工具与命令制作立体空间；再使用横排文字工具、斜切、复制、粘贴、描边、扩展、移动并复制等工具与命令制作出立体文字，然后使用加深工具、减淡工具、自由变换、渐变工具、添加图层蒙版、画笔工具等工具与命令为文字与背景添加光源环境。如图1-215所示为制作流程图。

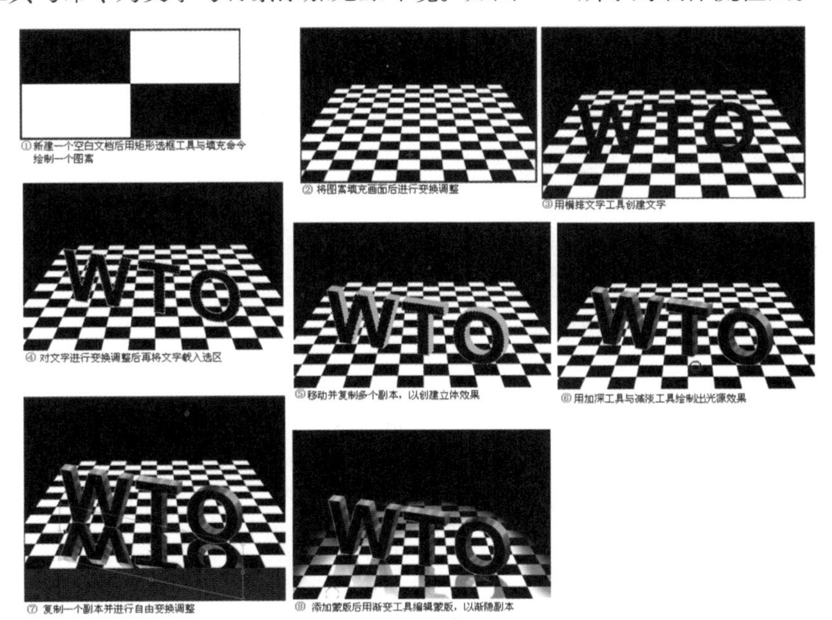

图1-215 制作流程图

操作步骤

01 按“Ctrl”+“N”键新建一个大小为100×50像素，【分辨率】为100像素/英寸，【颜色模式】为RGB颜色，【背景内容】为白色的文件。

02 按“D” 键将前景色与背景色设为默认值，即前景色为黑色，按“Ctrl”+“+”键放大画面，再在工具箱中选择矩形选框工具，在选项栏中设置【样式】为固定大小，【宽度】为50像素，【高度】为25像素，其他参数为默认值，然后在画面的左上角单击，即可得到一个固定大小的矩形选框，再按“Alt”+“Delete”键填充前景色，即可得到如图1-216所示的效果。

图1-216　用矩形选框工具绘制选区并填充黑色

03 移动指针到选框内按下左键并向右下角拖动到适当位置，如图1-217所示，按“Alt”+“Delete”键填充前景色，然后按“Ctrl”+“D”键取消选择，即可得到如图1-218所示的效果。

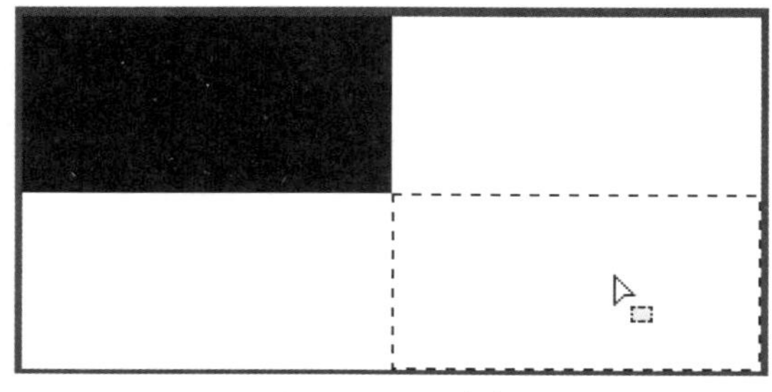

图1-217　移动选区

图1-218　填充黑色后取消选择

04 在菜单中执行【编辑】→【定义图案】命令，弹出【图案名称】对话框，在其中直接单击【确定】按钮，如图1-219所示，即可将刚绘制的内容定义为图案。

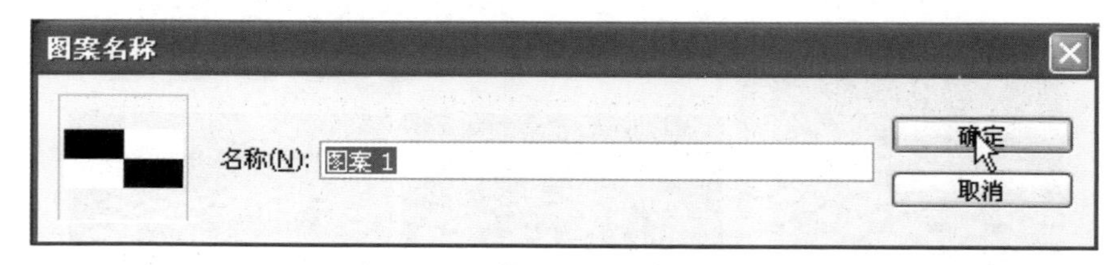

图1-219　【图案名称】对话框

05 按“X”键切换前景色与背景色，使背景色为黑色，再按“Ctrl”+“N”键新建一个大小为600×400像素，【分辨率】为100像素/英寸，【颜色模式】为RGB颜色，【背景内容】为背景色的文件。

06 在【图层】面板中单击（创建新图层）按钮，新建图层1，如图1-220所示。在菜单中执行【编辑】→【填充】命令，弹出【填充】对话框，在其中的【使用】下拉列表中选择图案，然后在【自定图案】下拉调板中选择刚定义的图案，如图1-221所示，单击【确定】按钮，即可得到如图1-222所示的效果。

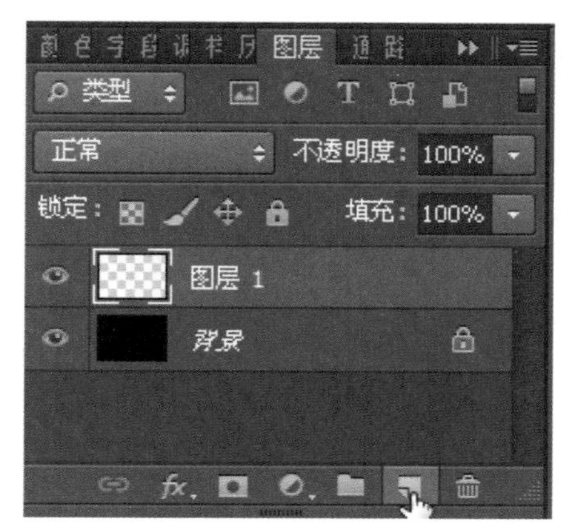

图1-220 创建新图层

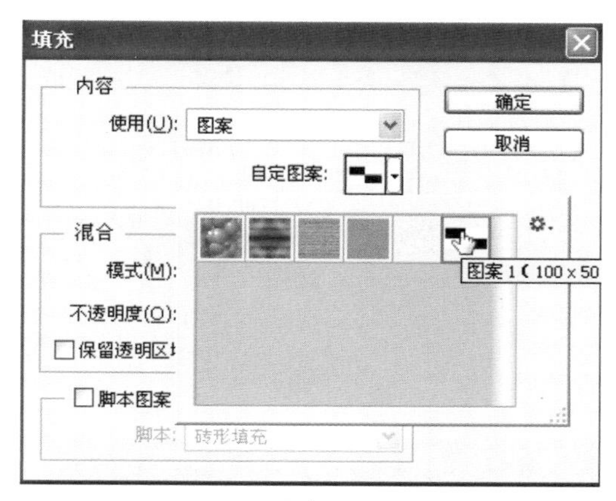

图1-221 【填充】对话框

图1-222 填充图案后的效果

07 按“Ctrl”+“T”键执行【自由变换】命令，显示变换框，再按“Ctrl”键拖动上边对角控制点到适当位置，对图层1的内容进行透视调整，如图1-223所示，调整好后在变换框中双击，确认变换，即可得到如图1-224所示的效果。

图1-223 自由变换调整

图1-224 自由变换调整后的效果

08 在工具箱中选择T横排文字工具，并在选项栏中设置【字体】为Arial，【字体样式】为Bold，【字体大小】为120点，【消除锯齿方法】为浑厚，【文本颜色】为黑色，其他参数为默认值，然后在画面的适当位置单击并输入“WTO”文字，输入好后在选项栏中单击✓（提交）按钮，确认文字输入，效果如图1-225所示。

09 在【编辑】菜单中执行【变换】→【斜切】命令，移动指针到变换框左边中间的控制点上按下左键向上拖动到适当位置对文字进行斜切，如图1-226所示，调整好后在变换框中双击确认变换，即可得到如图1-227所示的效果。

图1-225　输入文字

图1-226　对文字进行斜切变换调整

图1-227　变换调整后的效果

10 按“Ctrl”键在【图层】面板中单击文字图层的缩览图，使文字载入选区，如图1-228所示；接着按“Ctrl”+“C”键进行复制，再按“Ctrl”+“V”键进行粘贴，将选区内容复制并粘贴到自动新建的图层中，如图1-229所示。

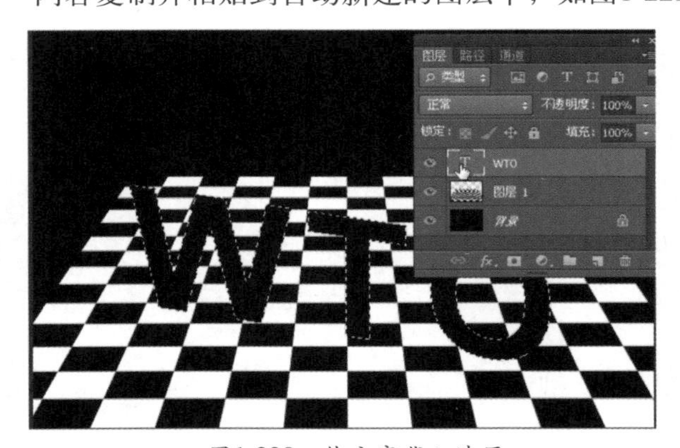

图1-228　使文字载入选区

图1-229　由选区复制一个新图层

11 按“Ctrl”键在【图层】面板中单击图层2的缩览图，使文字载入选区，在菜单中执行【编辑】→【描边】命令，弹出【描边】对话框，在其中设置【宽度】为2像素，【颜色】为# b3b3b3，【位置】为居中，如图1-230所示，单击【确定】按钮，即可得到如图1-231所示的描边效果。

12 在菜单中执行【选择】→【修改】→【扩展】命令，弹出【扩展选区】对话框，在其中设置【扩展量】为1像素，如图1-232所示，单击【确定】按钮，即可将选区扩展1个像素。

13 按“Ctrl”+“Alt”键在键盘上单击↓（向下）和←（向左）键多次，得到如图1-233所示的立体效果，再按“Ctrl”+“D”键取消选择。

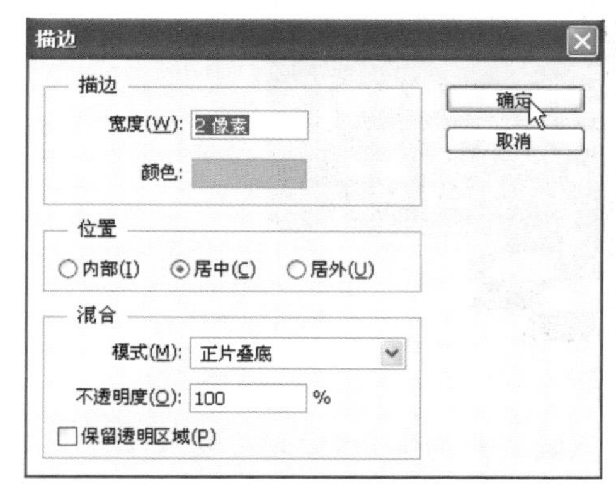

图1-230 【描边】对话框

图1-231 描边后的效果

图1-232 【扩展选区】对话框

图1-233 复制并移动后的效果

14 按“Ctrl”+“J”键复制图层2为图层2副本，以备份一个立体文字，如图1-234所示。

15 在工具箱中选择加深工具，在选项栏中设置【画笔】为尖角11像素（也就是在画笔弹出式面板中先选择硬边圆，再设置大小为11像素），其他参数为默认值，然后在画面中立体文字的侧面进行涂抹，以将其加暗，涂抹后的效果如图1-235所示。

图1-234 复制图层

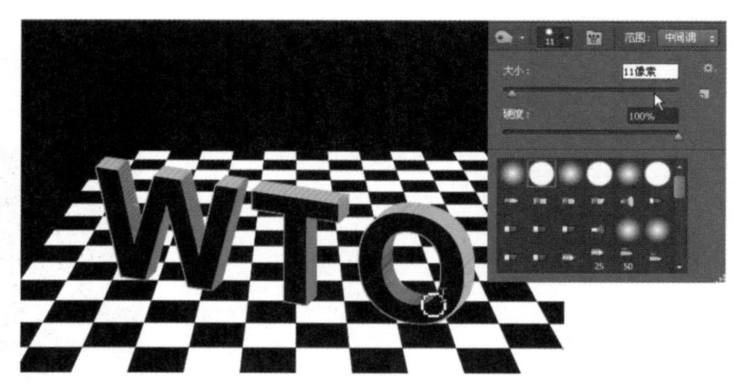

图1-235 用加深工具加深颜色

16 在选项栏的弹出式画笔面板中选择柔角画笔（也就是柔边圆），并设置【大小】为35像素，然后在画面中需要加暗的区域进行涂抹，涂抹后的效果如图1-236所示。

图1-236　加深颜色

17 在工具箱中选择减淡工具，在选项栏中设置【画笔】为尖角9像素，其他参数为默认值，然后在画面中立体文字的立体面上进行拖动，将一些部位加亮，经过多次拖动后的效果如图1-237所示。

18 按“Ctrl”+“J”键复制图层2副本为图层2副本2，再激活图层2副本，如图1-238所示。

图1-237　减淡颜色

图1-238　复制与选择图层

19 按“Ctrl”+“T”键执行【自由变换】命令，显示变换框，先移动指针到变换框上方的中间控制点上，当指针呈双向箭头状时，按下左键向下拖动到适当位置，再按“Ctrl”键拖动变换框左边的中间控制点向上到适当位置，如图1-239所示，调整好后在变换框中双击确认变换。

20 在【图层】面板中设置图层2副本的【不透明度】为50%，即可得到如图1-240所示的效果。

图1-239　自由变换调整

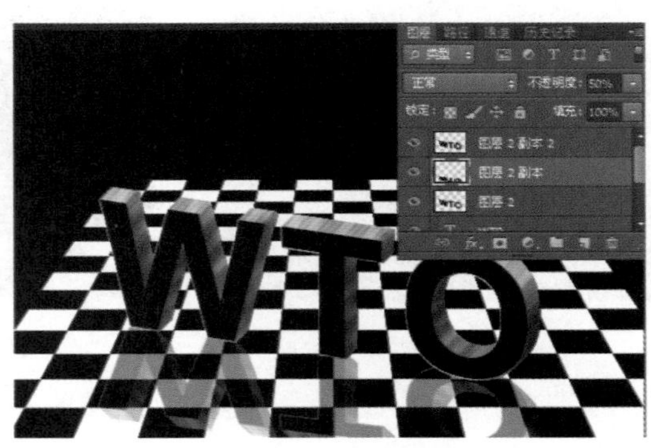

图1-240　降低不透明度

21 在【图层】面板中单击 (添加图层蒙版)按钮，为图层2副本添加图层蒙版，如图1-241所示，接着在工具箱中选择渐变工具，在选项栏的【渐变拾色器】中选择黑白渐变，然后在画面中从左下方向右上方拖动，为蒙版进行渐变填充，修改蒙版后的效果如图1-242所示。

图1-241 添加图层蒙版

图1-242 用渐变工具修改图层蒙版

22 在【图层】面板中新建图层3，再设置前景色为黑色，接着选择画笔工具，在选项栏的弹出式画笔面板中选择柔角画笔，再设置【大小】为65像素，【不透明度】为50%，其他参数为默认值，然后在画面中文字的周围进行涂抹，以将其周围涂黑，涂抹后的效果如图1-243所示，空间立体特效字就制作完成了。

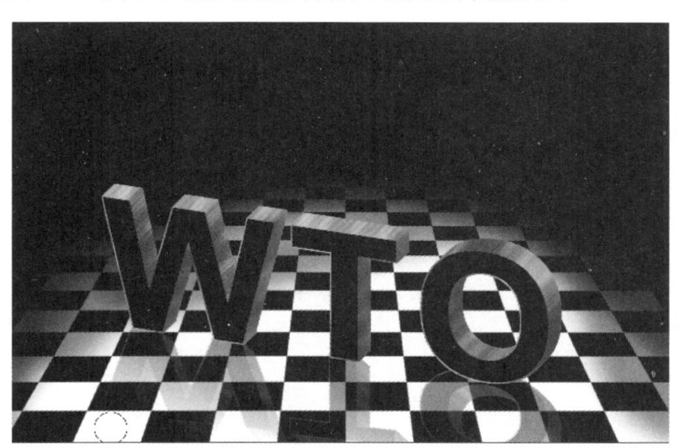

图1-243 用画笔工具将背景加黑

第2章
按钮系列

本章通过玻璃质感按钮、播放按钮和导航按钮3个范例的制作，介绍了在Photoshop中制作按钮的技巧。

2.1 玻璃质感按钮

实例说明

在制作按钮、玻璃钮扣、手饰、网页以及绘制立体实物、界面设计、CG效果图时，都可以用到本例中的“玻璃质感按钮”的制作方法。如图2-1所示为范例效果图，如图2-2所示为类似范例的实际应用效果图。

图2-1 玻璃质感按钮最终效果图

图2-2 精彩效果欣赏

设计思路

先新建一个文档，再使用椭圆选框工具绘制一个圆选框，确定按钮的大小，然后使用描边、图层样式、渐变工具等命令或功能制作出立体效果，并添加玻璃质感效果。如图2-3所示为制作流程图。

①绘制一个圆选框并填充与描边颜色

②复制一个副本并添加图层样式效果

③绘制一个椭圆选框并进行渐变填充

④改变不透明度

图2-3 制作流程图

操作步骤

01 在Photoshop CS6中按“Ctrl”+“N”键新建一个大小为200×200像素，【分辨率】为96像素/英寸，【背景内容】为白色的RGB文件。

02 在【图层】面板中单击（创建新图层）按钮，新建图层1，如图2-4所示，在工具箱中选择椭圆选框工具，在选项栏的【样式】下拉列表中选择固定大小，再设置【宽度】和【高度】均为120像素，然后在画面中单击，即可得到如图2-5所示的圆选框。

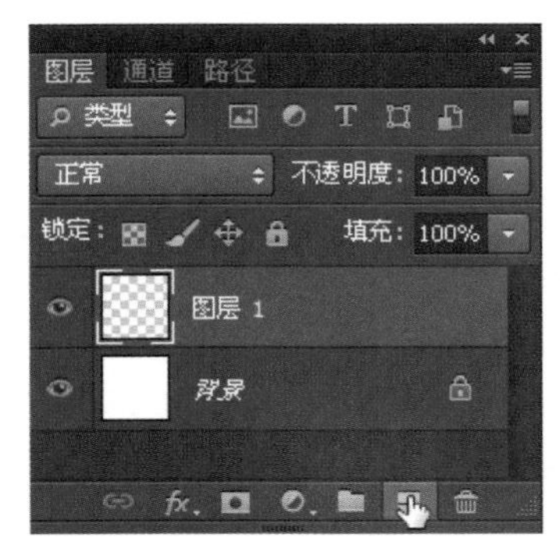

图2-4　创建新图层

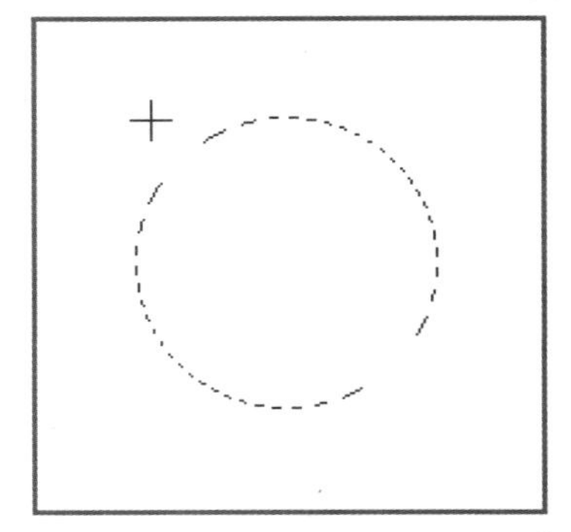

图2-5　用椭圆选框工具绘制好的圆选框

03 设置前景色为#B3B3B3，背景色为#E3E3E3，按“Ctrl”+“Delete”键将选区填充背景色，效果如图2-6所示，接着在菜单中执行【编辑】→【描边】命令，在弹出的对话框中设置【宽度】为2像素，【位置】为居外，其他为默认值，如图2-7所示，单击【确定】按钮，即可得到如图2-8所示的效果。

图2-6　填充灰色

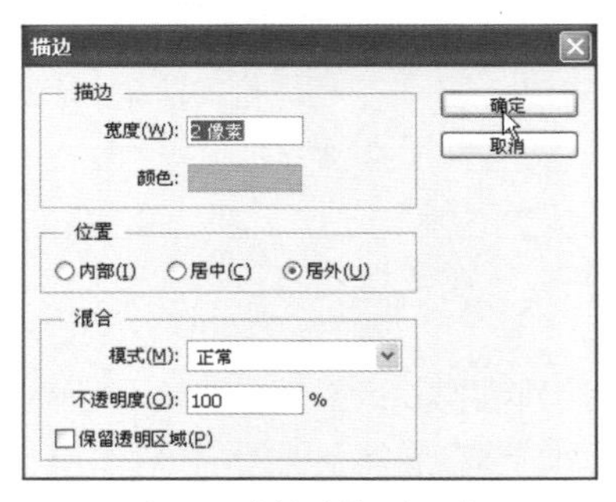

图2-7　【描边】对话框

图2-8　描边后的效果

04 按“Ctrl”+“J”键复制选区内容为图层2，如图2-9所示。

05 在【图层】面板中双击图层2，弹出【图层样式】对话框，在其左边栏中单击【描边】选项，然后在右边栏中设置【大小】为2像素，【位置】为内部，【颜色】为白色，如图2-10所示。

图2-9　【图层】面板

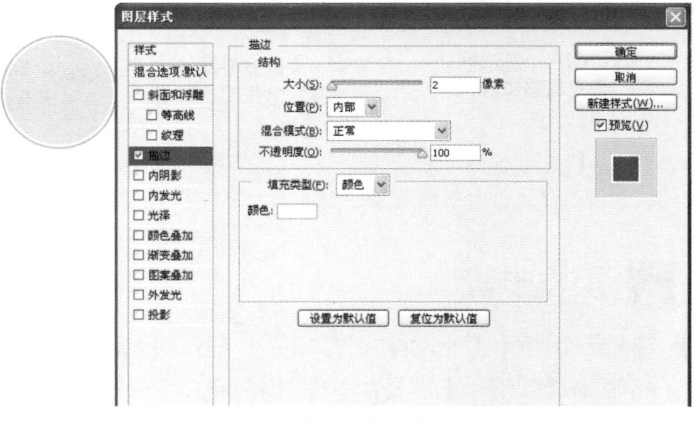

图2-10　添加描边效果

06 在【图层样式】对话框的左边栏中单击【渐变叠加】选项，然后在右边栏中设置【渐变】为红色渐变，【角度】为90度，其他为默认值，如图2-11所示。

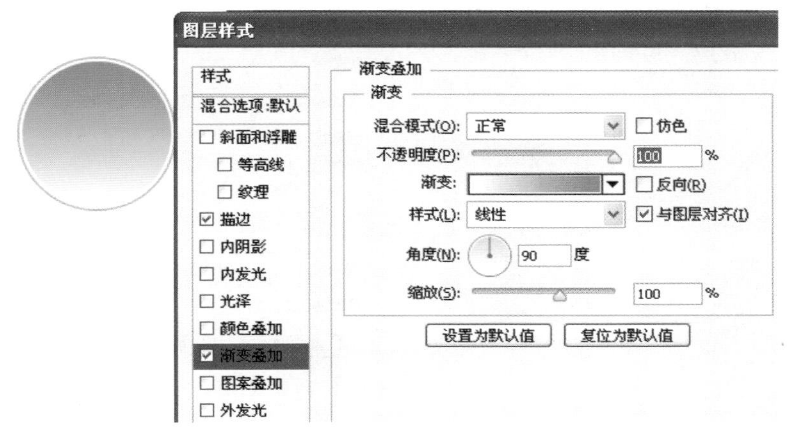

图2-11　填充渐变颜色

07 在【图层样式】对话框的左边栏中单击【光泽】选项，然后在右边栏中设置光泽颜色为黄色（#FFF600），其他参数设置如图2-12所示。

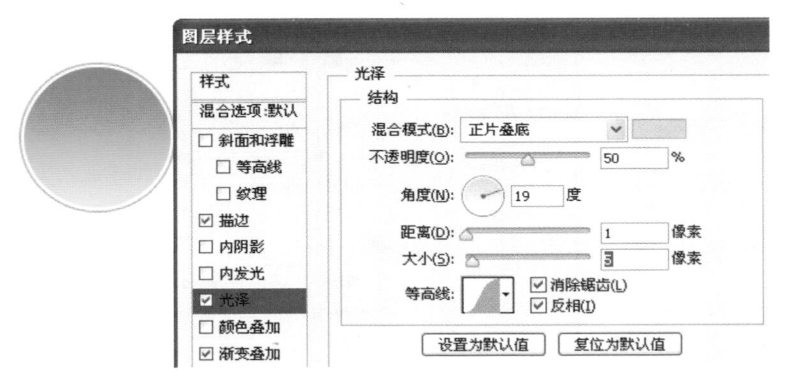

图2-12　添加光泽效果

08 在【图层样式】对话框的左边栏中单击【斜面和浮雕】选项，然后在右边栏中设置暗调颜色为#FF6000，其他参数设置如图2-13所示。

09 在【图层样式】对话框的左边栏中单击【内阴影】选项，然后在右边栏中设置内阴影颜色为白色，其他参数设置如图2-14所示。

10 在【图层样式】对话框的左边栏中单击【内发光】选项，然后在右边栏中设置内发光颜色为#503702，其他参数设置如图2-15所示。

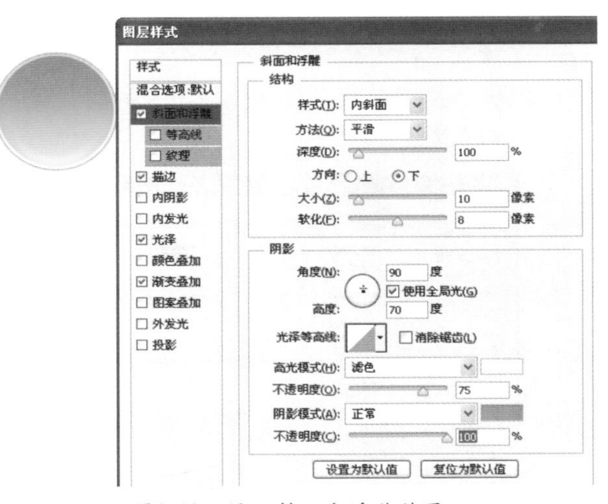

图2-13　添加斜面和浮雕效果

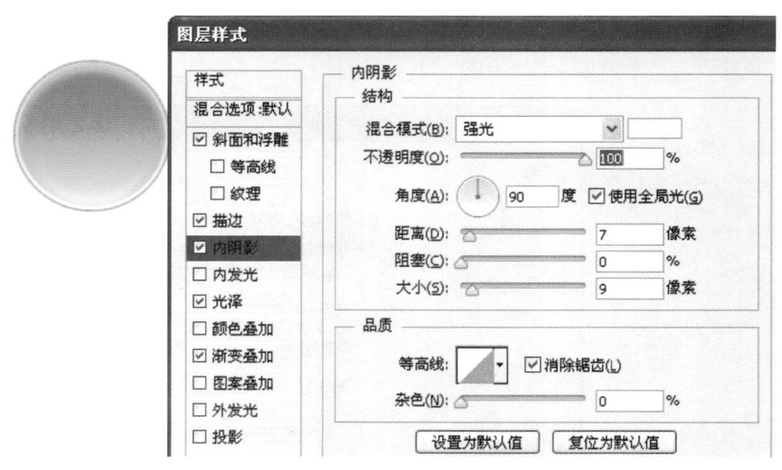

图2-14　添加内阴影效果

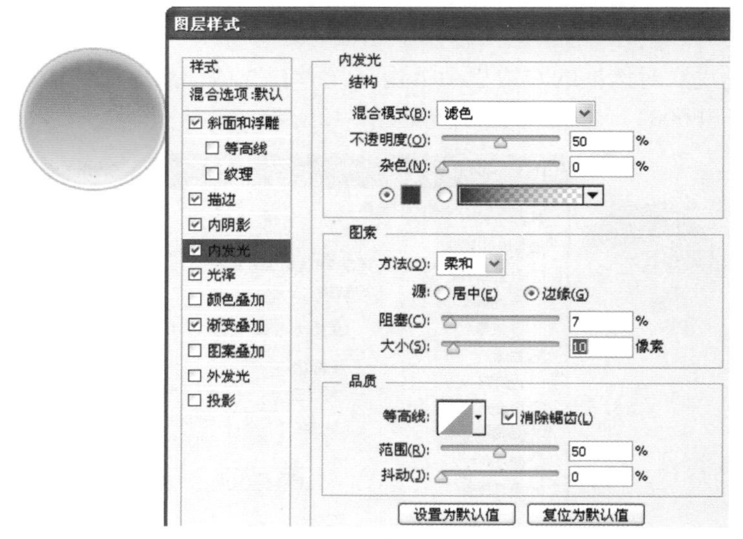

图2-15　添加内发光效果

11 在【图层样式】对话框的左边栏中单击【投影】选项，然后在右边栏中设置投影颜色为黑色，其他参数设置如图2-16所示，设置好后单击【确定】按钮，即可得到如图2-17所示的效果。

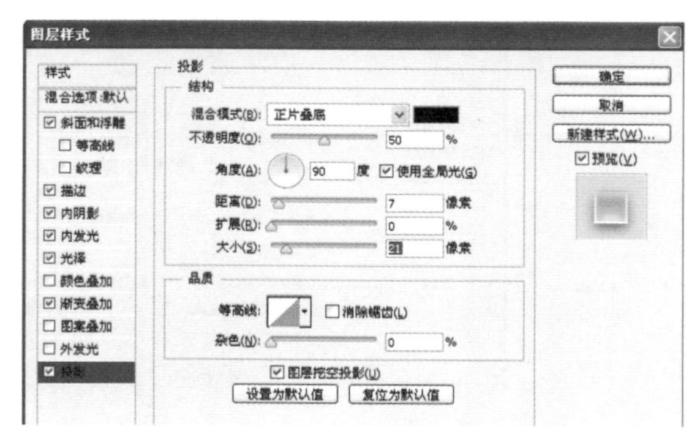

图2-16　【图层样式】对话框

图2-17　添加投影后的效果

⑫ 在【图层】面板中单击【创建新图层】按钮，新建图层3，如图2-18所示，接着在椭圆选框工具的选项栏中设置【样式】为正常，然后在按钮上拖出一个椭圆，并将其移至适当位置，如图2-19所示。

图2-18 【图层】面板

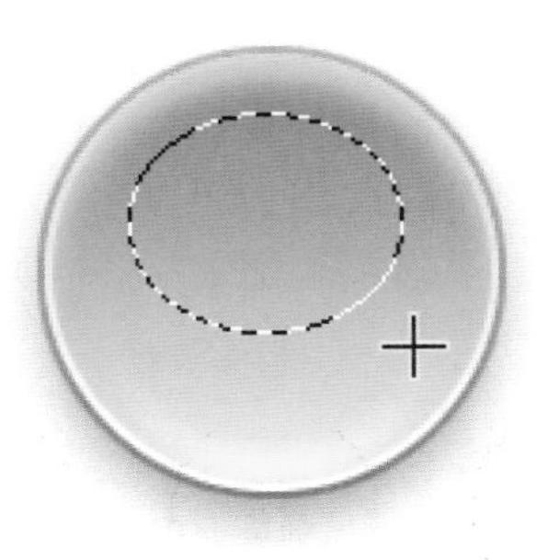

图2-19 绘制椭圆选框

⑬ 设置前景色为白色，再选择渐变工具，在选项栏中选择(线性渐变)按钮，接着在【渐变拾色器】中选择前景为透明渐变，如图2-20所示，然后按“Shift”键从选区的上方向下方拖动以给选区进行渐变填充，效果如图2-21所示。

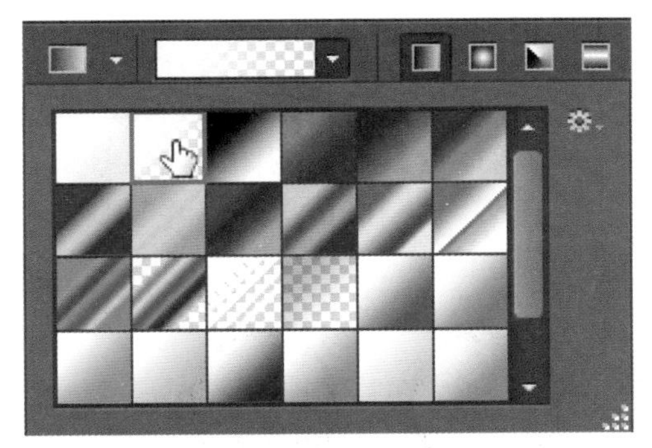

图2-20 渐变拾色器

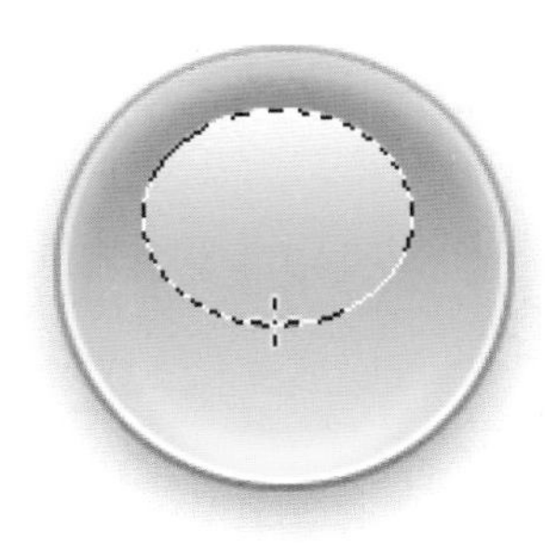

图2-21 用渐变工具填充渐变颜色后的效果

⑭ 按“Ctrl”+“D”键取消选择，在【图层】面板中设置图层3的【不透明度】为70%，即可得到如图2-22左所示的效果，玻璃质感按钮就制作完成了。

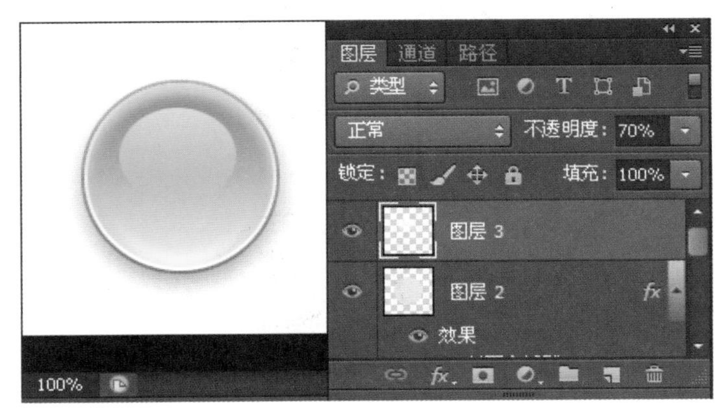

图2-22

2.2 播放按钮

实例说明

在制作按钮、手饰、网页以及立体实物绘制、界面设计、CG绘画时，都可以用到本例中的“播放按钮”的制作方法。如图2-23所示为范例效果图，如图2-24所示为类似范例的实际应用效果图。

图2-23　播放按钮最终效果图

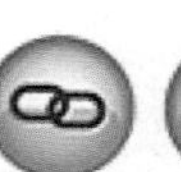

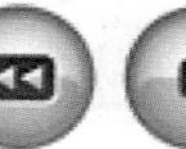

图2-24　精彩效果欣赏

设计思路

先新建一个文档，再使用椭圆选框工具绘制一个圆选框，确定按钮的大小，然后使用渐变工具、自由变换、图层样式、描边等命令或功能制作出立体效果，最后使用多边形工具、复制组、矩形工具等工具与命令绘制播放符号，并复制两个副本再分别绘制暂停与停止符号。如图2-25所示为制作流程图。

①绘制圆选框后进行渐变填充

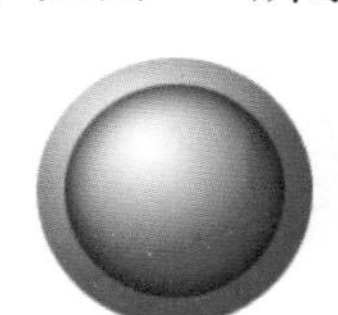

②复制一个副本，并对副本进行自由变换调整，再添加内发光效果

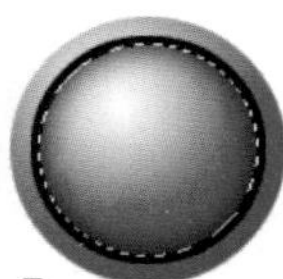

③载入选区后创建新图层并描边

④用多边形工具绘制三角形

⑤新建一个文档并复制三个按钮

⑥改变按钮上的符号

图2-25　制作流程图

操作步骤

01 按“Ctrl”+“N”键新建一个大小为150×150像素，【分辨率】为96像素/英寸，【背景内容】为白色的RGB文件。

02 在【图层】面板中单击【创建新图层】按钮，新建图层1，如图2-26所示，接着在工具箱中选择椭圆选框工具，在选项栏的【样式】下拉列表中选择固定大小，设置【宽度】和【高度】均为120像素，然后在画面中单击，即可得到如图2-27所示的圆选框。

图2-26 创建新图层

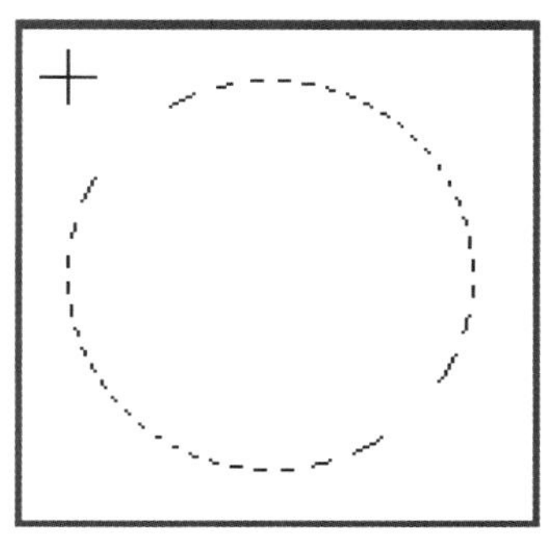

图2-27 用椭圆选框工具绘制好的圆选框

03 在工具箱中选择渐变工具，在选项栏中选择（径向渐变）按钮，在【渐变拾色器】中选择青色渐变，如图2-28所示，然后在画面中选框内拖动，以给圆选框进行渐变填充，填充渐变颜色后的效果如图2-29所示。

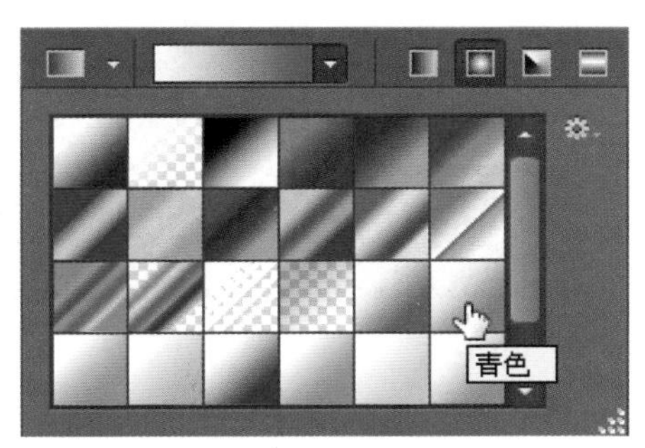

图2-28 渐变拾色器

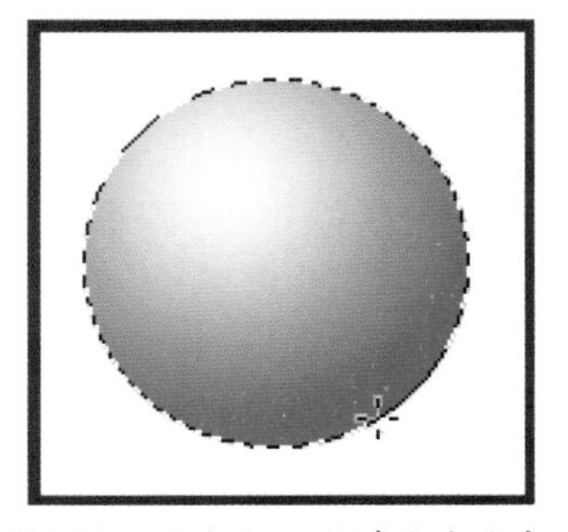

图2-29 用渐变工具填充渐变颜色

04 按“Ctrl”+“J”键复制选区内容为图层2，如图2-30所示。按“Ctrl”+“T”键执行【自由变换】命令，再在选项栏中设置比例为80%，以缩小副本，画面效果如图2-31所示，然后在变换框中双击确认变换。

图2-30 复制图层

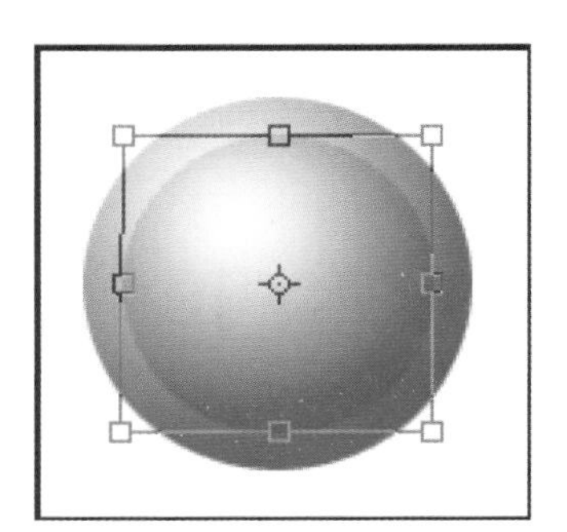

图2-31 自由变换调整

05 在【图层】面板中双击图层2，弹出【图层样式】对话框，在其左边栏中单击【内发光】选项，然后在右边栏中设置【混合模式】为正常，【不透明度】为47%，【大小】为16像素，【颜色】为黑色，如图2-32所示，其他不变，单击【确定】按钮，得到如图2-33所示的效果。

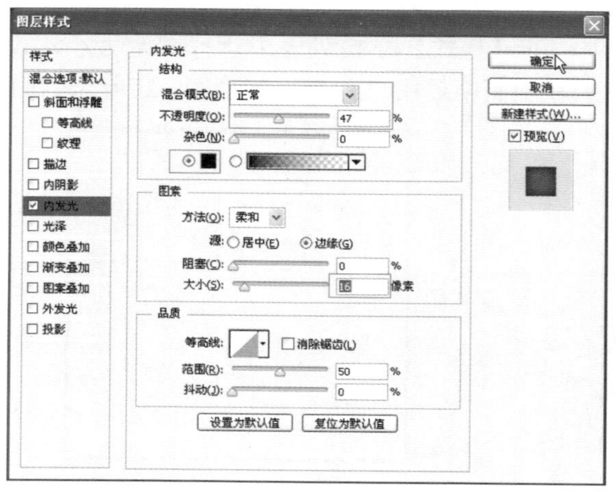

图2-32 【图层样式】对话框

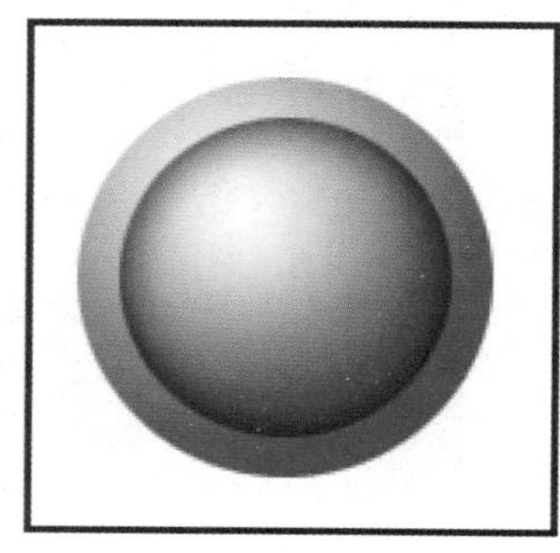

图2-33 添加内发光后的效果

06 按“Ctrl”键在【图层】面板中单击图层2的图层缩览图，使图层2载入选区，再单击（创建新图层）按钮，新建一个图层，如图2-34所示。

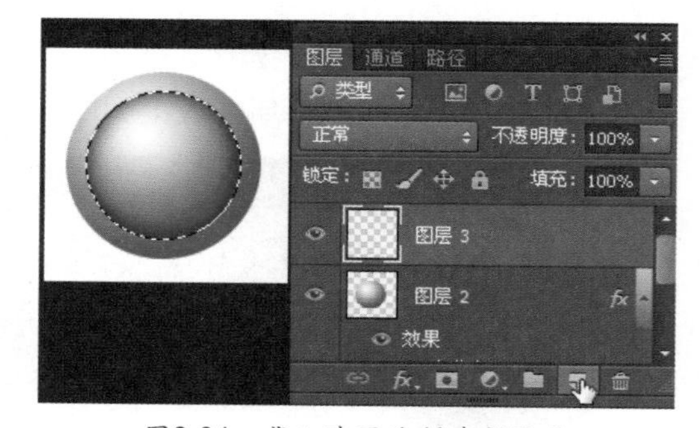

图2-34 载入选区后创建新图层

07 在【编辑】菜单中执行【描边】命令，在弹出的对话框中设置【宽度】为3像素，【颜色】为黑色，【位置】为居外，【模式】为正片叠底，其他不变，如图2-35所示，单击【确定】按钮，即可给选区进行描边，结果如图2-36所示。

08 设置前景色为#091f49，在【图层】面板中新建一个图层为图层4，再在工具箱中选择多边形工具，在选项栏的下拉列表中选择像素，在文本框中输入3，然后在画面中拖出一个三角形，如图2-37所示。

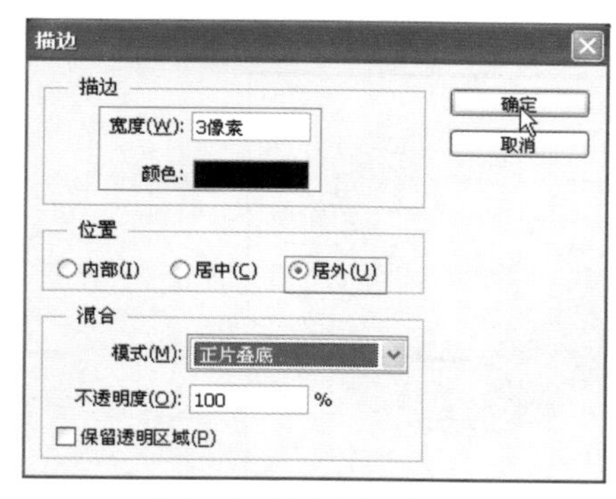

图2-35 【描边】对话框

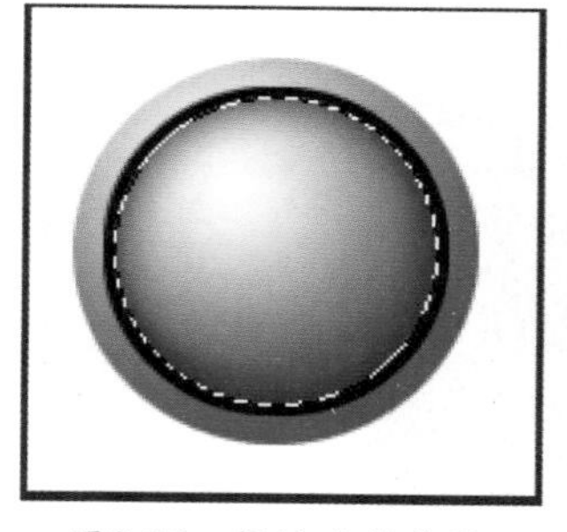

图2-36 描边后的效果

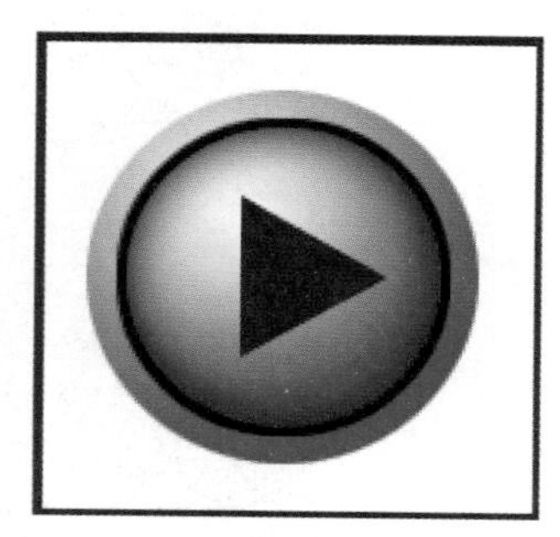

图2-37 用多边形工具绘制三角形

09 按“Shift”键单击图层1，以选择除背景层外的所有图层，如图2-38所示，按“Ctrl”+“G”键将它们编成一组，如图2-39所示。按“Ctrl”+“S”键将其保存并命名为播放按钮。

图2-38　选择图层

图2-39　编成一组

10 按“Ctrl”+“N”键新建一个文档，设置【大小】为470×150像素，即可新建一个空白的文档。在文档标题栏中激活刚编辑过的“播放按钮”文档，再在组上右击，在弹出的快捷菜单中执行【复制组】命令，如图2-40所示，然后在弹出的【复制组】对话框的【文档】列表中选择未标题-2，如图2-41所示，单击【确定】按钮，即可将刚制作的按钮复制到新建的文档中了，如图2-42所示。

图2-40　选择【复制组】命令

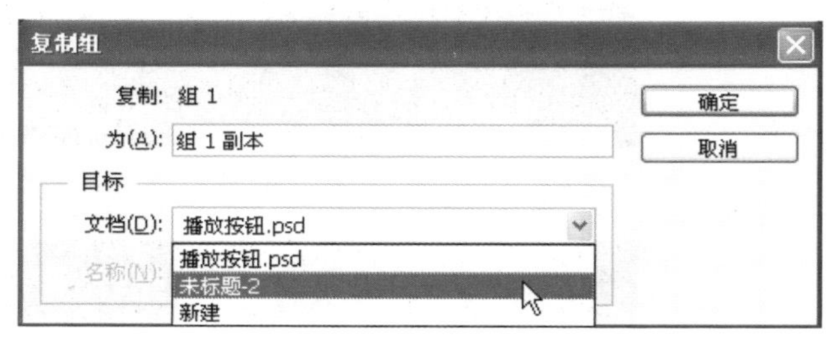

图2-41　【复制组】对话框

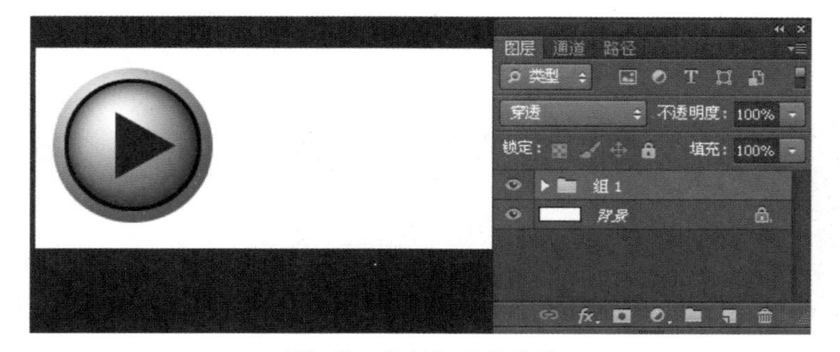

图2-42　复制组后的效果

⑪ 按"Ctrl"+"J"键两次，复制两个副本，如图2-43所示，再按"V"键选择移动工具，按"Shift"键并在【图层】面板中选择相应的图层，分别将副本移动到所需的位置，移动后的结果如图2-44所示。

图2-43　复制组

图2-44　分别移动组后的效果

⑫ 在【图层】面板中先将组1副本与组1副本2中的图层4关闭，如图2-45所示，再分别创建一个新图层，并用矩形工具在其中绘制相关的符号，绘制好后的效果如图2-46所示，范例就制作完成了。

图2-45　关闭相应的图层

图2-46　用矩形工具绘制暂停与停止符号

2.3 导航按钮

实例说明

在制作网页、手饰、游戏场景以及界面设计时，都可以用到本例中的“导航按钮”效果制作方法。如图2-47所示为范例效果图，如图2-48所示为类似范例的实际应用效果图。

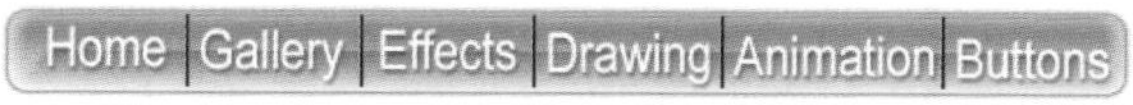

Home
Gallery
Effects
Drawing
Animation
Buttons

图2-47　导航按钮最终效果图

Home
About
Product
Gallery

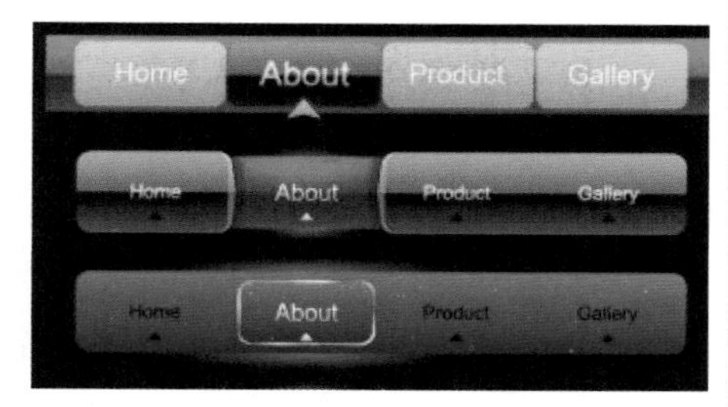

图2-48　精彩效果欣赏

设计思路

先新建一个文档，使用圆角矩形工具绘制一个圆角矩形确定导航按钮的大小，再使用图层样式（其中用到渐变叠加、描边、内发光、投影）、创建新图层、圆角矩形工具、涂抹工具、不透明度、直线工具、通过复制的图层等命令或功能添加颜色并制作出立体效果；然后使用横排文字工具、分布、图层样式等工具与命令为按钮添加相关的文字。如图2-49所示为制作流程图。

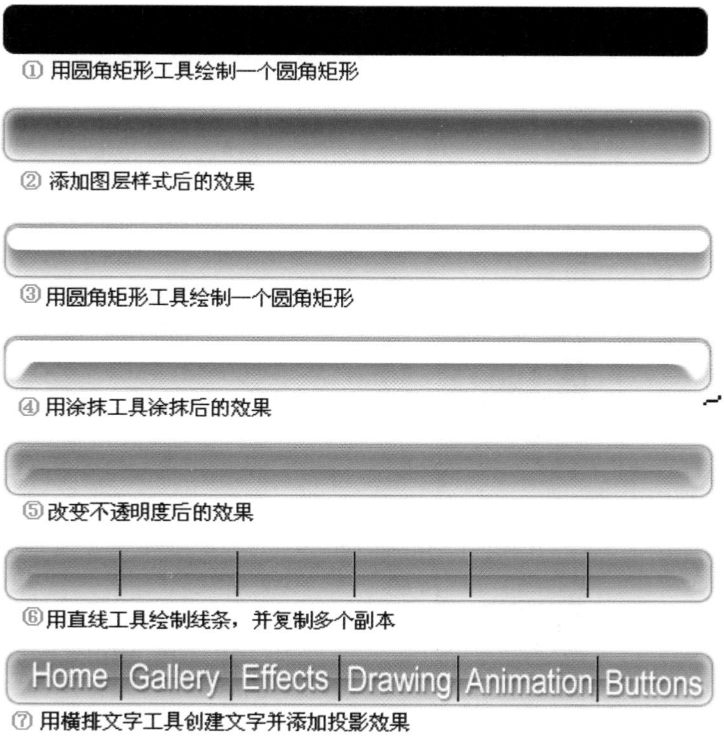

① 用圆角矩形工具绘制一个圆角矩形
② 添加图层样式后的效果
③ 用圆角矩形工具绘制一个圆角矩形
④ 用涂抹工具涂抹后的效果
⑤ 改变不透明度后的效果
⑥ 用直线工具绘制线条，并复制多个副本
Home
Gallery
Effects
Drawing
Animation
Buttons
⑦ 用横排文字工具创建文字并添加投影效果

图2-49　制作流程图

操作步骤

01 按“Ctrl”+“N”键新建一个大小为500×120像素，【分辨率】为96像素/英寸，【背景内容】为白色的RGB文件。

02 按“D”键复位色板，在【图层】面板中新建图层1，如图2-50所示，接着在工具箱中选择圆角矩形工具，在选项栏的下拉列表中选择像素，再在画面左边适当的位置单击，在弹出的【创建圆角矩形】对话框中设置【宽度】为480像素，【高度】为35像素，【半径】为8像素，如图2-51所示，单击【确定】按钮，即可得到一个长圆角矩形，如图2-52所示。

图2-50 【图层】面板

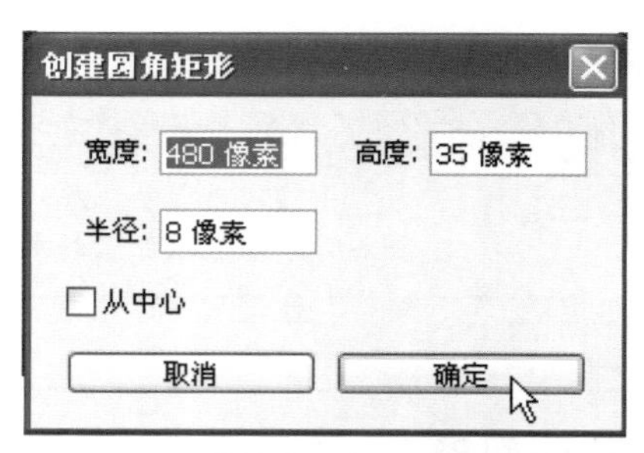

图2-51 【创建圆角矩形】对话框

图2-52 绘制好的圆角矩形

03 在【图层】面板中双击图层1，弹出【图层样式】对话框，在其左边栏中单击【渐变叠加】选项，然后在右边栏中设置所需的渐变，如图2-53所示。

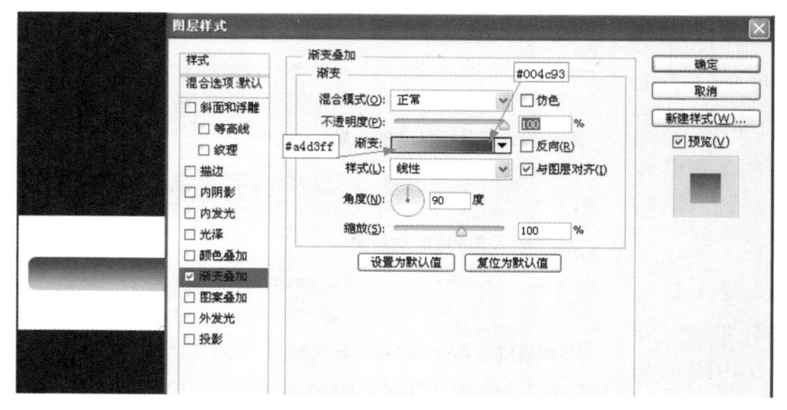

图2-53 【图层样式】对话框

04 在【图层样式】对话框的左边栏中单击【描边】选项，然后在右边栏中设置【大小】为1像素，【位置】为外部，【不透明度】为46%，【颜色】为黑色，如图2-54所示。

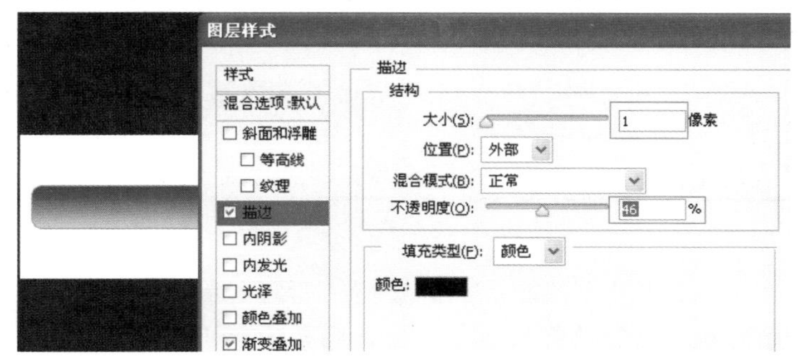

图2-54 添加描边效果

05 在【图层样式】对话框的左边栏中单击【内发光】选项，然后在右边栏中设置【不透明度】为64%，【颜色】为白色，【大小】为10像素，其他为默认值，如图2-55所示。

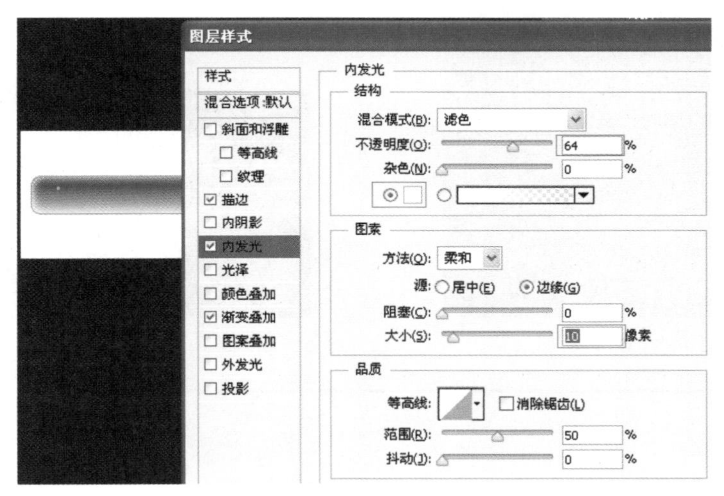

图2-55 添加内发光效果

06 在【图层样式】对话框的左边栏中单击【投影】选项，然后在右边栏中设置【距离】为0像素，其他为默认值，如图2-56所示，设置好后单击【确定】按钮，即可得到如图2-57所示的效果。

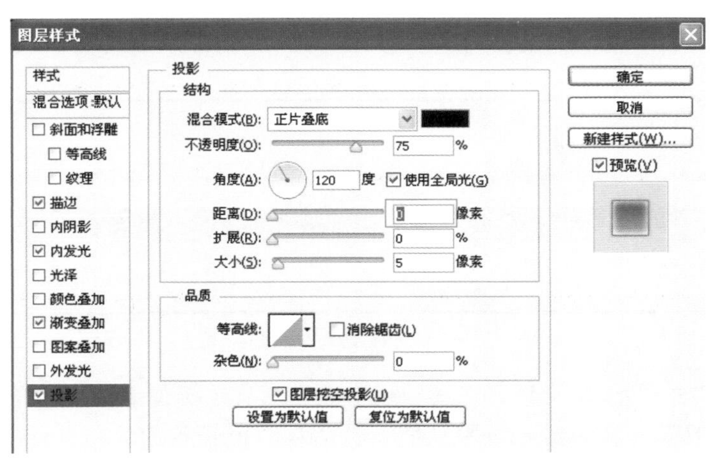

图2-56 【图层样式】对话框

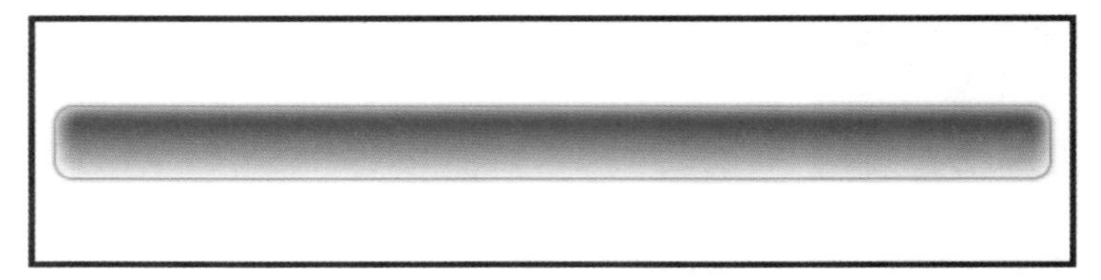

图2-57　添加投影后的效果

07 在【图层】面板中单击【创建新图层】按钮，新建图层2，如图2-58所示，按“X”键切换前景与背景色，使前景色为白色，再在圆角矩形工具的选项栏中设置【半径】为14像素，在圆角矩形选项中选择【不受约束】选项，如图2-59所示，然后在按钮的上方绘制一个圆角长矩形，如图2-60所示。

图2-58　创建新图层

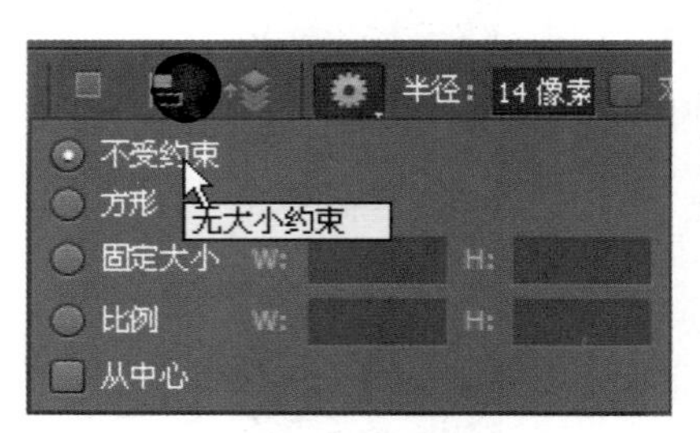

图2-59　选择【不受约束】选项

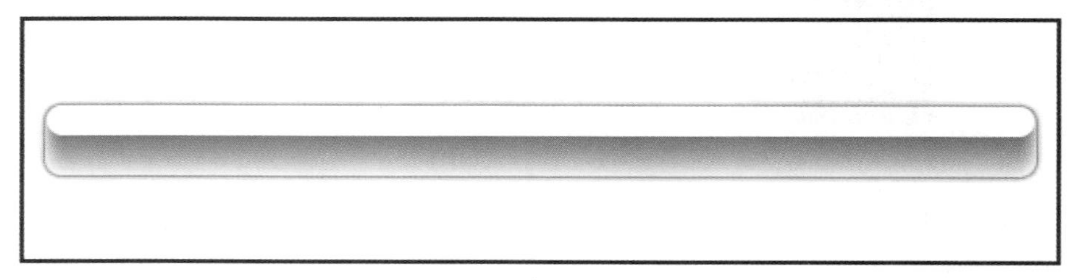

图2-60　绘制圆角长矩形

08 按“V”键选择移动工具，按向下键两次将白色长条拖动到适当位置，如图2-61所示。

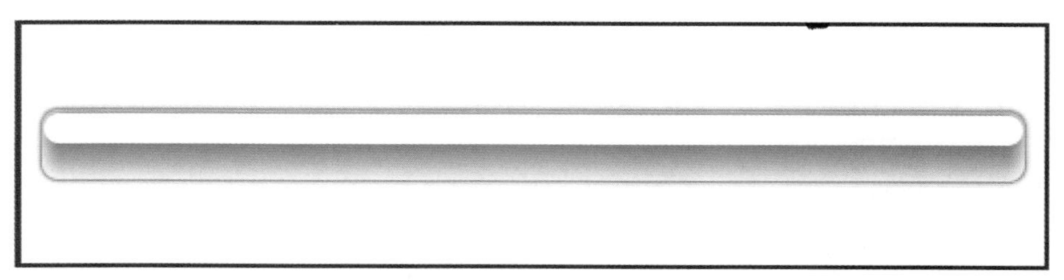

图2-61　用移动工具调整位置

09 在工具箱中选择涂抹工具，在选项栏中右击工具图标弹出快捷菜单，在中选择【复位工具】命令，以恢复默认值，然后在白色长条的两端进行涂抹，直到得到所需的形状为止，如图2-62所示。

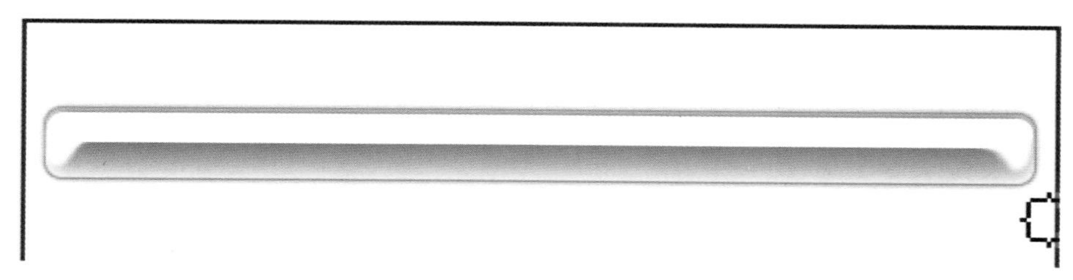

图2-62　用涂抹工具绘制两端

⑩ 在【图层】面板中设置图层2的【不透明度】为30%，如图2-63所示，即可得到如图2-64所示的效果。

图2-63　降低不透明度

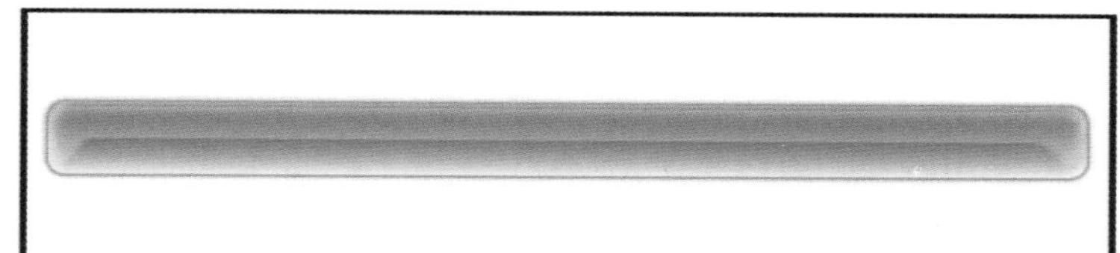

图2-64　降低不透明度后的效果

⑪ 设置前景色为#E0E0E0，在【图层】面板中新建图层3，在工具箱中选择直线工具，并在选项栏中设置【粗细】为1像素，按“Shift”键在按钮上从上向下拖动，以绘制一条直线，如图2-65所示。

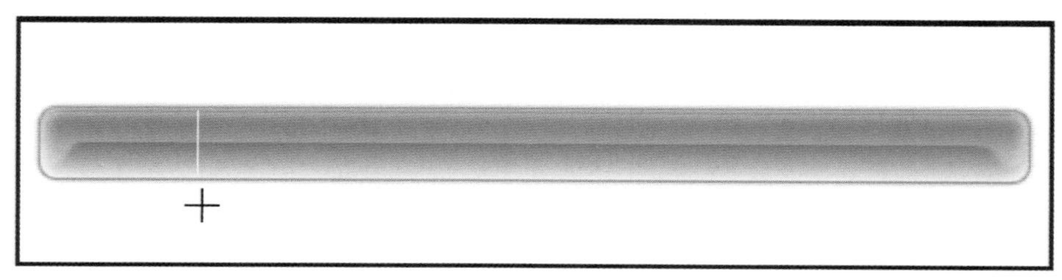

图2-65　用直线工具绘制直线

⑫ 按“X”键切换前景与背景色，再按“Shift”键在灰白色直线的左边绘制一条黑色直线，如图2-66所示。

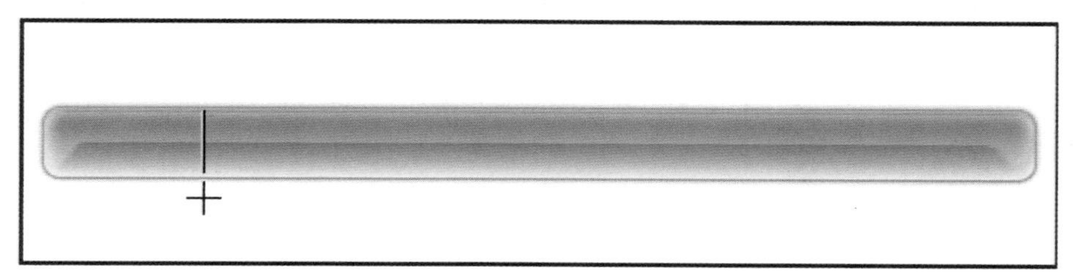

图2-66　用直线工具绘制直线

⑬ 按“Ctrl”+“J”键复制图层3为图层3副本，如图2-67所示，再按“V”键选择移动工

具，按“Shift”键将图层3副本的内容向右拖到适当位置，如图2-68所示。

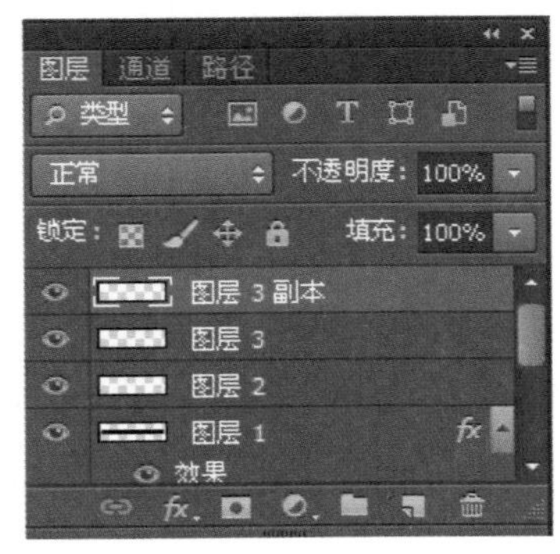

图2-67　复制图层

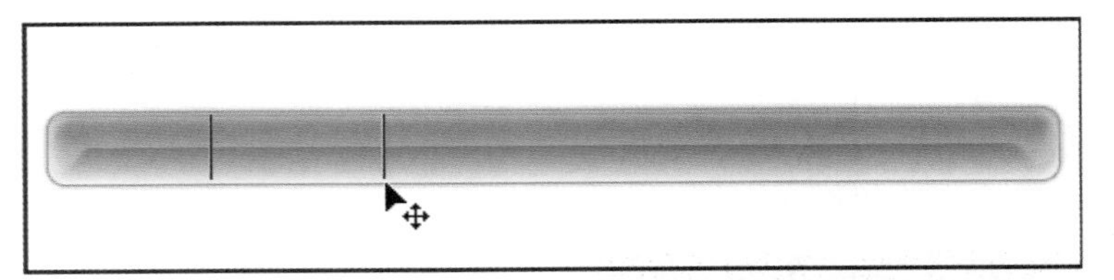
图2-68　复制并移动后的效果

提　示

可以按下“Alt”+“Shift”键进行复制与移动。

⑭ 使用同样的方法复制3条直线，效果如图2-69所示。

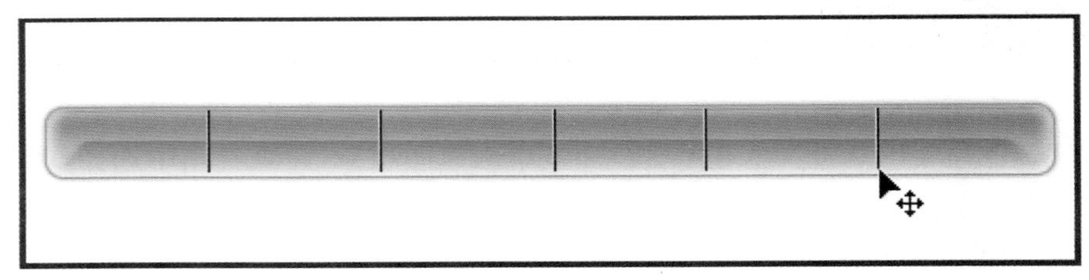
图2-69　复制并移动后的效果

⑮ 按“Shift”键在【图层】面板中单击图层3，以同时选择所有的直线所在的图层，如图2-70所示，再在选项栏中单击▯（水平居中分布）按钮，将它们均匀分布，结果如图2-71所示。

图2-70　选择图层

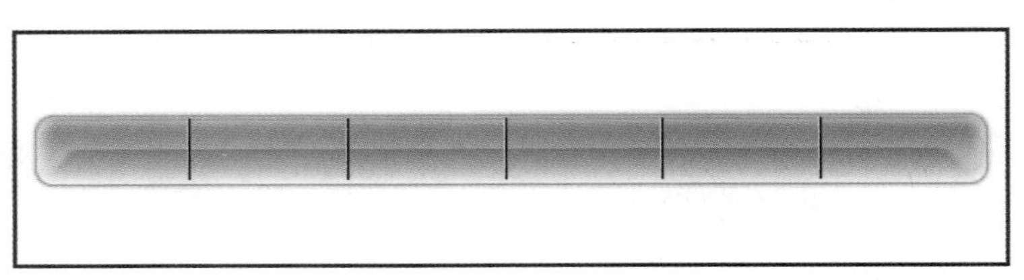
图2-71　水平居中分布

⑯ 设置前景色为白色，在工具箱中选择▯横排文字工具，在选项栏中设置【字体】为Arial，【样式】为Narrow，【字体大小】为18点，【消除锯齿方法】为平滑，【颜

色】为白色，然后在按钮最左边的栏中单击并输入“Home”文字，如图2-72所示，在选项栏中单击✓按钮确认文字输入。

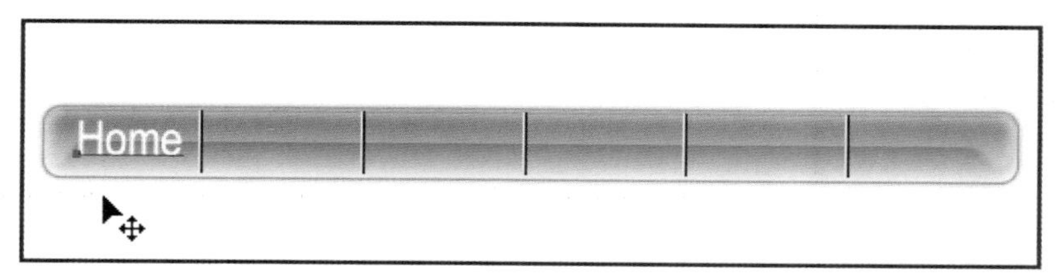

图2-72 用横排文字工具输入文字

⑰ 使用同样的方法在按钮上分别输入如图2-73所示的文字。

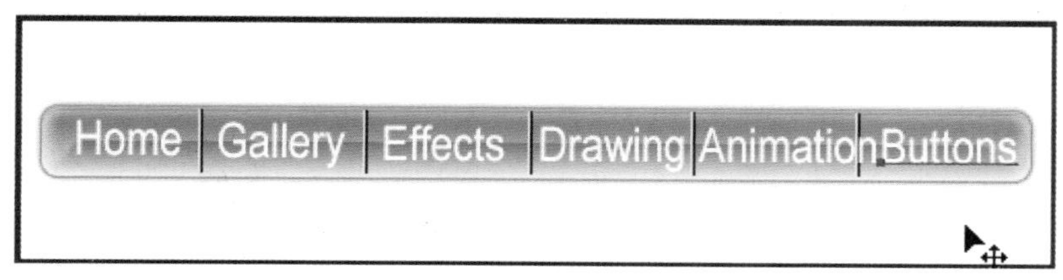

图2-73 输入文字

⑱ 由于文字有多有少，所以直线与文字都需要进行调整，先依次在【图层】面板中选择文字所在图层，再用移动工具分别移动文字，移动文字后的效果如图2-74所示。然后对直线进行移动，调整后的效果如图2-75所示。

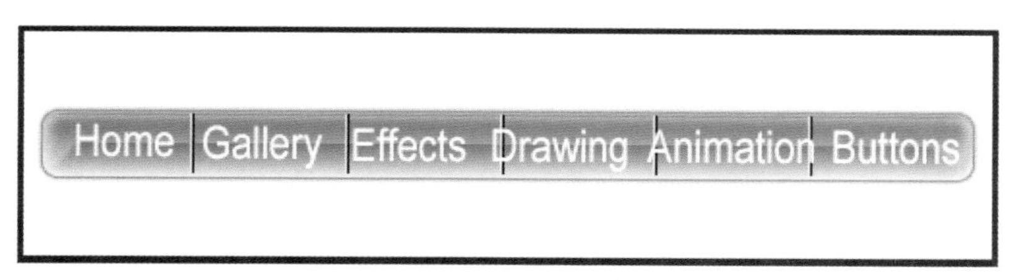

图2-74 排列文字

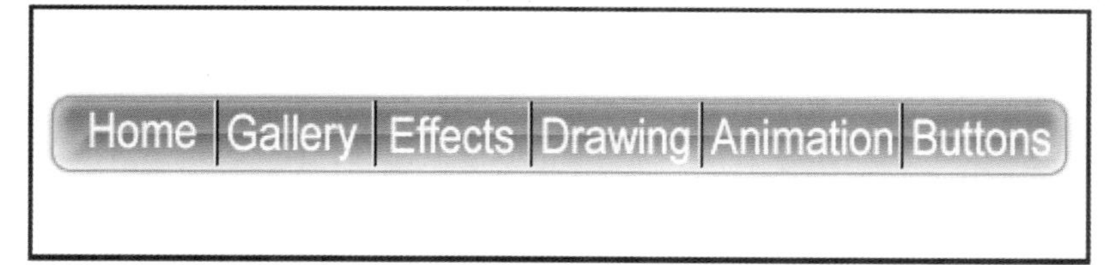

图2-75 排列直线

⑲ 在【图层】面板中将所有文字所在的图层选择，如图2-76所示，再在【图层】菜单中执行【分布】→【底边】命令，将选择的文字以底部为基准进行底边对齐，调整后的效果如图2-77所示。

⑳ 在【图层】面板中双击“Buttons”文字图层，弹出【图层样式】对话框，在其左边栏中单击【投影】选项，然后在右边栏中设置【不透明度】为40%，【距离】为2像素，【大小】为1像素，其他为默认值，如图2-78所示，单击【确定】按钮，即可得到如图2-79所示的效果。

图2-76　选择图层

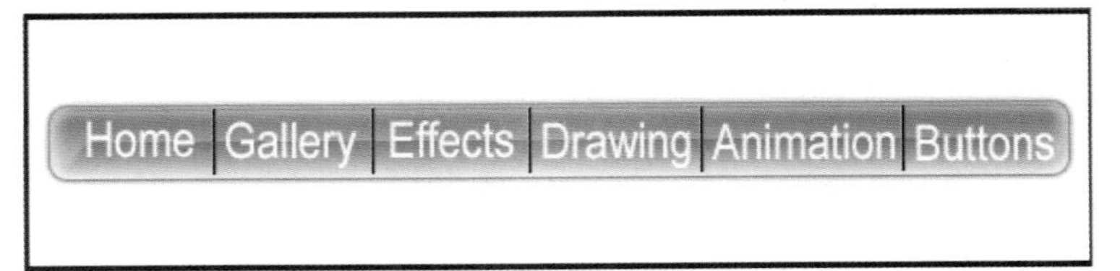

图2-77　底边对齐后的效果

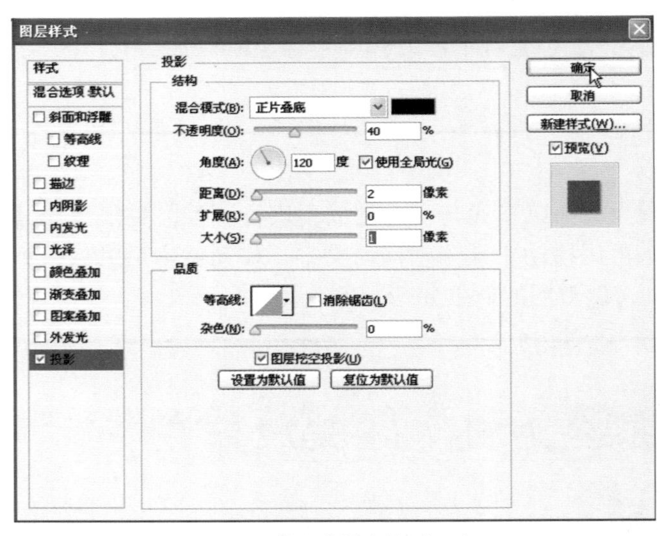

图2-78　【图层样式】对话框

图2-79　添加投影后的效果

21 在【图层】面板中右击“Buttons”文字图层，弹出快捷菜单，在其中选择【复制图层样式】命令，如图2-80所示，接着在“Animation”文字图层上右击弹出快捷菜单，再在其中选择【粘贴图层样式】命令，如图2-81所示，即可得到如图2-82所示的效果。

22 同样分别在“Drawing”、“Effects”、“Gallery”和“Home”文字图层上右击并粘贴图层样式，【图层】面板如图2-83所示，最终的效果如图2-84所示。

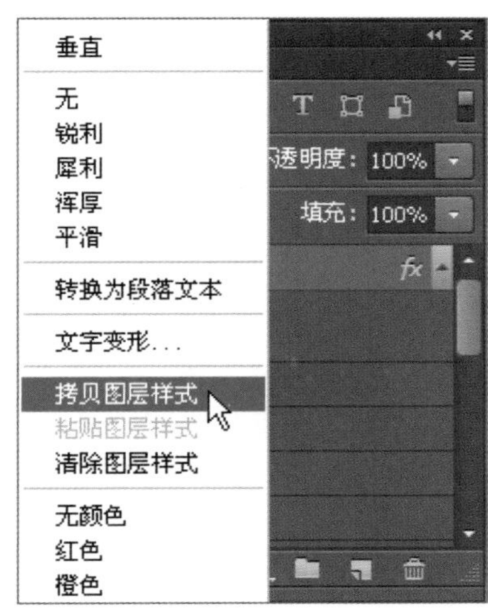

图2-80 选择【复制图层样式】命令

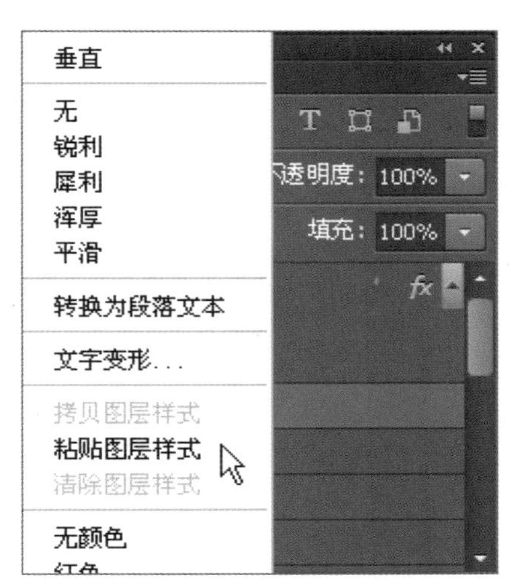

图2-81 选择【粘贴图层样式】命令

图2-82 复制图层样式后的效果

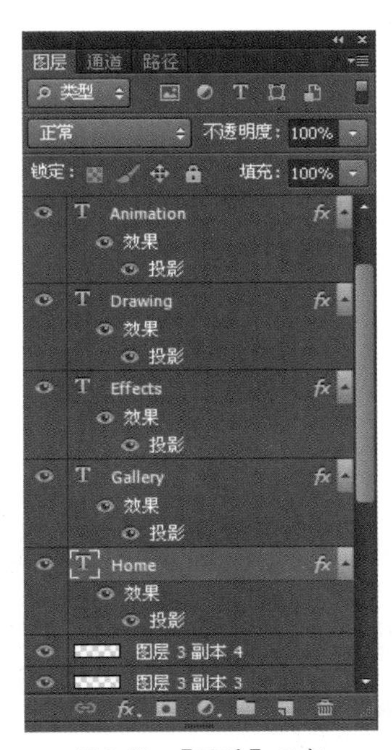

图2-83 【图层】面板

图2-84 制作好的导航按钮

第3章
照片修饰

本章通过制作数码免冠照、撕纸效果、给衣服添加花纹、装饰相片、祛痘美白5个范例的制作，介绍了照片修饰的技巧。

3.1 制作数码免冠照

实例说明

在制作证件照和图像处理时，都可以用到本例“制作数码免冠照”的制作方法。如图3-1所示为处理前的效果图，如图3-2所示为范例的最终效果图，如图3-3所示为类似范例的实际应用效果图。

图3-1 处理前的效果

图3-2 制作数码免冠照最终效果图

图3-3 精彩效果欣赏

设计思路

先使用裁切工具裁剪出所需的内容，再使用画笔工具、图层背景将人物抠出，然后使用画布大小、定义图案、油漆桶工具、矩形选框工具等命令或功能复制出多张照片。如图3-4所示为制作流程图。

① 打开的图片

② 拖动相片至裁剪框中

③ 在人物周围进行涂抹以隐藏背景

④ 加宽画布后的效果

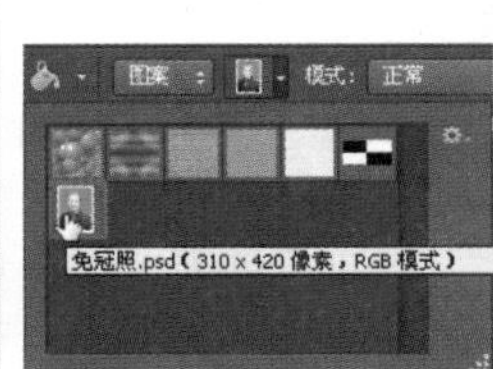

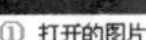

⑤ 将人物图片定义为图案

⑥ 填充图案后的最终效果

图3-4 制作流程图

提 示

在制作免冠照时需要了解免冠照的尺寸，其尺寸参考标准如下。

身份证照片（黑白大头照）：2.2cm × 3.2cm 第二代身份证 (26mm × 32mm)

黑白小一寸：2.2cm × 3.2cm

黑白大一寸：3.3cm × 4.8cm

彩色小一寸蓝底：2.7cm × 3.8cm

彩色小一寸白底：2.7cm × 3.8cm

彩色小一寸红底：2.7cm × 3.8cm

彩色大一寸红底：4.0cm × 5.5cm

(1寸 / 2寸) 150-200KB 640 × 480 (30万) 2.5 × 3.5cm/5.3 × 3.5cm ;

小一寸 2.2 × 3.2cm ; 大一寸 3.3 × 4.8cm ; 小二寸 3.5 × 4.5cm ; 大二寸 3.5 × 5.3cm

操作步骤

01 按“Ctrl”+“O”键从配套光盘的素材库中打开图片，如图3-5所示。

02 按“C”键选择裁切工具，在选项栏的下拉列表中选择【大小和分辨率】选项，如图3-6所示，弹出【裁剪图像大小和分辨率】对话框，在其中输入免冠照片的尺寸，这里要缩大一点，因为还要加上一点背景，所以设置【宽度】为2.78厘米，【高度】为3.8厘米，如图3-7所示，单击【确定】按钮；然后在图片中拖动相片，使需要的内容显示在裁剪框中，如图3-8所示，再在裁切框中双击确认，即可将图片进行裁切，同时稍稍放大了一些，如图3-9所示。

图3-5 打开的图片

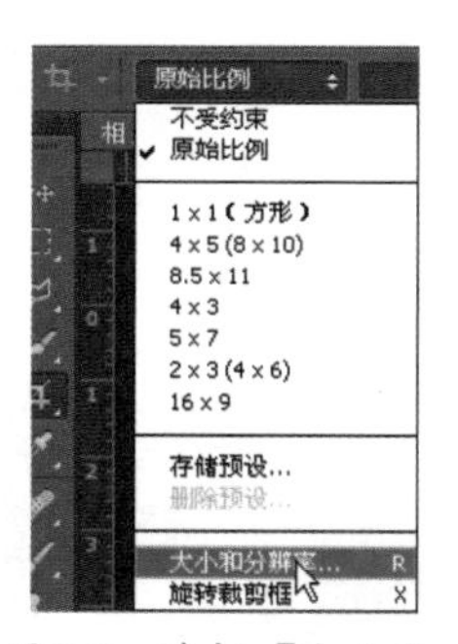

图3-6 选择【大小和分辨率】选项

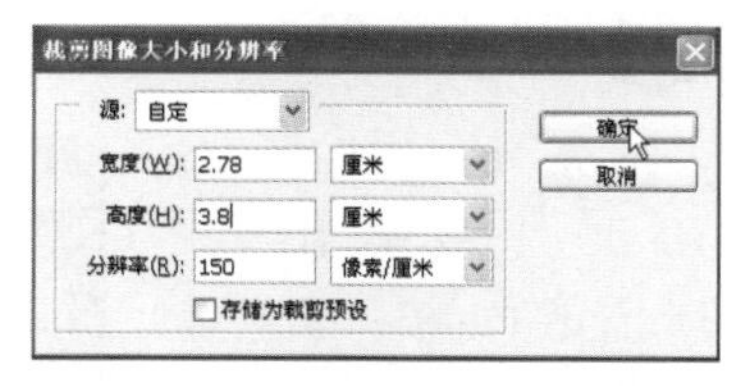

图3-7 【裁剪图像大小和分辨率】对话框

图3-8 拖动相片至裁剪框中

图3-9 裁剪后的结果

03 按“Ctrl”+“J”键复制背景层为图层1，如图3-10所示。再激活背景层，设置前景色为红色（R255、G0、B0），并按“Alt”+“Delete”键填充前景色，如图3-11所示。

图3-10 复制图层

图3-11 将背景层填充为红色

04 在【图层】面板中激活图层1，单击底部的（添加图层蒙版）按钮，给图层1添加图层蒙版，如图3-12所示，按“B”键选择画笔工具，在画笔弹出式面板中选择柔角45像素，设置前景色为黑色，然后在人物的周围进行涂抹，将人物以外的背景隐藏，如图3-13所示。

05 按“X”键切换前景与背景色，使前景色为白色，在画笔弹出式面板中选择柔角13像素，再在人物的周围进行细致涂抹，将不需要隐藏的部分显示出来，结果如图3-14所示。

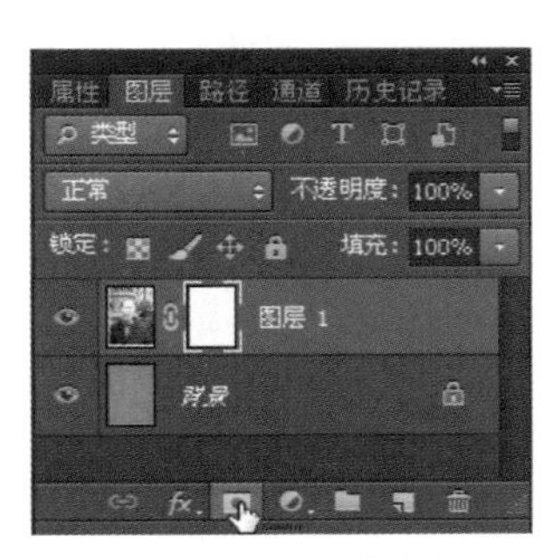

图3-12 添加图层蒙版

图3-13 用画笔工具修改蒙版后的效果

图3-14 将不需要隐藏的部分显示出来

提 示

在涂抹时可以随时按“X”键切换前景与背景色，然后将一些不该显示的部分隐藏，将需要显示的部分显示。

06 按“C”键选择裁切工具，在选项栏的下拉列表中选择【大小和分辨率】选项，在弹出的对话框中设置【宽度】为2.78厘米，【高度】为3.8厘米，【分辨率】为100像素/厘米，如图3-15所示，单击【确定】按钮，然后在图片中拖动相片，使需要的内容显示在裁剪框中，如图3-16所示，再在裁切框中双击确认，即可将图片进行裁切，同时稍稍缩

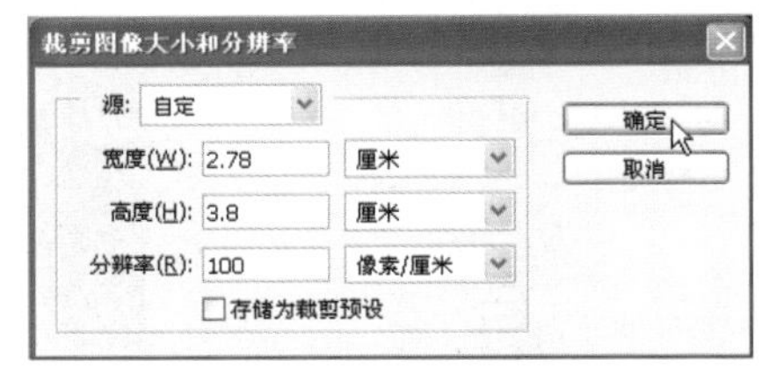

图3-15 【裁剪图像大小和分辨率】对话框

小了一些，如图3-17所示。

07 双击背景层，弹出如图3-18所示的【新建图层】对话框，在其中直接单击【确定】按钮，将背景层转为普通图层，如图3-19所示。

08 在【图层】面板中单击【创建新图层】按钮，新建图层2，如图3-20所示，按“D”键复位色板（即前景色为黑色，背景色为白色），在菜单中执行【图层】→【新建】→【图层背景】命令，将图层2转为背景层，如图3-21所示。

图3-16　拖动相片

图3-17　裁剪后的结果

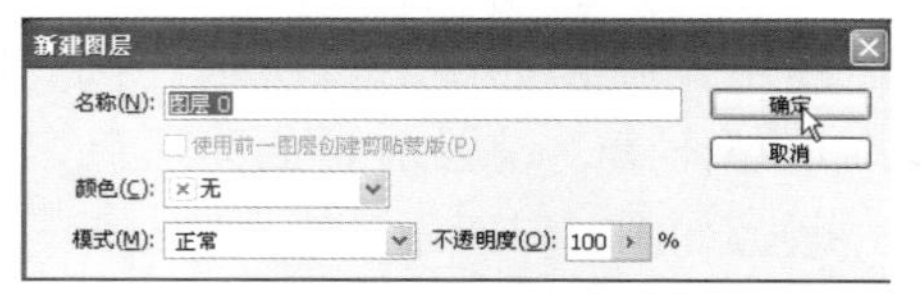

图3-18　【新建图层】对话框

图3-19　【图层】面板

图3-20　创建新图层

图3-21　转换为背景层

09 在菜单中执行【图像】→【画布大小】命令，在弹出的【画布大小】对话框中设置【新建大小】的【宽度】为3.1厘米，【高度】为4.2厘米，如图3-22所示，单击【确定】按钮，即可将画布扩大，如图3-23所示。

10 在菜单中执行【编辑】→【定义图案】命令，弹出如图3-24所示的对话框，在其中直接单击【确定】按钮，即可将人物图片定义图案。

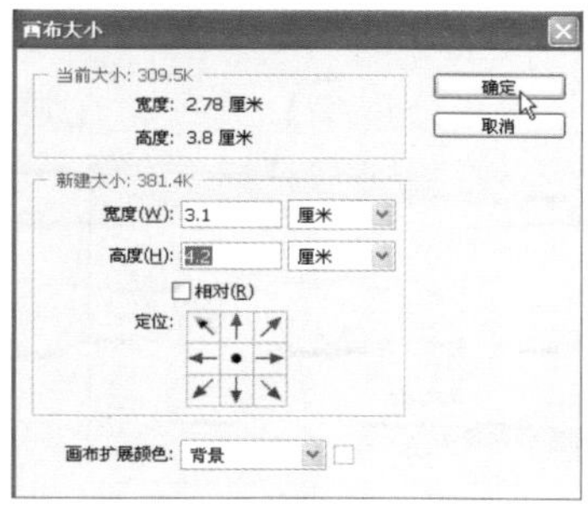

图3-22　【画布大小】对话框

图3-23　加宽画布后的结果

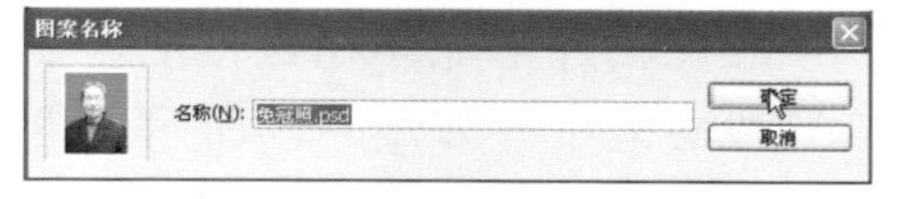

图3-24　【图案名称】对话框

⑪ 按“Ctrl”+“N”键弹出【新建】对话框，在其中设置大小为12.7×8.89厘米，【分辨率】为248像素/英寸，如图3-25所示，设置好后单击【确定】按钮，即可得到一个空白的文档；在工具箱中选择油漆桶工具，在选项栏的【填充】下拉列表中选择图案，接着在图案弹出式面板中选择刚定义“免冠照”图案，如图3-26所示，然后在画面中单击，即可得到如图3-27所示的效果。

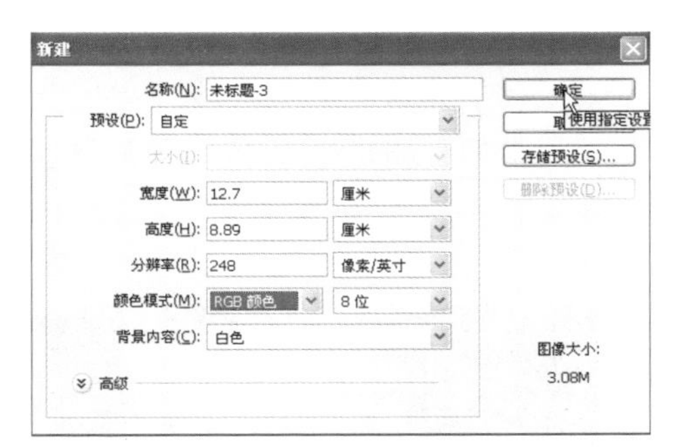

图3-25 【新建】对话框

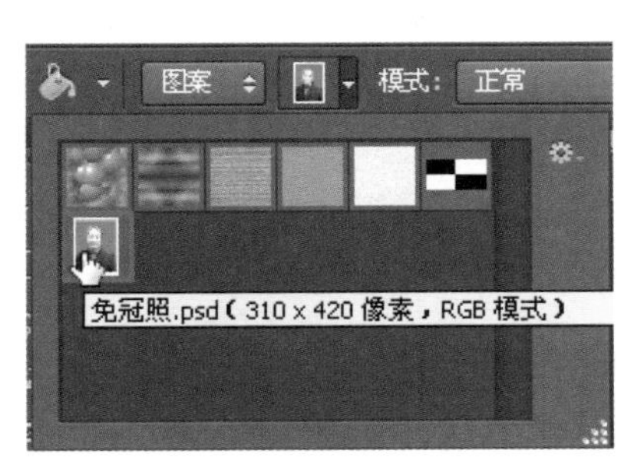

图3-26 图案弹出式面板

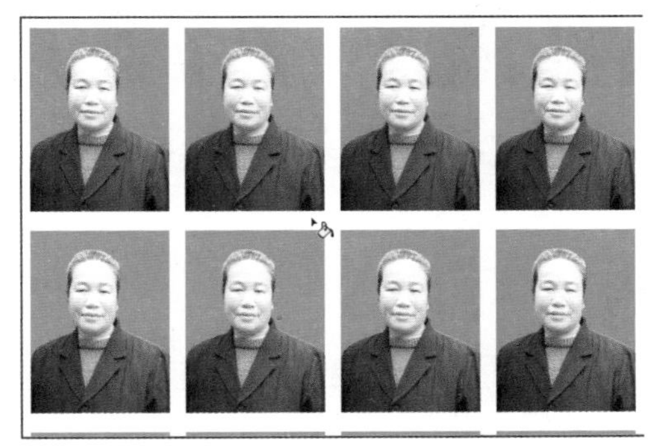

图3-27 填充图案后的效果

⑫ 在工具箱中选择矩形选框工具，框选下方多余的图像，如图3-28所示，在【编辑】菜单中执行【清除】命令，即可将选区内容删除，按“Ctrl”+“D”键取消选择，如图3-29所示，再按“Ctrl”+“S”键进行保存，免冠照就制作完成了。

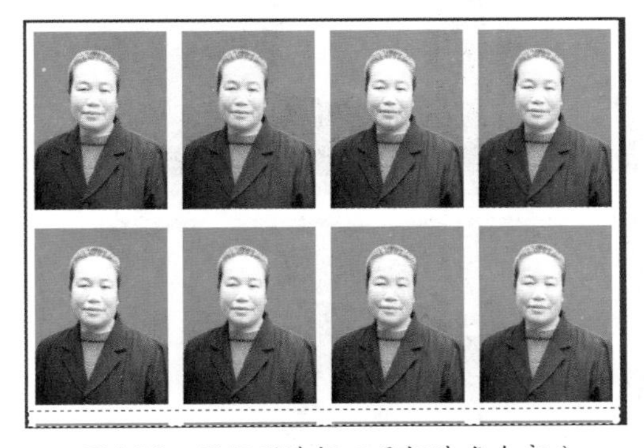

图3-28 用矩形选框工具框选多余部分

图3-29 清除后取消选择的效果

3.2 撕纸效果

实例说明

在进行图片处理和图形制作时，可以用到本例“撕纸效果”的制作方法。如

图3-30所示为处理前的效果图，如图3-31所示为范例的最终效果图，如图3-32所示为类似范例的实际应用效果图。

图3-30　处理前的效果

图3-31　撕纸效果最终效果图

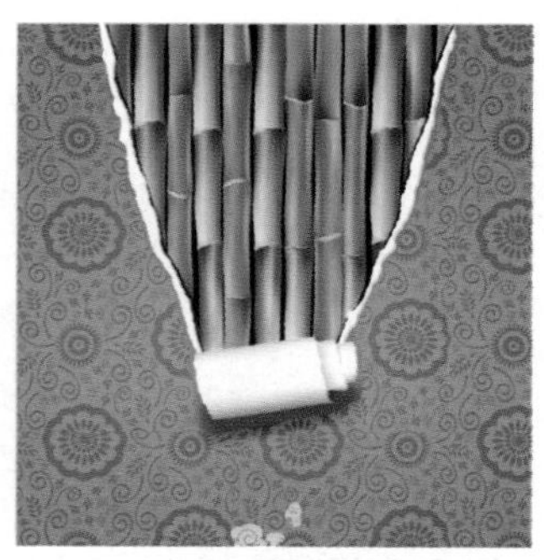

图3-32　精彩效果欣赏

设计思路

先打开要处理的图片，再使用复制图层、去色、套索工具、将选区存储为通道、喷溅、收缩、反选、清除，将副本去色并挖空，然后使用图层样式、变换选区、水平翻转、多边形套索工具、渐变工具等命令或功能来制作撕纸效果。如图3-33所示为制作流程图。

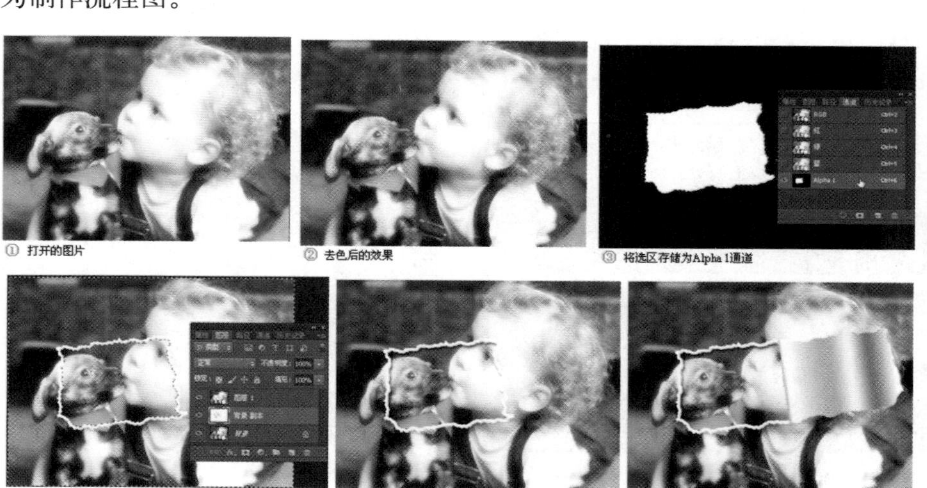

图3-33　制作流程图

操作步骤

01 按“Ctrl”+“O”键从配套光盘的素材库中打开一张要进行撕纸效果处理的图片，如图3-34所示。

02 按“Ctrl”+“J”键复制背景层为图层1，如图3-35所示，在菜单中执行【图像】→

【调整】→【去色】命令（或按“Ctrl”+“Shift”+“U”键），即可将彩色图片转为黑白图片，如图3-36所示。

图3-34 打开的图片

图3-35 【图层】面板

图3-36 去色后的效果

03 在工具箱中选择套索工具，在画面中勾选出一块要撕去的区域，如图3-37所示。

04 显示【通道】面板，在其中单击（将选区存储为通道）按钮，即可将选区存储为Alpha 1通道，再激活Alpha 1通道，如图3-38所示。

图3-37 用套索工具框选要撕去的区域

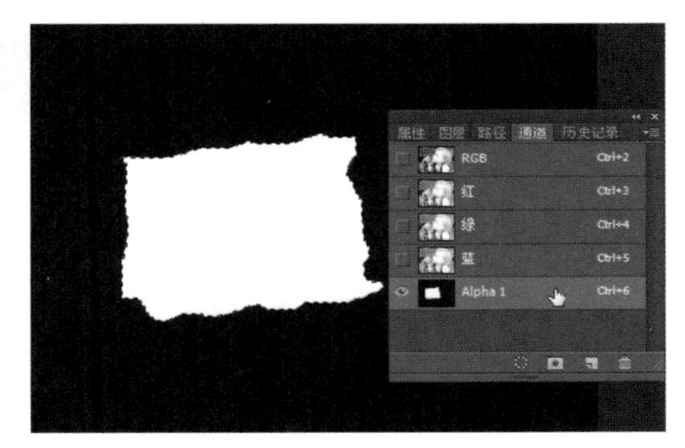

图3-38 激活Alpha 1通道

05 按“Ctrl”+“D”键取消选择，在菜单中执行【滤镜】→【滤镜库】命令，在弹出的对话框中选择【画笔描边】→【喷溅】滤镜，在其中设置【喷色半径】为20，【平滑度】为15，如图3-39所示，单击【确定】按钮。

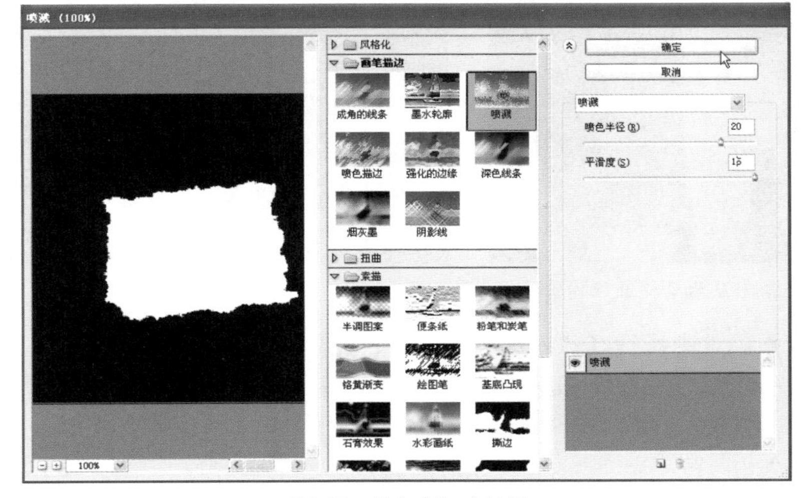

图3-39 【喷溅】对话框

06 在【通道】面板中单击 （创建新通道）按钮，新建Alpha 2通道，再按住“Ctrl”键单击Alpha 1通道，使它载入选区，如图3-40所示，然后在菜单中执行【选择】→【修改】→【收缩】命令，弹出【收缩选区】对话框，在其中设置【收缩量】为5像素，如图3-41所示，单击【确定】按钮，再将选区填充为白色，效果如图3-42所示。

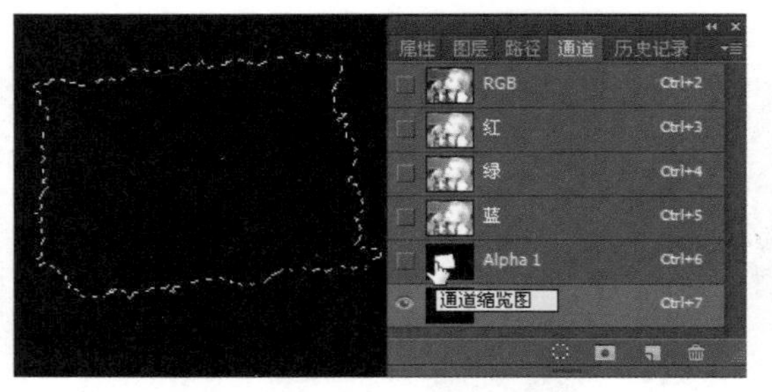

图3-40　使Alpha 1通道载入选区

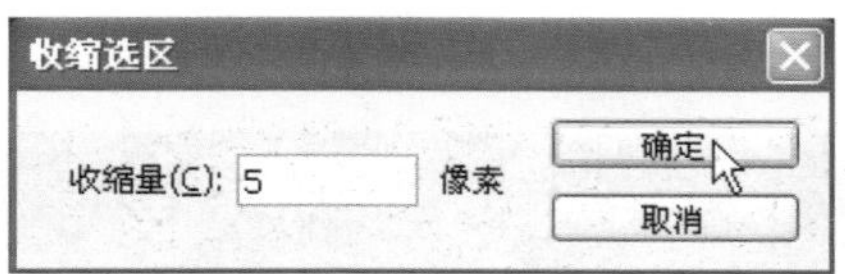

图3-41　【收缩选区】对话框

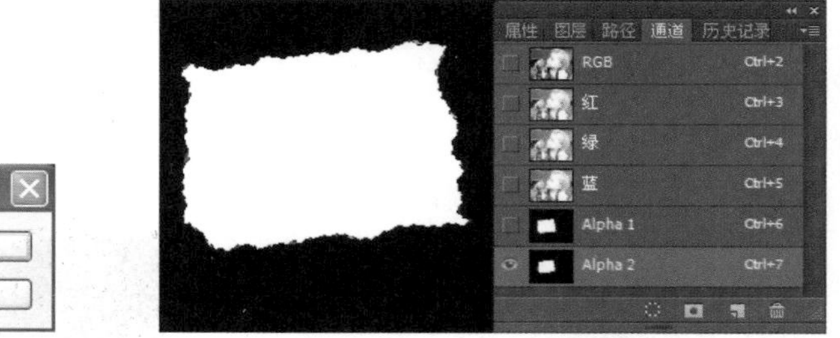

图3-42　填充白色后的效果

提 示

如果前景色为白色，按“Alt”+“Delete”键填充前景色，如果背景色为白色，则按“Ctrl”+“Delete”键填充背景色。

07 按“Ctrl”键单击Alpha 1，使它载入选区，返回到【图层】面板中激活图层1，再按“Delete”键清除选区内容，即可得到如图3-43所示的效果。

08 在【图层】面板中拖动背景层到【创建新的图层】按钮上，当按钮成凹下状态（如图3-44左所示）时松开鼠标左键，即可复制背景层为背景副本图层，如图3-44所示。

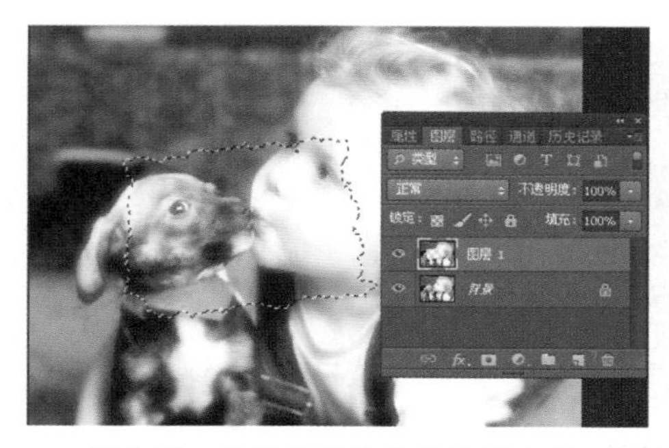
图3-43　激活图层后清除选区内容

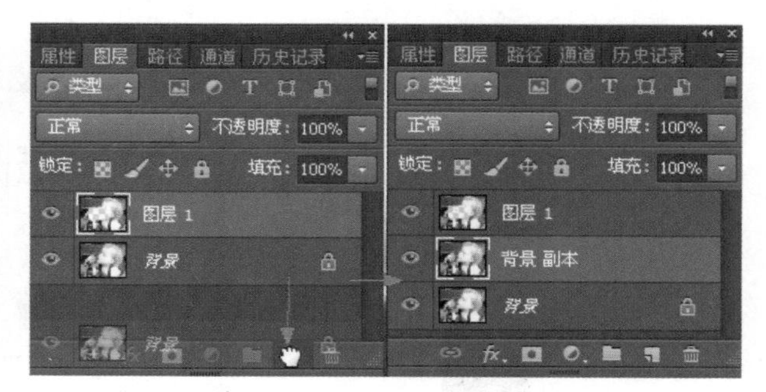

图3-44　复制图层

09 在【选择】菜单中执行【载入选区】命令，弹出【载入选区】对话框，在【通道】列表中选择Alpha 2，如图3-45所示，单击【确定】按钮，即可将Alpha 2载入选区，再按“Delete”键清除选区内容，如图3-46所示。

10 设置背景色为白色，按“Ctrl”+“Shift”+“I”键反选选区，再按“Ctrl”+“Delete”键填充白色，效果如图3-47所示。

⑪ 按“Ctrl”+“D”键取消选择，在【图层】面板中先激活图层1，再按“Ctrl”+“E”键向下合并，将图层1和背景副本图层合并为背景副本图层，如图3-48所示。

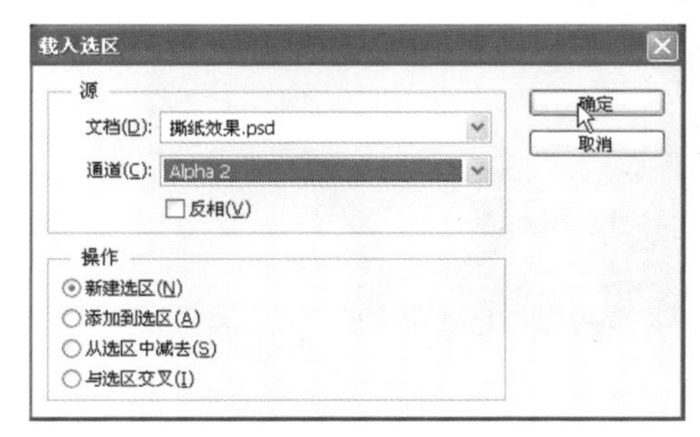

图3-45 【载入选区】对话框

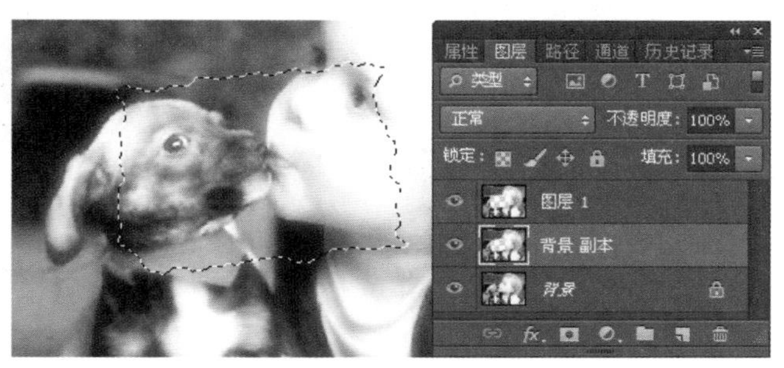

图3-46 载入的选区

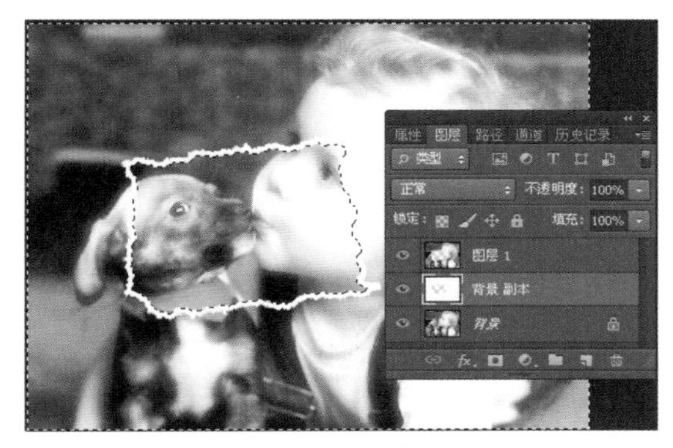

图3-47 反选后填充白色

图3-48 合并图层

⑫ 在【图层】面板中双击背景副本图层，弹出【图层样式】对话框，在其左边栏中单击【投影】选项，然后在右边栏中设置【不透明度】为50%，【大小】为4像素，其他为默认值，如图3-49所示，单击【确定】按钮，即可得到如图3-50所示的效果。

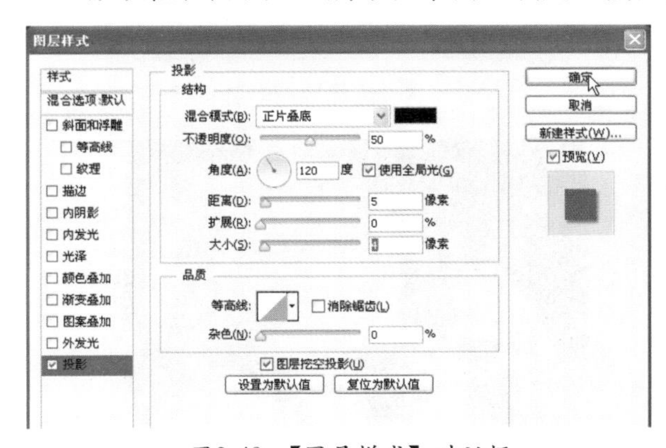

图3-49 【图层样式】对话框

图3-50 添加投影后的效果

⑬ 显示【通道】面板并按“Ctrl”键单击Alpha 2，使它载入选区，在菜单中执行【选择】→【变换选区】命令，然后在菜单中执行【编辑】→【变换】→【水平翻转】命令，将选区进行水平翻转，如图3-51所示。

⑭ 移动指针到选区内按下左键向右拖动到适当位置后进行旋转，直到得到所需的效果为止，如图3-52所示，再在变换框中双击确认变换。

图3-51 变换选区后水平翻转选区

图3-52 移动选区

15 在工具箱中选择多边形套索工具，在选项栏中单击（添加到选区）按钮，然后在画面中框选出要添加到选区的区域，如图3-53所示。

16 在工具箱中选择渐变工具，在选项栏中选择（线性渐变）按钮，再单击渐变条弹出【渐变编辑器】对话框，在其中进行渐变编辑，具体参数设置如图3-54所示，设置好后单击【确定】按钮，然后在选区内拖动鼠标，得到如图3-55所示的效果；按"Ctrl"+"D"键取消选择，即可得到如图3-56所示的效果，范例就制作完成了。

图3-53 用多边形套索工具添加选区

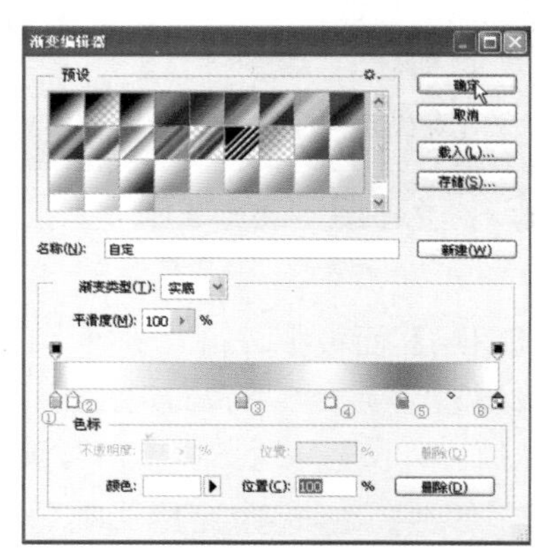

图3-54 【渐变编辑器】对话框

图3-55 对选区进行渐变填充

图3-56 取消选择后的最终效果图

提 示

色标1的颜色为# c2ab9e，色标2的颜色为白色，色标3的颜色为# b1b1b1，色标4的颜色为# fbf1eb，色标5的颜色为# 7e7c7b，色标6的颜色为白色。

3.3 给衣服添加花纹

实例说明

在进行图像处理和服装设计时，可以用到本例“给衣服添加花纹”的制作方法。如图3-57所示为处理前的效果图，如图3-58所示为范例的最终效果图，如图3-59所示为类似范例的实际应用效果图。

图3-57 处理前的图像

图3-58 给衣服添加花纹最终效果图

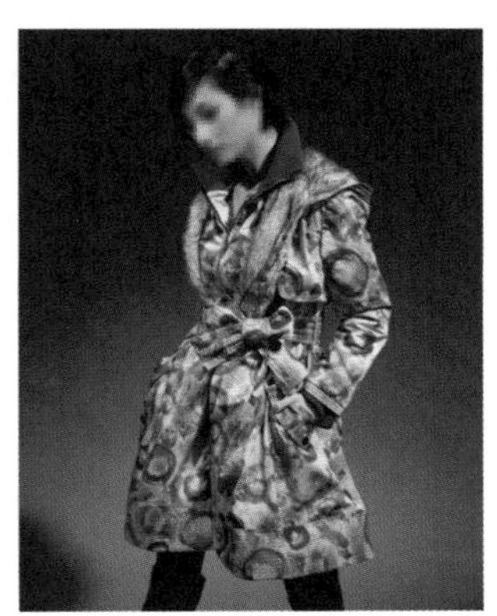

图3-59 精彩效果欣赏

设计思路

先打开一个花纹图片并定义为图案，再打开要添加花纹的图片，使用快速选择工具、多边形工具勾选出衣服并复制一个副本；然后使用填充、颜色范围、通过复制的图层、锁定透明像素、添加图层蒙版、混合模式、色相/饱和度调整图层添加花纹使其完美地印在衣服上。如图3-60所示为制作流程图。

① 打开的图片并将其定义为图案

② 打开的图片并选择白色裙子

③ 填充自定图案后选取白色图案

④ 添加图层蒙版并填充前景色后的效果

⑤ 改变【混合模式】后的效果

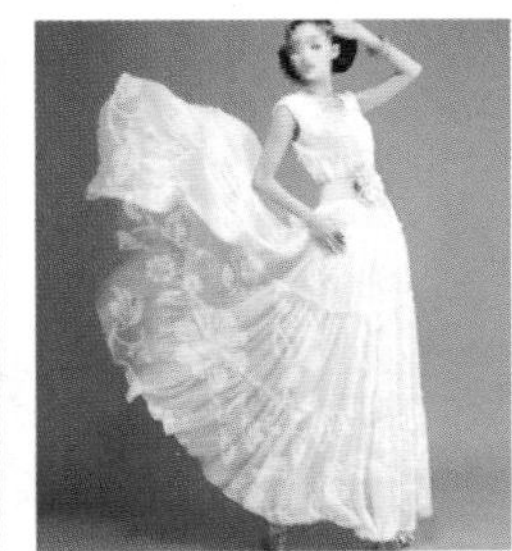

⑥ 最终效果图

图3-60 制作流程图

操作步骤

01 按“Ctrl”+“O”键从配套光盘的素材库中打开一张如图3-61所示的花纹图片。

02 在菜单中执行【编辑】→【定义图案】命令，在弹出的对话框中直接单击【确定】按钮，如图3-62所示。

图3-61 打开的图片

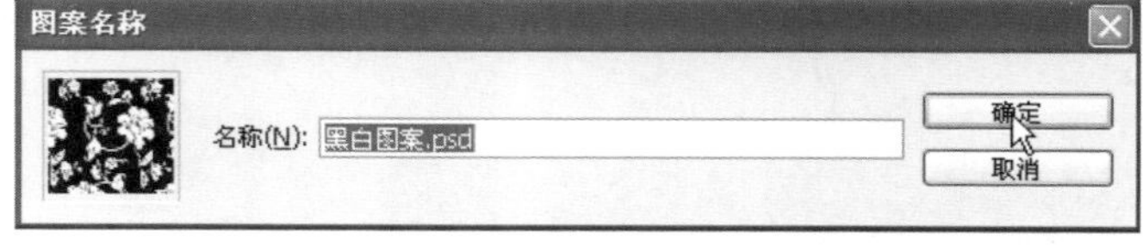

图3-62 【图案名称】对话框

03 从配套光盘的素材库中打开一张如图3-63所示的图片。

04 在工具箱中选择快速选择工具，移动指针到白色裙子上拖动，以选择白色裙子，如图3-64所示。

05 在工具箱中选择多边形工具，在选项栏中选择（从选区减去）按钮，然后在画面中将不需要的选区减去，修改后的选区如图3-65所示。

图3-63 打开的图片

图3-64 用快速选择工具选择白色裙子

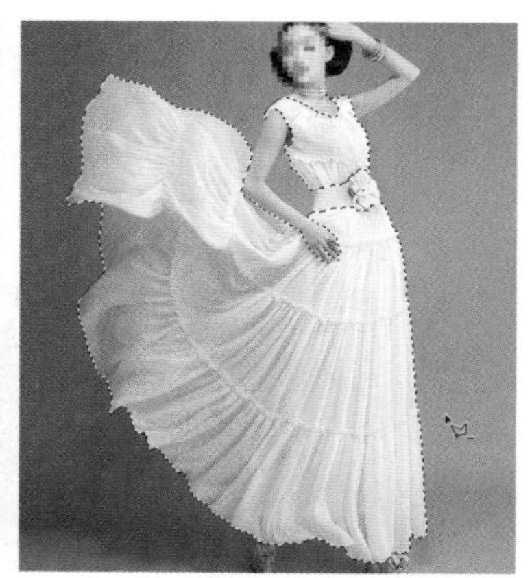

图3-65 修改后的选区

06 按“Ctrl”+“J”键由选区建立新图层，以得到图层1，如图3-66所示，再在【图层】面板中新建图层2，如图3-67所示。

07 在菜单中执行【编辑】→【填充】命令，在弹出的对话框中设置【使用】为图案，在【自定图案】中选择刚定义的图案，如图3-68所示，单击【确定】按钮，得到如图3-69所示的结果。

08 在菜单中执行【选择】→【颜色范围】命令，在弹出的对话框中用吸管在预览框中吸取白色，如图3-70所示，单击【确定】按钮。

图3-66 【图层】面板

图3-67 【图层】面板

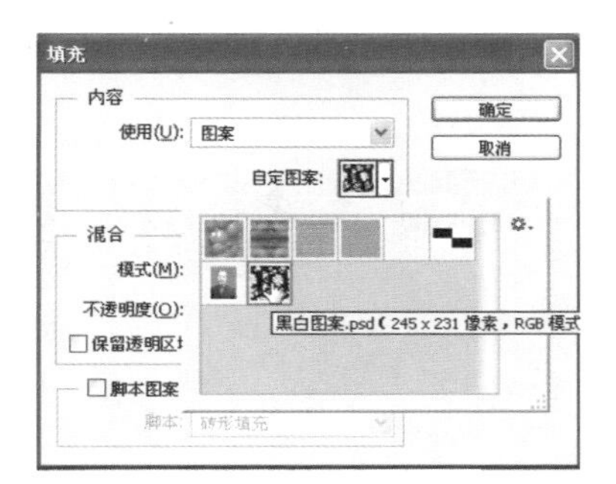

图3-68 【填充】对话框

图3-69 填充图案后的效果

图3-70 吸取白色

09 按“Ctrl”+“J”键由选区建立新图层，以得到图层3，在【图层】面板中单击图层2左边的眼睛图标，关闭该图层，如图3-71所示，此时画面效果如图3-72所示。

10 在工具箱中设置前景色为# bdeaff，在【图层】面板中单击（锁定透明像素）按钮，按“Alt”+“Delete”键填充前景色，得到如图3-73所示的效果。

图3-71 【图层】面板

图3-72 由选区建立新图层后关闭图案所在图层后的效果

图3-73 填充前景色

11 按“Ctrl”键在【图层】面板中单击图层1，将图层1载入选区，如图3-74所示，再在【图层】面板中单击（添加图层蒙版）按钮，为图层3添加图层蒙版，如图3-75所示。

⑫ 在【图层】面板中设置图层3的【混合模式】为柔光，使图案融入衣服中，如图3-76所示。

图3-74　将图层1载入选区

图3-75　添加图层蒙版

图3-76　改变混合模式

⑬ 按“Ctrl”键在【图层】面板中单击图层1，将图层1载入选区。在【图层】面板中单击（创建新的填充或调整图层）按钮，在弹出的菜单中选择【色相/饱和度】命令，如图3-77所示，接着在显示的【属性】面板中设置【色相】为-175，其他不变，如图3-78所示，得到如图3-79所示的效果，花纹就添加完成了。

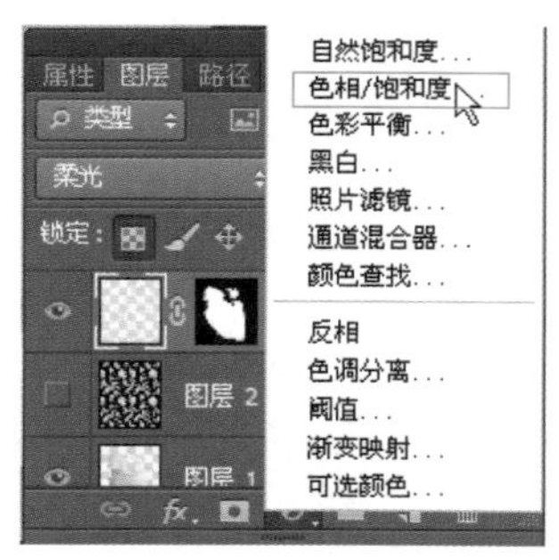

图3-77　选择【色相/饱和度】命令

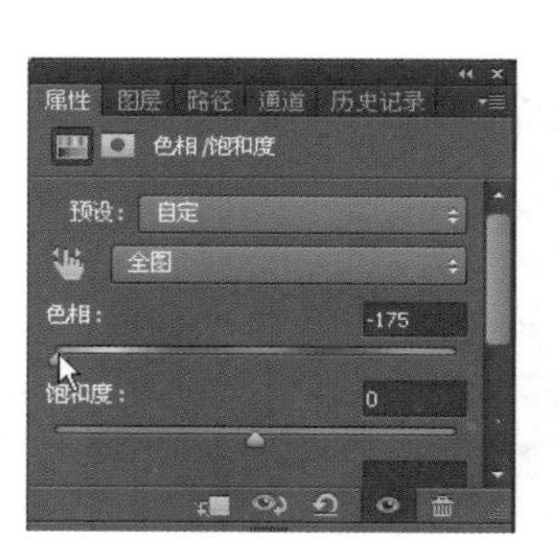

图3-78　【属性】面板

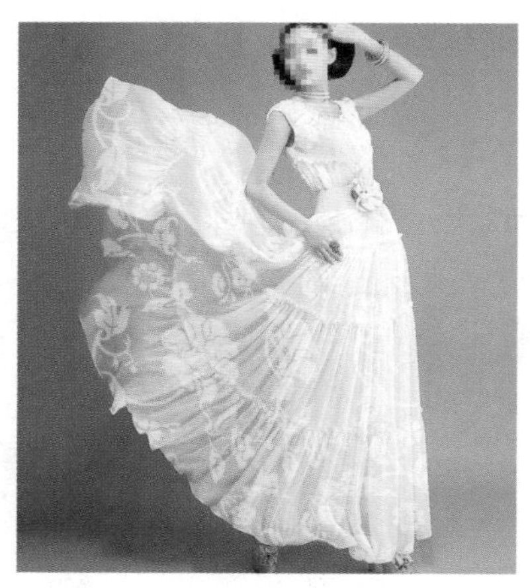

图3-79　调整色相/饱和度后的效果

3.4 装饰相片

实例说明

在进行广告设计、封面设计、制作海报和图像处理时，都可以用到本例“装饰相片”的制作方法。如图3-80所示为处理前的效果图，如图3-81所示为范例的最终效果图，如图3-82所示为类似范例的实际应用效果图。

图3-80　处理前的效果

图3-81　装饰相片的最终效果图

图3-82　精彩效果欣赏

设计思路

先打开要处理的相片，再使用图像大小、椭圆选框工具、复制与粘贴、移动工具等工具与命令将相片中的人物复制到新文档中；然后使用渐变工具、打开、套索工具、移动工具、自由变换、添加图层蒙版、通过复制的图层、画笔工具等工具与命令为图像添加装饰对象；最后使用横排文字工具、自由变换、曲线、图层样式等工具与命令添加文字效果。如图3-83所示为制作流程图。

① 打开相片并框选所需的部分

② 复制图片并排放到适当位置

③ 分别复制图片并排放到适当位置

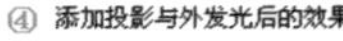

④ 添加投影与外发光后的效果

⑤ 最终效果图

图3-83　制作流程图

操作步骤

01 先按“Ctrl”+“O”键从配套光盘的素材库中打开一张要处理的相片，如图3-84所示，在菜单中执行【图像】→【图像大小】命令，在弹出的对话框中查看它的大小与分辨率，如图3-85所示，设置好后单击【确定】按钮。

图3-84　打开的相片

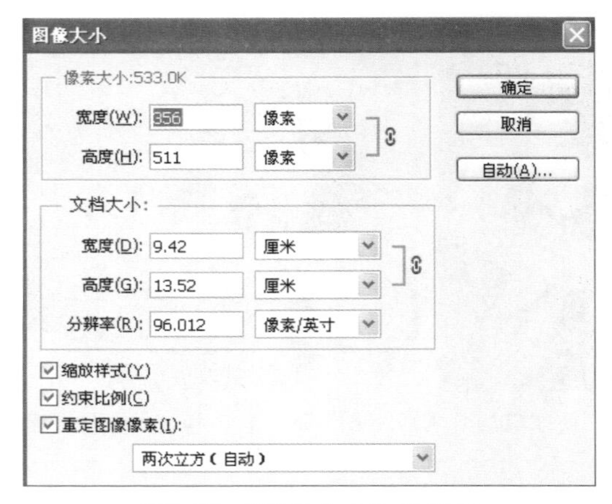

图3-85　【图像大小】对话框

02 由于只采用头部并且要添加一些内容，所以新建的文件高度可以小一些，而宽度需要加宽。按“Ctrl”+“N”键新建一个大小为700×500像素，【分辨率】为150像素/英寸，【背景内容】为白色，【颜色模式】为RGB颜色的文件。

03 在程序窗口中激活人物照文件，再在工具箱中选择椭圆选框工具，在选项栏中设置【羽化】为20像素，在相片中框选出所需的部分，如图3-86所示。

04 按“Ctrl”+“C”键进行复制，再激活新建的文件，按“Ctrl”+“V”键进行粘贴，将其粘贴到新建的文件中，如图3-87所示。

图3-86　用椭圆选框工具框选所需的部分

图3-87　粘贴到新文档中的效果

05 使用移动工具将其拖动到右侧适当位置，如图3-88所示，在【图层】面板中激活背景层，在工具箱中选择渐变工具，在选项栏中选择【径向渐变】按钮，再单击渐变条弹出【渐变编辑器】对话框，接着在其中编辑所需的渐变，如图3-89所示，设置好后单击【确定】按钮，然后在画面中拖动鼠标，直到得到所需的效果为止，效果如图3-90所示。

图3-88　移动位置后的效果

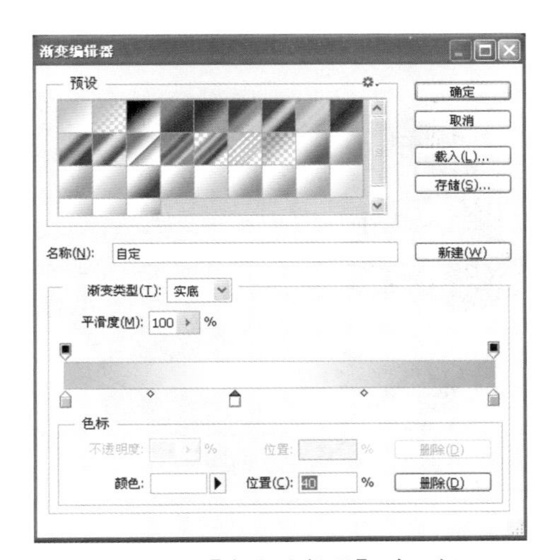

图3-89 【渐变编辑器】对话框

图3-90 用渐变工具填充渐变颜色后的效果

提 示

左边色标的颜色为# eaff00，中间色标的颜色为白色，右边色标的颜色为# bbf837。

06 按“Ctrl”+“O”键从配套光盘的素材库中打开一张用于装饰的图片，如图3-91所示，在工具箱中选择套索工具，再在选项栏中设置【羽化】为20像素，然后在画面中框选出所需的部分，如图3-92所示，松开左键后就可得到一个羽化的选区，如图3-93所示。

图3-91 打开的图片

图3-92 用套索工具框选所需内容

图3-93 羽化的选区

07 将打开的文档拖出文档标题栏，按“V”键选择移动工具，再将使用套索工具框选的内容拖动到正在编辑的画面中，如图3-94所示，松开左键后即可将花复制到画面中来了，然后将其移动到画面的右下方，如图3-95所示。

08 按“Ctrl”+“T”键执行【自由变换】命令，对复制的花进

图3-94 拖动图像

行自由变换调整，如图3-96所示。

图3-95　复制后的效果

图3-96　自由变换调整

09 在【图层】面板中单击（添加图层蒙版）按钮，为图层2添加图层蒙版，如图3-97所示，接着在工具箱中选择画笔工具，在选项栏中选择柔角画笔，设置【大小】为45像素，然后在画面中不需要的地方进行涂抹，将不需要的内容隐藏，涂抹后的效果如图3-98所示。

图3-97　添加图层蒙版

图3-98　用画笔工具修改蒙版后的效果

10 按“Ctrl”＋“J”键复制一个副本，如图3-99所示，再按“V”键选择移动工具，将其拖动到左边适当位置，如图3-100所示。

图3-99　复制图层

图3-100　移动副本后的效果

⑪ 按“Ctrl”+“O”键从配套光盘的素材库中打开一张如图3-101所示的图片，再使用移动工具将其拖动到画面中，按“Ctrl”+“T”键对其进行旋转，旋转一定角度后在变换框中双击确认变换，得到如图3-102所示的效果。

图3-101 打开的图片

图3-102 复制并旋转后的效果

⑫ 在【图层】面板中单击 (添加图层蒙版) 按钮，为图层3添加图层蒙版，接着在工具箱中选择 画笔工具，同样用45像素柔角画笔在画面中不需要的地方进行涂抹，将不需要的内容隐藏，涂抹后的效果如图3-103所示。

⑬ 在【图层】面板中激活背景层，再打开一张所需的图片，如图3-104所示，同样用移动工具将其拖动到画面中，并排放到所需的位置，如图3-105所示。

⑭ 在【图层】面板中单击 (添加图层蒙版) 按钮，为图层4添加图层蒙版，接着在工具箱中选择 画笔工具，在选项栏中选择柔角画笔，设置【大小】为45像素，然后在画面中不需要的地方进行涂抹，将不需要的内容隐藏，涂抹后的效果如图3-106所示。

⑮ 在【图层】面板中将它的【不透明度】改为40%，如图3-107所示。接着按“Shift”+“Ctrl”+“Alt”+“E”键合并所有可见图层为一个新的图层，如图3-108所示。然后将其拖动到最顶层，如图3-109所示。

图3-103 添加图层蒙版并编辑后的效果

图3-104 打开的图片

图3-105 复制后的效果

图3-106 添加图层蒙版并编辑后的效果

图3-107 降低不透明度

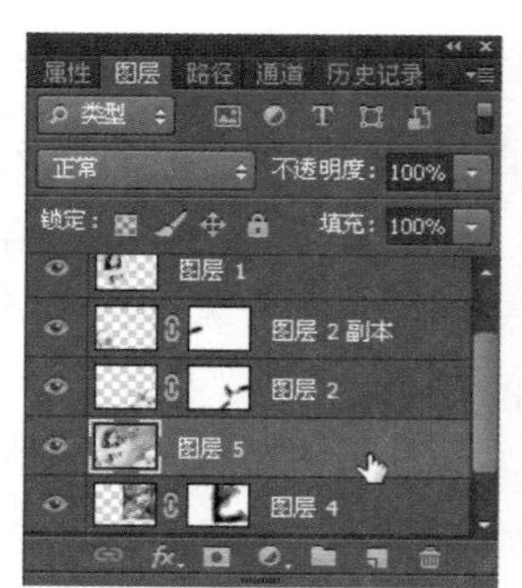

图3-108 合并所有可见图层为一个新图层

图3-109 排放到顶层

16 设置前景色为黑色，在工具箱中选择T横排文字工具，在选项栏的【字体列表】中选择黑体，接着在画面的右上角单击并输入“和谐”字，选择文字后显示【字符】面板，在其中设置【字体大小】为72点，选择T仿粗体，如图3-110所示，选择移动工具确认文字输入。

图3-110 用横排文字工具输入文字

17 按“Ctrl”+“T”键将文字进行适当的旋转，如图3-111所示，调整好后在变换框中双击确认变换。

18 按“Ctrl”键在【图层】面板中单击“和谐”文字图层，使文字图层载入选区，再激活图层5，按“Ctrl”+“C”键进行复制，按“Ctrl”+“V”键进行粘贴，即可将选区内容复制为图层6，然后将文字图层关闭，如图3-112所示。

19 按“Ctrl”+“M”键执行【曲线】命令，在弹出的对话框中将网格中的直线调为如图3-113所示的曲线，以将图层1中的文字调暗，单击【确定】按钮，即可得到如图3-114所示的效果。

图3-111　自由变换调整

图3-112　将文字载入选区后由选区建立一个新图层

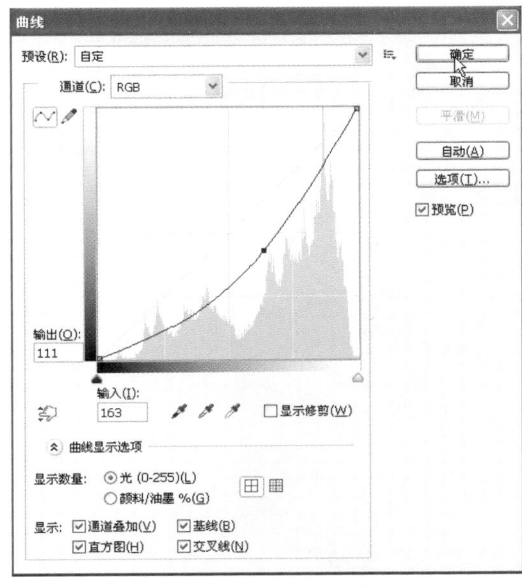

图3-113　【曲线】对话框

图3-114　调暗后的效果

20 在【图层】面板中双击图层6，弹出【图层样式】对话框，在其左边栏中勾选【外发光】选项，单击【投影】选项，接着在右边的【投影】栏中设置【不透明度】为30%，如图3-115所示，单击【确定】按钮，即可得到如图3-116所示的效果。

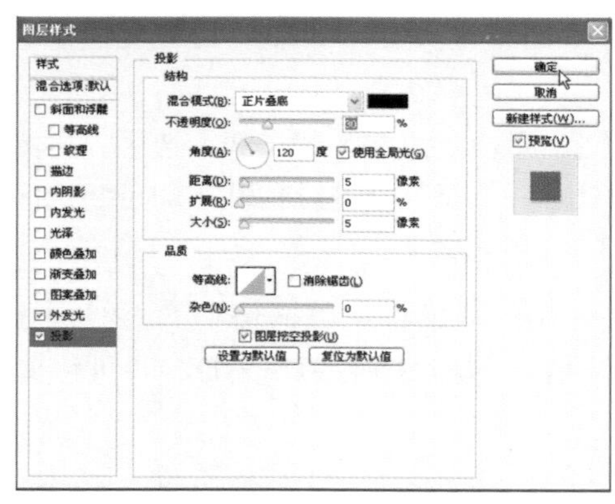

图3-115 【图层样式】对话框

图3-116 添加投影与外发光后的效果

21 设置前景色为# 006600，再使用横排文字工具在画面的下方单击显示光标后，在【字符】面板中设置【字体】为楷体，【字体大小】为8点，【行间距】为10点，【字符间距】为0，如图3-117所示，然后输入所需的文字，如图3-118所示，最后在选项栏中单击✓按钮，确认文字输入，如图3-119所示，照片就装饰好了。

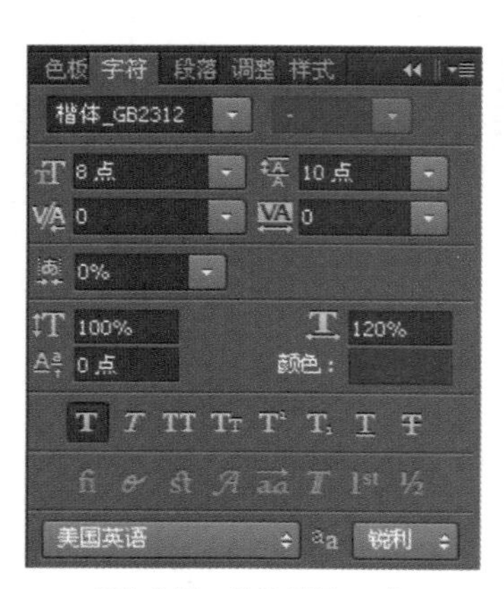

图3-117 【字符】面板

图3-118 添加文字后的效果

图3-119 处理好的最终效果图

3.5 祛痘美白

实例说明

在进行图像处理、美白相片、广告设计时，可以使用本例“祛痘美白”的制作方法。如图3-120所示为处理前的效果图，如图3-121所示为范例的最终效果图，如图3-122所示为类似效果的实际应用效果图。

图3-120 处理前的效果

图3-121 祛痘美白的最终效果图

图3-122 精彩效果欣赏

设计思路

先打开要处理的相片，再使用修复画笔工具、高斯模糊、画笔工具功能将图像中的斑痕去除，然后使用曲线命令将图片调亮以进行润色。如图3-123所示为制作流程图。

图3-123　制作流程图

操作步骤

01 按“Ctrl”+“O”键从配套光盘的素材库中打开一张要处理的图片，如图3-124所示。

02 在工具箱中选择修复画笔工具，在选项栏中设置为，按“Alt”键在画面上没有痘痘的地方单击以取样，如图3-125所示，接着在取样周围有痘痘的地方涂抹，松开鼠标左键后得到如图3-126所示的结果。

图3-124　打开的图片

图3-125　用修复画笔工具取样

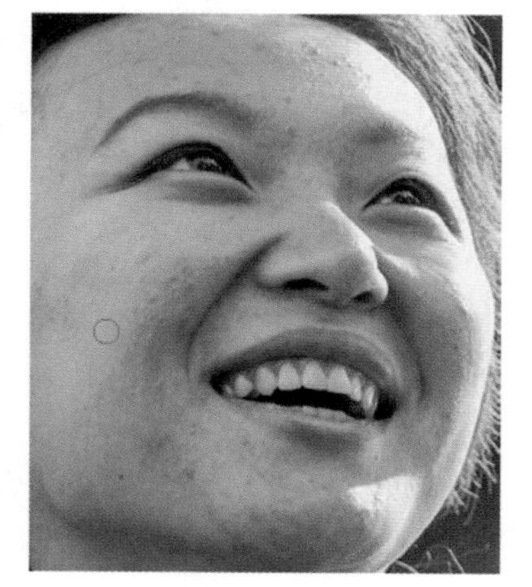
图3-126　修复痘痘

03 按“Alt”键在画面上如图3-127所示的位置单击以取样，接着在取样周围有痘痘的地方涂抹，松开左键后得到如图3-128所示的结果。

04 使用同样的方法对脸部中的痘痘进行处理，直到得到如图3-129所示的效果为止。

图3-127　取样

图3-128　修复痘痘

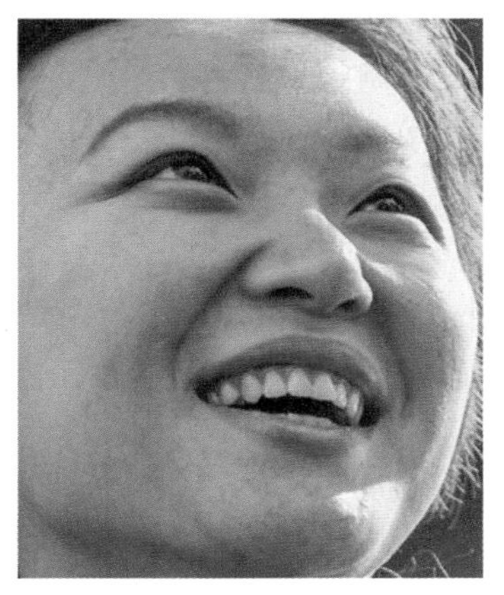

图3-129　修复后的效果

05 按“Ctrl”+“J”键复制背景层为图层1，如图3-130所示，单击图层1左边的眼睛图标，关闭图层1，再单击背景层，以它为当前图层，如图3-131所示。

06 在菜单中执行【滤镜】→【模糊】→【高斯模糊】命令，在弹出的对话框中设置【半径】为7.8像素，单击【确定】按钮，得到如图3-132所示的效果。

图3-130　复制图层

图3-131　关闭图层1，激活背景层

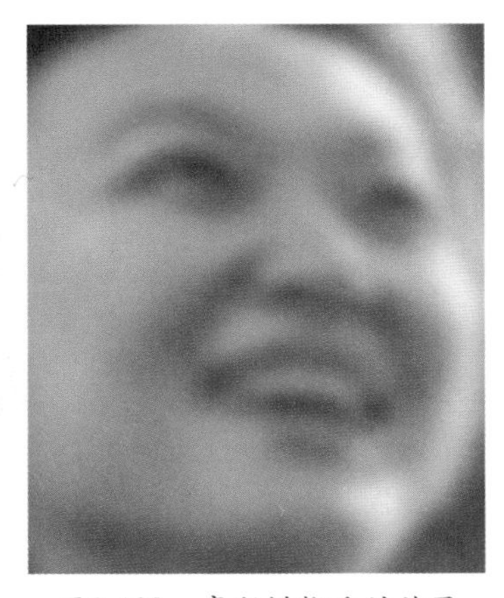

图3-132　高斯模糊后的效果

07 在【图层】面板中单击图层1，以它为当前图层，如图3-133所示，再在底部单击（添加图层蒙版）按钮，给图层1添加蒙版，如图3-134所示。

08 设置前景色为黑色，在工具箱中选择画笔工具，在选项栏中设置为，然后在画面上对眼睛、鼻孔、嘴唇、牙齿等清晰的轮廓以外区域进行涂抹以将其隐藏，同时显示出下图内容，涂抹后的效果如图3-135所示。

09 在【图层】面板中单击【创建新的填充或调整图层】按钮，在弹出的菜单中选择【曲线】命令，如图3-136所示。

10 在弹出的【曲线】面板中将直线调为如图3-137所示的曲线，以将画面调亮，得到如图3-138所示的效果。

图3-133　激活并显示图层1

图3-134　添加图层蒙版

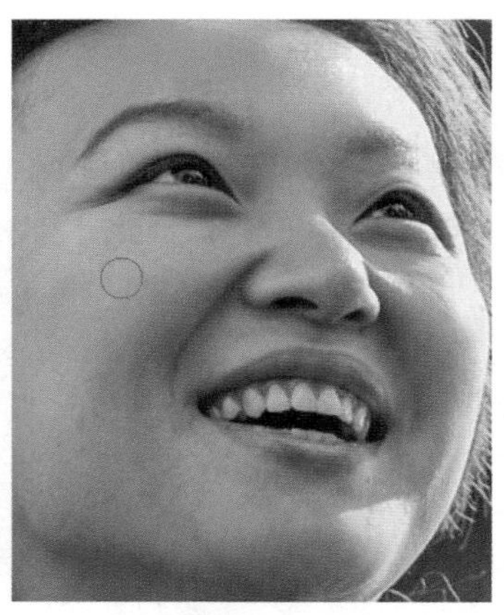

图3-135　用画笔工具修改蒙版

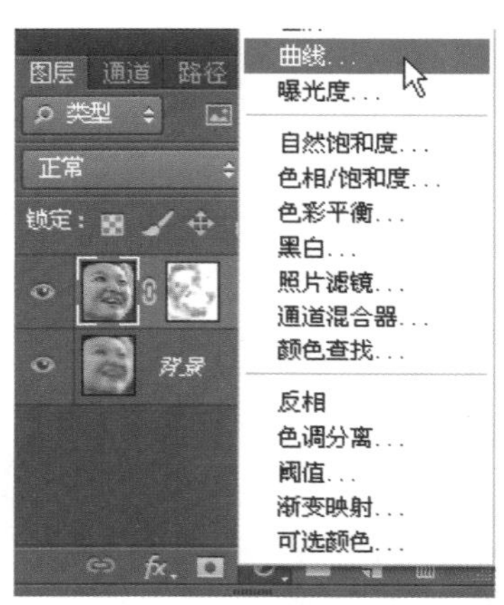

图3-136　选择【曲线】命令

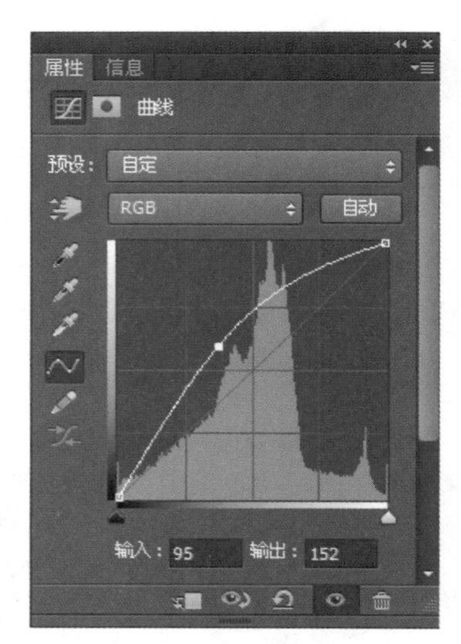

图3-137　【曲线】面板

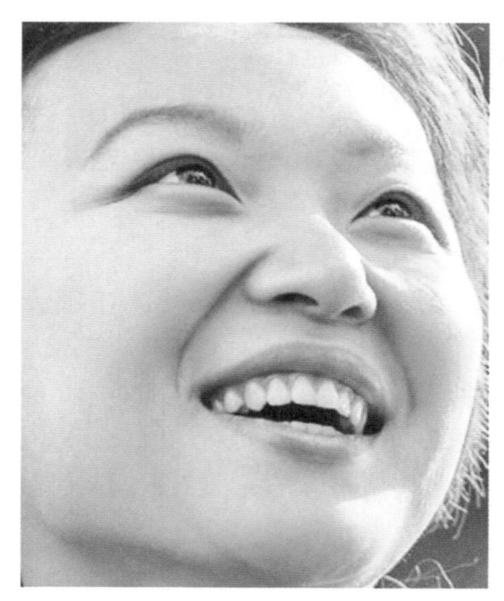

图3-138　祛痘美白后的效果

第4章 图像处理

本章通过将夏季图片调整为秋季粉红色效果、突出图片中的主体、将美女图片处理为手绘效果、使用通道对复杂的头发进行抠图、美丽的夜景5个范例的制作，介绍了Photoshop中图像处理的技巧。

4.1 将夏季图片调整为秋季粉红色效果

实例说明

在对图片调色和图像处理时，可以用到本例中“将夏季图片调整为秋季粉红色效果”的方法。如图4-1所示为处理前的效果图，如图4-2所示为范例的最终效果图，如图4-3所示为类似范例的实际应用效果图。

图4-1　处理前的效果图

图4-2　将夏季图片调整为秋季粉红色效果最终效果图

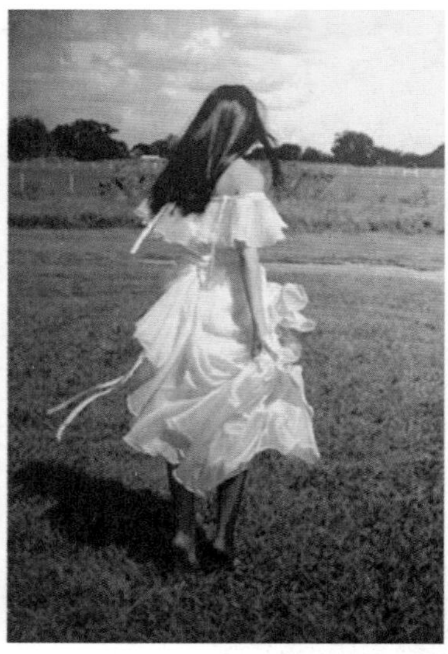

图4-3　精彩效果欣赏

设计思路

粉红色是秋季色中比较常见的色彩，其调色方法有很多，使用通道替换是最快的。不过这里的素材颜色较少，用手工调色也很快，只需将图片中的绿色转为暖色，然后将颜色调均匀即可。

本例将利用Photoshop将夏季图片调整为秋季粉红色效果，先打开要处理的图片，再使用可选颜色、通过复制的图层、不透明度、曲线等工具与命令对图像中的颜色进行调整。如图4-4所示为制作流程图。

① 打开的图片

② 执行【可选颜色】命令后的效果

③ 复制图层并降低不透明度后的效果

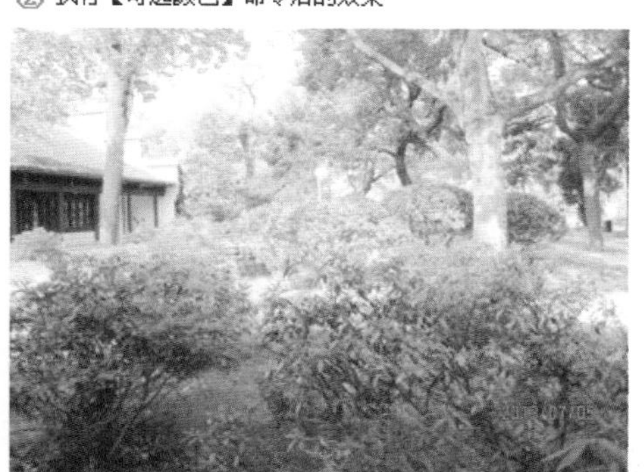
④ 最终效果图

图4-4　制作流程图

操作步骤

01 按“Ctrl”+“O”键从配套光盘的素材库中打开一张要处理的图片，如图4-5所示。

02 在【图层】面板中单击（创建新的填充或调整图层）按钮，在弹出的菜单中选择【可选颜色】命令，如图4-6所示，即可显示【属性】面板，然后在其中选择黄色，设置【青色】为−74%，【洋红】为+58%，如图4-7所示。

图4-5　打开的图片

图4-6　选择【可选颜色】命令

图4-7　对黄色进行调整

03 在【属性】面板中选择绿色，设置【青色】为－67%，【洋红】为＋86%，如图4-8所示，再次减少绿色，增加洋红色。

04 在【属性】面板中选择中性色，设置【青色】为－31%，【黄色】为＋28%，如图4-9所示，对图片中的中性色进行调整。

图4-8　对绿色进行调整

图4-9　调整中性色

05 在【图层】面板中单击（创建新的填充或调整图层）按钮，在弹出的菜单中选择【可选颜色】命令，再创建一个可选颜色调整图层，如图4-10所示；然后在【属性】面板先选择红色，设置【青色】为－18%，【黄色】为－8%，如图4-11所示；再选择黄色，并设置【青色】为－37%，【洋红】为+5%，如图4-12所示；再选择绿色，并设置【青色】为－45%，如图4-13所示；再选择中性色，并设置【青色】为－18%，【洋红】为＋2%，【黑色】为－9，如图4-14所示，以得到如图4-15所示的效果。

图4-10　【图层】面板

图4-11 调整红色

图4-12 调整黄色

图4-13 调整绿色

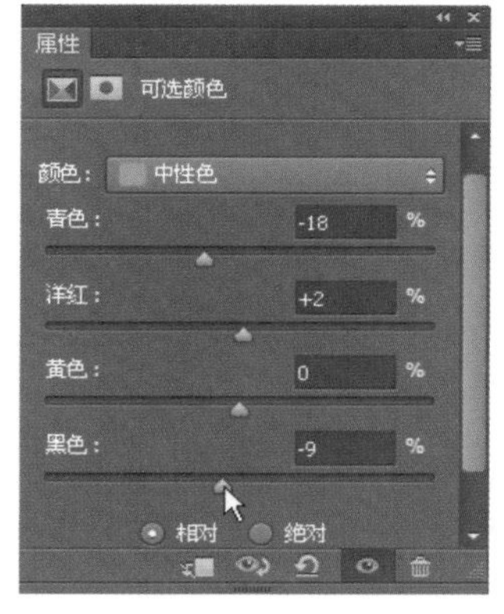

图4-14 调整中性色

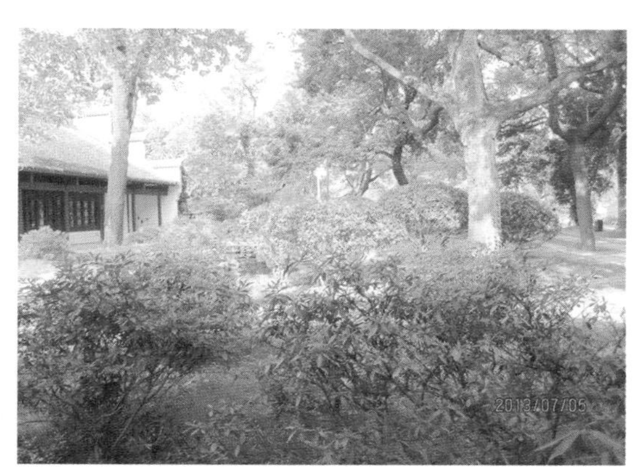

图4-15 调整颜色后的效果

06 按“Ctrl”+“J”键复制一个可选颜色调整图层，设置【不透明度】为30%，以加强效果，如图4-16所示。

07 在【图层】面板中单击（创建新的填充或调整图层）按钮，在弹出的菜单中选择【曲线】命令，创建一个曲线调整图层；在【属性】面板先对RGB混合通道进行调整，如图4-17所示；再对红通道进行调整，如图4-18所示；接着对绿通道进行调整，如图4-19所示；最后对蓝通道进行调整，如图4-20所示。图片就调整好了，画面效果如图4-21所示。

图4-16 复制图层并降低不透明度

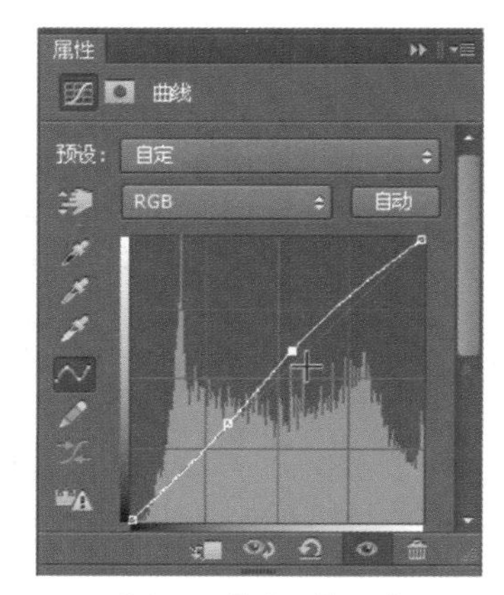

图4-17 【属性】面板

图4-18　调整红通道

图4-19　调整绿通道

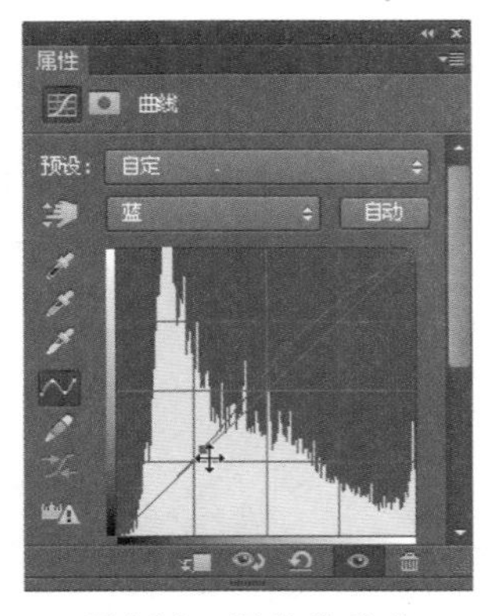

图4-20　调整蓝通道

图4-21　调整颜色后的效果

4.2 突出图片中的主体

实例说明

在图像处理和制作虚化背景的图像时，可以使用本例“突出图片中的主体”的制作方法。如图4-22所示为处理前的效果图，如图4-23所示为范例的最终效果图，如图4-24所示为类似范例的实际应用效果图。

图4-22　处理前的图像

图4-23　突出图片中的主体最终效果图

图4-24 精彩效果欣赏

设计思路

先打开要处理的图片，再使用套索工具、羽化、通过复制的图层等工具与命令将主题对象复制出来，然后使用径向模糊、高斯模糊等命令将背景进行模糊处理，最后将主题对象复制一个并改变混合模式以加强效果。如图4-25所示为制作流程图。

① 打开的图片

② 径向模糊后的效果

③ 高斯模糊后的效果

④ 最终效果图

图4-25 制作流程图

操作步骤

01 按“Ctrl”+“O”键从配套光盘的素材库中打开一张要处理的图片，如图4-26所示。

02 在工具箱中选择套索工具，在画面中勾选出要突出的主题对象，如图4-27所示。

图4-26　打开的图片

图4-27　用套索工具框选出所需的内容

03 按“Shift”+“F6”键，弹出【羽化选区】对话框，在其中设置【羽化半径】为2像素，如图4-28所示，单击【确定】按钮，将选区边缘稍稍羽化，使勾选的图像过渡自然些。

图4-28　【羽化选区】对话框

04 按“Ctrl”+“J”键由选区建立一个新图层，如图4-29所示，再激活背景层，如图4-30所示。

图4-29　【图层】面板

图4-30　激活背景层

05 在【滤镜】菜单中执行【模糊】→【径向模糊】命令，弹出【径向模糊】对话框，在其中设置【数量】为17，【模糊方法】为缩放，其他不变，如图4-31所示，单击【确定】按钮，得到如图4-32所示的效果。

06 在【滤镜】菜单中执行【模糊】→【高斯模糊】命令，弹出【高斯模糊】对话框，在其中设置【半径】为2.3像素，如图4-33所示，单击【确定】按钮，将背景进一步模糊，得到如图4-34所示的效果。

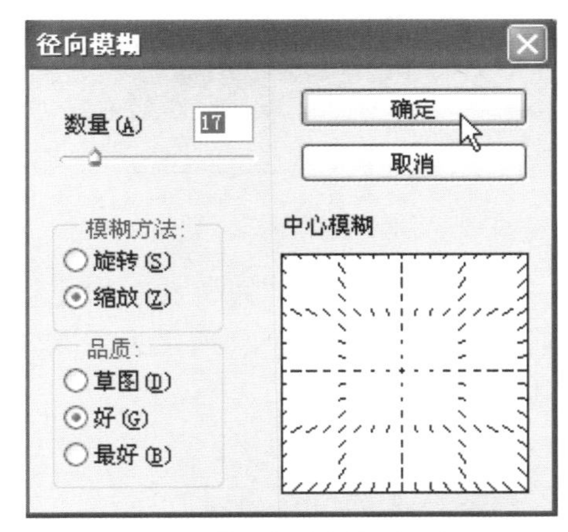

图4-31 【径向模糊】对话框

图4-32 径向模糊后的效果

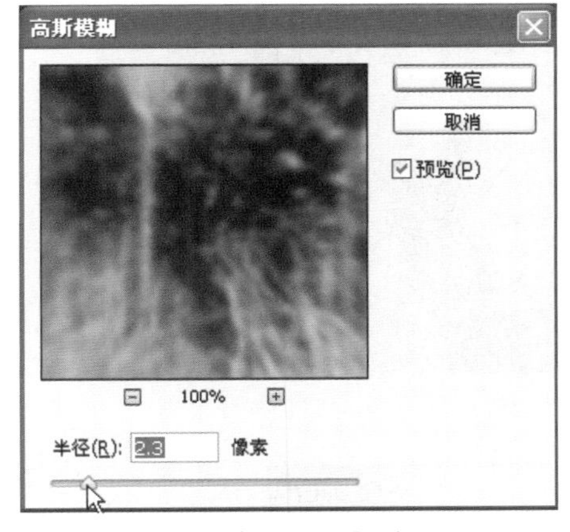

图4-33 【高斯模糊】对话框

图4-34 高斯模糊后的效果

07 在【图层】面板中激活图层1，按“Ctrl”+“J”键复制一个副本，再设置副本的【混合模式】为强光，如图4-35所示，以加强效果。图像就处理好了，画面效果如图4-36所示。

图4-35 【图层】面板

图4-36 复制并改变混合模式后的效果

4.3 将美女图片处理为手绘效果

实例说明

在图像处理、封面设计、海报设计和绘画时，都可以使用本例“将美女图片处理为手绘效果”的制作方法。如图4-37所示为处理前的效果图，如图4-38所示为范例的最终效果图，如图4-39所示为类似范例的实际应用效果图。

图4-37　处理前图像

图4-38　处理为手绘效果最终效果图

图4-39　精彩效果欣赏

 设计思路

本例利用Photoshop将生活照片进行手绘效果处理，以达到美化照片的目的。先打开要处理的照片，再使用通过复制的图层、中间值对图像副本进行复制与模糊

处理，然后使用添加图层蒙版、画笔工具、合并所有可见图层、减淡工具、涂抹工具、曲线、加深工具对象图像进行明暗度处理，并突出显示五官，最后使用复制图层、吸管工具、画笔工具、涂抹工具、加深工具等工具与命令对五官与头发进行绘制以达到手绘效果。如图4-40所示为制作流程图。

图4-40 制作流程图

操作步骤

01 按“Ctrl”+“O”键从配套光盘的素材库中打开一张要处理的图片，如图4-41所示。

02 按“Ctrl”+“J”键复制一个副本，以得到一个图层1，如图4-42所示，在【滤镜】菜单中执行【杂色】→【中间值】命令，弹出【中间值】对话框，在其中设置【半径】为2像素，如图4-43所示，设置好后单击【确定】按钮，得到如图4-44所示的效果。

图4-41 打开的图片

图4-42 复制图层

图4-43 【中间值】对话框

图4-44 模糊后的效果

03 按“Ctrl”+“J”键复制一个副本，以得到一个图层1副本，如图4-45所示。在【滤镜】菜单中执行【杂色】→【中间值】命令，弹出【中间值】对话框，在其中设置【半径】为4像素，如图4-46所示，设置好后单击【确定】按钮，得到如图4-47所示的效果。

图4-45 复制图层

图4-46 【中间值】对话框

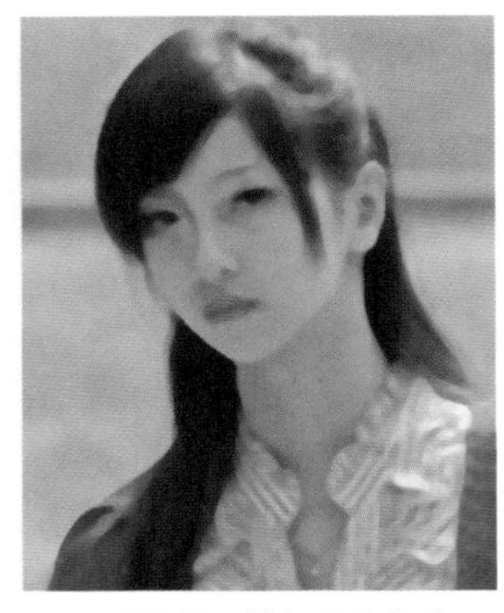

图4-47 模糊后的效果

04 在【图层】面板中单击（添加图层蒙版）按钮，为图层1副本添加图层蒙版。接着在工具箱中选择画笔工具，在选项栏中设置画笔为柔角画笔，【大小】为9像素，如图4-48所示，然后在脸部与衣服边缘的地方进行涂抹，将下层的边缘显示出来，绘制后的效果如图4-49所示。

05 按“Ctrl”+“Shift”+“Alt”+“E”键将所有图层合并为一个新图层2，如图4-50所示。

图4-48 设置画笔

图4-49 修改蒙版以显示下层内容

图4-50 合并所有可见图层为新图层

06 在工具箱中选择减淡工具，在选项栏中设置画笔为柔角40像素，【范围】为中间调，【曝光度】为14%，其他不变，然后在画面中需要调亮的地方进行涂抹，以将其调亮，涂抹后的效果如图4-51所示。

07 在画面上右击弹出画笔面板，在其中设置【大小】为10像素，如图4-52所示，继续在脸部需要调亮的地方进行涂抹，以将其调亮，调亮后的效果如图4-53所示。

图4-51 用减淡工具调亮部分区域

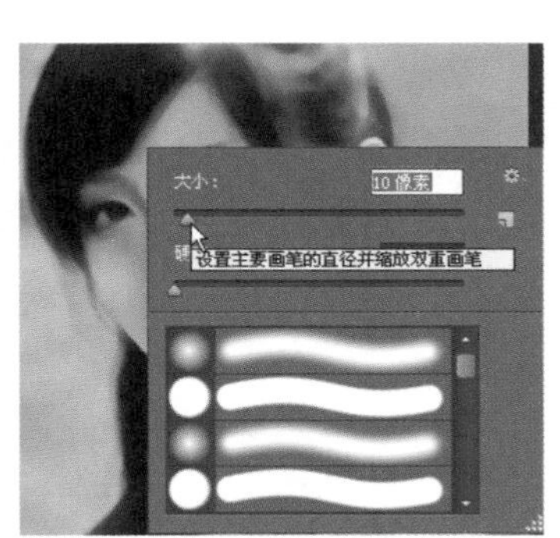

图4-52 设置画笔大小

图4-53 对脸部高光处进行涂抹

08 在工具箱中选择涂抹工具，在其中设置画笔为柔角10像素，【强度】为50%，不勾选【手指绘画】选项，然后在画面中过渡不太平滑的地方进行稍稍涂抹，使其融合，涂抹后的效果如图4-54所示。

09 使用减淡工具再次对皮肤进行调亮，调亮后的效果如图4-55所示。

10 使用涂抹工具对皮肤过渡不自然的地方进行涂抹，以使其过渡平滑，涂抹后的效果如图4-56所示。

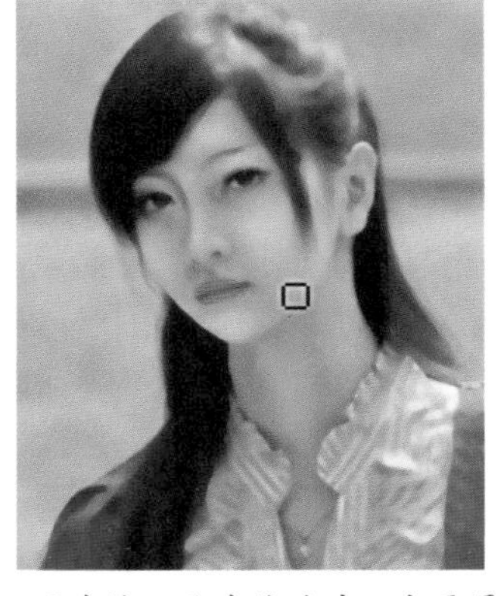

图4-54 用涂抹工具涂抹过渡不太平滑的地方

图4-55　用减淡工具对皮肤再次调亮

图4-56　用涂抹工具涂抹过渡不自然的地方

11 按“Ctrl”+“M”键执行【曲线】命令，弹出【曲线】对话框，在其中将网格中的直线调为如图4-57所示的曲线，单击【确定】按钮，以将画面调亮，画面效果如图4-58所示。

12 在工具箱中选择加深工具，采用默认值，根据需要按“［”与“］”键调整画笔笔尖大小，然后在需要调暗的地方进行涂抹，涂抹后的效果如图4-59所示。

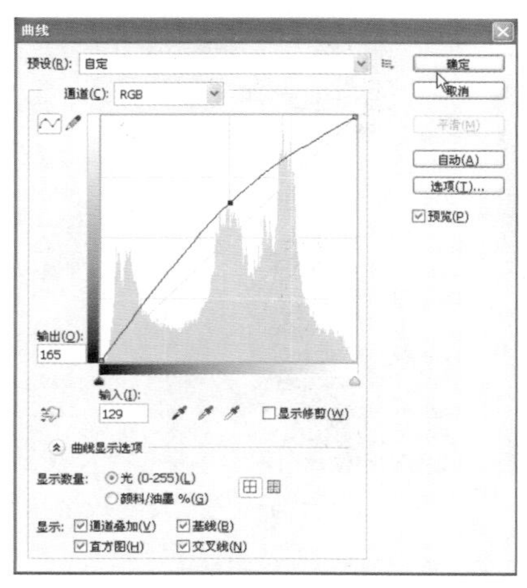

图4-57　【曲线】对话框

图4-58　调亮后的画面

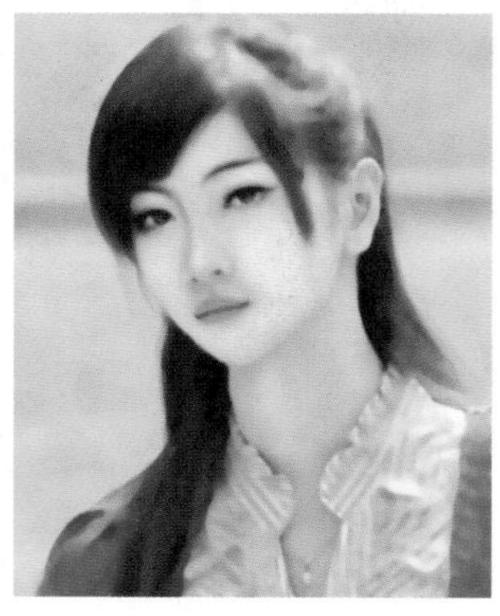

图4-59　用加深工具对一些地方进行颜色加深

13 按“Ctrl”+“J”键复制一个图层，以作备份，用吸管工具在眼睛上吸取最深的颜色，再在工具箱中选择画笔工具，在选项栏中设置画笔为柔角1像素，【不透明度】为16%，其他不变，然后在画面中对眼睛进行绘制，绘制后的效果如图4-60所示。

13 在工具箱选择涂抹工具，并按“［”键将画笔大小调为1像素，然后在睫毛的尾部进行绘制，以使其自然，绘制后的效果如图4-61所示。

15 按“X”键切换前景色与背景色，设置前景色为白色，然后用画笔工具在画面中绘制高光，绘制好后的效果如图4-62所示。

⑯ 按“X”键切换前景色与背景色，再用画笔工具绘制眼线，绘制好后的效果如图4-63所示。

图4-60　用画笔工具绘制睫毛

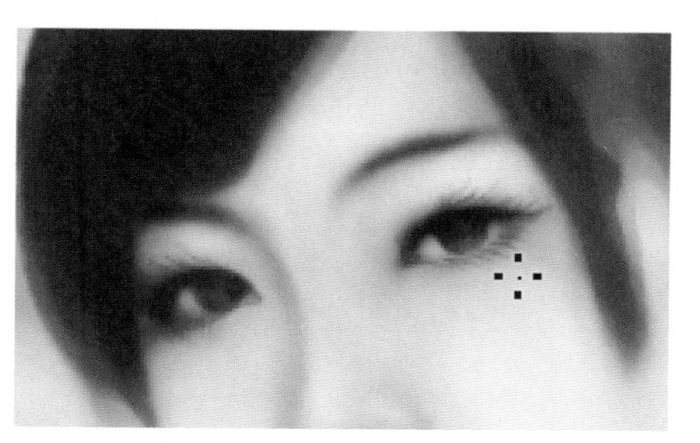

图4-61　用涂抹工具绘制睫毛尾部

图4-62　绘制眼睛高光

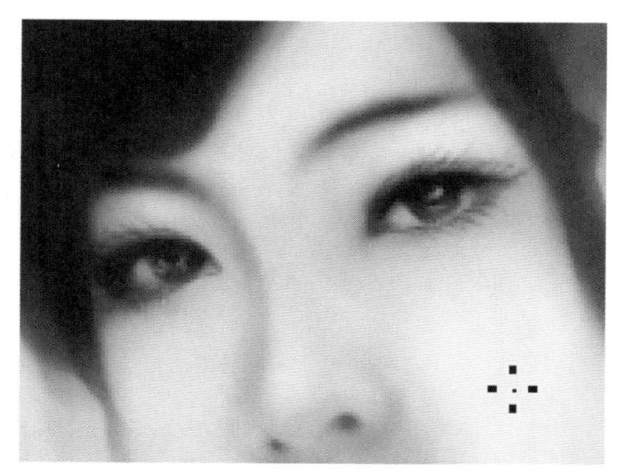

图4-63　绘制眼线

⑰ 在工具箱中选择减淡工具，按“[”键将画笔调为所需的大小，然后在嘴上进行绘制，以绘制出嘴唇的高光区域，绘制后的画面如图4-64所示。

⑱ 在工具箱中选择加深工具，按“[”键将画笔调为1像素，然后在嘴部暗部进行绘制，绘制后的画面如图4-65所示。

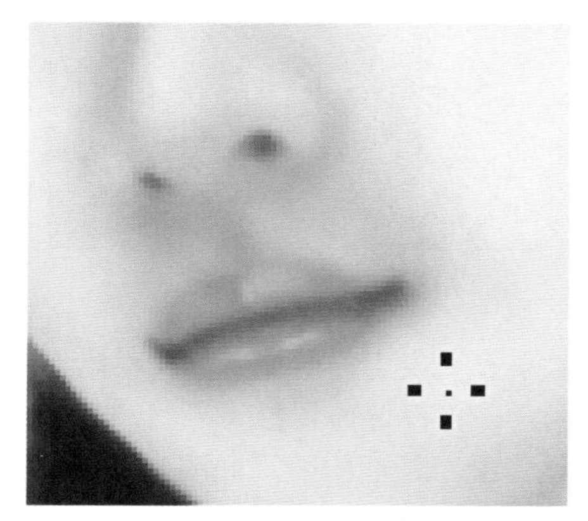

图4-64　绘制嘴唇高光

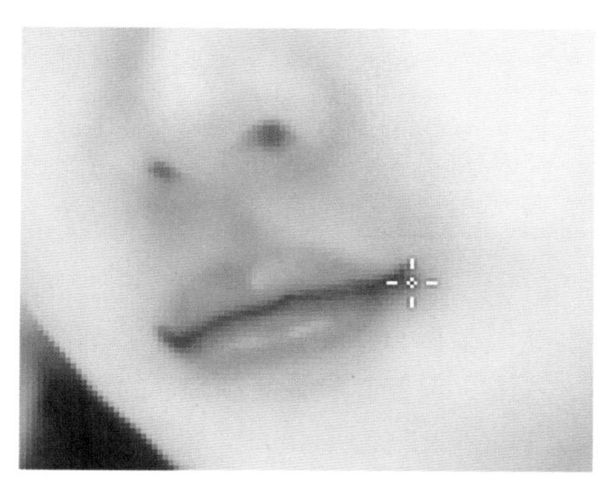

图4-65　绘制嘴的暗部

19 在工具箱中选择减淡工具，按“[”键将画笔调为所需的大小，然后在嘴部周围进行涂抹，以将其调亮，调亮后的画面如图4-66所示。

20 按“Ctrl”+“J”键复制一个副本，以作备份，再在工具箱中选择画笔工具，在选项栏中选择所需的笔刷，如图4-67所示，然后在画面中对头发进行绘制，在绘制时尽量沿着原来的发丝走向进行绘制，绘制后的效果如图4-68所示。

21 设置前景色为# 341e09，按“[”键将画笔大小调小为10像素，然后在画面中绘制出一些棕色的发丝，绘制后的效果如图4-69所示。

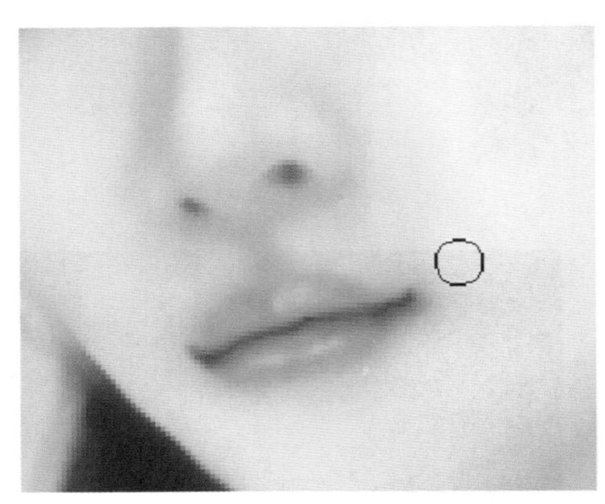

图4-66　用减淡工具对嘴周围进行调亮处理

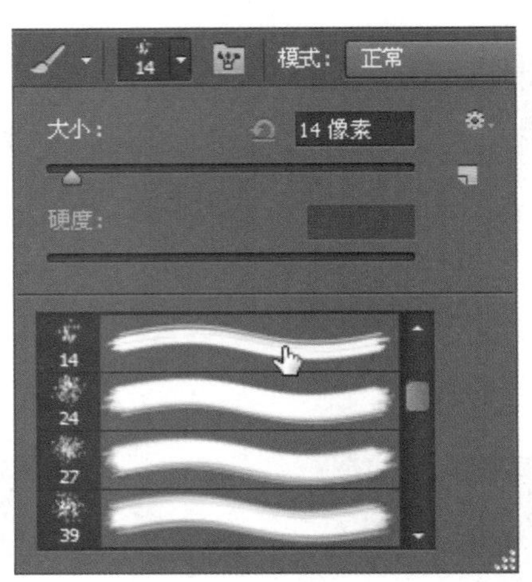

图4-67　选择笔刷

图4-68　绘制头发

图4-69　绘制头发

22 设置前景色为#dbd7d3，并将画笔改为2像素，然后在头发上沿着原来的发丝走向绘制部分亮一些的发丝，绘制好后的效果如图4-70所示，再设置前景色为黑色，然后在画面中绘制一些颜色深的发丝，与一些蓬散的发丝，绘制好后的效果如图4-71所示。至此图片就转为手绘效果了。

图4-70 绘制头发

图4-71 绘制完成的最终效果

4.4 使用通道对复杂的头发进行抠图

实例说明

在图像处理、换背景、海报设计、制作动漫场景时，可以用到本例“使用通道对复杂的头发进行抠图”的制作方法。如图4-72所示为处理前的效果图，如图4-73所示为范例的最终效果图，如图4-74所示为类似范例的实际应用效果图。

图4-72 处理前的效果

图4-73 使用通道对复杂的头发进行抠图最终效果图

图4-74　精彩效果欣赏

设计思路

本例利用Photoshop将图像中的人物抠出，然后替换一个背景。先打开要处理的图片，再使用复制通道、色阶、画笔工具、使通道载入选区、反选、蒙版编辑、通过复制的图层等工具与命令将人物从背景中抠出来。然后使用打开、移动工具将另一个背景图像拖动到人物图像中以替换原来的背景。如图4-75所示为制作流程图。

① 打开的图像

② 对蓝 副本通道进行调整色阶后的效果

③ 在人物头部与身体上进行黑色涂抹

④ 在背景处进行白色涂抹

⑤ 将蓝副本通道载入选区后的效果

⑥ 最终效果图

图4-75　制作流程图

操作步骤

01 按“Ctrl”+“O”键从配套光盘的素材库中打开一个需要抠图的图像，如图4-76所示。

02 显示【通道】面板，在其中查看单色通道，看哪个通道的对比度比较强，这里以蓝通道对比发现其比较强，如图4-77所示，因此拖动蓝通道到 (创建新通道)按钮上，当按钮呈凹下状态时，松开左键，即可复制一个副本，结果如图4-78所示。

图4-76 打开的图像

图4-77 显示【通道】面板

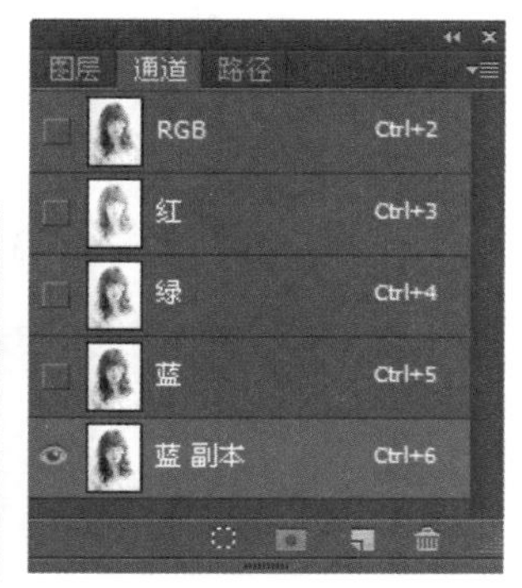

图4-78 【通道】面板

03 按“Ctrl”+“L”键执行【色阶】命令，弹出【色阶】对话框，在其中设置【输入色阶】为168、1.00、255，如图4-79所示，设置好后单击【确定】按钮，得到如图4-80所示的效果。

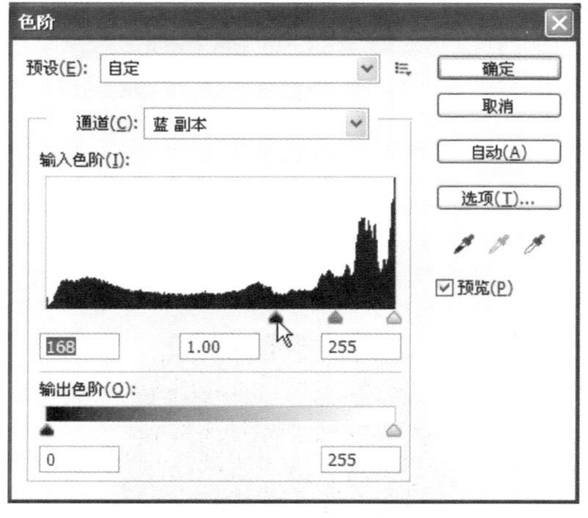

图4-79 【色阶】对话框

图4-80 调整色阶后的效果

04 设置前景色为黑色，在工具箱中选择画笔工具，在选项栏中设置参数为，然后在画面中人物的头部与身体上进行涂抹，以将其涂黑，如图4-81、图4-82所示。

05 按“Ctrl”+“L”键执行【色阶】命令，弹出【色阶】对话框，在其中设置【输入色阶】为0、1.00、173，如图4-83所示，设置好后单击【确定】按钮，得到如图4-84所示的效果。

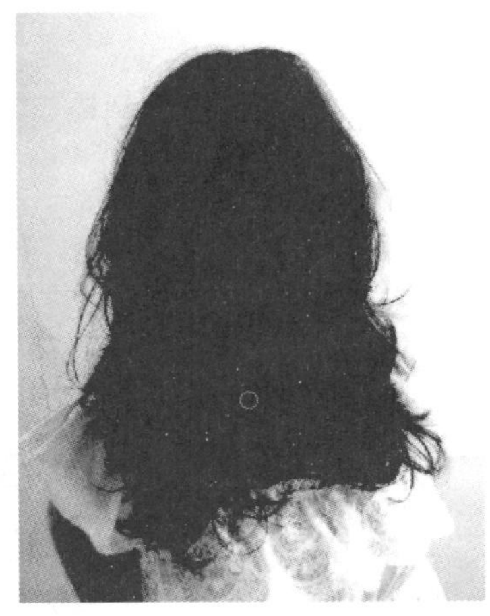

图4-81　绘制黑色后的效果

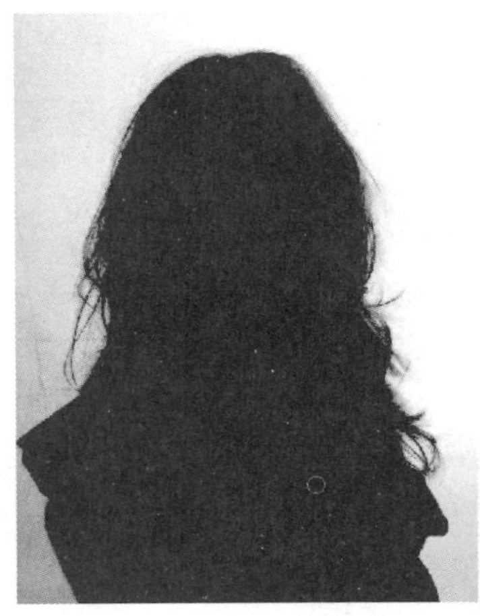

图4-82　绘制黑色后的效果

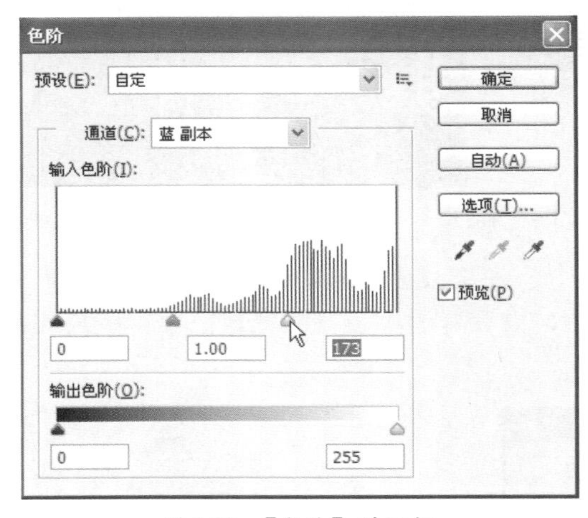

图4-83　【色阶】对话框

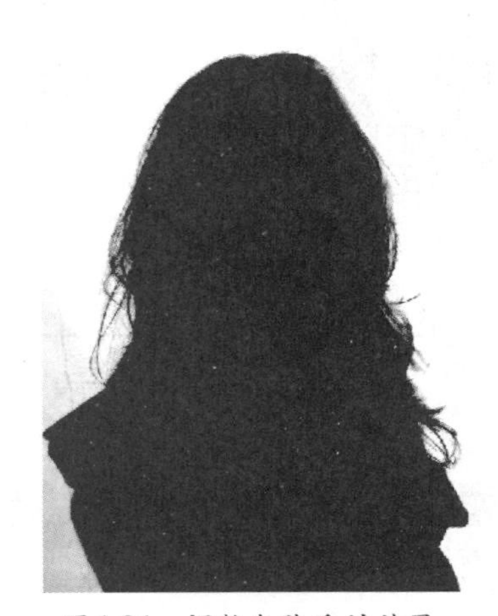

图4-84　调整色阶后的效果

06 设置前景色为白色，在工具箱中选择画笔工具，在选项栏中设置参数为 ，然后在画面中背景上与杂乱头发中进行涂抹，以将其涂白，如图4-85、图4-86所示。

图4-85　绘制白色后的效果

图4-86　绘制白色后的效果

07 按“Ctrl”键在【通道】面板中单击蓝副本通道的缩览图，如图4-87所示，使通道载入选区，从而得到如图4-88所示的选区。

08 按“Ctrl”+“Shift”+“I”键反选选区，结果如图4-89所示。

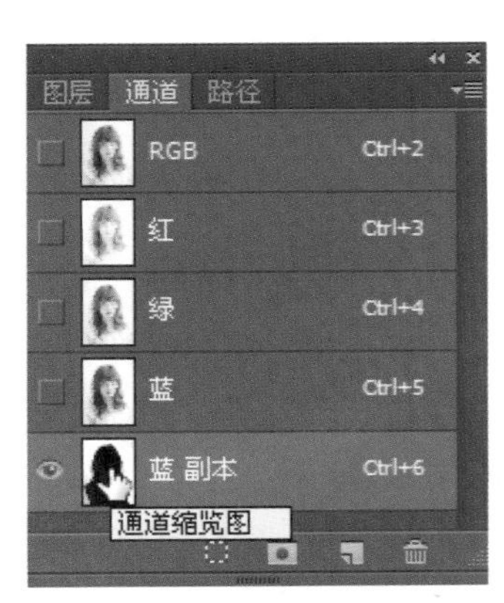

图4-87 【通道】面板

图4-88 载入选区

图4-89 反选选区

09 在【通道】面板中激活RGB复合通道，如图4-90所示，画面中显示复合通道效果，如图4-91所示。

10 在工具箱中单击按钮，进入临时蒙版编辑状态，再设置前景色为白色，接着选择画笔工具，并在选项栏中设置参数为，然后在画面中没有被选中的区域进行涂抹，以将其添加到选区，如图4-92、图4-93所示。

11 在工具箱中单击按钮，退出蒙版编辑，从而得到如图4-94所示的选区。

12 显示【图层】面板，在其中激活背景层，再按“Ctrl”+“J”键将选区内容通过复制新建图层1，如图4-95所示。

图4-90 【通道】面板

图4-91 显示复合通道

图4-92 进入临时蒙版编辑

图4-93　涂抹后的效果

图4-94　退出蒙版编辑

图4-95　【图层】面板

⑬ 按“Ctrl”+“O”键从配套光盘的素材库中打开一个背景图像，如图4-96所示，并用移动工具将其拖动到人物图像中，再排放到适当位置，其【图层】面板如图4-97所示。

图4-96　打开的背景图像

图4-97　【图层】面板

⑭ 在【图层】面板中拖动图层2到图层1的下层，如图4-98所示，从而得到如图4-99所示的效果，人物的背景就被替换了。

图4-98　【图层】面板

图4-99　替换背景后的效果

4.5 美丽的夜景

实例说明

在进行广告设计和图像处理时，可以使用本例中“美丽的夜景”的制作方法。如图4-100所示为处理前的效果图，如图4-101所示为范例的最终效果图，如图4-102所示为类似范例的实际应用效果图。

图4-100 “美丽的夜景”的原图

图4-101 “美丽的夜景”的最终效果图

图4-102 精彩效果欣赏

设计思路

本例利用Photoshop将一幅都市风景画处理为夜景效果。先打开要处理的图片，再用创建新图层、云彩、动感模糊、通过复制的图层、色相/饱和度、混合模式改变图像中的颜色并添加一些光源。如图4-103所示为制作流程图。

图4-103　制作流程图

操作步骤

01 按“Ctrl”+“O”键从配套光盘的素材库中打开一张图片，如图4-104所示。

02 在【图层】面板中单击 （创建新图层）按钮，新建图层1，如图4-105所示。

图4-104　打开的图片

图4-105　【图层】面板

03 在工具箱中设置前景色为R255、G218、B165，背景色R90、G50、B14，再在菜单中执行【滤镜】→【渲染】→【云彩】命令，得到如图4-106所示的效果。

04 在菜单中执行【滤镜】→【模糊】→【动感模糊】命令，弹出【动感模糊】对话框，在其中设置【角度】为25度，【距离】为500像素，如图4-107所示，设置好后单击【确定】按钮，得到如图4-108所示的效果。

图4-106 执行【云彩】命令后的效果

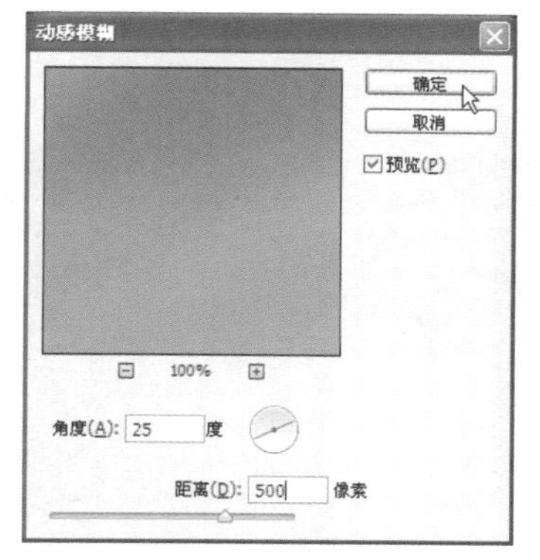

图4-107 【动感模糊】对话框

图4-108 动感模糊效果

05 在【图层】面板中激活背景层，再按“Ctrl”+“J”键复制背景图层为背景副本图层，并将它拖到最上面，如图4-109所示。在菜单中执行【图像】→【调整】→【色相/饱和度】命令，弹出【色相/饱和度】对话框，在其中设置【色相】为35，【饱和度】为65，如图4-110所示，设置好后单击【确定】按钮，得到如图4-111所示的效果。

图4-109 【图层】面板

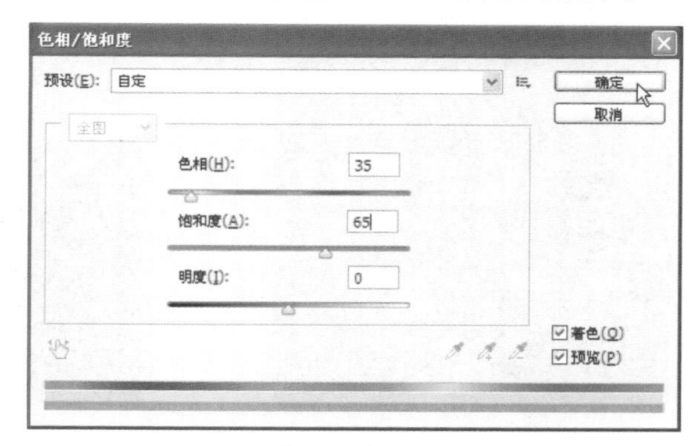

图4-110 【色相/饱和度】对话框

图4-111 执行【色相/饱和度】后的效果

06 在【图层】面板中设置它的【混合模式】为叠加，如图4-112所示，得到如图4-113所示的效果。

图4-112 【图层】面板

图4-113 【混合模式】为“叠加”后的效果

07 按“Ctrl”+“J”键复制背景副本图层为背景副本2图层，再设置它的【混合模式】为亮光，如图4-114所示，得到如图4-115所示的效果。

图4-114 【图层】面板

图4-115 【混合模式】为“亮光”后的效果

08 在【图层】面板中先激活图层1，再按“Ctrl”+“J”键复制图层1为图层1副本，如图4-116所示，得到如图4-117所示的效果，美丽夜景就制作完成了。

图4-116 【图层】面板

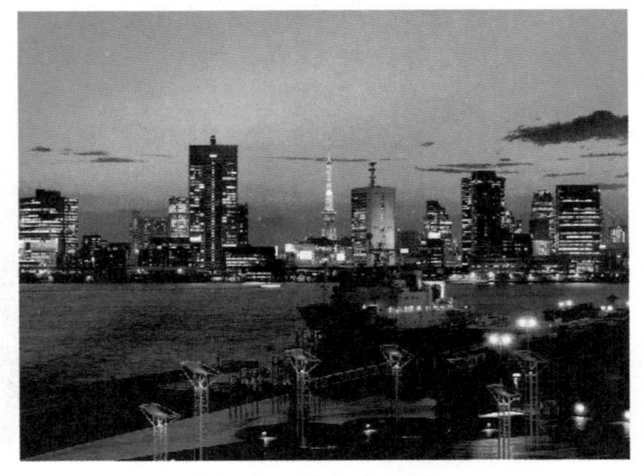

图4-117 最终效果图

第5章
影像合成

本章通过梦幻的都市、晚霞和北极夕阳3个范例的制作，介绍Photoshop中的影像合成技巧。

5.1 梦幻的都市

实例说明

在图像处理和影像合成时，可以使用本例“梦幻的都市”的制作方法。如图5-1所示为处理前的效果图，如图5-2所示为范例的最终效果图，如图5-3所示为类似范例的最终效果图。

图5-1 处理前的图像

图5-2 梦幻的都市最终效果图

图5-3 精彩效果欣赏

设计思路

本例利用Photoshop将几个图像合成一幅梦幻的都市画。先打开所需的图片，再使用移动工具、通过复制的图层、混合模式、添加图层蒙版、画笔工具、高反差保留、色阶、曲线等工具与命令将几张图片合成一幅梦幻的都市画。如图5-4所示为制作流程图。

① 打开的文件

② 复制图片并排放到适当位置

③ 改变混合模式和修改蒙版后的效果

④ 执行【高反差保留】和改变混合模式后的效果

⑤ 执行【色阶】命令后的效果

⑥ 最终效果图

图5-4 制作流程图

操作步骤

01 按“Ctrl”+“O”键从配套光盘的素材库中打开两个图像文件，如图5-5、图5-6所示。

图5-5 打开的文件

图5-6 打开的文件

02 将有田野的文件拖出文档标题栏，然后用移动工具将其拖动到夜景文件中并排放到顶部，如图5-7所示。

03 按“Ctrl”+“J”键复制一个副本，如图5-8所示。在【图层】面板中激活图层1，再关闭图层1副本，如图5-9所示。

图5-7 复制图像后排放位置

图5-8 复制图层

图5-9 【图层】面板

04 在【图层】面板中设置图层1的【混合模式】为颜色减淡，如图5-10所示，得到如图5-11所示的效果。

图5-10 【图层】面板

图5-11 改变混合模式后的效果

05 在【图层】面板的底部单击（添加图层蒙版）按钮，添加图层蒙版，如图5-12所示。在工具箱中选择画笔工具，在选项栏中设置所需的参数，如图5-13所示，然后在画面中需要隐藏的地方进行涂抹，涂抹后的效果如图5-14所示。

06 在【图层】面板中激活图层1副本并显示它，如图5-15所示。

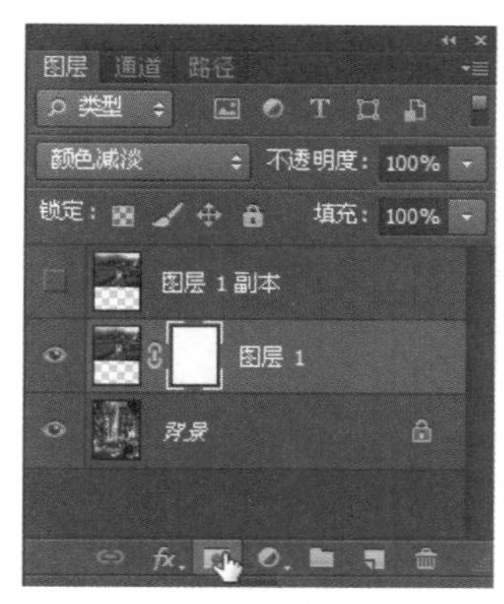

图5-12 【图层】面板

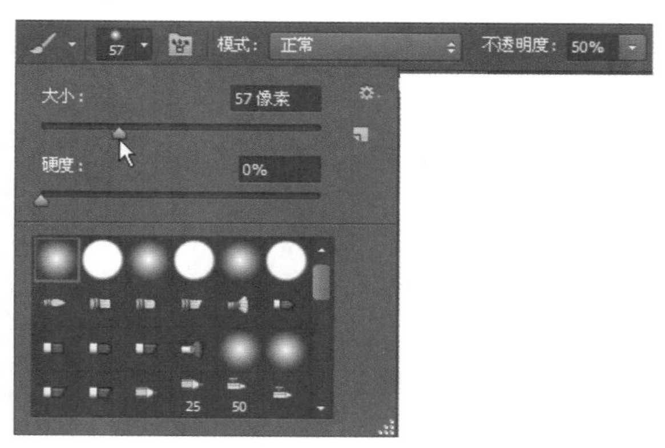

图5-13 设置画笔

图5-14 修改蒙版后的效果

图5-15 【图层】面板

07 在【滤镜】菜单中执行【其它】→【高反差保留】命令，弹出【高反差保留】对话框，在其中设置【半径】为23.7像素，如图5-16所示，设置好后单击【确定】按钮，得到如图5-17所示的效果。

图5-16 【高反差保留】对话框

图5-17 执行【高反差保留】命令后的效果

08 在【图层】面板中设置图层1副本的【混合模式】为叠加，如图5-18所示，即可得到如图5-19所示的效果。

图5-18 【图层】面板

图5-19 改变混合模式后的效果

09 在【图层】面板的底部单击【创建新的填充或调整图层】按钮，在弹出的菜单中执行【色阶】命令，如图5-20所示，显示【属性】面板，在其中设置所需的参数，如图5-21所示，得到如图5-22所示的效果。

图5-20 执行【色阶】命令

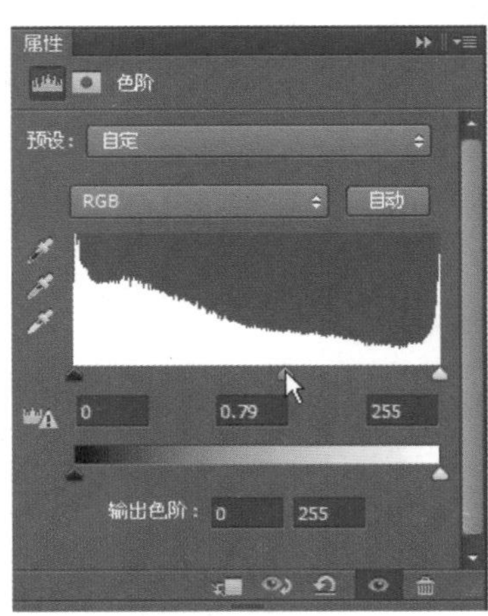

图5-21 【属性】面板

图5-22 调整色阶后的效果

10 在【图层】面板的底部单击【创建新的填充或调整图层】按钮，在弹出的菜单中执行【曲线】命令，如图5-23所示，显示【属性】面板，在其中将直线调为如图5-24所示的曲线，得到如图5-25所示的效果。

图5-23 执行【曲线】命令

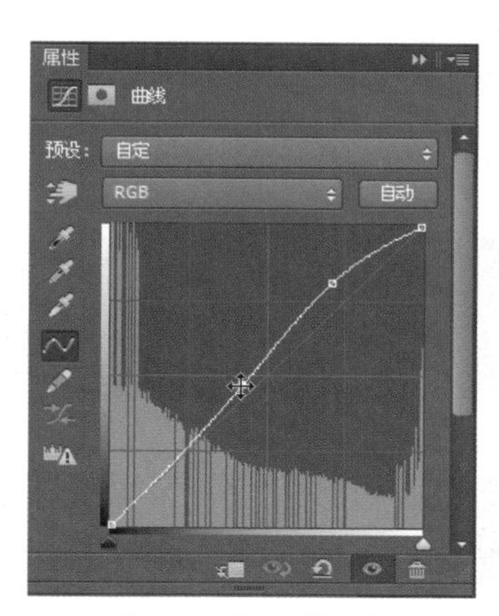

图5-24 【属性】面板

图5-25 曲线调整后的效果

⑪ 保持曲线调整图层为当前图层，接着在工具箱中选择画笔工具，在选项栏中设置所需的参数，如图5-26所示，然后在画面中需要调整的地方进行涂抹，以显示出下层内容，如图5-27所示，效果就处理好了。

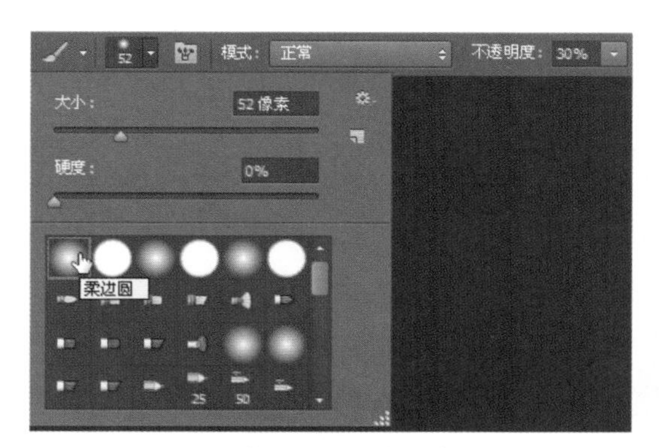

图5-26 设置画笔

图5-27 用画笔修改调整图层蒙版

5.2 晚霞

实例说明

在图像处理和影像合成时，可以使用本例“晚霞”的制作方法。如图5-28所示为处理前的效果图，如图5-29所示为范例的最终效果图，如图5-30所示为类似范例的实际应用效果图。

图5-28　晚霞原图

图5-29　晚霞最终效果图

图5-30　精彩效果欣赏

设计思路

本例利用Photoshop将几个图像合成一幅晚霞风景画。先新建一个文档确定风景画的大小，再打开所需的图片并复制到新建的文档中进行适当的排放，然后使用添加图层蒙版、画笔工具对复制的图像进行处理，以使它们融入一幅画中，最后使用套索工具、色彩平衡、曲线、混合模式为图像添加一些光源。如图5-31所示为制作流程图。

图5-31　制作流程图

操作步骤

01 按“Ctrl”+“N”键新建一个大小为790×625像素，【分辨率】为300像素/英寸，【背景内容】为白色的图像文件。

02 按“Ctrl”+“O”键从配套光盘的素材库中打开一张夕阳效果的图片，如图5-32所示。用移动工具将其拖动到新建的文件中，并排放到适当位置，如图5-33所示。

图5-32 打开的图片

图5-33 复制并移动图片

03 从配套光盘的素材库中打开一张图片，也可以与前面的图片一起打开，然后用移动工具将其拖动到新建文件中，并排放到适当位置，如图5-34所示。

04 显示【图层】面板，在其中单击（添加图层蒙版）按钮，为图层2添加图层蒙版。再在工具箱中设置前景色为黑色，按“B”键选择画笔工具，接着在选项栏中设置【画笔】为，然后在画面的天空背景处进行涂抹，以将其隐藏，涂抹后的效果如图5-35所示。

图5-34 复制并移动图片

图5-35 隐藏天空背景

05 从配套光盘的素材库中打开3个有树的文件，如图5-36所示，接着用移动工具将它们分别拖到画面中并排放到适当位置，以表示近处的风景，如图5-37所示。

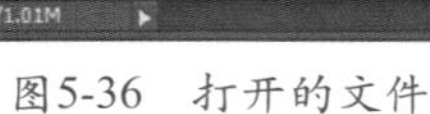
图5-36　打开的文件

图5-37　添加近处的树林

06 从配套光盘的素材库中打开一个有鸟的文件，接着用移动工具将它拖到画面中，然后将其排放到天空的适当位置，如图5-38所示。

07 从配套光盘的素材库中打开一个有树的文件，接着用移动工具将它拖到画面中，然后将其排放到右上角的适当位置，如图5-39所示。

图5-38　添加远处的小鸟

图5-39　添加近处的树林

08 设置前景色为黑色，在【图层】面板中单击【创建新图层】按钮，新建图层8，如图5-40所示，按“G”键选择渐变工具，在选项栏的【渐变拾色器】中选择“前景到透明”渐变，然后在画面中从下方向上方拖动，为画面进行渐变填充，填充渐变颜色后的效果如图5-41所示。

09 在【图层】面板中设置它的【不透明度】为“70%”，如图5-42所示，得到如图5-43所示的效果。

图5-40 【图层】面板

图5-41 渐变填充

图5-42 【图层】面板

图5-43 降低【不透明度】后的效果

10. 在工具箱中选择套索工具，在选项栏中设置【羽化】为30像素，然后在画面中勾选出一个选区，如图5-44所示。

11. 在【图层】面板中单击按钮，弹出下拉菜单，在其中选择【色彩平衡】命令，如图5-45所示，显示【属性】面板，在其中设置【色阶】为+14、－18、0，其他不变，如图5-46所示，以得到如图5-47所示的效果。

图5-44 勾选选区

图5-45 【图层】面板

图5-46 【色彩平衡】对话框

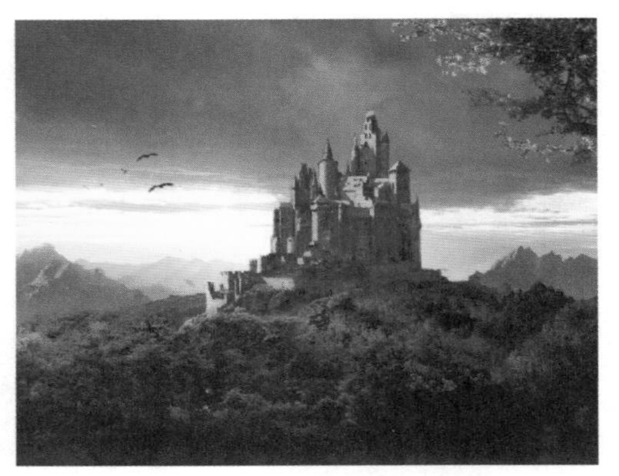

图5-47 执行【色彩平衡】后的效果

12 在【图层】面板中单击 按钮，弹出下拉菜单，在其中选择【色彩平衡】命令，显示【属性】面板，在其中设置【色阶】为+7、0、−19，其他不变，如图5-48所示，得到如图5-49所示的效果。

图5-48 【色彩平衡】对话框

图5-49 执行【色彩平衡】后的效果

13 在【图层】面板中单击 按钮，弹出下拉菜单，在其中选择【曲线】命令，显示【属性】面板，在其中将网格中的直线调整为所需的曲线，以调亮画面，其他不变，如图5-50所示，得到如图5-51所示的效果。

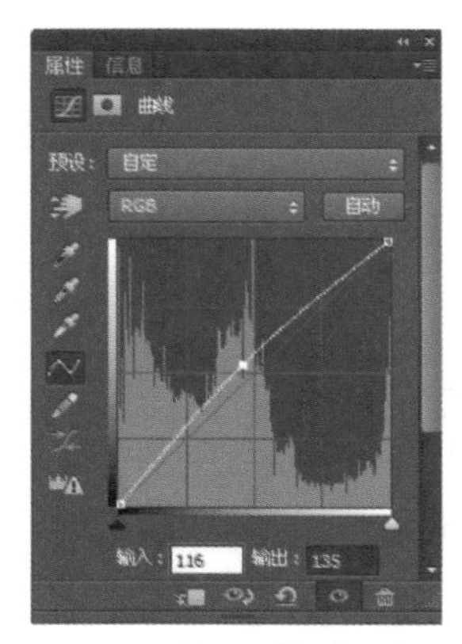

图5-50 【曲线】对话框

图5-51 曲线调整后的效果

14 设置前景色为#fcbb30，在【图层】面板中创建一个新图层为图层9，再按“Alt”+

“Delete”键填充前景色，然后在【图层】面板中设置【混合模式】为“叠加”，【不透明度】为20%，如图5-52所示，即可得到如图5-53所示的效果，作品就制作完成了。

图5-52 【图层】面板

图5-53 最终效果图

5.3 北极夕阳

实例说明

在图像处理、影像合成和制作游戏场景时，可以使用本例“北极夕阳”的制作方法。如图5-54所示为处理前的效果图，如图5-55所示为范例的最终效果图，如图5-56所示为类似范例的实际应用效果图。

图5-54 处理前的图片

图5-55 北极夕阳最终效果图

图5-56 精彩效果欣赏

设计思路

本例利用Photoshop将几个图像合成北极夕阳风景图，先打开所需的图片并复制到一个文档中，然后使用添加图层蒙版、画笔工具、混合模式对复制的图片排放及隐藏一些不需要的内容，以组成一幅风景画。最后使用曲线命令适当调整图像的颜色，以使画面颜色统一。如图5-57所示为制作流程图。

图5-57 制作流程图

操作步骤

01 按“Ctrl”+“O”键从配套光盘的素材库中打开一张如图5-58所示的图片。

02 从配套光盘的素材库中打开一张如图5-59所示的图片，并把它拖到前面打开的图片中，再排放到适当位置，在【图层】面板中也就自动添加了一个图层，如图5-60所示。

03 在【图层】面板中单击【添加图层蒙版】按钮，为图层1添加图层蒙版，如图5-61所示。

图5-58 打开的文件

图5-59 打开的文件

图5-60 【图层】面板

图5-61 【图层】面板

提 示

在【图层】面板中为图层添加图层蒙版时，一般情况下工具箱中的前景色为黑色，背景色为白色，如果前景色为白色，背景色为黑色，请按“X”键切换前景色与背景色，否则需设置前景色为黑色。

04 在工具箱中选择画笔工具，在选项栏中设置【画笔】为柔角45像素，【不透明度】为100%，【模式】为正常，然后在画面中适当的位置进行涂抹，以显示出背景层的内容，直到得到如图5-62所示的效果为止，【图层】面板如图5-63所示。

图5-62 隐藏部分内容后的效果

图5-63 【图层】面板

05 在【图层】面板中设置图层1的【混合模式】为柔光，如图5-64所示，画面效果如图5-65所示。

图5-64 改变混合模式

图5-65 改变混合模式后的效果

06 按"Ctrl"+"O"键从配套光盘的素材库中打开一张如图5-66所示的图片。

07 使用移动工具将刚打开的图片拖到正在编辑的文件中来，并排放到如图5-67所示的位置，在【图层】面板中就会自动添加一个图层。

图5-66 打开的文件

图5-67 复制图像后的效果

08 在【图层】面板中单击【添加图层蒙版】按钮，为图层2添加图层蒙版，如图5-68所示，接着在工具箱中选择画笔工具，在选项栏中设置【画笔】为柔角21像素，然后在熊的周围进行涂抹，涂抹后得到如图5-69所示的效果。

图5-68 添加图层蒙版

图5-69 修改图层蒙版后的效果

09 从配套光盘的素材库中打开如图5-70所示的图片，按"Ctrl"键将它拖到画面中，再排放到适当的位置，如图5-71所示，在【图层】面板中也会自动添加一个图层（也就是图层3）。

图5-70 打开的文件

图5-71 复制图像后的效果

⑩ 在【图层】面板中给图层3添加图层蒙版，如图5-72所示，再用画笔工具将熊周围不需要的部分隐藏，得到如图5-73所示的效果。

⑪ 在【图层】面板中单击图层3的图层缩览图，进入标准模式编辑，如图5-74所示。

图5-72 添加图层蒙版

图5-73 修改图层蒙版后的效果

图5-74 【图层】面板

⑫ 按“Ctrl”+“M”键执行【曲线】命令，弹出【曲线】对话框，在其中的【通道】列表中选择红，再将网格中的直线调整为如图5-75所示的曲线，调整好后单击【确定】按钮，得到如图5-76所示的效果。

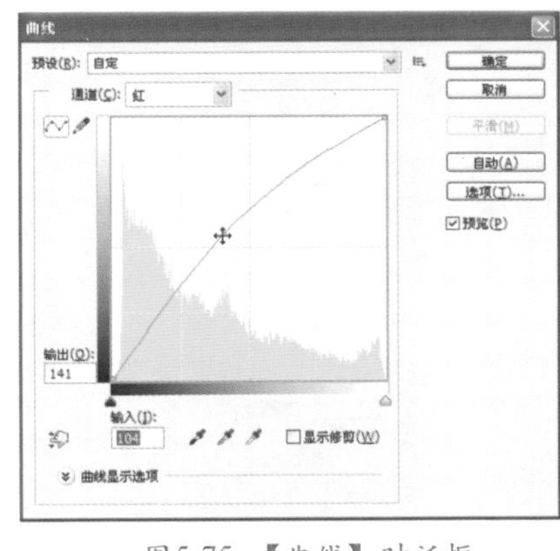

图5-75 【曲线】对话框

图5-76 用【曲线】命令调整颜色后的效果

⑬ 从配套光盘的素材库中打开如图5-77所示的图片，按“Ctrl”键将它拖到画面中，再排放到适当的位置，如图5-78所示。

图5-77 打开的图片

图5-78 复制图片后的效果

14 按“Ctrl”+“T”键执行【自由变换】命令显示变换框，并将其调整到所需的大小，如图5-79所示，调整好后在变换框中双击确认变换。

图5-79　进行变换调整

15 在【图层】面板中单击【添加图层蒙版】按钮，为图层4添加图层蒙版，如图5-80所示，接着在工具箱中选择画笔工具，在选项栏中设置参数为[选项栏]，然后在熊与冰的周围进行涂抹，涂抹后得到如图5-81所示的效果。

16 在【图层】面板中单击图层4的图层缩览图，进入标准模式编辑，如图5-82所示，接着按“Ctrl”+“M”键执行【曲线】命令，弹出【曲线】对话框，在其中的【通道】列表中选择红，再将网格中的直线调整为如图5-83所示的曲线，调整好后单击【确定】按钮，得到如图5-84所示的效果，“北极夕阳”风景就制作完成了。

图5-80　添加图层蒙版

图5-81　修改蒙版后的效果

图5-82　进入标准模式编辑

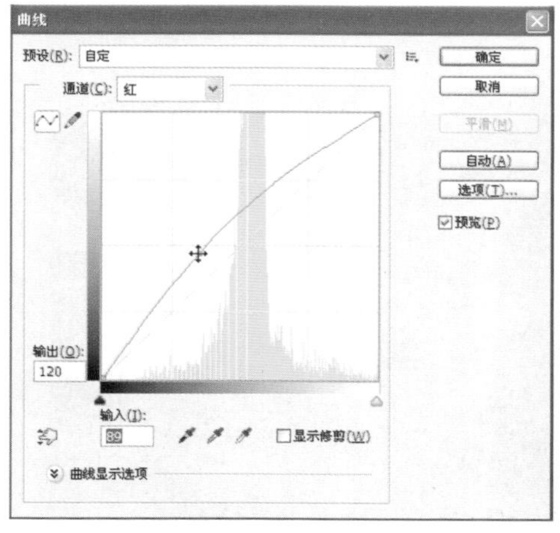

图5-83　【曲线】对话框

图5-84　最终效果图

第6章
绘画系列

本章通过绘制花鸟画、绘制逼真的橙子、绘制山野风景画、绘制绘图本风格的插画4个范例的制作，介绍了Photoshop中的绘画技巧。

6.1 绘制花鸟画

实例说明

在绘画、实物写生和绘制插图、漫画时，可以使用本例“绘制花鸟画”的制作方法。如图6-1所示为范例效果图，如图6-2所示为类似范例的实际应用效果图。

图6-1　绘花鸟画——国画最终效果图

图6-2　精彩效果欣赏

设计思路

先使用画笔工具（绘图笔）绘制树枝，再使用钢笔工具、渐变工具、移动工具、自由变换、椭圆选框工具、描边、收缩、多边形套索工具、吸管工具等命令或功能来绘制鸟与花。如图6-3所示为制作流程图。

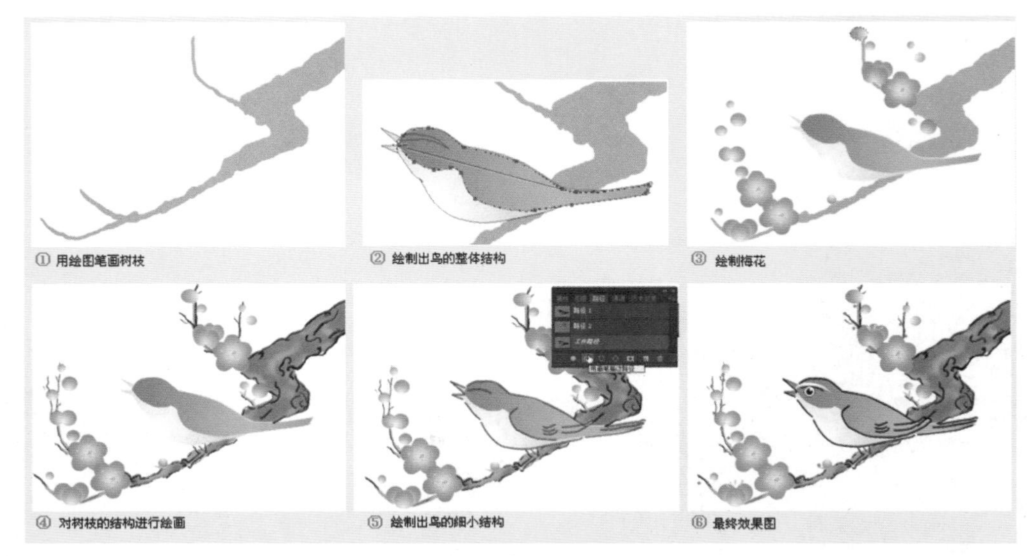

图6-3　制作流程图

操作步骤

（1）绘制树枝

01 将绘图板安装到电脑上并测试一下压力，如图6-4所示，然后启动Photoshop CS6。

02 按“Ctrl”+“N”键，弹出【新建】对话框，在其中设置大小为600×450像素，【分辨率】为200像素/英寸，【颜色模式】为RGB颜色，【背景内容】为白色，如图6-5所示，单击【确定】按钮，即可新建一个文件。

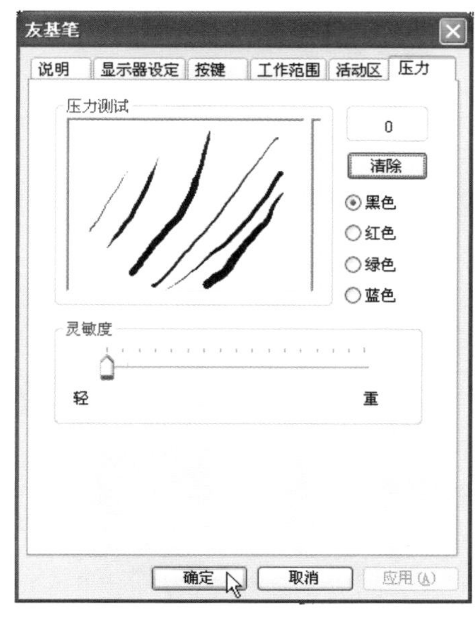

图6-4 【友基笔】对话框

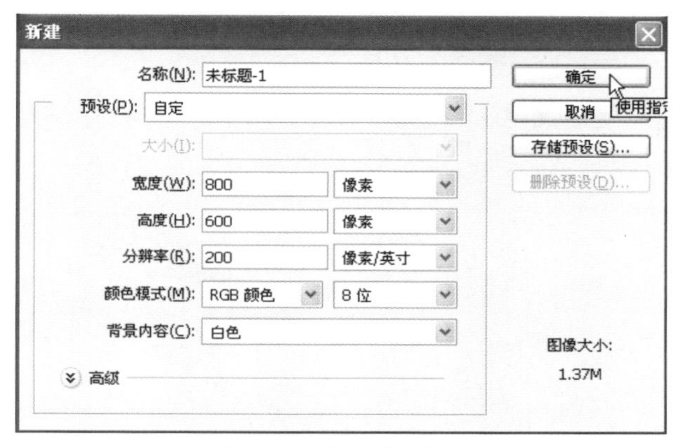

图6-5 【新建】对话框

03 设置前景色为#ddaa7b，在【图层】面板中新建图层1，如图6-6所示，接着在工具箱中选择画笔工具，在选项栏的画笔弹出式面板中选择尖角画笔，设置【大小】为45像素，再选择（对大小始终使用压力）按钮，如图6-7所示，然后在画面中适当位置绘制出大树枝，大的地方用力压着来回画，小的地方用力要小，绘制好的树杆，如图6-8所示。

04 绘制一些更小一点的树枝，如图6-9所示。如果没有绘图板，请将画笔大小改为5像素也行。

图6-6 【图层】面板

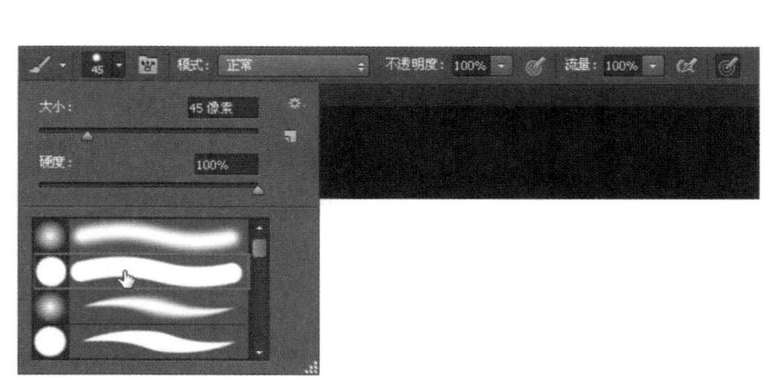

图6-7 设置画笔

图6-8　用绘图笔画树枝

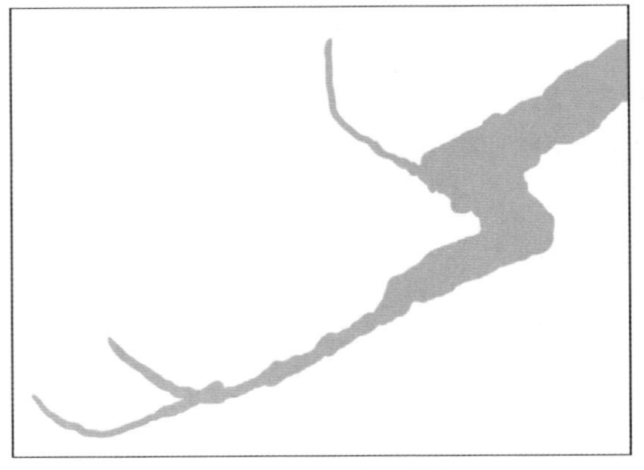

图6-9　用绘图笔画树枝

05 在工具箱中选择钢笔工具，在选项栏中选择路径，再在树枝适当位置绘制出一只鸟的轮廓，如图6-10所示。

06 使用钢笔工具勾画出鸟的其他结构图，绘制好的结构图如图6-11所示。

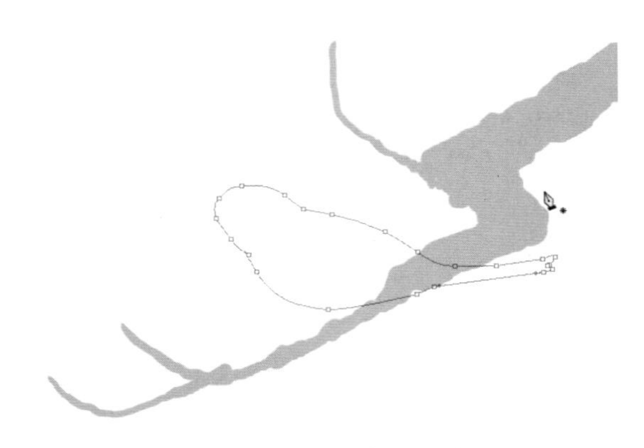

图6-10　用钢笔工具绘制一只鸟的形状

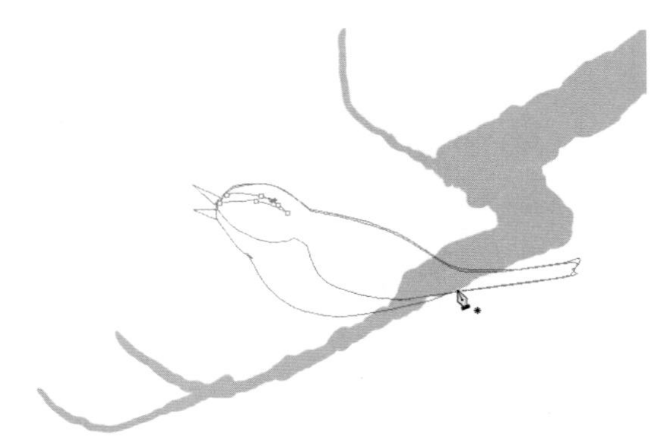

图6-11　绘制鸟的其他结构图

07 在工具箱中选择路径选择工具，在画面中选择要填充颜色的路径，接着显示【路径】面板，在其中单击（将路径作为选区载入）按钮，如图6-12所示，使选择的路径载入选区。

08 设置前景色为白色，背景色为#eaf3af，在工具箱中选择渐变工具，在选项栏中选择（径向渐变）按钮，接着在【渐变拾色器】中选择前景到背景渐变，如图6-13所示，然后从鸟的腹部处向背部拖动，即可将选区进行渐变填充，效果如图6-14所示。

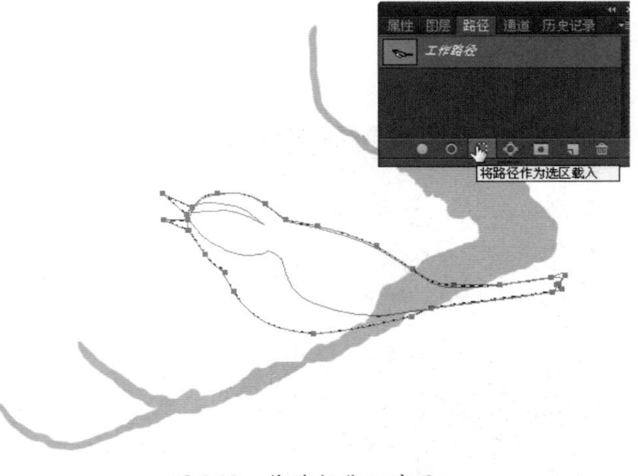

图6-12　使路径载入选区

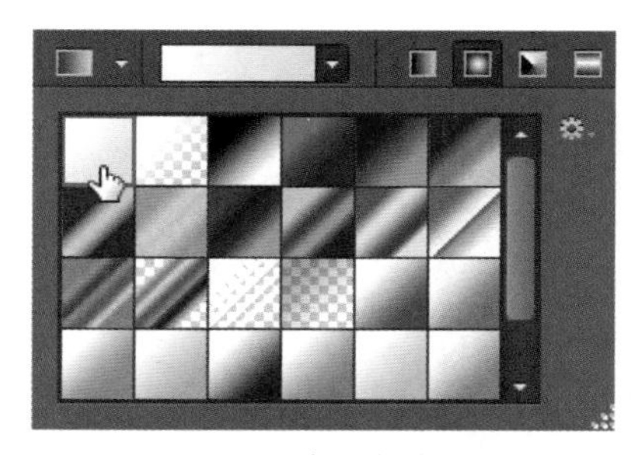

图6-13 渐变拾色器

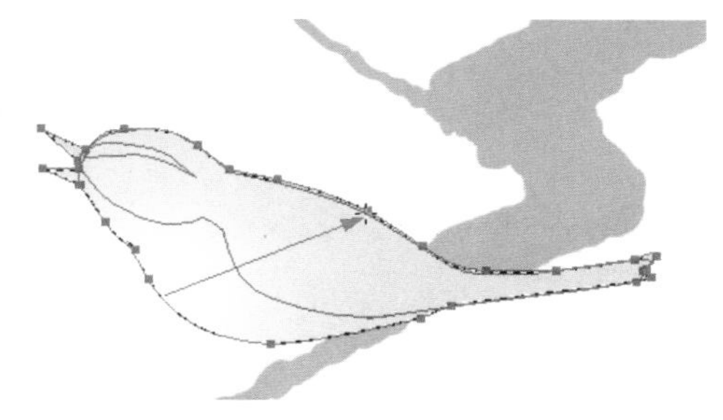

图6-14 用渐变工具填充渐变颜色后的效果

09 使用路径选择工具选择表示鸟背深颜色部分的路径，接着在【路径】面板中单击（将路径作为选区载入）按钮，如图6-15所示。

10 设置前景色为#d8d882，背景色为#96a668，再使用渐变工具，为选区进行渐变填充，效果如图6-16所示，按“Ctrl”+“D”键取消选择。

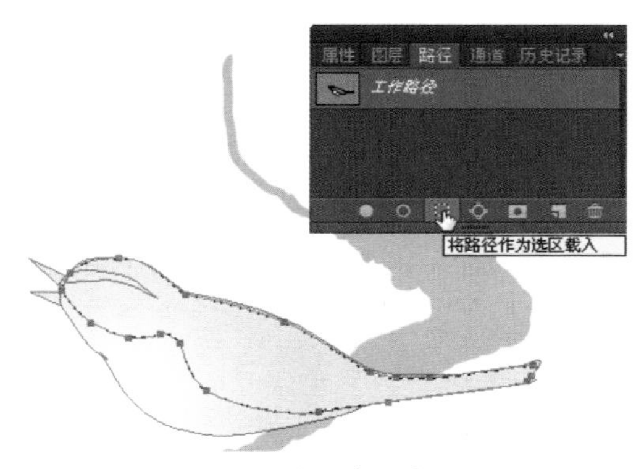

图6-15 将路径作为选区载入

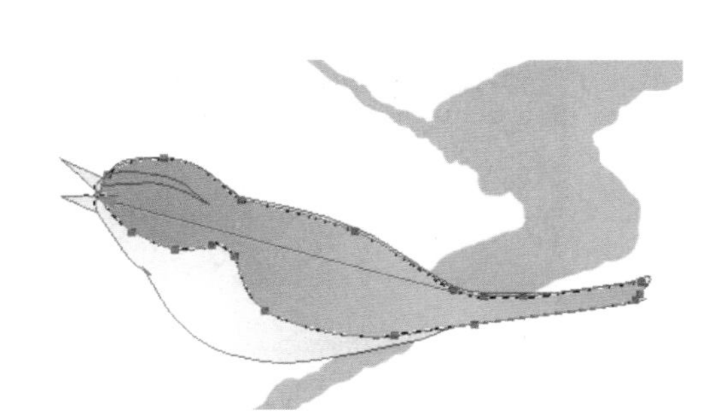

图6-16 用渐变工具填充渐变颜色后的效果

11 在【路径】面板中单击右上角的小按钮，弹出面板菜单，在其中选择【存储路径】命令，如图6-17所示，接着弹出【存储路径】对话框，如图6-18所示，直接单击【确定】按钮，即可将临时的工作路径存储起来，单击（创建新路径）按钮，新建一个路径为路径2，如图6-19所示，使用钢笔工具勾画出一朵梅花的轮廓，如图6-20所示。

12 在【路径】面板中单击（将路径作为选区载入）按钮，设置前景色为#ffebeb，背景色为#f75252，在【图层】面板中新建图层2，再选择渐变工具，为选区进行渐变填充，效果和面板如图6-21所示。

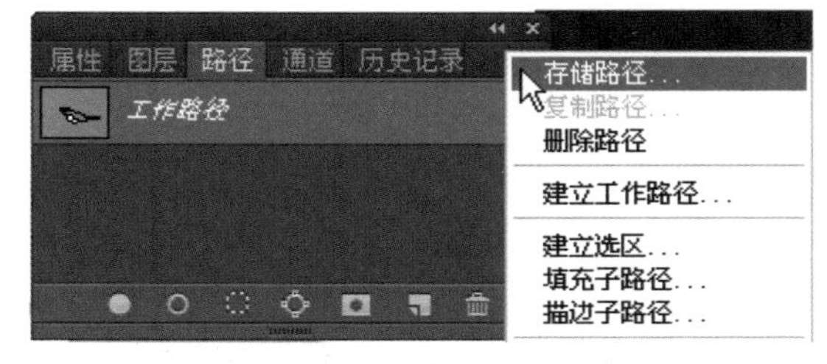

图6-17 选择【存储路径】命令

图6-18 【存储路径】对话框

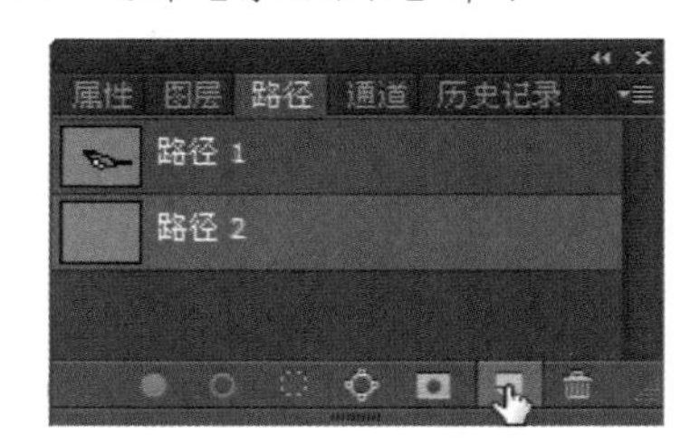

图6-19 【路径】面板

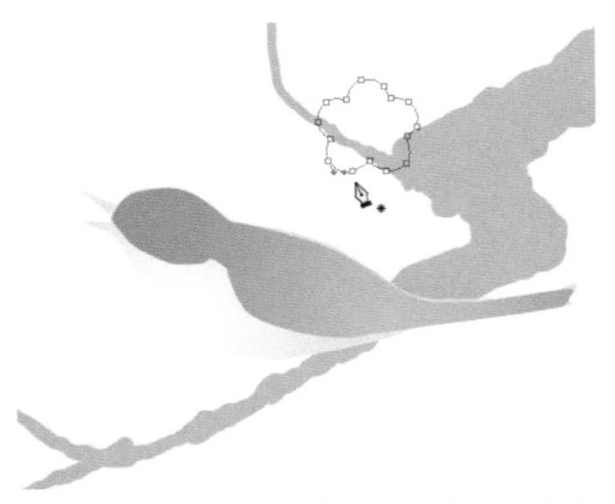

图6-20 用钢笔工具绘制一朵梅花的轮廓

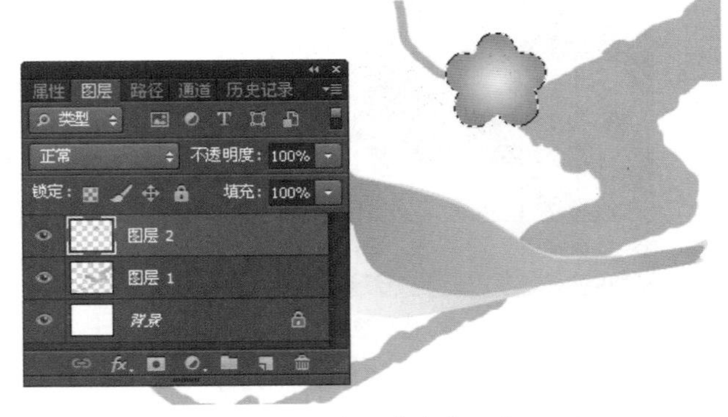

图6-21 将路径作为选区载入

（2）绘制花蕊

⑬ 按“Ctrl”+“D”键取消选择，设置前景色为#f8dc59，在【图层】面板中新建图层3，如图6-22所示；在工具箱中选择画笔工具，用绘图笔在绘图板上轻轻的单击多次，得到如图6-23所示的效果。

图6-22 【图层】面板

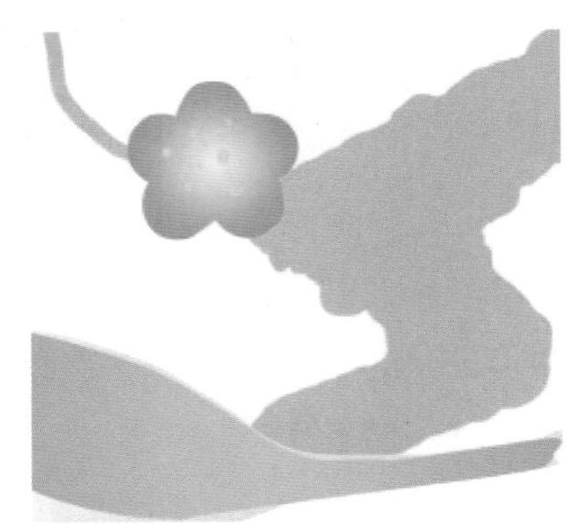

图6-23 用绘图笔绘制花蕊后的效果

⑭ 使用缩放工具框选住花朵，以将花朵放大，如图6-24所示，设置前景色为#dab405，在弹出式画笔面板中设置【大小】为1像素，然后在花朵中心绘制出如图6-25所示的线条。

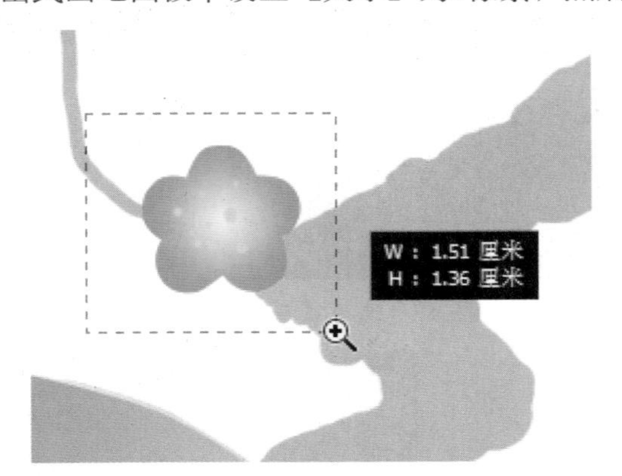

图6-24 用缩放工具框选住花朵

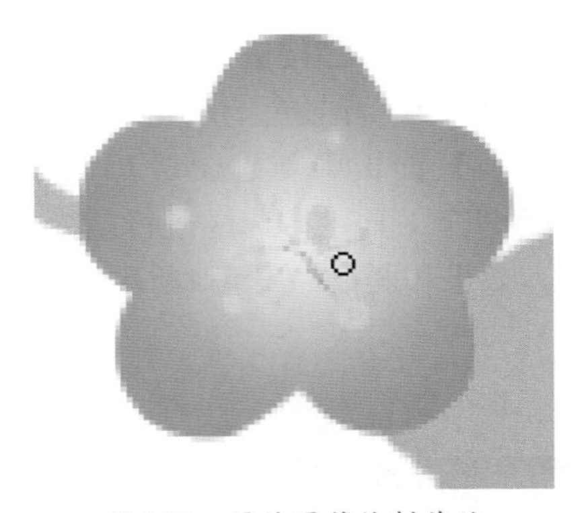

图6-25 用绘图笔绘制花蕊

⑮ 按“Ctrl”+“ –”键将画面缩小，显示【图层】面板，在其中选择图层2与图层3，以同时选择这两个图层，如图6-26所示，按“Ctrl”+“G”键将它们编组，如图6-27所

示。按“Ctrl”+“J”键复制一个副本，按“V”键选择移动工具，将复制的梅花拖动到其他的位置，如图6-28所示。

图6-26 【图层】面板

图6-27 【图层】面板

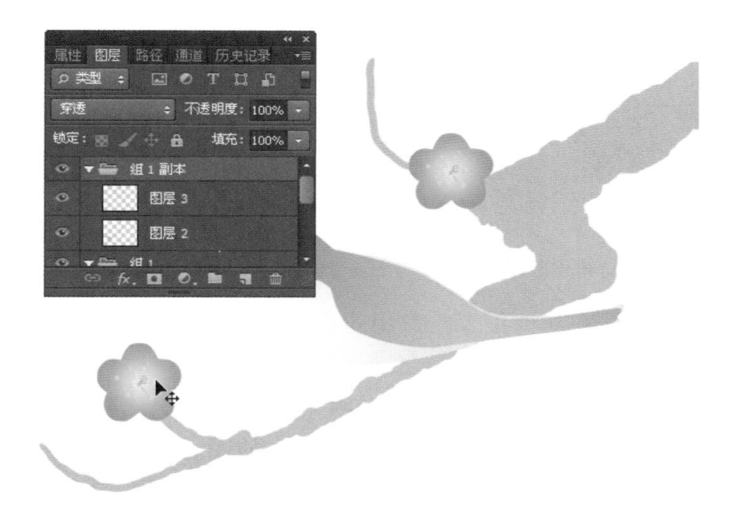

图6-28 复制并移动后的效果

16 在【图层】面板中选择组1副本中的图层2与图层3，如图6-29所示，再按“Ctrl”+“E”键将其合并为一个图层，如图6-30所示。按“Alt”键将梅花拖动并复制到所需的位置，如图6-31所示。

图6-29 【图层】面板

图6-30 【图层】面板

图6-31　复制并移动后的效果

17 按“Ctrl”+“T”键执行【自由变换】命令，将一朵梅花进行适当旋转，如图6-32所示，在变换框中双击确认变换。

18 设置前景色为#ffebeb，背景色为#f75252，在工具箱中选择椭圆选框工具，在选项栏中设置【羽化】为0像素，在画面中树枝上拖出一个椭圆，然后选择渐变工具，为它进行渐变填充，效果如图6-33所示。

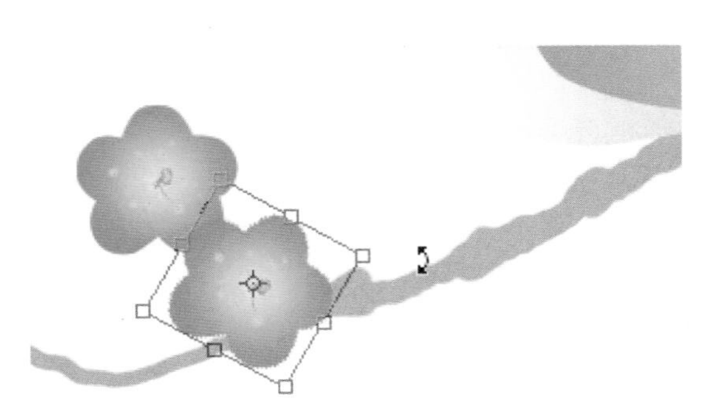
图6-32　自由变换调整

图6-33　用渐变工具填充椭圆选框

19 使用上面同样的方法在其他位置绘制出花蕾，如图6-34所示，再按“Ctrl”+“D”键取消选择。

20 设置前景色为# ac7c64，在【图层】面板中先激活图层1，新建图层4，如图6-35所示，接着按“Ctrl”键在【图层】面板中单击图层1，使图层1载入选区，并使用套索工具将鸟选区减掉，如图6-36所示。然后在工具箱中选择画笔工具，在选项栏中设置【不透明度】为50%，在画笔弹出式面板中选择柔角45像素，使用绘图笔在选区内进行涂画，这里需要对树枝的结构进行绘画，效果如图6-37所示。

图6-34　绘制多个花蕾

图6-35　【图层】面板

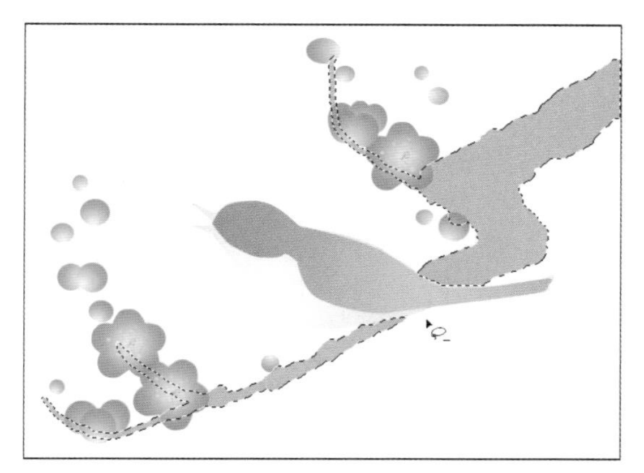

图6-36 将树枝载入选区

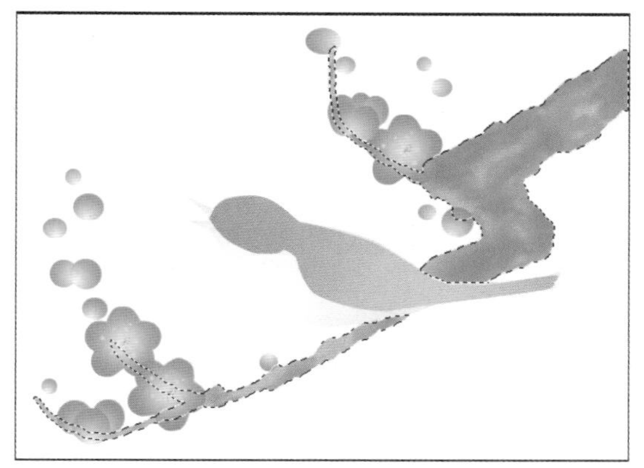

图6-37 绘制树枝的纹理

21 在画笔工具的选项栏中设置【不透明度】为80%，继续在树枝上进行涂画，以达到所需的效果为止，效果如图6-38所示，按“Ctrl”+“D”键取消选择。

（3）描绘结构线

22 设置前景色为黑色，在【图层】面板中新建图层5，在选项栏的画笔弹出式面板中选择尖角3像素，设置【不透明度】为100%，接着用绘图笔在树枝上或旁边绘制出一些结构线，如图6-39所示，然后用绘图笔在需要加强的结构线上继续画，画好后的效果如图6-40所示。

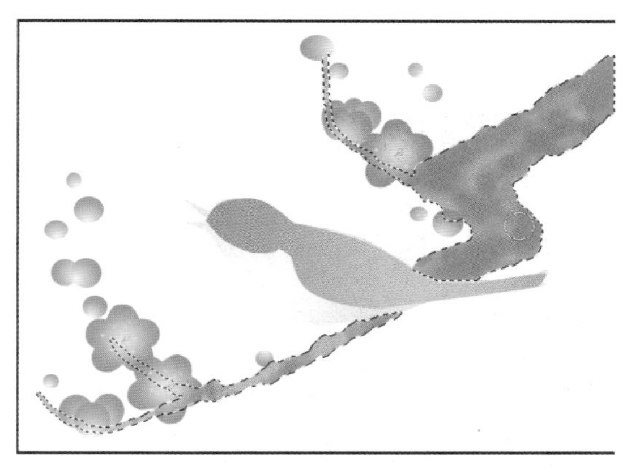

图6-38 绘制树枝的纹理

图6-39 绘制结构线

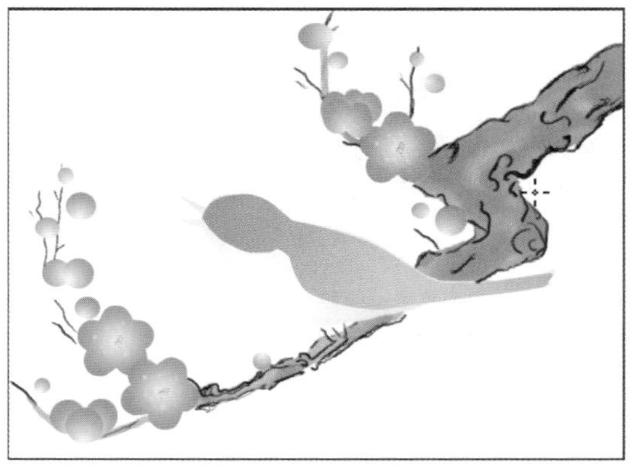

图6-40 绘制结构线

23 在工具箱中选择橡皮擦工具，在需要擦除的地方进行涂抹，以将其擦除，擦除后的效果如图6-41所示。

24 使用画笔工具将没有绘制的树枝画好，设置前景色为# dca97b，绘制出如图6-42所示的小树枝。

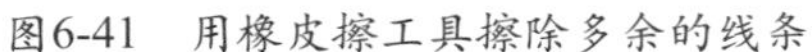

图6-41　用橡皮擦工具擦除多余的线条

图6-42　绘制树枝

25 在【图层】面板中激活图层1，再新建图层6，如图6-43所示。设置前景色为黑色，在工具箱中选择钢笔工具，在鸟身上勾画出表示结构线的路径，如图6-44所示。

图6-43　创建新图层

图6-44　用钢笔工具绘制结构线

提　示

由于用画笔工具绘制出的线条不是很平滑，所以用钢笔工具先勾画出路径，然后对路径进行描边。在勾画完一条路径后按"Ctrl"键在空白处单击完成这条路径的绘制，接着绘制另一条路径。

26 按"Ctrl"键在画面的空白处单击取消路径的选择，接着在工具箱中选择画笔工具，在画笔弹出式面板中选择尖角3像素，然后在【路径】面板中单击（用画笔描边路径）按钮，为路径描边，如图6-45所示，再按"Shift"键在【路径】面板中单击工作路径，将路径隐藏。

图6-45 用画笔描边路径

(4) 绘制眼睛

27 按“D”键复位色板，在工具箱中选择椭圆选框工具，在鸟头部适当位置绘制一个圆选框，按“Ctrl”+“Delete”键填充白色，如图6-46所示。在【编辑】菜单中执行【描边】命令，在弹出的对话框中设置【宽度】为1像素，【位置】为居中，如图6-47所示，单击【确定】按钮，即可用黑色给圆进行描边。

图6-46 绘制眼睛

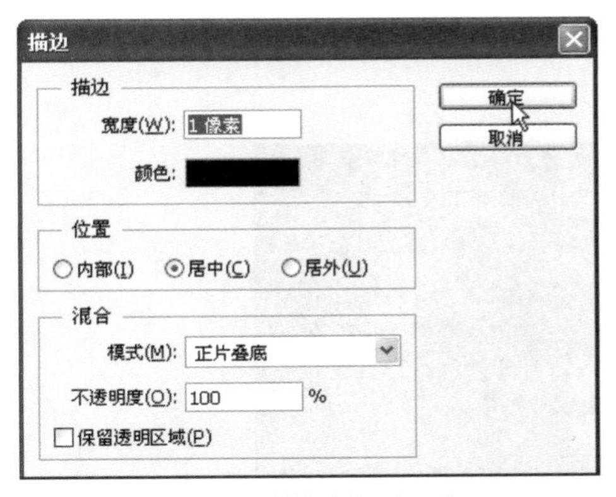

图6-47 【描边】对话框

28 在菜单中执行【选择】→【修改】→【收缩】命令，在弹出的【收缩选区】对话框中设置【收缩量】为4像素，如图6-48所示，单击【确定】按钮，然后按“Alt”+“Delete”键填充黑色，效果如图6-49所示，按“Ctrl”+“D”键取消选择。

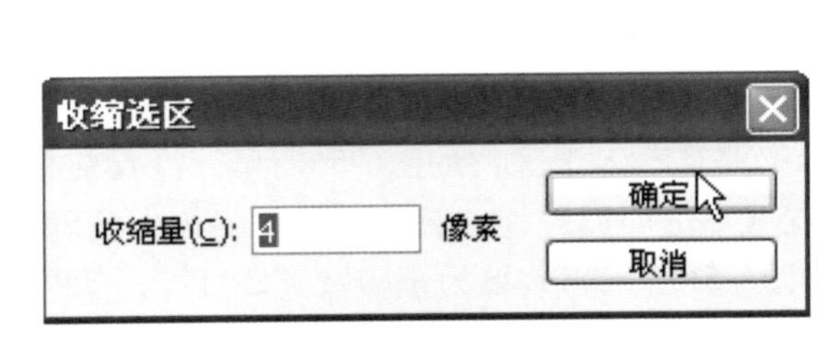

图6-48 【收缩选区】对话框

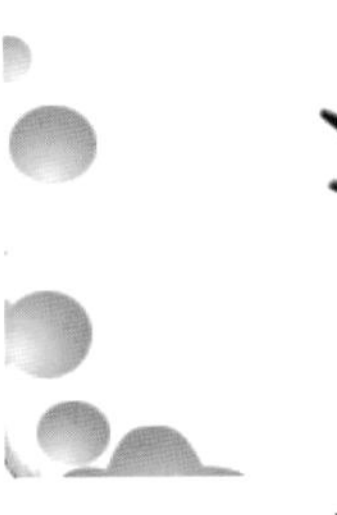

图6-49 绘制眼睛

29 在工具箱中选择多边形套索工具，在眼睛上勾画出一个三角形选框，按“Ctrl”+“Delete”键填充白色表示高光，按“Ctrl”+“D”键取消选择，得到如图6-50所示的效果。

30 在【路径】面板中激活路径1，再用路径选择工具选择鸟眼睛上方的路径，在【路径】面板中单击（将路径作为选区载入）按钮，将选择的路径载入选区，如图6-51所示。

图6-50 绘制眼睛高光

图6-51 将路径作为选区载入

31 显示【图层】面板，先激活图层1，再新建图层7，如图6-52所示。然后设置前景色为白色，背景色为#eaf3af，用渐变工具给选区进行渐变填充，效果如图6-53所示。

图6-52 【图层】面板

图6-53 填充渐变颜色后的效果

32 按“Ctrl”+“D”键取消选择，按“Shift”键单击路径1隐藏路径显示，在【图层】面板中新建图层8，并排放到最上面，如图6-54所示。在工具箱中选择吸管工具，在鸟的翅膀上吸取所需的颜色，然后用画笔工具绘制出翅膀上还没有上色的部分，用黑色画笔工具绘制一些结构线，如图6-55所示。

33 在【路径】面板中激活路径1，用路径选择工具选择鸟嘴路径，在【路径】面板中单击（将路径作为选区载入）按钮，将选择的路径载入选区，如图6-56所示。设置前景色为#c06b64，在画笔工具的选项栏中设置【不透明度】为50%，画笔笔尖为尖角5像素，然后在鸟嘴部进行涂抹，直到得到如图6-57所示的效果为止，按“Ctrl”+“D”键取消选择，再按“Shift”键单击路径1隐藏路径。

图6-54 创建新图层

图6-55 绘制翅膀

图6-56 将路径作为选区载入

图6-57 隐藏路径后的效果

34 设置画笔笔尖为尖角6像素，【不透明度】为100%，然后分别在画面中适当位置多次单击，即可得到如图6-58所示的效果。

35 设置前景色为# f8dc59，在工具箱中选择多边形套索工具，在选项栏中选择（添加到选区）按钮，然后在还未完全开放的花朵上勾画出花蕊，再按“Alt”＋“Delete”键填充前景色，按“Ctrl”＋“D”键取消选择，得到如图6-59所示的效果。花鸟画就绘制完成了。

图6-58 绘制多个花蕾

图6-59 绘制好的最终效果图

6.2 绘制逼真的橙子

实例说明

在进行实物写生和产品制作时，可以使用本例“绘制逼真的橙子”的制作方法。如图6-60所示为范例的效果图，如图6-61所示为类似范例的实际应用效果图。

图6-60　绘制逼真的橙子最终效果图

图6-61　精彩效果欣赏

设计思路

先新建一个文档，再使用椭圆工具、钢笔工具、渐变工具、套索工具、羽化、曲线、加深工具、减淡工具、网状、图层混合模式、涂抹工具等工具与命令绘制出橙子，然后使用自由变换、椭圆选框工具、变换选区、高斯模糊等命令或功能复制一个副本，并添加阴影与背景来丰富画面。如图6-62所示为制作流程图。

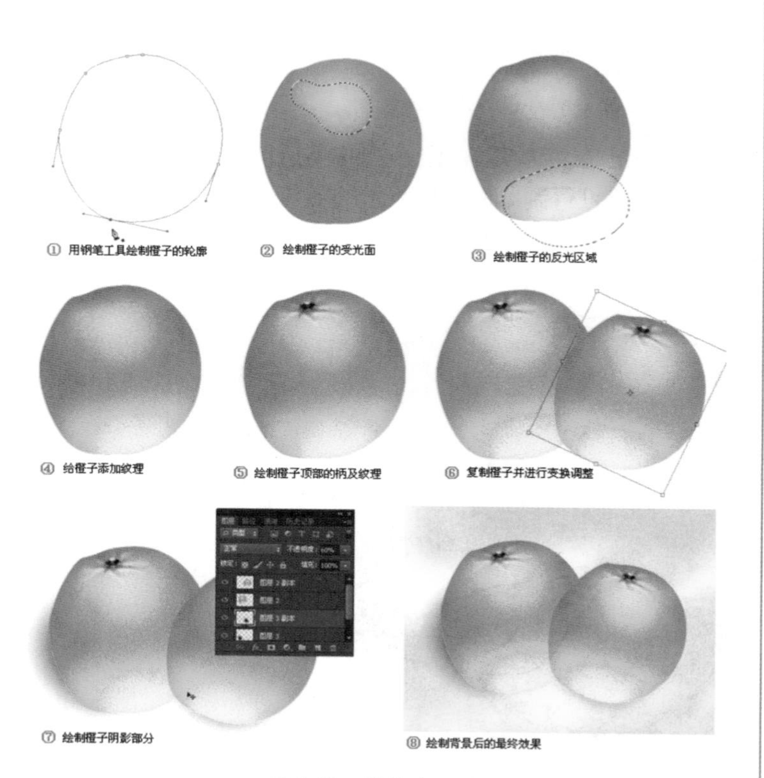

图6-62　制作流程图

操作步骤

01 按“Ctrl”+“N”键新建一个大小为600×450像素，【分辨率】为150像素/英寸，【背景内容】为白色，【颜色模式】为RGB颜色的文件。

02 在工具箱中选择椭圆工具，在选项栏中选择路径，然后在画面的靠左边绘制一个椭圆路径，如图6-63所示。

03 在工具箱中选择钢笔工具，按“Ctrl”键单击路径以选择路径，然后在路径上单击添加一个锚点，如图6-64所示。

04 按住“Ctrl”键将刚添加的锚点向上方拖至适当位置，如图6-65所示。

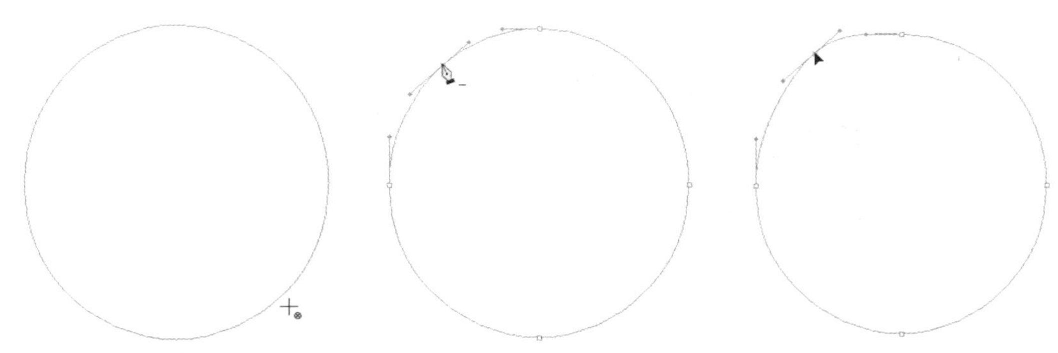

图6-63 用椭圆工具绘制椭圆路径　　图6-64 用钢笔工具添加锚点　　图6-65 移动锚点以调整形状

05 按住“Ctrl”键拖动控制点来调整曲线的弯曲程度，调整后的结果如图6-66所示，再拖动选中的锚点到适当位置，如图6-67所示。

06 在路径的左下方单击添加一个锚点，并将该锚点拖至适当位置，如图6-68所示。

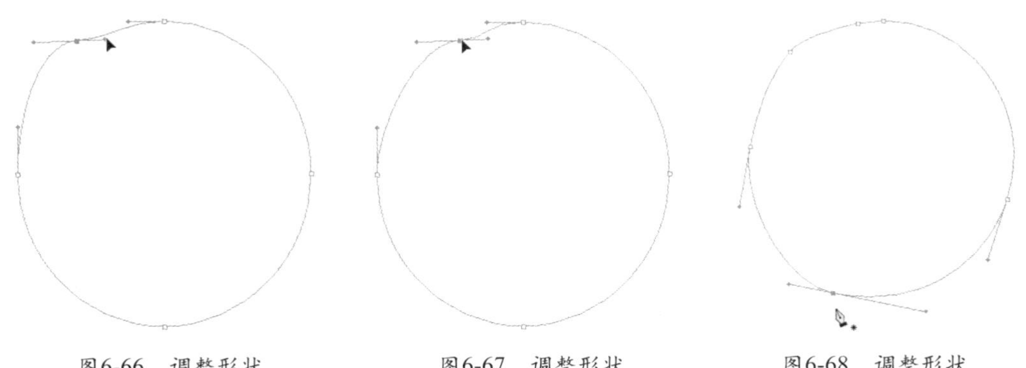

图6-66 调整形状　　图6-67 调整形状　　图6-68 调整形状

07 显示【路径】面板，在【路径】面板中单击（将路径作为选区载入）按钮，将路径载入选区，如图6-69所示。

08 设置前景色为#fdc36f，背景色为#f47106，在【图层】面板中新建图层1，如图6-70所示，接着在工具箱中选择渐变工具，在选项栏中选择（径向渐变）按钮，再在【渐变拾色器】中选择前景到背景渐变，如图6-71所示，然后在选区内确定高光点，再向明暗交界处拖动，对选区进行渐变填充，效果如图6-72所示。

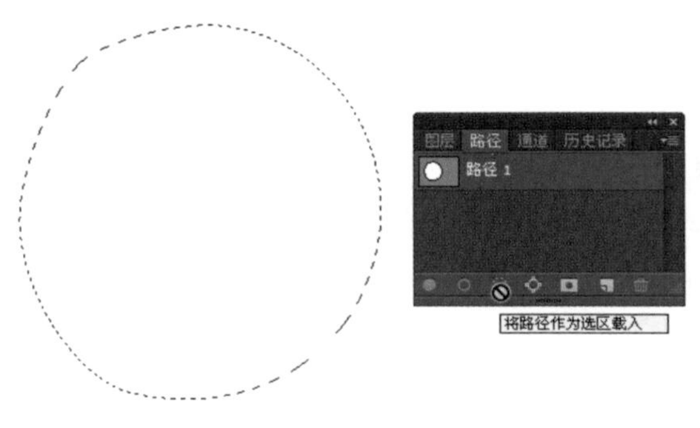

图6-69　将路径作为选区载入

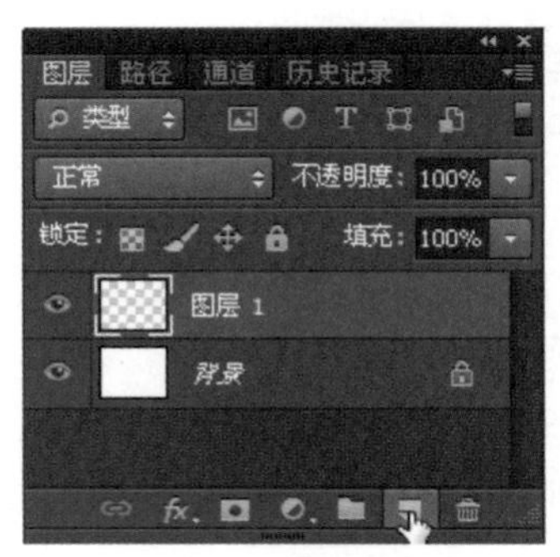

图6-70　【图层】面板

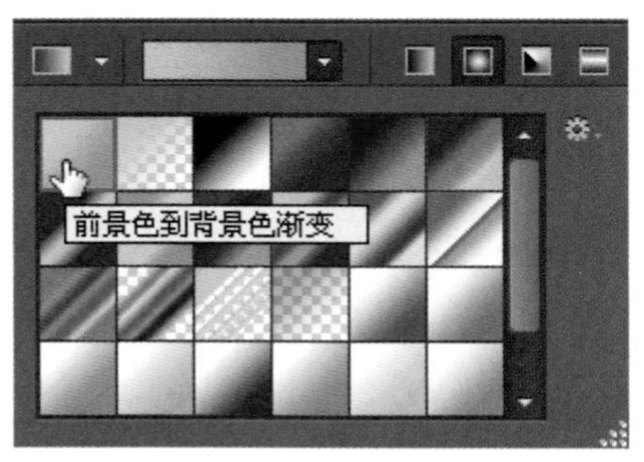

图6-71　渐变拾色器

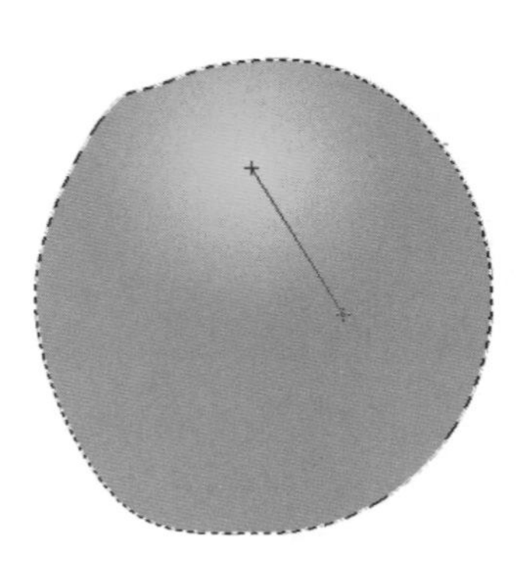

图6-72　渐变填充后的效果

09 在工具箱中选择套索工具，然后在橙子上勾选出受光面，如图6-73所示。

10 按“Shift”+“F6”键执行【羽化】命令，在弹出的【羽化选区】对话框中设置【羽化半径】为12像素，如图6-74所示，单击【确定】按钮，即可得到如图6-75所示的选区。

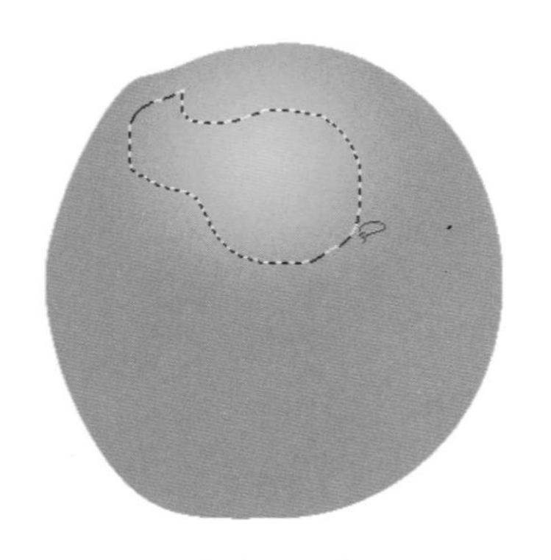

图6-73　用套索工具勾选受光面

图6-74　【羽化选区】对话框

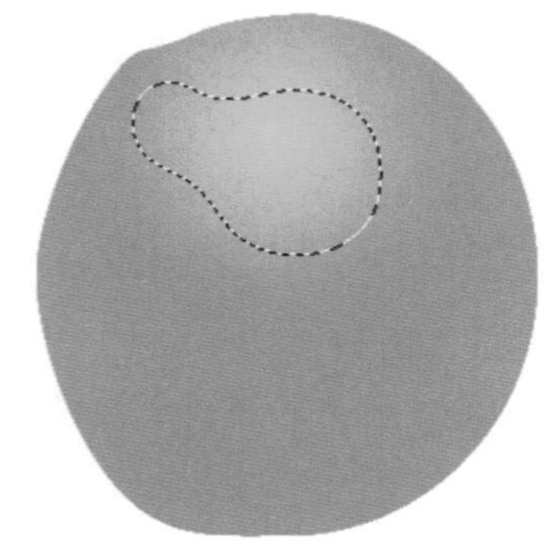

图6-75　羽化后的选区

11 按“Ctrl”+“M”键执行【曲线】命令，在弹出的对话框中将直线调为如图6-76所示的曲线，单击【确定】按钮，即可将选区内容调亮，效果如图6-77所示。

12 按“Ctrl”+“D”键取消选择，在工具箱中选择加深工具，在选项栏中右击工具图标，接着在弹出的快捷菜单中选择【复位工具】命令，取消【保护色调】选项的勾选，然后在橙子的背光面进行涂抹将其调暗，效果如图6-78所示。

13 为了增加橙子的立体感，还需给它添加一个反光面，使用套索工具在橙子的底部框选出一个反光区域，如图6-79所示。

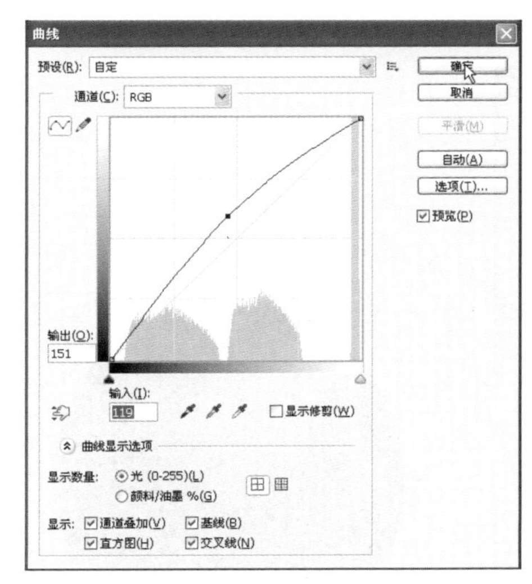

图6-76 【曲线】对话框

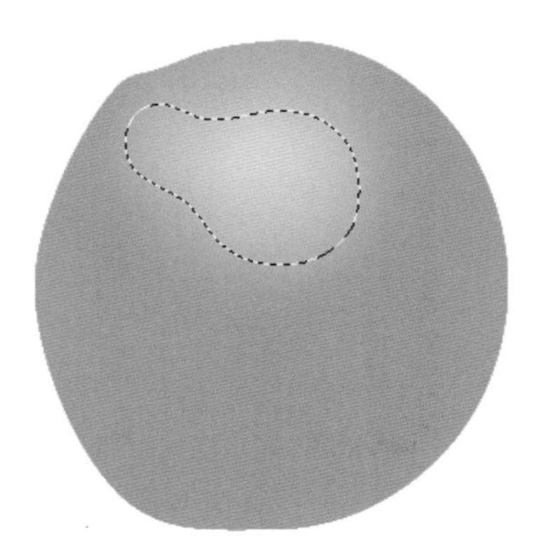

图6-77 调亮选区后的效果

图6-78 用加深工具绘制暗部

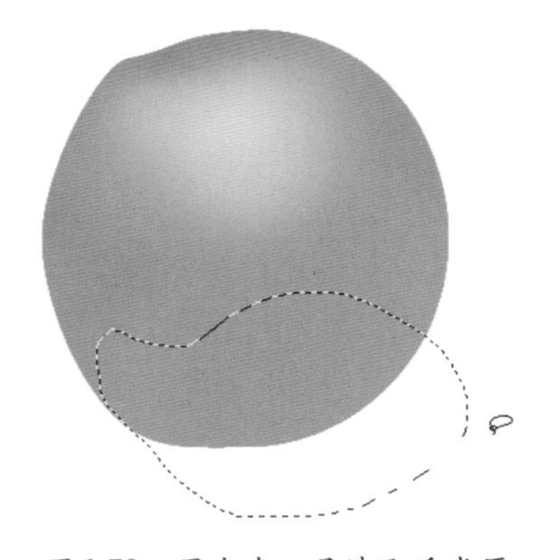

图6-79 用套索工具选取反光区

14 按“Shift”+“F6”键执行【羽化】命令，在弹出的对话框中设置【羽化半径】为25像素，如图6-80所示，单击【确定】按钮，将选区进行第一次羽化，然后按“Shift”+“F6”键执行【羽化】命令，直接单击【确定】按钮，将选区进行第二次羽化，即可得到如图6-81所示的选区。

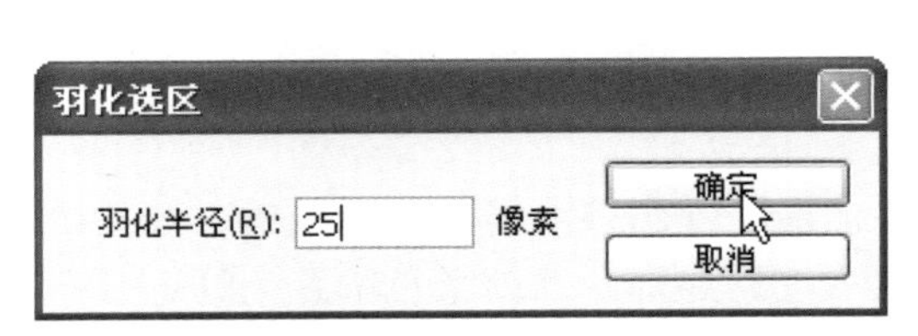

图6-80 【羽化选区】对话框

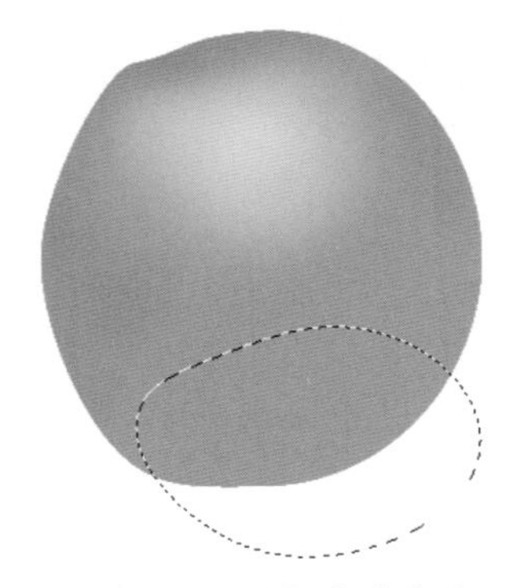

图6-81 羽化后的选区

15 按“Ctrl”+“M”键执行【曲线】命令，在弹出的对话框中将直线调为如图6-82所示的曲线，单击【确定】按钮，即可将选区内容调亮，效果如图6-83所示。

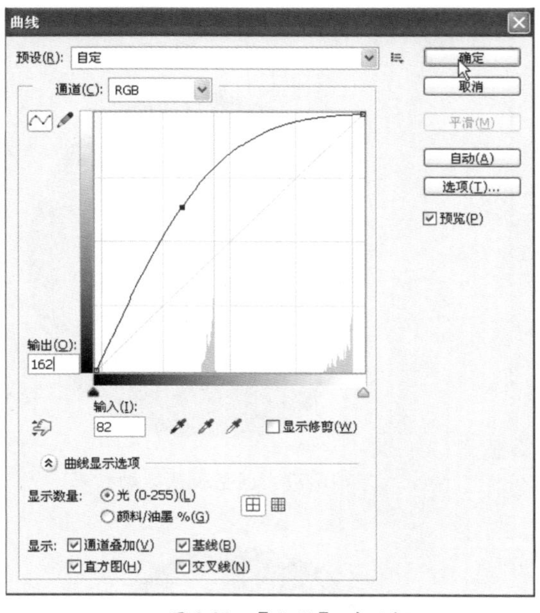

图6-82 【曲线】对话框

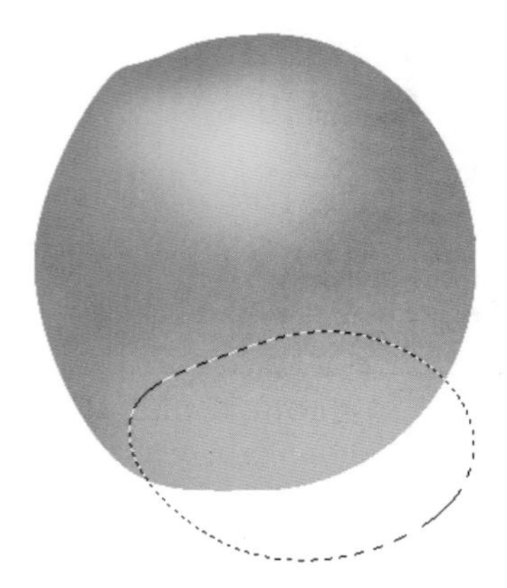

图6-83 调亮后的效果

16 观察图像，发现还未得到所需的效果（因为光是从底部向上照射的，所以反光很强烈，从而底部的颜色几乎是白色的）。在工具箱中选择减淡工具，在选项栏中右击工具图标，在弹出的快捷菜单中选择【复位工具】命令，取消【保护色调】选项的勾选，然后在选区内进行涂抹，直到得到所需的效果为止，如图6-84所示。

17 按“Ctrl”+“D”键取消选择，按“Ctrl”+“J”键复制图层1为图层1副本，如图6-85所示，再设置前景色为# f38627，背景色为白色。

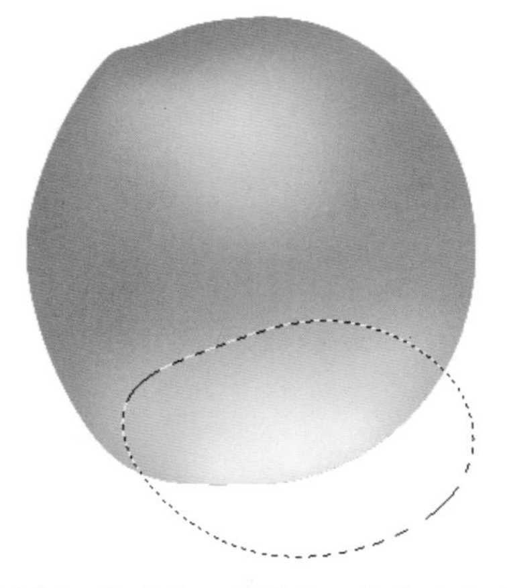

图6-84 用减淡工具再次加亮后的效果

图6-85 复制图层

18 在菜单中执行【滤镜】→【滤镜库】命令，弹出【滤镜库】对话框，在其中选择【素描】→【网状】滤镜，在其中设置【浓度】为15，【前景色阶】为20，【背景色阶】为0，如图6-86所示，单击【确定】按钮。

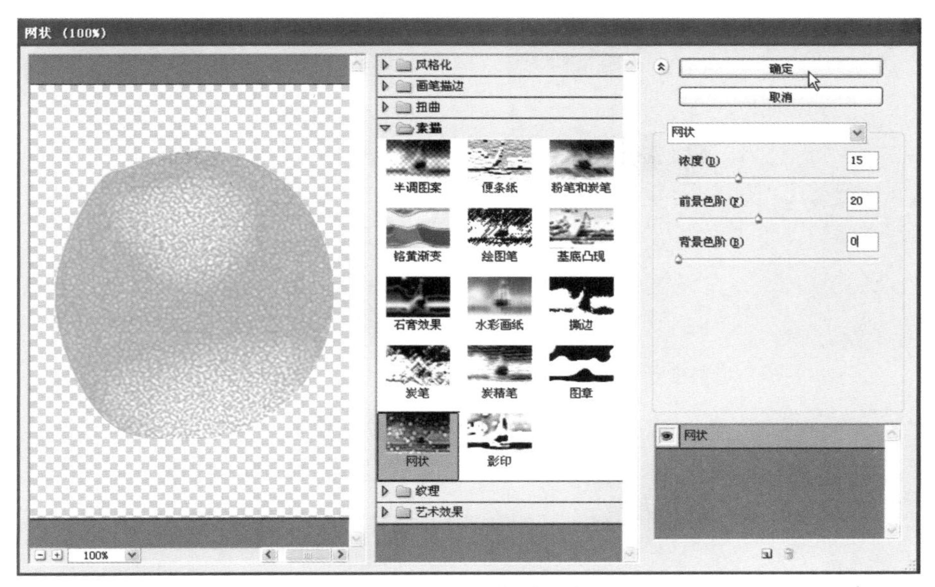

图6-86 【网状】对话框

19 在【图层】面板中设置图层1副本的【混合模式】为叠加，【不透明度】为50%，即可得到如图6-87所示的效果。

20 设置前景色为#588451，在【图层】面板中新建图层2，再用套索工具在橙子的顶部绘制出柄的形状，然后按“Alt”+“Delete”键填充前景色，即可得到如图6-88所示的效果。

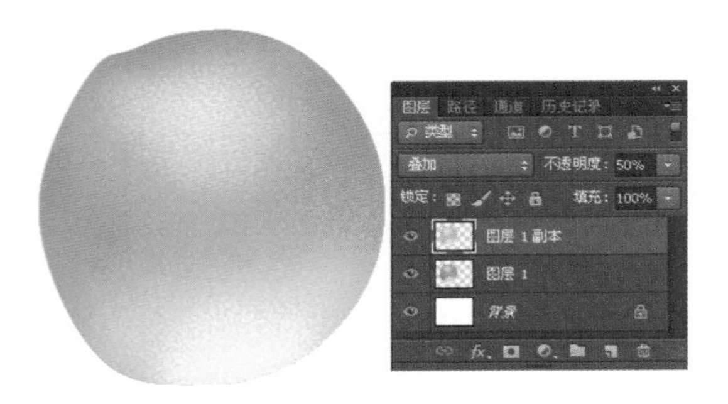

图6-87 改变混合模式与不透明度后的效果

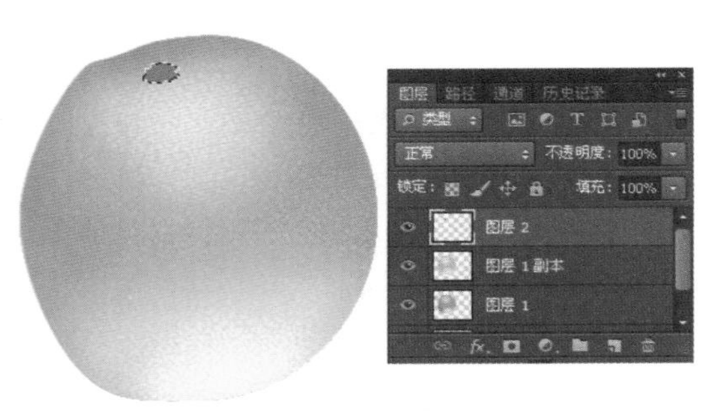

图6-88 绘制橙子的柄

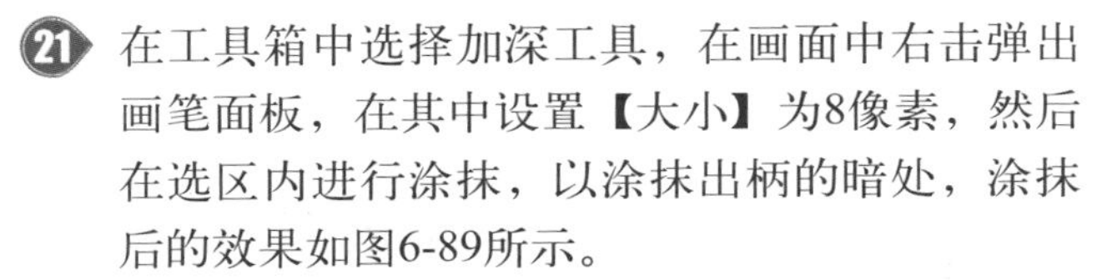

21 在工具箱中选择加深工具，在画面中右击弹出画笔面板，在其中设置【大小】为8像素，然后在选区内进行涂抹，以涂抹出柄的暗处，涂抹后的效果如图6-89所示。

22 使用缩放工具将选区放大，在工具箱中选择减淡工具，接着在弹出式画笔面板中设置【大小】为8像素，然后在选区内进行涂抹，以涂抹出柄的亮部，涂抹后的效果如图6-90所示。

23 使用加深工具并设置【大小】为1像素对暗部进行处理，效果如图6-91所示。

图6-89 绘制橙子的柄

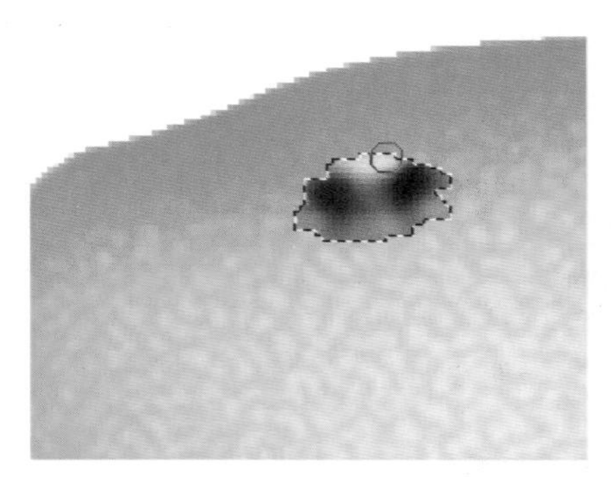

图6-90　绘制橙子的柄

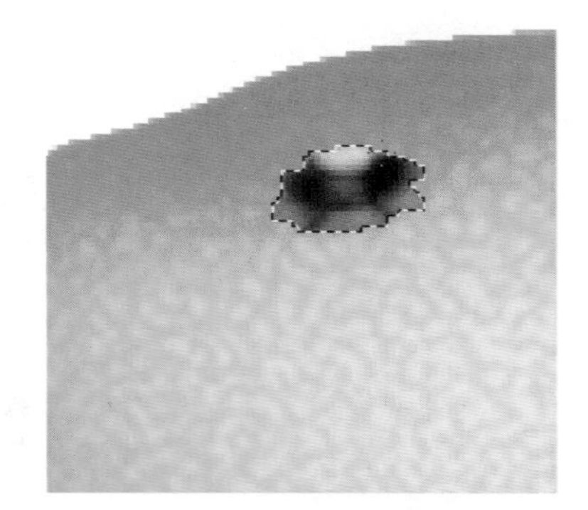

图6-91　绘制橙子的柄

24 按“Ctrl”+“D”键取消选择，即可看到边缘成锯齿状，如图6-92所示，在工具箱中选择涂抹工具，先复位该工具，再设置它的【大小】为4像素，对边缘进行涂抹，即可得到如图6-93所示的效果。

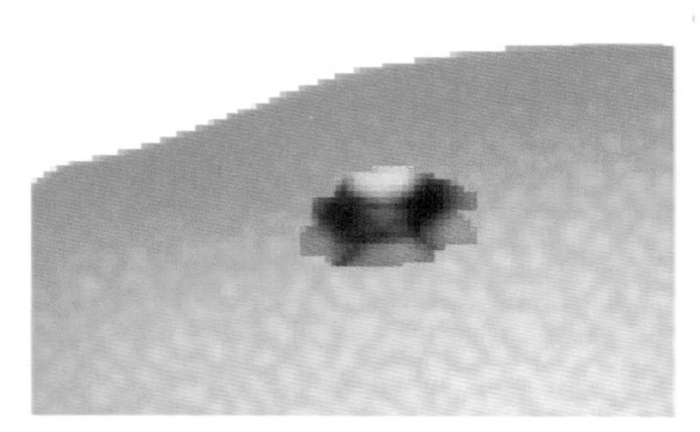

图6-92　绘制橙子的柄

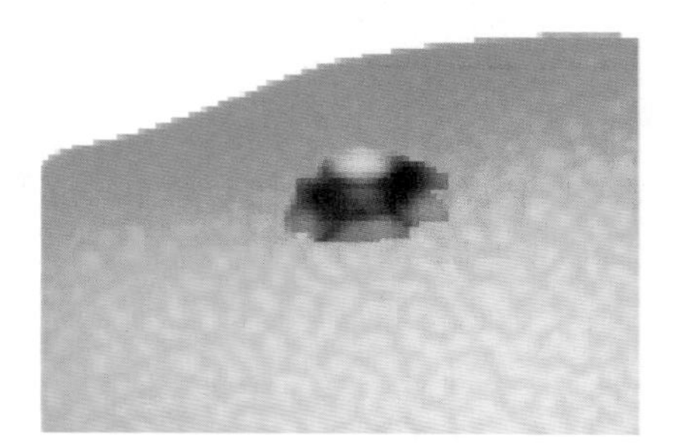

图6-93　绘制橙子的柄

25 在【图层】面板中激活图层1，如图6-94所示，再在工具箱中选择加深工具，在弹出式画笔面板中设置画笔大小为10像素，然后在橙子柄的凹面处进行涂抹，以显示出柄周围的褶皱部分，涂抹后的效果如图6-95所示。

26 按“Shift”+“O”键选择减淡工具，在弹出式画笔面板中设置画笔大小为10像素，然后在橙子柄的凸起部分进行涂抹，涂抹后的效果如图6-96所示。

图6-94　【图层】面板

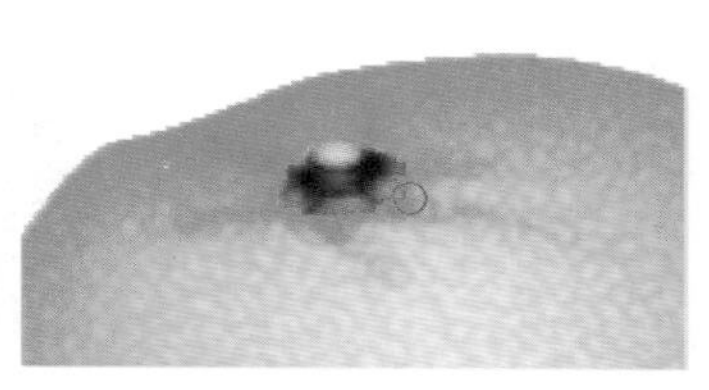

图6-95　用加深工具绘制柄处的暗部

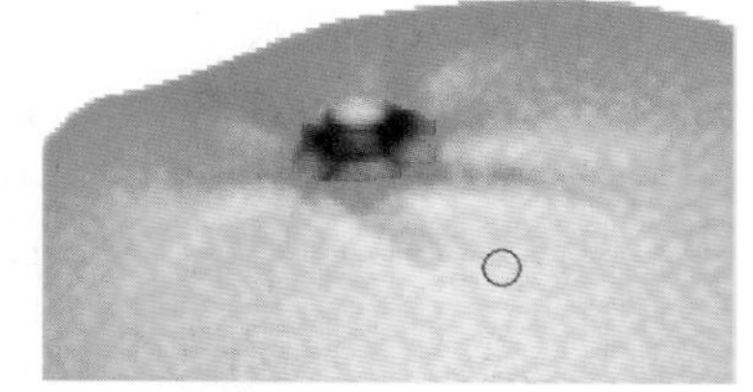

图6-96　用减淡工具绘制柄处的亮部

27 按“Ctrl”+“-”键缩小画面到100%，效果如图6-97所示，再按“Shift”键在【图层】面板中单击图层2，以同时选择它们，如图6-98所示，然后按“Ctrl”+“E”键将它们合并，如图6-99所示。

图6-97 100%显示的效果

图6-98 选择图层

图6-99 合并图层

28 按“Ctrl”+“M”键执行【曲线】命令，在弹出的对话框中将直线调为如图6-100所示的曲线，单击【确定】按钮，以将整个橙子稍微调亮，即可得到如图6-101所示的效果。

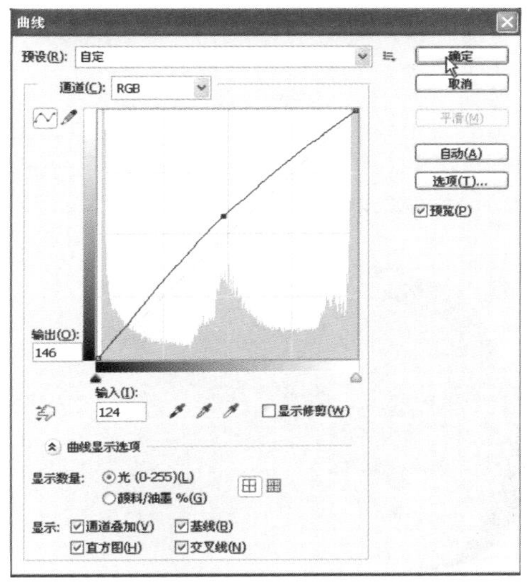

图6-100 【曲线】对话框

图6-101 调亮后的效果

29 按“Ctrl”+“J”键复制图层1为图层1副本，如图6-102所示，按“Ctrl”+“T”键执行【自由变换】命令，将图层1副本中的橙子缩小，并进行适当旋转和移动，结果如图6-103所示，再在变换框中双击确认变换。

图6-102 复制图层

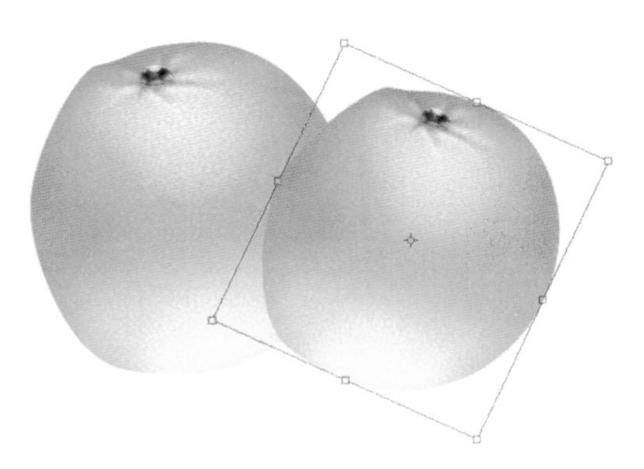
图6-103 对副本自由变换调整

30 按“D”键复位色板，在工具箱中选择椭圆选框工具，在选项栏中设置【样式】为正常，在左边的橙子上绘制一个椭圆选框，如图6-104所示。

31 在菜单中执行【选择】→【变换选区】命令，将选区进行适当旋转以达到所需的位置，如图6-105所示，然后在变换框中双击确认变换。

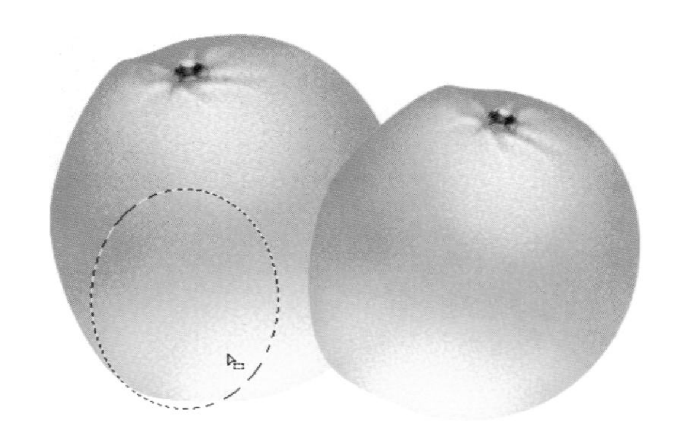

图6-104　用椭圆选框工具绘制选区

图6-105　变换选区

32 在【图层】面板中激活背景层，再新建图层3，如图6-106所示，然后按“Alt”+“Delete”键填充前景色，即可得到如图6-107所示的效果。

图6-106　创建新图层

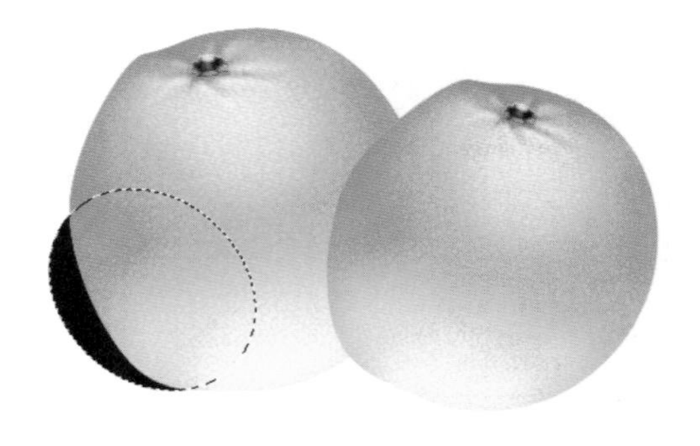

图6-107　将选区填充为黑色

33 按“Ctrl”+“D”键取消选择，在菜单执行【滤镜】→【模糊】→【高斯模糊】命令，在弹出的对话框中设置【半径】为22像素，如图6-108所示，单击【确定】按钮，即可得到如图6-109所示的效果。

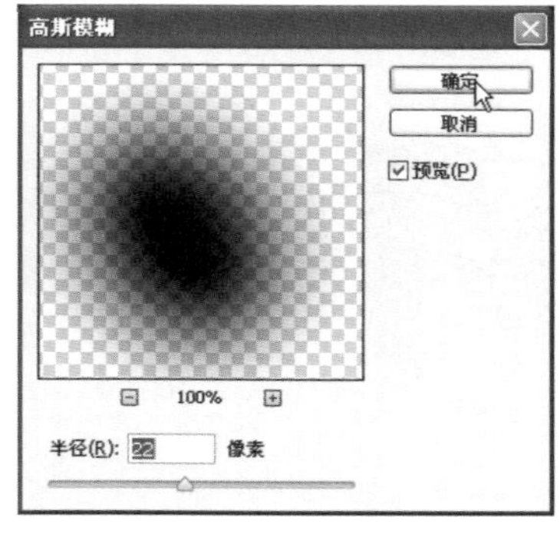

图6-108　【高斯模糊】对话框

图6-109　模糊后的效果

34 在【图层】面板中设置【不透明度】为60%，将阴影向右稍稍拖动，效果如图6-110所示。

35 在键盘上按“Ctrl”+“Alt”键将阴影向右拖至右边橙子的适当位置以作其阴影，效果如图6-111所示。

图6-110 改变不透明度后的效果

图6-111 拖动并复制阴影

36 在【图层】面板中激活背景层，设置前景色为R252、G246、B75，再按“B”键选择画笔工具，接着在选项栏中设置【不透明度】为50%，在弹出式画笔面板中选择柔角画笔，设置【大小】为127像素，然后在画布上进行随意绘制，效果如图6-112所示。

37 按“X”键切换前景色为白色，在画布底部中央进行绘制，以向画布添加白色，效果如图6-113所示。作品就绘制完成了。

图6-112 绘制背景

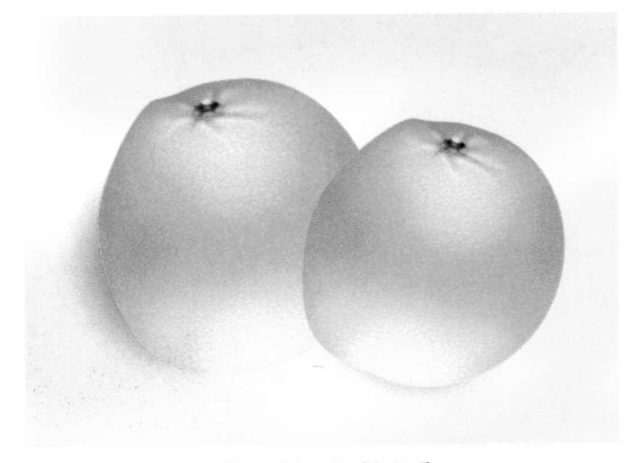

图6-113 绘制背景

6.3 绘制山野风景画

实例说明

在绘制国画、风景画、海报时，可以使用本例“绘制山野风景画”的制作方法。如图6-114所示为范例的效果图，如图6-115所示为类似范例的实际应用效果图。

图6-114 绘制山野风景画最终效果图

图6-115 精彩效果欣赏

设计思路

先绘制山野风景画的基本色调，再详细绘制地面、方木、船只与一些树木、杂草等物件。如图6-116所示为制作流程图。

① 绘制山野风景画的线描图

② 绘制整体的亮、灰、暗的面

③ 绘制天空、树丛、草丛的颜色

④ 绘制方木上的环境色与石头颜色

⑤ 绘制比较暗的树叶

⑥ 绘制树叶

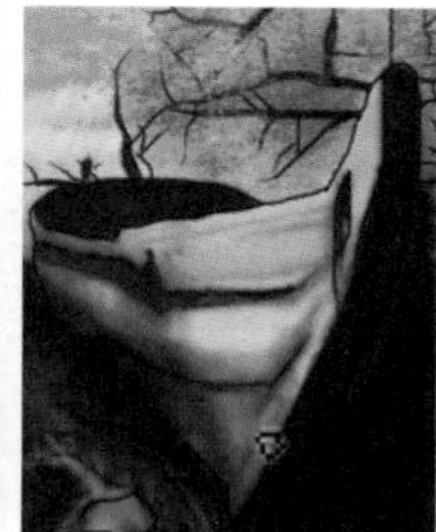

⑦ 绘制船身结构

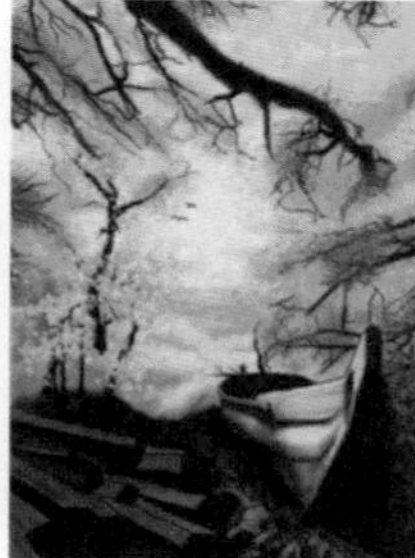

⑧ 最终效果图

图6-116 制作流程图

操作步骤

01 按“Ctrl”+“N”键新建一个文件，接着在【图层】面板中新建一个图层为图层1，再在工具箱中选择画笔工具，在选项栏中右击工具图标，在弹出的快捷菜单中选择【复位工具】命令，将工具复位，设置画笔的【大小】为3像素，【硬度】为0%，不透明度为100%，如图6-117所示，然后在画面中绘制出山野风景画的线描图，如图6-118所示。

02 在工具箱中选择橡皮擦工具，在选项栏中右击工具图标，在弹出的快捷菜单中执行【复位工具】命令，将工具复位，然后设置【不透明度】为60%，再在画面中将线条的末端擦成尖型，使树枝更逼真，擦除后的效果如图6-119所示。

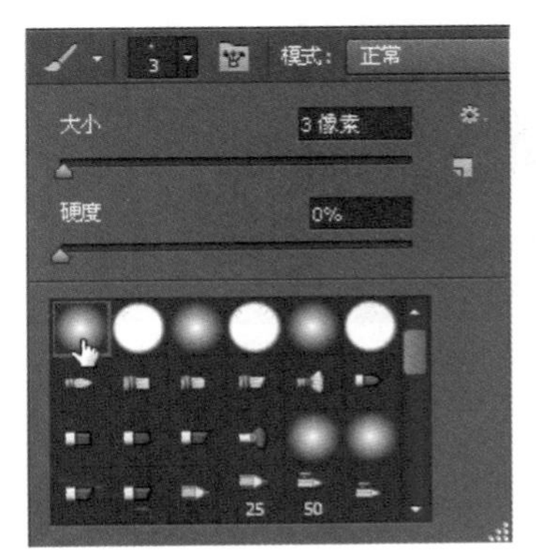

图6-117 设置画笔

图6-118 绘制山野风景画的线描图

图6-119 将线条的末端擦成尖型

03 设置前景色为# fbf1b4，在【图层】面板中激活背景层，接着单击（创建新图层）按钮，新建图层2，如图6-120所示，再选择画笔工具，在选项栏中设置画笔的【大小】为250像素，其他不变，然后在画面中绘制出天空颜色，绘制后的效果如图6-121所示。

图6-120 【图层】面板

图6-121 绘制天空颜色

04 设置前景色为#111610，使用画笔工具在画面中绘制出地面与方木暗面颜色，绘制后的效果如图6-122所示。

05 在画笔工具的选项栏中设置【不透明度】为50%，再根据需要按“[”与“] ”键来调整画笔的大小，然后在画面中绘制草丛、树丛与船的暗部，绘制后的效果如图6-123所示。

06 设置前景色为#cf8b3a，再按“]”键将画笔放大，然后在画面中绘制出天空、水面与树丛、草丛的颜色，绘制好后的效果如图6-124所示。

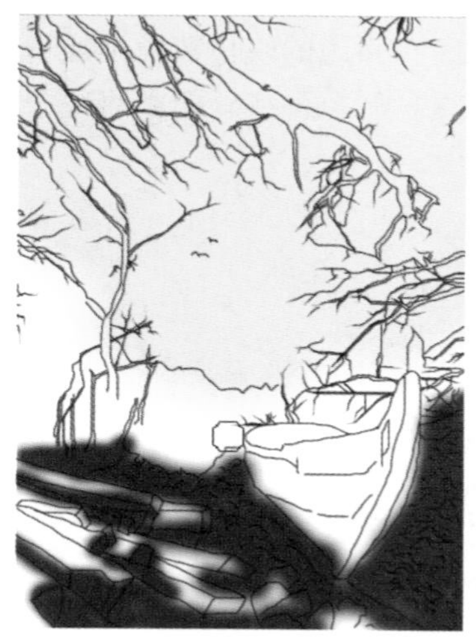

图6-122　绘制地面与方木暗面颜色

图6-123　绘制草丛、树丛与船的暗部

图6-124　绘制天空、水面与树丛、草丛的颜色

07 切换前景与背景色，再设置前景色为#a5b19c，按“[”键缩小画笔，然后在画面中船身上绘制船面颜色，绘制后的效果如图6-125所示。

08 设置前景色为#909c88，使用画笔工具绘制船面颜色，绘制好后的效果如图6-126所示。

09 设置前景色为#394530，使用画笔工具绘制出方木的亮面颜色，如图6-127所示。

图6-125　绘制船面颜色

图6-126　绘制船面颜色

图6-127　绘制方木的亮面颜色

10 设置前景色为#e09e4d，使用画笔工具在画面中绘制出方木上的环境色与石头颜色，如

图6-128所示。

⑪ 在【图层】面板中激活图层2，新建一个图层为图层3，如图6-129所示，设置前景色为#090901，再根据需要在选项栏中设置不同的不透明度，然后在画面中绘制出比较暗的颜色，如图6-130所示。

图6-128 绘制方木上的环境色与石头颜色

图6-129 【图层】面板

图6-130 绘制比较暗的颜色

⑫ 在【图层】面板中激活图层2，再新建一个图层为图层4，如图6-131所示，设置前景色为#fcb96a，在选项栏中设置【画笔】为小头散布干画笔，如图6-132所示，【不透明度】为83%，然后在画面中绘制出树叶，如图6-133所示。

图6-131 【图层】面板

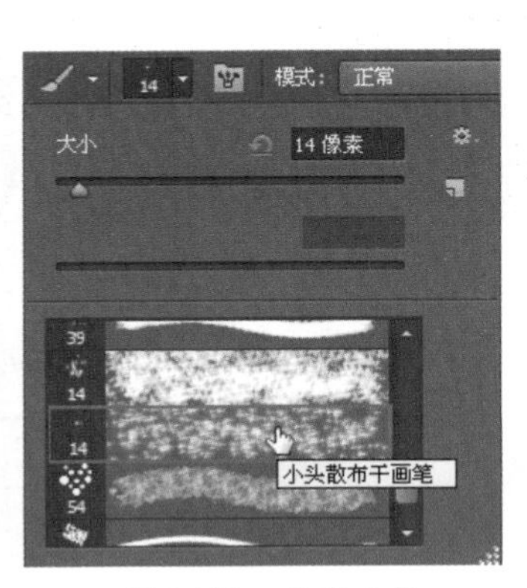

图6-132 设置画笔

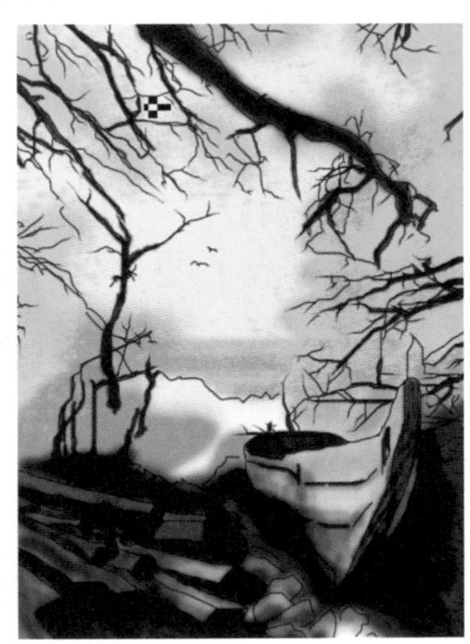

图6-133 绘制树叶

⑬ 先后设置前景色为#ce8227与#b6711f，在画面中绘制出较暗一点的树叶，如图6-134、图6-135所示。

⑭ 设置前景色为#7d4e17，使用画笔工具在画面中绘制比较暗的树叶，如图6-136所示。

图6-134　绘制较暗的树叶

图6-135　绘制较暗的树叶

图6-136　绘制比较暗的树叶

15 在【图层】面板中激活图层1，再新建图层5，如图6-137所示，然后用画笔工具在画面中继续绘制树叶，如图6-138所示。

16 先后设置前景色为#cd8733与#ffb55d，使用画笔工具在画面中继续绘制树叶，绘制后的效果如图6-139所示。

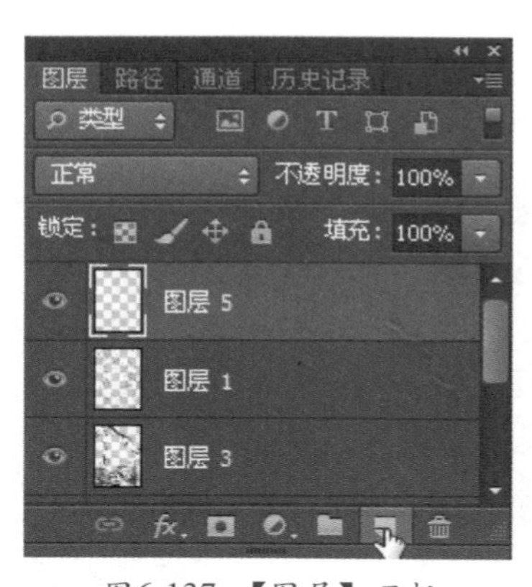

图6-137　【图层】面板

图6-138　继续绘制树叶

图6-139　绘制树叶

17 在画笔工具的选项栏中选择所需画笔笔尖，如图6-140所示，按“[”键将画笔缩小至所需的大小，然后在画面中绘制出枫叶，如图6-141所示。

18 在【图层】面板中先激活图层4，再新建图层6，如图6-142所示，然后在画面中继续绘制枫叶，如图6-143所示。

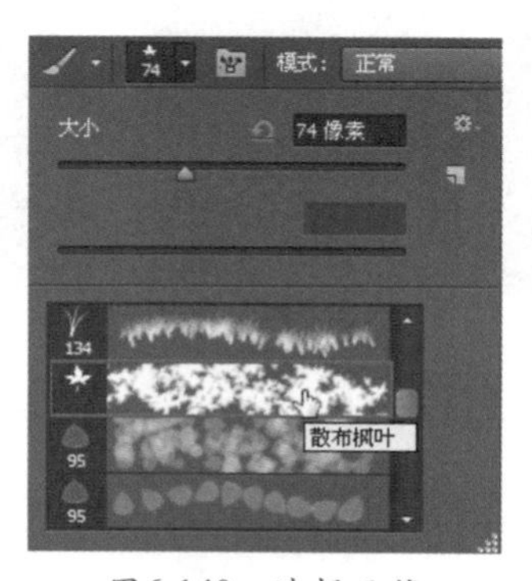

图6-140　选择画笔

图6-141 绘制枫叶

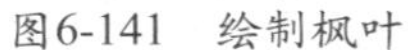

图6-142 【图层】面板

图6-143 继续绘制枫叶

19 设置背景色为#fcd775，在选项栏中设置【画笔】为，按“[”键将画笔缩小至所需的大小，然后在画面中绘制出一些草，如图6-144所示。

20 切换前景色与背景色，再设置前景色为#b68929，然后在画面中绘制出一些颜色较暗的草，如图6-145所示。

21 设置前景色为#ffe09c，使用画笔工具在画面中绘制出一些较亮的草，如图6-146所示。

图6-144 绘制草

图6-145 绘制一些颜色较暗的草

图6-146 绘制一些较亮的草

22 设置所需的前景色与背景色，再继续绘制，以绘制出草丛的高亮部与阴影部，绘制好后的效果如图6-147所示。

23 设置前景色为#7e5c14，再选择多边形套索工具，并在选项栏中选择（添加到选区）按钮与设置【羽化】为2像素，然后在画面中勾选出方木的亮面，如图6-148所示。

24 在工具箱中选择画笔工具，在选项栏中设置【画笔】为，【不透明度】为20%，然后在画面选区内绘制木纹，绘制后的效果如图6-149所示。

25 设置前景色为#49412e，在选项栏中设置【不透明度】为10%，同样在选区内绘制木纹，绘制后的效果如图6-150所示。

图6-147 绘制草丛的高亮部与阴影部

图6-148 勾选方木的亮面

图6-149 在选区内绘制木纹

图6-150 在选区内绘制木纹

26 在【图层】面板中先激活图层3，新建一个图层为图层7，如图6-151所示，然后在画笔工具的选项栏中设置【不透明度】为40%，在画面中选区内绘制木纹，绘制后的效果如图6-152所示。

图6-151 【图层】面板

图6-152 绘制木纹

27 设置前景色为#917d52，使用【不透明度】为20%的画笔工具在选区内绘制木纹，绘制后的效果如图6-153所示。

28 设置深一点的颜色，然后用画笔工具在选区中进行绘制，以绘制出一些较深的纹理，绘制好后的效果如图6-154所示。

图6-153 绘制木纹

图6-154 绘制一些较深的纹理

29 取消选择后用多边形套索工具在画面中勾选出较暗的区域，如图6-155所示，然后用绘制方木亮面同样的方法来绘制暗面，只是所设置的颜色很暗而已，绘制好后的效果如图6-156所示。

图6-155 勾选较暗的区域

图6-156 绘制暗面

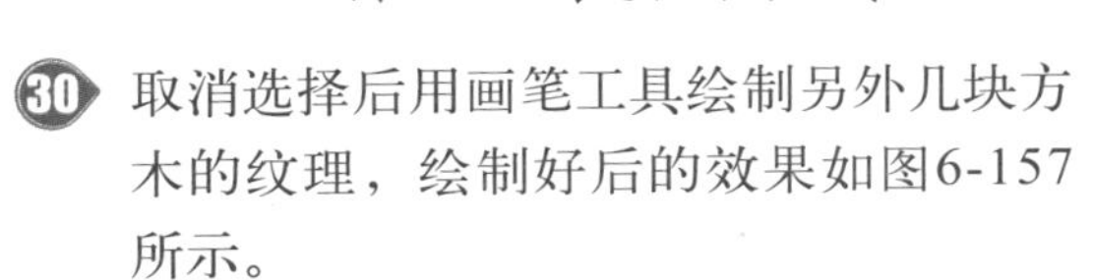

30 取消选择后用画笔工具绘制另外几块方木的纹理，绘制好后的效果如图6-157所示。

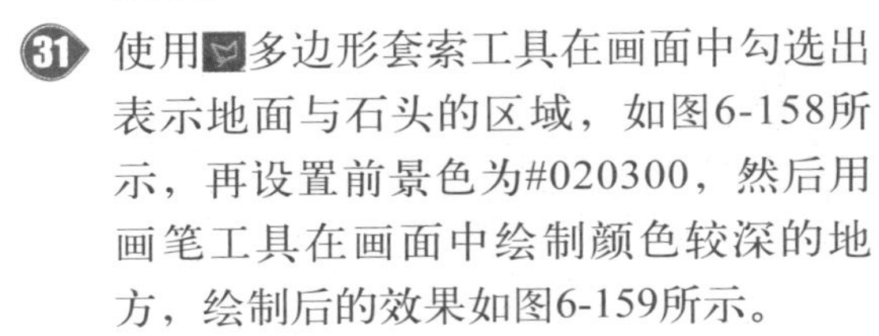

31 使用多边形套索工具在画面中勾选出表示地面与石头的区域，如图6-158所示，再设置前景色为#020300，然后用画笔工具在画面中绘制颜色较深的地方，绘制后的效果如图6-159所示。

图6-157 绘制方木的纹理

图6-158　勾选表示地面与石头的区域

图6-159　绘制颜色较深的地方

32. 分别设置前景色为#5d460f与#291e03，在画笔工具的选项栏中设置【不透明度】为40%，然后在画面中绘制出地面上颜色较亮的部分，绘制后的效果如图6-160所示。

33. 分别设置前景色为#57410d、#ba9b50与#6e5416，使用画笔工具并根据需要设置所需的不透明度，在画面中绘制出一些杂乱东西，以表示地面的复杂性，绘制后的效果如图6-161所示。

图6-160　绘制地面中颜色较亮的部分

图6-161　绘制一些杂乱东西

34. 设置前景色为#485042，使用画笔工具继续对地面进行绘制，绘制后的效果如图6-162所示。

35. 分别设置前景色为#182012与#060b02，在选项栏中设置【不透明度】为50%，用画笔工具继续对地面进行绘制，绘制后的效果如图6-163所示。

图6-162　对地面进行绘制

图6-163　对地面进行绘制

36 切换前景与背景色，在选项栏中设置【不透明度】分别为50%与20%，使用画笔工具对地面进行绘制，绘制后的效果如图6-164所示。

图6-164 对地面进行绘制

37 在【滤镜】菜单中执行【杂色】→【添加杂色】命令，弹出【添加杂色】对话框，在其中设置【分布】为平均分布，【数量】为8%，勾选【单色】选项，如图6-165所示，设置好后单击【确定】按钮，即可向选区中添加了一些杂色，效果如图6-166所示。

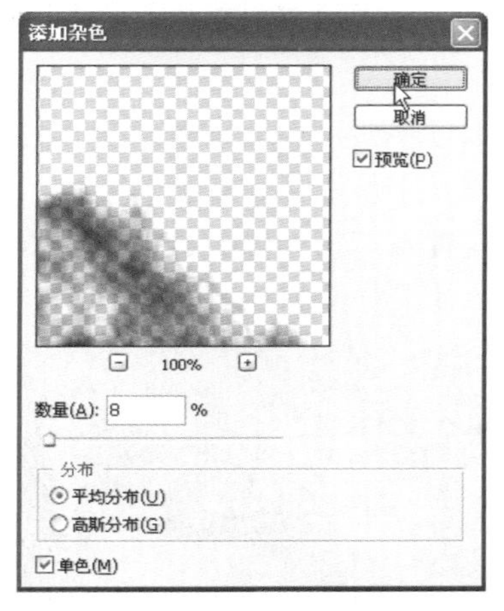

图6-165 【添加杂色】对话框

图6-166 添加杂色后的效果

38 在【编辑】菜单中执行【渐隐添加杂色】命令，弹出【渐隐】对话框，在其中设置【不透明度】为50%，【模式】为溶解，如图6-167所示，设置好后单击【确定】按钮，以消除一些杂色，效果如图6-168所示，再按“Ctrl”+“D”键取消选择。

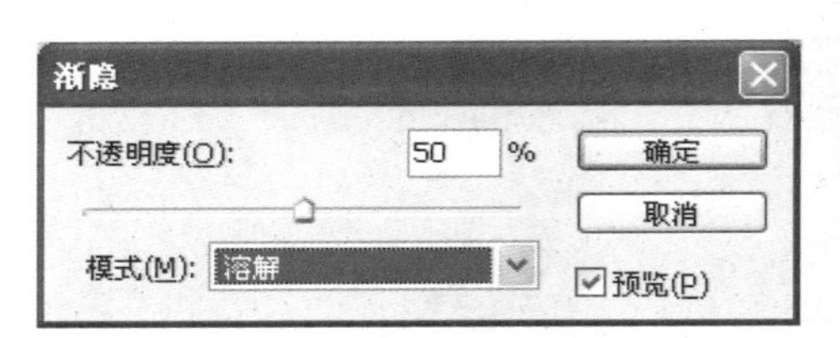

图6-167 【渐隐】对话框

图6-168 渐隐后的效果

39 使用多边形套索工具在画面中勾选出船身，如图6-169所示，使用吸管工具在画面中吸取所需的颜色，如图6-170所示。

图6-169 勾选船身

图6-170 吸取所需的颜色

40 在画笔工具的选项栏中先后设置【不透明度】为20%与60%，然后在画面中选区内绘制船身结构，绘制后的效果如图6-171所示。

41 设置前景色为#666d5f，在画笔工具的选项栏中分别设置【不透明度】为40%和20%，再在画面中选区内绘制船身结构，绘制后的效果如图6-172所示。

图6-171 绘制船身结构

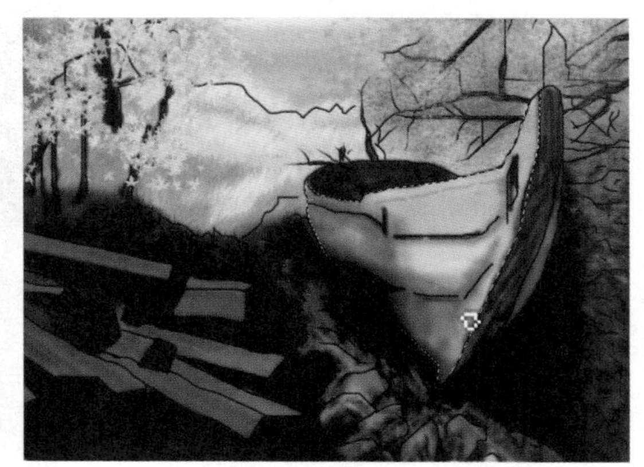
图6-172 绘制船身结构

42 设置前景色为#3a4035，使用【不透明度】为60%的画笔绘制交界线，再使用【不透明度】为20%的画笔进行绘制，绘制后的效果如图6-173所示。

43 使用吸管工具吸取所需的颜色和设置较深的颜色，并根据需要设置所需的不透明度，对船进行绘制，以绘制出船身的精细结构，绘制后的效果如图6-174所示。

44 按“Ctrl”+“D”键取消选择，接着在

图6-173 绘制船身结构

工具箱中选择涂抹工具，在选项栏中设置【强度】为50%，然后在画面中对船身过渡不平滑的地方进行涂抹，将其颜色与周围颜色融合，绘制后的效果如图6-175所示。

图6-174 绘制船身的精细结构

图6-175 对船身过渡不平滑的地方进行涂抹

45 在工具箱中选择移动工具，在选项栏中选择【自动选择】选项，再在其后列表中选择图层，接着在画面中单击要修改的对象，如图6-176所示，按“Ctrl”+“+”键将放大画面，用涂抹工具继续对需要模糊的地方进行涂抹，涂抹后的效果如图6-177所示。

图6-176 选择对象

图6-177 用涂抹工具继续对需要模糊的地方进行涂抹

46 按“B”键选择画笔工具，在选项栏中设置【不透明度】为20%，对船身另一边进行绘制，将其颜色加深，如图6-178所示。

47 按“Ctrl”键在画面中单击要修改的地方，以选择它所在的图层，如图6-179所示，再选择涂抹工具，然后在画面中对过渡不平滑的地方进行涂抹，将其颜色融合到其他颜色中，涂抹后的效果如图6-180所示。

48 设置前景色为#0b0601，在【图层】面板中新建一个图层，如图6-181所示，然后在画面中需要加深颜色的地方进行绘制，以将其颜色加深，绘制后的效果如图6-182所示。

图6-178 对船身另一边进行绘制

图6-179　选择图层

图6-180　对过渡不平滑的地方进行涂抹

图6-181　【图层】面板

图6-182　在画面中需要加深颜色的地方进行绘制

49 在【图层】面板中设置其【不透明度】为50%，【混合模式】为正片叠底，如图6-183所示，得到如图6-184所示的效果。

图6-183　【图层】面板

图6-184　设置【不透明度】、【混合模式】后的效果

50 在【图层】面板中激活图层1，如图6-185所示，再选择橡皮擦工具，在选项栏中设置【不透明度】为100%，然后在画面中将不需要的线条擦除，擦除后的效果如图6-186所示。

图6-185 【图层】面板

图6-186 将不需要的线条擦除

51 在工具箱中选择涂抹工具，在选项栏中设置【画笔】为，再在画面中对地面上的一些线条进行涂抹，使其杂乱无章，涂抹后的效果如图6-187所示。

图6-187 对地面上的一些线条进行涂抹

52 按“Ctrl”键在画面中单击要修改的对象，选择它所在的图层，如图6-188所示，再按“E”键选择橡皮擦工具，在选项栏中设置【不透明度】为56%，然后在画面中将船身上不需要的树叶擦除，擦除后的效果如图6-189所示。

图6-188 选择要修改的对象

图6-189 将船身上不需要的树叶擦除

53 按“I”键选择吸管工具，在画面中所需的颜色上单击，以吸取该颜色，如图6-190所示，接着按“B”键选择画笔工具，在选项栏中设置【不透明度】为10%，然后在画面中船身上绘制出高光区域，绘制后的效果如图6-191所示。

图6-190 吸取颜色

图6-191 在船身上绘制出高光区域

54 按“Ctrl”键在画面中单击要修改的地方，以选择它所在的图层，如图6-192所示。按“E”键选择橡皮擦工具，再在画面中将不需要的部分擦除，擦除后的效果如图6-193所示。

图6-192 选择要修改的对象

图6-193 将不需要的部分擦除

55 在【图层】面板中激活图层2，如图6-194所示，在工具箱中选择涂抹工具，然后在画面中表示水面与天空相交的地方进行涂抹，以涂抹出水面效果，如图6-195所示。

56 按“I”键选择吸管工具，在画面中吸取所需的颜色，如图6-196所示，在涂抹工具的选项栏中设置【强度】为80%，勾选【手指绘画】选项，然后在画面中的天空中进行涂抹，以涂抹出云彩效果，涂抹后的效果如图6-197所示。

图6-194 【图层】面板

图6-195 在水面与天空相交的地方进行涂抹

图6-196 在画面中吸取所需的颜色

图6-197 涂抹出云彩效果

57 在选项栏中取消【手指绘画】的勾选，然后在画面中对刚绘制的对象进行涂抹，使它融合到画面中，涂抹后的效果如图6-198所示。

58 在选项栏中勾选【手指绘画】选项，然后在画面中继续绘制云彩效果，绘制后的效果如图6-199所示。

图6-198 绘制云彩效果

图6-199 绘制云彩效果

59 按“Ctrl”键在画面中单击要修改的对象，以选择该对象所在图层，如图6-200所示，再选择橡皮擦工具，在选项栏中设置【不透明度】为56%，然后在画面中将不需要的部分擦除，擦除后的效果如图6-201所示。风景画就绘制完成了。

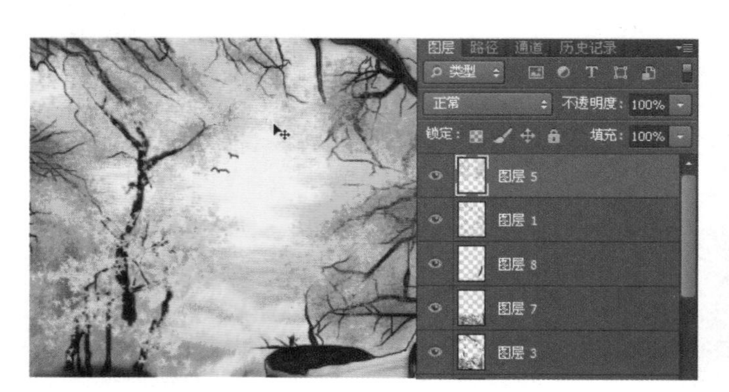

图6-200 选择要修改的对象

图6-201 最终效果图

6.4 绘制绘图本风格的插画

实例说明

在绘制插画、漫画、风景画以及封面设计时，可以使用本例“绘制绘图本风格的插画”的制作方法。如图6-202所示为范例的效果图，如图6-203所示为类似范例的实际应用效果图。

图6-202 绘制绘图本风格的插画最终效果图

图6-203 精彩效果欣赏

设计思路

本例先使用钢笔工具勾画出插画的轮廓图路径，再使用画笔工具、【路径】面板中的用画笔描边路径功能给路径描边，然后用橡皮擦工具将一些不需要的线条擦除。这里，不再介绍线描图的绘制，其绘制方法与上例中的绘制山野风景画的轮廓图方法相似。

也可以根据构图要求，先在纸上用铅笔画出绘图本插画的线描图，再用扫描仪以灰度模式、300分辨率将其扫描到Photoshop中。但是，扫描完成后并不能直接使用，是需要进行简单的处理才能使用。如使用【色阶】命令将图像的对比度提高，只显示线条，然后用套索工具选中要删除的杂点，并按Delete键将杂点清除，最后只剩下清晰的线描图。如图6-204所示为制作流程图。

图6-204　制作流程图

操作步骤

（1）绘制肤色

01 绘制肤色是人物上色的第一步，肤色决定着整个人物的种族、相貌特征及画面光源的方向。可以通过绘制不同的明暗度来体现立体感。

02 按“Ctrl”+“O”键从配套光盘的素材库中打开一个线描图，如图6-205所示。

03 在工具箱中选择多边形套索工具，在选项栏中设置【羽化】为2像素，然后在画面中勾选出脸部、手部与颈部的区域，如图6-206所示。显示【图层】面板，在其中单击（创建新图层）按钮，新建一个图层为图层2，如图6-207所示。

图6-205　打开的线描图

图6-206　用多边形套索工具框勾选脸部

图6-207　创建新图层

提　示

选择时不需要紧沿着线稿，与衣服、头发等相交处可以多选一些。因为，在电脑中绘画，可以使它们在不同的图层中，衣服、头发等应该放在皮肤的上层，这样多余的部分就会被覆盖。

04 在工具箱中双击前景色图标，弹出【拾色器】对话框，在其中设置所需的颜色，如#fff3ec，如图6-208所示，设置好后单击【确定】按钮，再按“Alt”+“Delete”键填充前景色，得到如图6-209所示的效果。

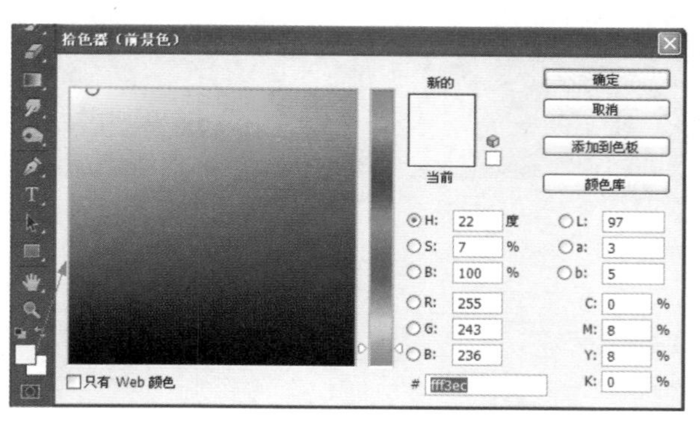

图6-208　设置前景色

图6-209　填充前景色后的效果

05 设置前景色为#f48751，再选择画笔工具，在选项栏中设置【不透明度】为30%，其他不变，如图6-210所示，然后用画笔工具在选区内绘制人物脸上、脖子与手上的暗部，绘制好后得到如图6-211所示的效果。

提 示

在绘制过程中，可以根据需要调整画笔的大小，按“[”与“]”键来调整画笔的大小。按“[”键缩小画笔，按“]”键放大画笔。按“[”与“]”键来调整画笔的大小不仅只用于画笔工具，还可以用于铅笔工具、颜色替换工具、混合器画笔工具、仿制图章工具 S、图案图章工具 S、历史记录画笔工具 Y、历史记录艺术画笔工具 Y、背景橡皮擦工具 E、模糊工具、涂抹工具、锐化工具、减淡工具 O、加深工具 O与海绵工具 O等工具。

06 切换前景色与背景色，再设置前景色为#facad2，用画笔工具在画面中绘制腮红，绘制好后按“Ctrl”+“D”键取消选择，得到如图6-212所示的效果。

（2）刻画五官

07 虽然在线描图中五官已经很明显的显示了，但是，由于绘制了肌肤颜色，特别是眼睛受到的光的影响，而且嘴唇的颜色在脸部中也很重要，因此需要对五官进行更精细的绘制，使人物看起来更生动。

08 切换前景色与背景色，再用画笔工具对眼睛、耳朵与嘴唇进行刻画，绘制后的效果如图6-213所示。

图6-210

图6-211 用画笔工具绘制暗部

图6-212 绘制腮红

图6-213 用画笔工具刻画眼睛、耳朵与嘴唇

09 设置前景色为#773b1e，在画笔工具的选项栏中将【模式】改为颜色，其他不变，在【图层】面板中先激活图层1，再单击【创建新图层】按钮，新建一个图层为图层3，如图6-214所示，然后在画面中绘制眼珠颜色，绘制后的效果如图6-215所示。

10 设置前景色为# a75228，使用画笔工具在眼珠上给表示眼珠的透明体上色，上好色后的效果如图6-216所示。

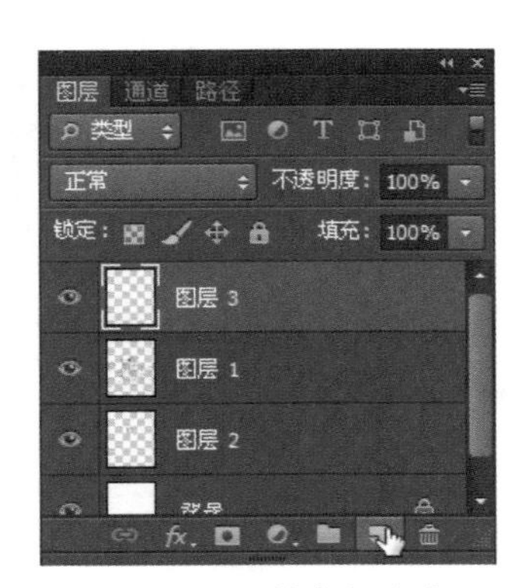

图6-214　创建新图层

图6-215　绘制眼珠颜色

图6-216　给眼珠的透明体上色

⑪ 在画笔工具的选项栏中将【模式】改为正常，再设置前景色为# b7300c，然后在画面中给嘴唇上色，上好色后的效果如图6-217所示。

⑫ 在【图层】面板中先激活图层2，再新建图层4，如图6-218所示，设置前景色为白色，使用画笔工具在画面中画眼白、反光与高亮部位，画好后的效果如图6-219所示。

图6-217　给嘴唇上色

图6-218　创建新图层

图6-219　画眼白、反光与高亮部位

⑬ 在工具箱中选择涂抹工具，在选项栏中设置【强度】为50%，其他为默认值，如图6-220所示，在【图层】面板中选择图层2，如图6-221所示，然后在画面中表示鼻子的曲线的上端按住左键向上拖动，将线端涂小并使其过渡柔和，绘制后的效果如图6-222所示。

⑭ 在工具箱中选择加深工具，在选项栏中设置参数为默认值，如图6-223所示，其画笔大小可以根据需要按“[”与“]”键来调整，不需要事先设置，然后在画面中需要加深的地方进行绘制，绘制好后的效果如图6-224所示。

⑮ 使用（涂抹工具）对耳朵进行涂抹，以柔化过渡强硬的线条，涂抹后的效果如图6-225所示。按“Shift”键在【图层】面板中选择除背景层外的所有图层，如图6-226所示，再按“Ctrl”+“G”键将它们编成一组，然后将图层组名称改为脸，如图6-227所示。

图6-220　选项栏

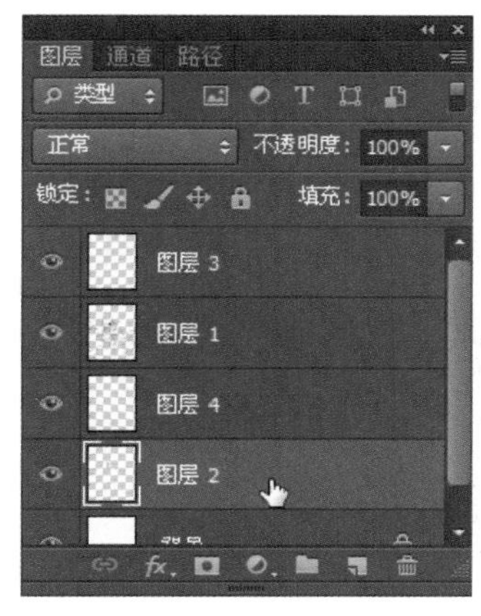

图6-221 【图层】面板

图6-222 修改表示鼻子的曲线

图6-223 选项栏

图6-224 用加深工具加深暗部

图6-225 用涂抹工具对耳朵的结构线进行涂抹

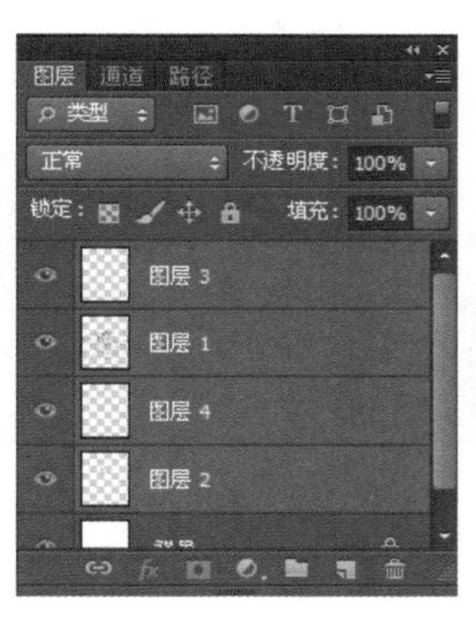

图6-226 选择图层

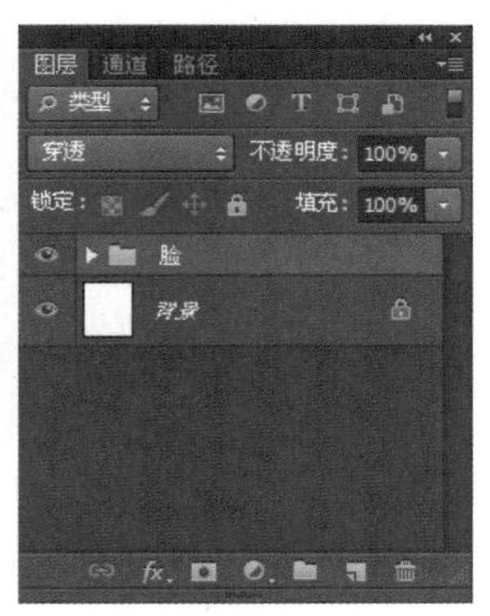

图6-227 编组

（3）绘制头发

16 根据人种的不同，人物的头发有着很大的差别，如黄种人的头发颜色大多数是黑色的，而白种人的头发颜色则较多，有金色、红色与黄色等。漫画人物中的头发更是多变，但无论是什么样的颜色，都可以分为头发本色、暗调与高光3部分。通过绘制这3部分可以很好的体现出立体感，不过在绘制过程中要注意光源的方向，要使光源的方向统一。

17 在【图层】面板中单击（创建新组）按钮，新建一个组，将组名改为头发，如图6-228所示，然后单击（创建新图层）按钮，新建图层5，如图6-229所示。

18 使用多边形套索工具在画面中勾选出表示头发的区域，如图6-230所示。

19 在【图层】面板中先展开“脸”组，再将图层1拖出“脸”组并排放到“头发”组的上层，如图6-231所示，然后激活头发组中的图层5，如图6-232所示，设置前景色为#834e3c，按“Alt”+“Delete”键填充前景色，得到如图6-233所示的效果，按“Ctrl”+“D”键取消选择。

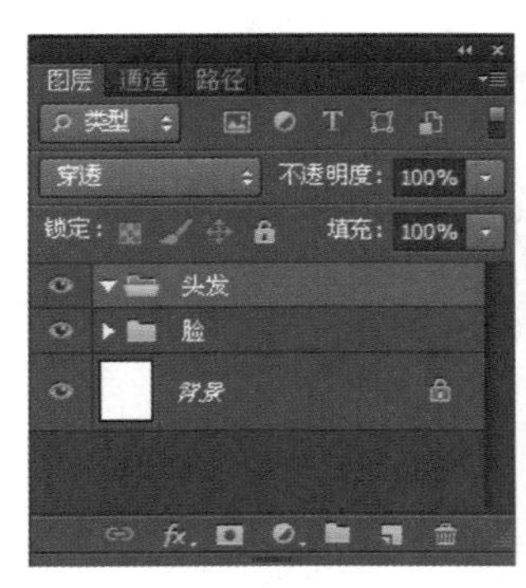
图6-228　创建新组

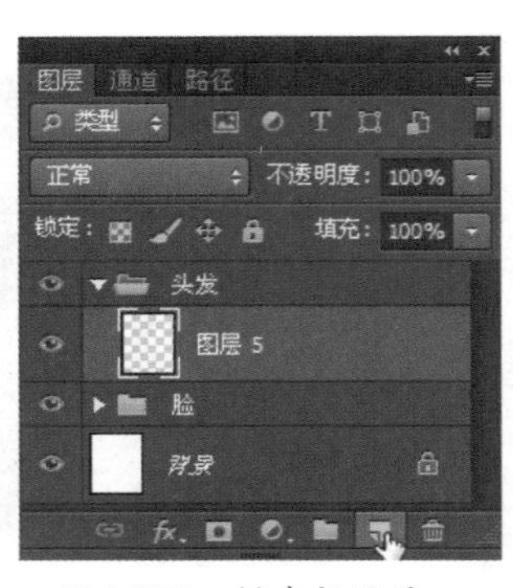
图6-229　创建新图层

图6-230　用多边形套索工具勾选头发

图6-231　【图层】面板

图6-232　【图层】面板

图6-233　给头发填充颜色

20 显示【路径】面板，在其中单击（创建新路径）按钮，新建路径2，如图6-234所示，再在工具箱中选择钢笔工具，然后在画面中勾画出多条路径，如图6-235所示。

图6-234　【路径】面板

图6-235　绘制头发

21 显示【图层】面板，在其中新建图层6，如图6-236所示，接着在工具箱中先设置前景色为#9c581c，选择画笔工具，在选项栏中设置【不透明度】为100%，然后显示【画笔】面板，在其中先单击【画笔预设】选项，再选择画笔并设置其【大小】为4

像素，单击【形状动态】选项，在右边栏中设置【控制】为渐隐，渐隐参数值为500，其他不变，如图6-237所示。

图6-236 创建新图层

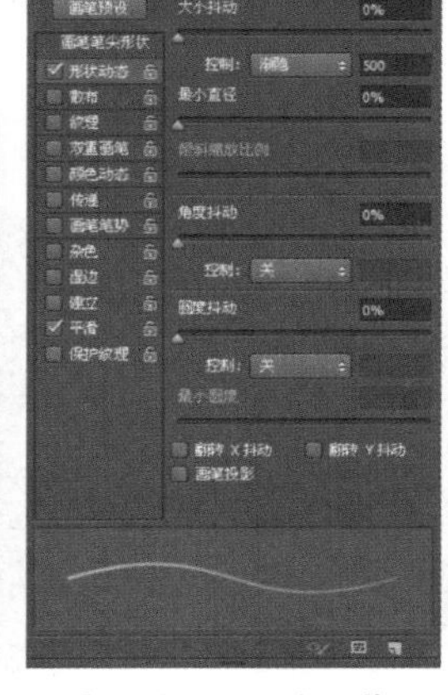

图6-237 设置画笔

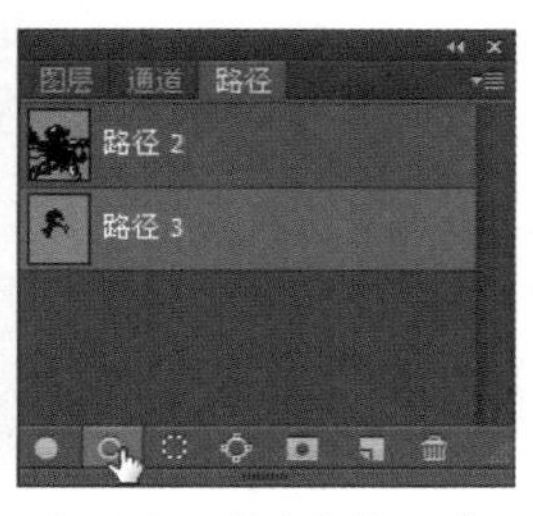

图6-238 【路径】面板

图6-239 描边后的效果

22 在【路径】面板中单击（用画笔描边路径）按钮，如图6-238所示，给路径进行描边。

23 设置前景色为#63360e，再使用路径选择工具将路径3中的路径全部选择，在键盘上按向下键与向左键各一次，将路径向左与向下各移动1个像素，然后在【路径】面板中单击（用画笔描边路径）按钮，给路径进行描边，描边后在【路径】面板的灰色区单击隐藏路径，描边后的效果如图6-239所示。

24 在【路径】面板中新建一个路径，使用钢笔工具在画面中绘制出几条路径，如图6-240所示，接着在工具箱中设置前景色为#ed9f30，选择画笔工具，在【画笔】面板中设置渐隐参数为300，如图6-241所示，然后在【路径】面板中单击（用画笔描边路径）按钮，给路径进行描边，描边后在【路径】面板的灰色空白区域单击隐藏路径，描边后的效果如图6-242所示。

图6-240 绘制头发路径

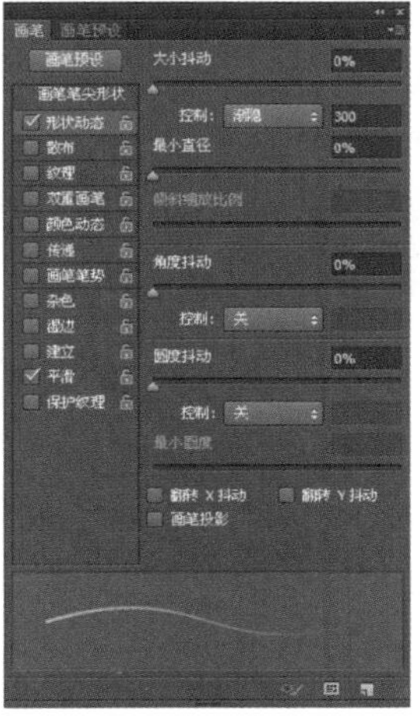

图6-241 设置画笔

图6-242 描边后的效果

25 在工具箱中选择涂抹工具，在选项栏中设置【强度】为79%，如图6-243所示，再在画面中将线端过渡强硬的地方进行涂抹，使它过渡柔和，涂抹后的效果如图6-244所示。

26 在【图层】面板中新建图层7，如图6-245所示，设置前景色为#ed9f30，再使用画笔工具在画面中表示头发高亮区的地方进行绘制，绘制后的效果如图6-246所示。

3 模式：正常 强度：79% 对所有图层取样 手指绘画

图6-243 在选项栏

图6-244 用涂抹工具涂抹线端后的效果

图6-245 【图层】面板

图6-246 用画笔工具绘制头发高亮区

27 在【图层】面板中修改图层7的【混合模式】为变亮，【不透明度】为70%，单击（添加图层蒙版）按钮，为图层7添加蒙版，如图6-247所示，切换前景与背景色，对蒙版进行编辑，对头发的高亮部进行修整，修整好后的效果如图6-248所示。

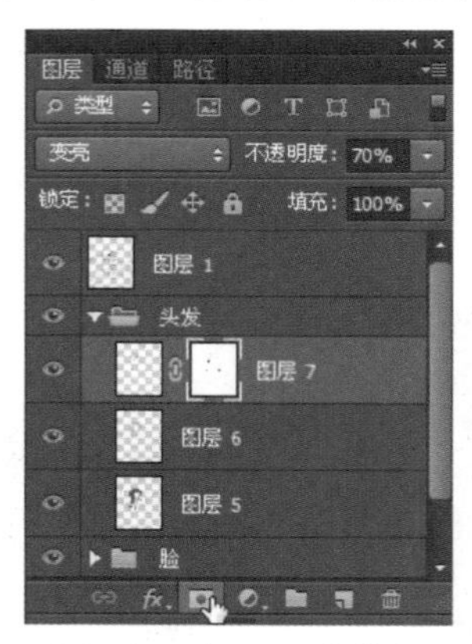

图6-247 添加图层蒙版

图6-248 用画笔工具修改蒙版后的效果

28 在【图层】面板中激活图层1，按“Ctrl”+“O”键从配套光盘的素材库中打开已经准备好的花朵，如图6-249所示，然后使用移动工具将其拖动到插画中，则自动在【图层】面板中生成图层8，如图6-250所示，再用移动工具将花排放到头发上，如图6-251所示。

29 在工具箱中选择矩形选框工具，在画面中框选出顶上的3朵花，如图6-252所示，再按“Ctrl”+“X”键和“Ctrl”+“V”键，将选区中的花朵粘贴到另一个图层，如图6-253所示。然后将粘贴所得的图层9拖动到“头发”组中，并排放到图层5的下层，如图6-254所示。

图6-249 打开的花朵

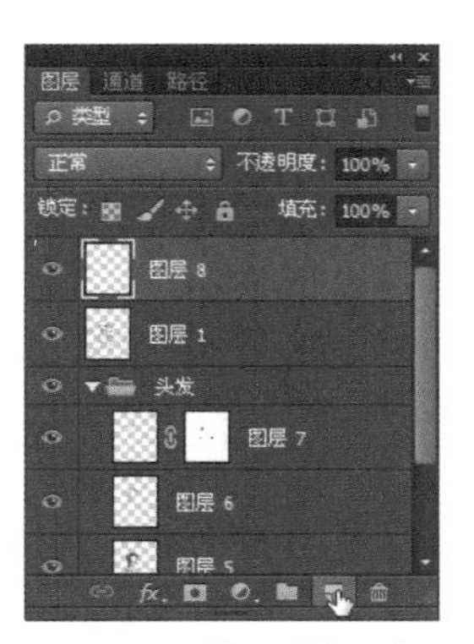

图6-250 【图层】面板

图6-251 将花排放到头发上

图6-252 用矩形选框工具框选三朵花

图6-253 剪切与粘贴后的效果

图6-254 改变图层顺序及位置

（4）绘制服装

30 绘制服装时要根据服装的款式、背景的颜色来考虑服装的颜色。如果画面中的人物比较多，还需要考虑服装颜色的协调，同时要注意光线一致，避免脸部与服装的光线相反等不合理的现象出现。

31 在【图层】面板中新建一个组并命名为衣服，再在组中新建一个图层为图层10，如图6-255所示。

32 在工具箱中设置前景色为#ffe488，选择多边形套索工具，在画面中勾选出要填充为同一种颜色的区域，然后按“Alt”+“Delete”键填充前景色，填充颜色后的效果如图6-256所示。

图6-255 【图层】面板

图6-256 用多边形套索工具勾选出衣服并填充颜色

33 在工具箱中选择加深工具，在选项栏中设置【范围】为中间调，【曝光度】为79%，其他不变，然后在画面中阴影处进行涂抹，将需要调暗的地方调暗，绘制好后按“Ctrl”+“D”键取消选择，画面效果如图6-257所示。

34 在【图层】面板中新建一个图层，在工具箱中设置前景色为#ffaadb，选择多边形套索工具，在画面中勾选出要填充为同一种颜色的区域，然后按“Alt”+“Delete”键填充前景色，填充颜色后的效果如图6-258所示。

图6-257　用加深工具绘制暗部

图6-258　用多边形套索工具勾选出裙子与飘带并填充颜色

35 在工具箱中选择加深工具，在选项栏中设置【曝光度】为30%，其他不变，然后在画面中阴影处进行涂抹，将需要调暗的地方调暗，绘制好后的效果如图6-259所示。

36 在工具箱中选择减淡工具，在选项栏中设置【曝光度】为50%，其他不变，然后在画面中高光区域进行涂抹，将需要调亮的地方调亮，绘制好后的效果如图6-260所示。

图6-259　用加深工具绘制暗部

图6-260　用减淡工具绘制亮部

37 在【图层】面板中新建一个图层，在工具箱中先设置前景色为#a5cbff，再选择多边形套索工具，在画面中勾选出要填充为同一种颜色的区域，然后按“Alt”+“Delete”键填充前景色，填充颜色后的效果如图6-261所示。

38 使用加深工具在画面中暗部区域进行涂抹，将需要调暗的地方调暗，绘制好后的效果如图6-262所示。

图6-261 用多边形套索工具勾选出腰带并填充颜色

图6-262 用加深工具绘制暗部

39 在【图层】面板中新建一个图层，在工具箱中设置前景色为#6e361c，选择多边形套索工具，在画面中勾选出要填充颜色的区域，然后按“Alt”+“Delete”键填充前景色，再使用加深工具绘制暗部，绘制好后的效果如图6-263所示。

40 设置前景色为#538f13，使用多边形套索工具在画面中勾选出要填充颜色的区域，然后按“Alt”+“Delete”键填充前景色，再使用加深工具绘制暗部，绘制好后的效果如图6-264所示。

（5）绘制背景

41 背景中有山、树、石头、草等，而且还有大面积的天空与湖面，因此，先从大面积的天空与湖面着手绘制，然后绘制石头、山、树等。

42 在【图层】面板中新建一个组并命名为背景，在组中新建一个图层，如图6-265所示，在工具箱中选择画笔工具，在选项栏中设置【不透明度】为100%，其他不变，如图6-266所示，然后在画面中绘制出表示天空与湖面的颜色，如图6-267所示。

43 设置前景色为#cfecff，在选项栏的画笔弹出式面板中选择画笔，将【大小】改为100像素，然后在画面中表示天空的区域拖动两次，得到如图6-268所示的效果。

图6-263 对树枝进行颜色填充

图6-264 对树叶进行颜色填充

图6-265 【图层】面板

图6-266　选项栏

图6-267　用画笔工具绘制天空与湖面

图6-268　绘制天空

44 在画笔工具的选项栏中设置【画笔】为，【不透明度】为40%，然后在画面中表示湖面的区域拖动，绘制表示水面的纹理，绘制好后的效果如图6-269所示。

45 在【图层】面板中新建一个图层，接着设置前景色为#aeb7fd，使用多边形套索工具在画面中勾选出要填充颜色的岩石，然后按“Alt”+“Delete”键填充前景色，再使用加深工具绘制暗部，绘制好后的效果如图6-270所示。

46 在加深工具的选项栏中设置【范围】为阴影，然后在暗部进行涂抹，以加深颜色，绘制后的效果如图6-271所示。

图6-269　绘制湖面

图6-270　给岩石上色

图6-271　用加深工具加深暗部颜色

47 在【图像】菜单中执行【调整】→【渐变映射】命令，弹出【渐变映射】对话框，在其中单击渐变条，弹出【渐变编辑器】对话框，在其中编辑所需的渐变颜色，如图6-272所示，编辑好颜色后单击【确定】按钮，返回到【渐变映射】对话框中单击【确定】按钮，得到如图6-273所示的效果。

48 设置前景色为#7cdf1c，按“Ctrl”+“D”键取消选择，接着使用多边形套索工具在画面中框选出表示小山坡的两个区域，并按“Alt”+“Delete”键填充前景色，填充颜色后的效果如图6-274所示。

图6-272 【渐变编辑器】对话框

图6-273 改变岩石颜色

图6-274 给小山坡上色

49 在工具箱中选择加深工具，在选项栏中设置【范围】为高光，【曝光度】为30%，其他不变，然后在画面中暗部区域进行涂抹，将需要调暗的地方调暗，绘制好后的效果如图6-275所示。

50 设置前景色为#b6b8ff，按“Ctrl”+“D”键取消选择，接着用多边形套索工具在画面中框选出表示小山坡的区域，按“Alt”+“Delete”键填充前景色，在加深工具的选项栏中设置【范围】为中间调，然后在画面选区内绘制暗部，绘制好后的效果如图6-276所示。

51 设置前景色为#deac68，按“Ctrl”+“D”键取消选择，接着用多边形套索工具在画面中框选出表示山地的区域，按“Alt”+“Delete”键填充前景色，用加深工具在画面选区内绘制暗部，绘制好后的效果如图6-277所示。

图6-275 用加深工具绘制暗部

图6-276 给小山坡上色

图6-277 给山地上色

52 设置前景色为#298616，按“Ctrl”+“D”键取消选择，接着用多边形套索工具在画面中框选出表示树林的区域，按“Alt”+“Delete”键填充前景色，如图6-278所示，再用加深工具在画面中选区内绘制暗部，绘制好后的效果如图6-279所示。

图6-278　给树林上色

图6-279　绘制暗部

53 设置前景色为#bdcb21，在画笔工具的选项栏中设置【不透明度】为40%，其他不变，如图6-280所示，然后在画面中树林上绘制表示亮部的区域，绘制好后的效果如图6-281所示。“绘图本风格的插画”就绘制完成了。

30　模式：正常　不透明度：40%　流量：100%

图6-280　选项栏

图6-281　绘制好后的最终效果图

第7章
动画制作

本章通过俏皮可爱的闪图、制作在背景上移动的流光字、可爱的流光字、沿着边框滑行的流光效果、汽车广告动画5个范例的制作，介绍了Photoshop中的动画制作技巧。

7.1 俏皮可爱的闪图

 实例说明

在设计网页、霓虹灯和动画时，可以使用本例“俏皮可爱的闪图”的制作方法。如图7-1所示为范例的效果图，如图7-2所示为类似范例的实际应用效果图。

图7-1　俏皮可爱的闪图最终效果图

图7-2　精彩效果欣赏

设计思路

先打开一个背景图片，再使用自定形状工具、创建新图层、画笔工具、创建剪贴蒙版等工具与命令制作出闪图中需要的内容；然后使用复制所选帧、关闭与显示图层、存储为Web所用格式等工具与命令将绘制好的画面创建成动画。如图7-3所示为制作流程图。

① 打开的文件

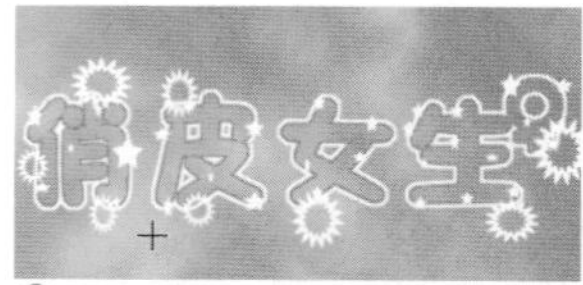

② 用画笔工具在图层2中绘制的内容

③ 用画笔工具在图层3中绘制的内容

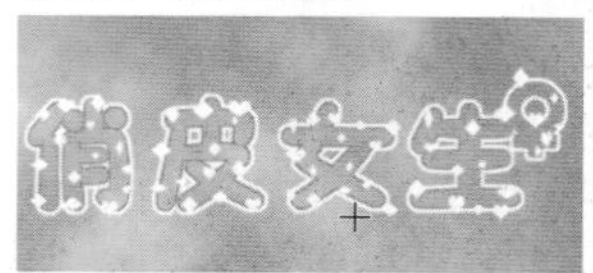

④ 用画笔工具在图层4中绘制的内容

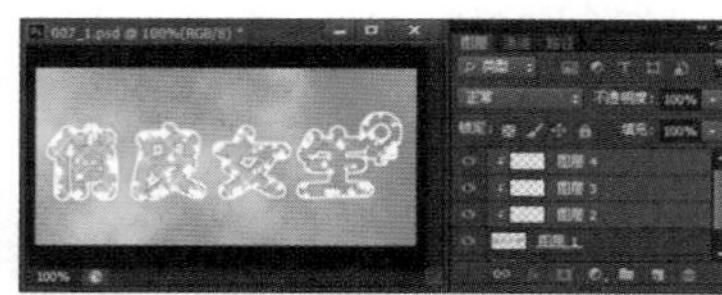

⑤ 将图层2、图层3、图层4创建剪贴蒙版组

⑥ 在【图层】面板和【时间轴】面板中编辑动画

图7-3　制作流程图

操作步骤

01 按“Ctrl”+“O”键从配套光盘的素材库中打开一个已经准备好的文件，如图7-4所示。

02 在【图层】面板中单击【创建新图层】按钮，新建图层2，如图7-5所示。接着在工具箱中选择自定形状工具，在选项栏中选择像素，在形状弹出式面板中选择所需的形状，如图7-6所示，然后在画面中绘制一个五角星，如图7-7所示。

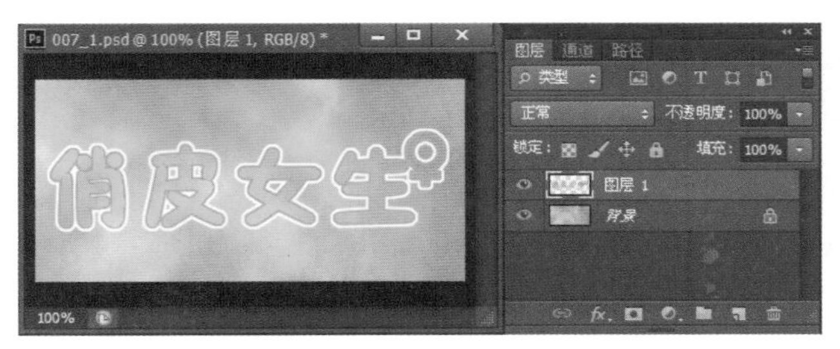

图7-4 打开的文件

图7-5 【图层】面板

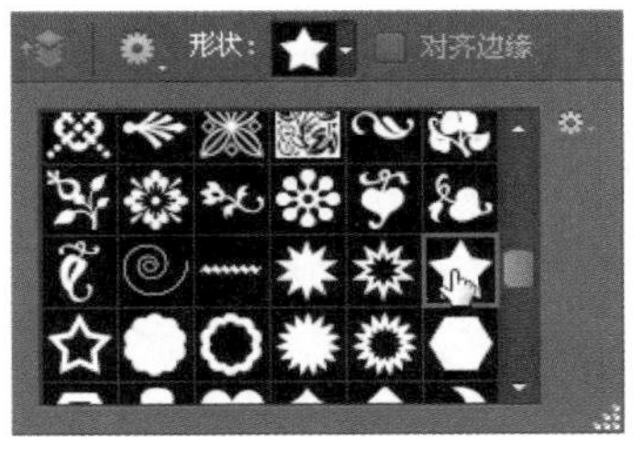

图7-6 形状弹出式面板

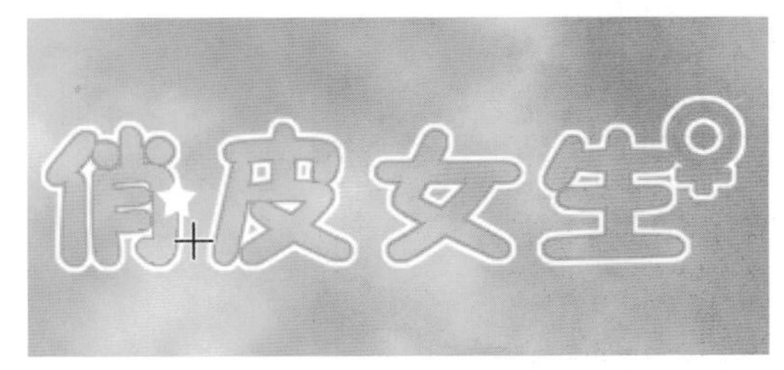

图7-7 绘制五角星

03 使用自定形状工具在画面中绘制出大小不等的五角星，绘制好后的效果如图7-8所示。

04 在形状弹出式面板中选择所需的形状，如图7-9所示，再在画面中不同的地方绘制大小不一的形状，绘制好后的效果如图7-10所示。

05 在【图层】面板中新建图层3，关闭图层2，如图7-11所示。

图7-8 绘制五角星

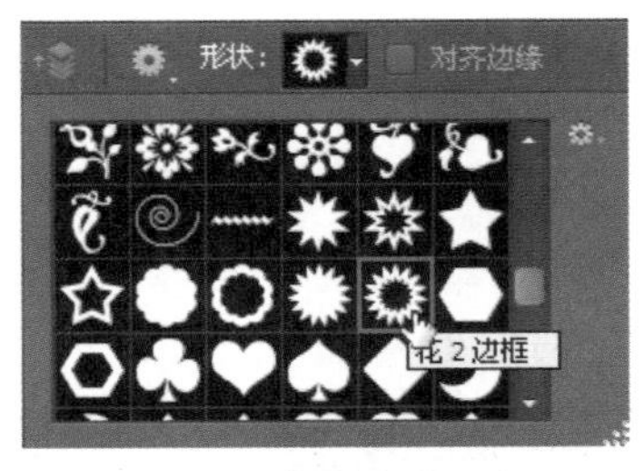

图7-9 形状弹出式面板

图7-10 绘制大小不一的形状

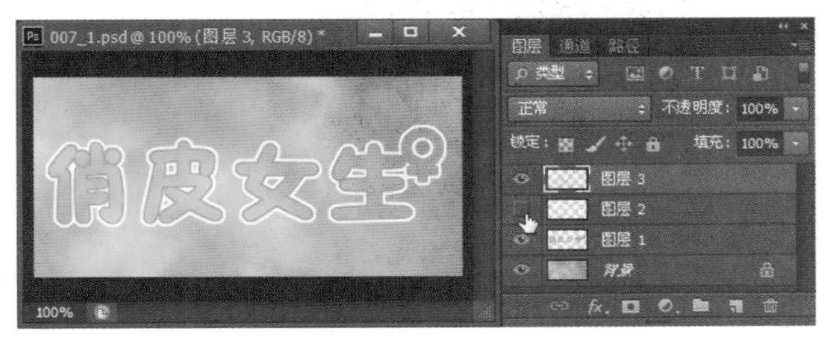

图7-11 关闭图层后的效果

06 在弹出式面板中选择所需的形状（如菱形），如图7-12所示，然后在画面中绘制多个大小不等的菱形，绘制好后的效果如图7-13所示。

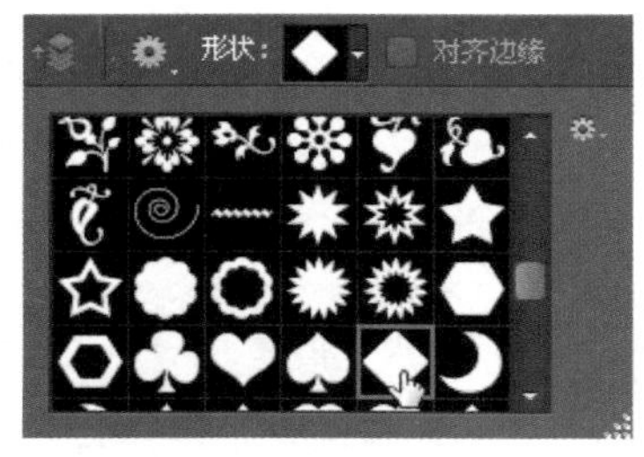

图7-12　形状弹出式面板

图7-13　绘制多个大小不等的菱形

07 在工具箱中选择画笔工具，在弹出式面板中选择所需的画笔，如图7-14所示，然后在画面中多次单击，以绘制出多个闪光点，如图7-15所示。

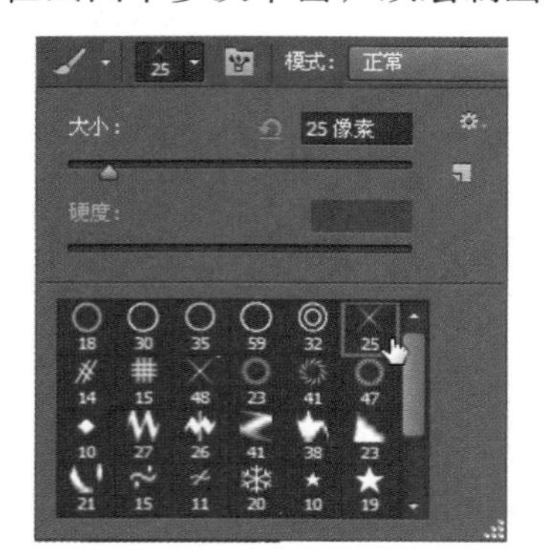

图7-14　选择画笔

图7-15　绘制多个闪光点

08 在【图层】面板中新建图层4，再关闭图层3，如图7-16所示。

09 在工具箱中选择自定形状工具，在选项栏的弹出式面板中选择所需的形状（如菱形），如图7-17所示，然后在画面中绘制多个大小不等的菱形，绘制好后的效果如图7-18所示。

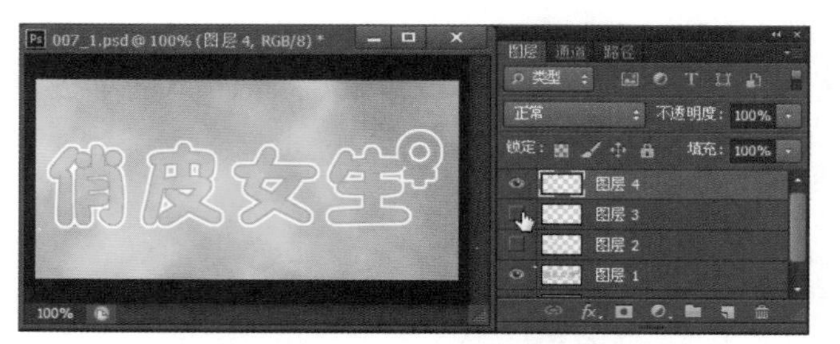

图7-16　关闭图层后的效果

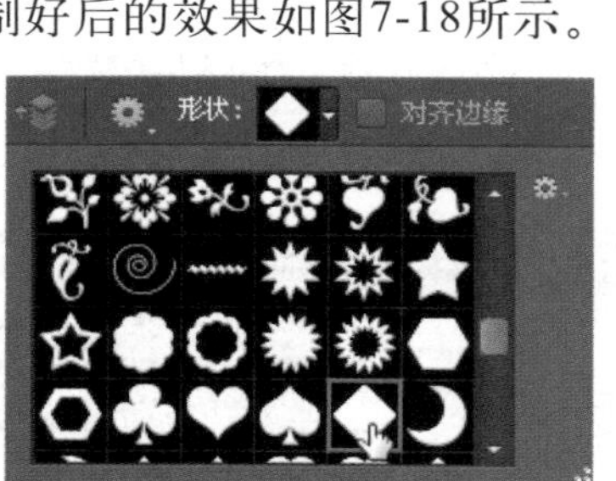

图7-17　形状弹出式面板

图7-18　绘制多个大小不等的菱形

10 在选项栏的弹出式面板中选择所需的形状（如心形），如图7-19所示，然后在画面中绘制多个大小不等的心形，绘制好后的效果如图7-20所示。

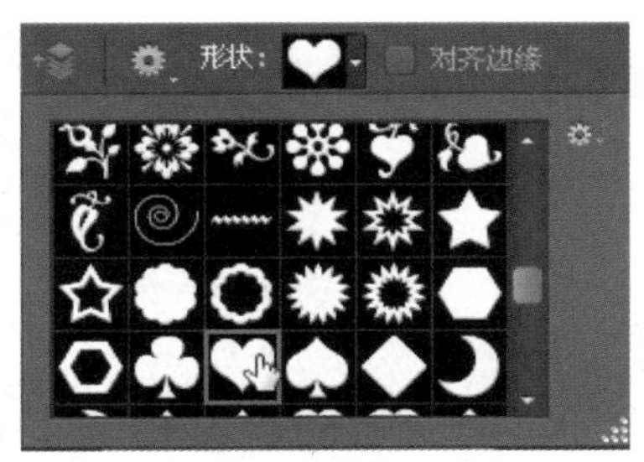

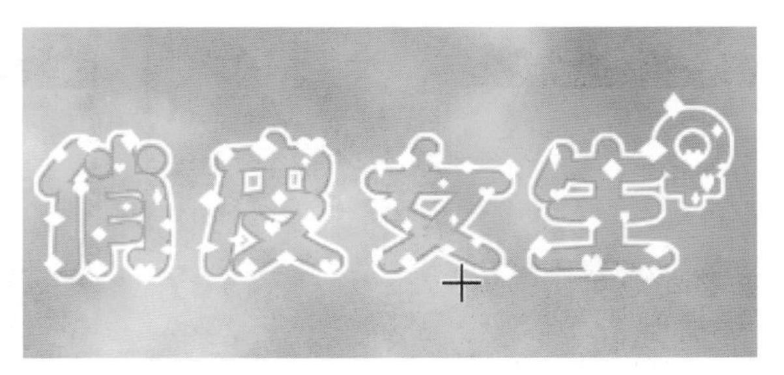

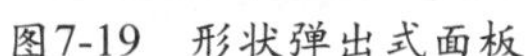
图7-19　形状弹出式面板　　　　图7-20　绘制多个大小不等的心形

⑪ 在【图层】面板中选择要创建剪贴蒙版的图层，如图7-21所示，接着在【图层】菜单中执行【创建剪贴蒙版】命令，或按“Alt”+“Ctrl”+“G”键，创建剪贴蒙版组，画面效果与【图层】面板如图7-22所示。

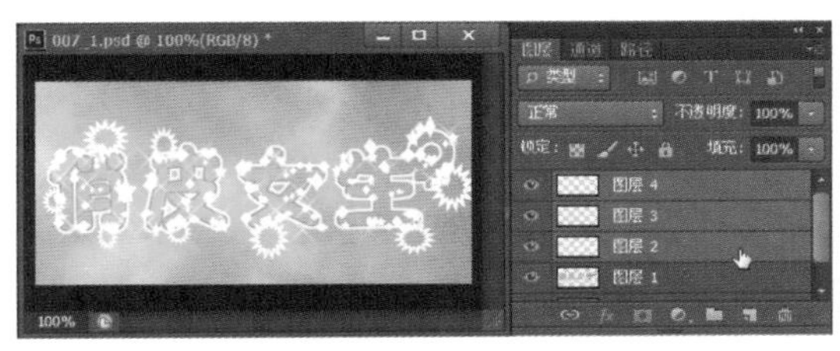

图7-21　选择图层

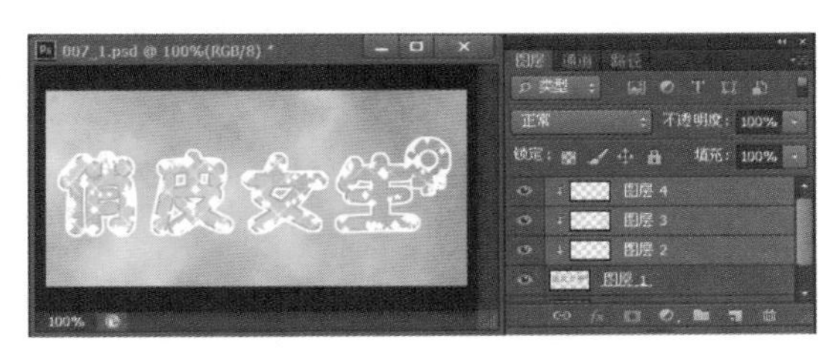

图7-22　创建剪贴蒙版组

⑫ 在【图层】面板中激活图层2，以图层2为当前图层，再设置【不透明度】为50%，然后显示【时间轴】面板，如图7-23所示。

⑬ 在【时间轴】面板中单击▣（复制所选帧）按钮，复制一帧，在【图层】面板中关闭图层2，如图7-24所示。

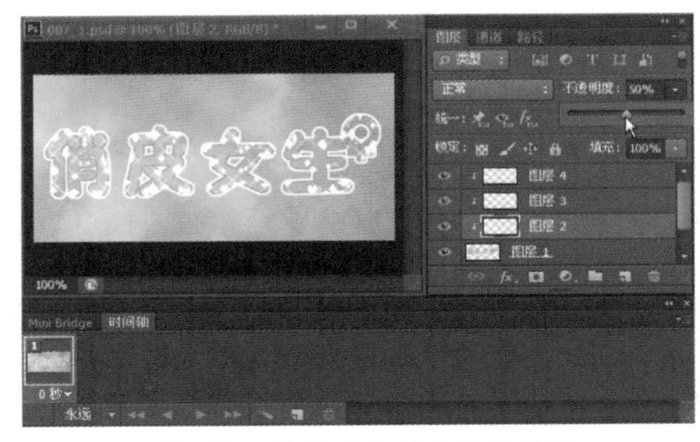

图7-23　设置不透明度后的效果

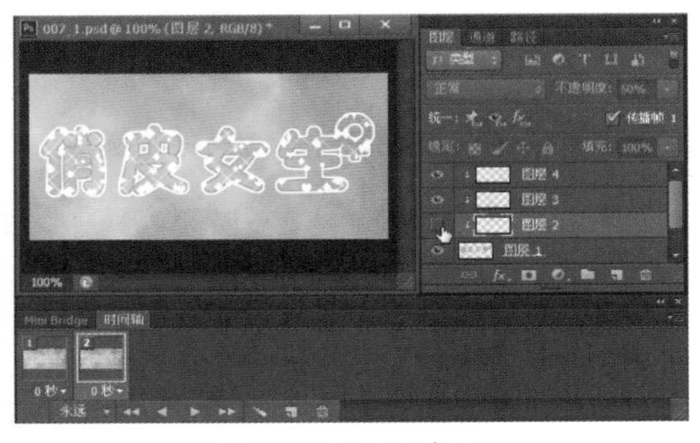

图7-24　复制所选帧

⑭ 在【时间轴】面板中单击▣（复制所选帧）按钮，复制一帧，在【图层】面板中显示图层2，关闭图层3，如图7-25所示。

⑮ 在【时间轴】面板中单击▣（复制所选帧）按钮，复制一帧，在【图层】面板中显示图层3，关闭图层4，如图7-26所示。

⑯ 在【文件】菜单中执行【存储为Web所用格式】命令，弹出【存储为Web所用格式】对话框，采用默认值，单击【存储】按钮，如图7-27所示。接着弹出【将优化结果存储为】对话框，选择要保存的文件夹并命好名称，如图7-28所示，然后单击【保存】按钮，即可将其保存为GIF动画了。

图7-25　复制所选帧

图7-26　复制所选帧

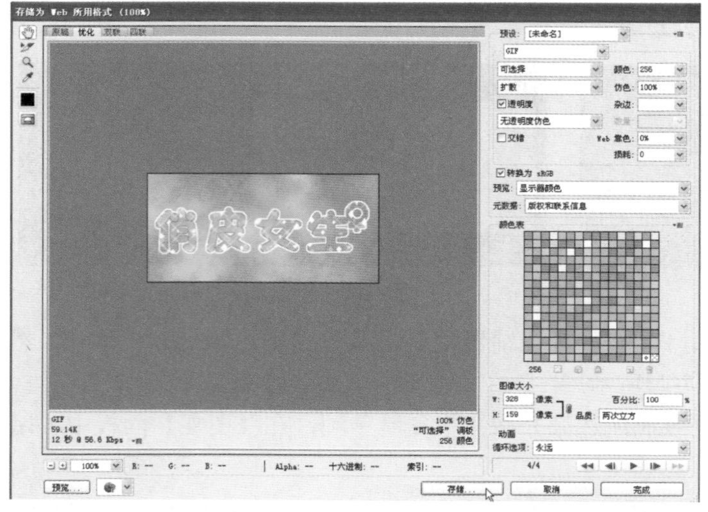

图7-27　【存储为Web所用格式】对话框

图7-28　【将优化结果存储为】对话框

7.2 制作在背景上移动的流光字

实例说明

在制作广告招牌、霓虹灯、网页、动画时，可以使用本例中“彩虹效果”的制作方法。如图7-29所示为范例的效果图，如图7-30所示为类似范例的实际应用效果图。

图7-29　在背景上移动的流光字最终效果图

图7-30　精彩效果欣赏

设计思路

先打开一个背景图片，再使用横排文字工具输入所需的文字。然后使用延迟时间、矩形选框工具、通过复制的图层、创建剪贴蒙版、移动工具、复制所选帧、过渡动画帧、存储为Web所用格式等工具与命令将输入的文字呈现移动效果。如图7-31所示为制作流程图。

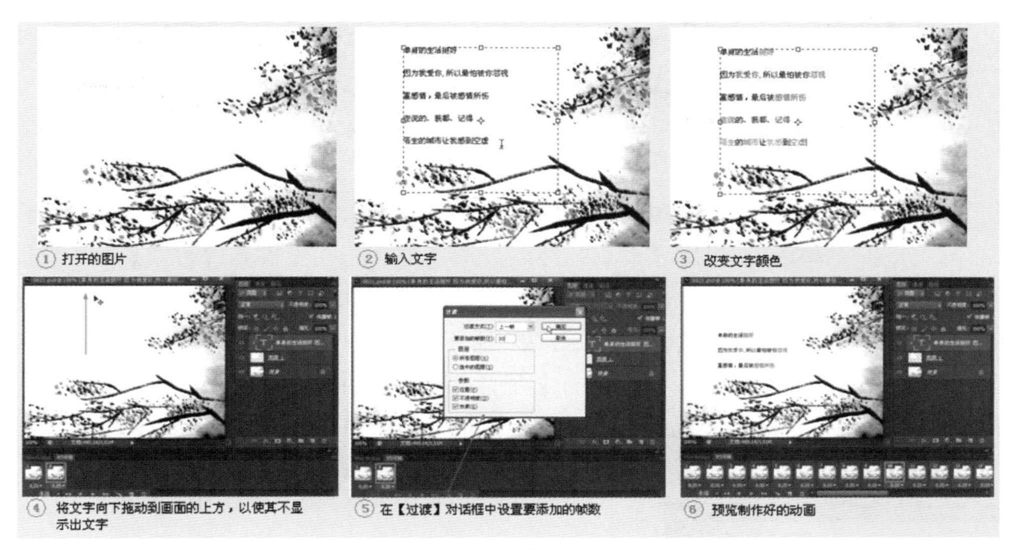

图7-31 制作流程图

操作步骤

01 按“Ctrl”+“O”键从配套光盘的素材库中打开一张图片，如图7-32所示。

02 在工具箱中选择 T 横排文字工具，在画面中拖出一个文本框，如图7-33所示，在选项栏中设置【字体】为宋体，【字体大小】为9点，然后输入所需的文字，输入好文字后的画面如图7-34所示。

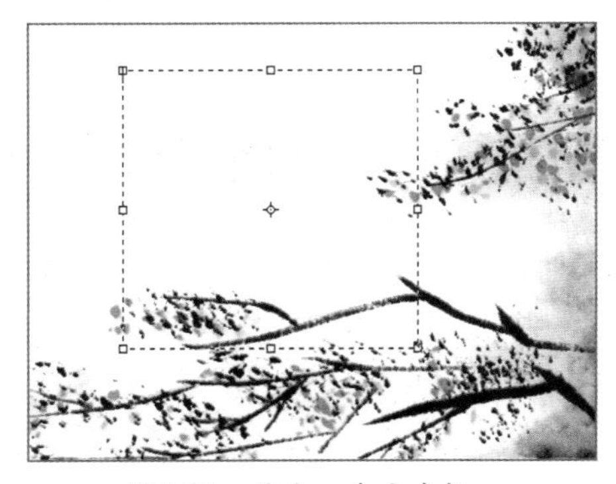

图7-33 拖出一个文本框

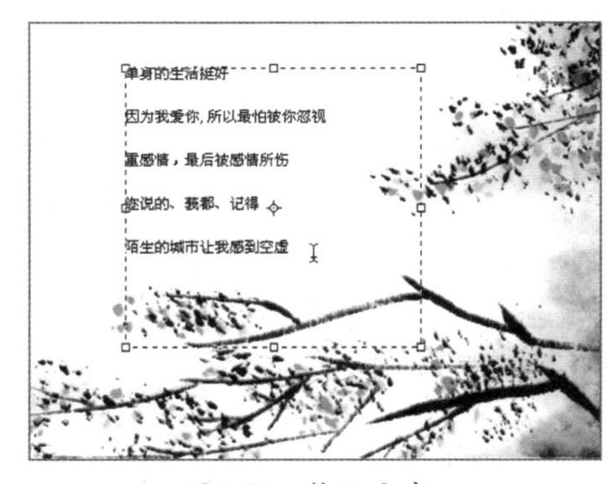

图7-34 输入文字

03 使用横排文字工具在文本框中选择要改变颜色的文字，然后在选项栏中将文本颜色改为红色或其他自己喜欢的颜色，如图7-35所示。

04 使用同样的方法对其他需要改变颜色的文字进行颜色更改，改变颜色后的效果如图7-36所示。

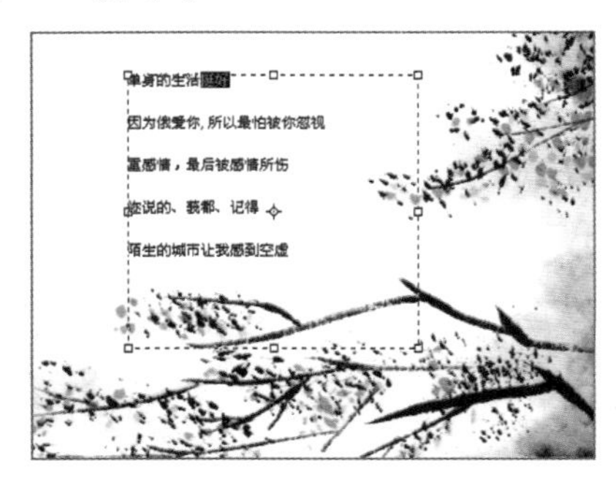

图7-35 改变文字颜色

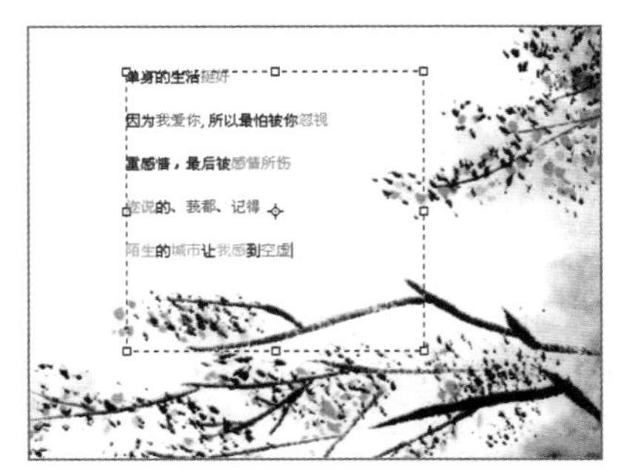

图7-36 改变文字颜色

05 显示【时间轴】面板，在其中单击【延迟时间】按钮，在弹出的菜单中选择【其它】命令，如图7-37所示，弹出【设置帧延迟】对话框，在其中设置【时间】为0.35秒，如图7-38所示，单击【确定】按钮，即可将帧延迟时间改为0.35秒。

06 在【图层】面板中激活背景层，如图7-39所示，在工具箱中选择矩形选框工具，然后在画面中拖出一个虚框，框住所有文字，如图7-40所示。

07 按“Ctrl”+“J”键由选区建立一个新图层，如图7-41所示，激活文字图层，然后在【图层】菜单中执行【创建剪贴蒙版】命令，创建剪贴蒙版组，如图7-42所示。

图7-37 选择延迟时间

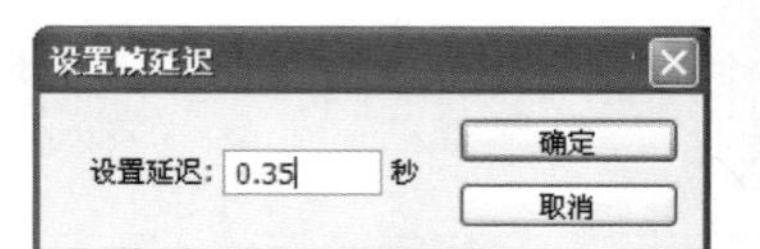

图7-38 【设置帧延迟】对话框

图7-39 【图层】面板

图7-40 拖出一个虚框框住所有文字

图7-41 【图层】面板

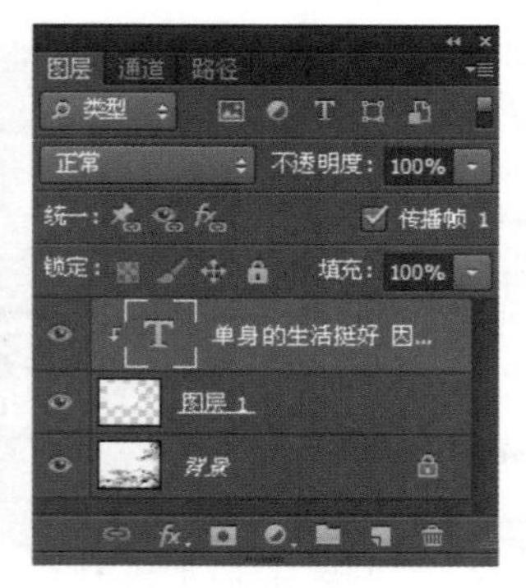

图7-42 【图层】面板

08 在工具箱中选择移动工具，按“Shift”键将其向下拖动到画面的下方，使其不显示出文字，如图7-43所示。

09 在【时间轴】面板中单击（复制所选帧）按钮，复制一帧，如图7-44所示，然后使用移动工具将文字垂直向上拖动到上方，同样将所有文字隐藏，如图7-45所示。

图7-43 将文字向下拖动到画面的下方

图7-44 【时间轴】面板

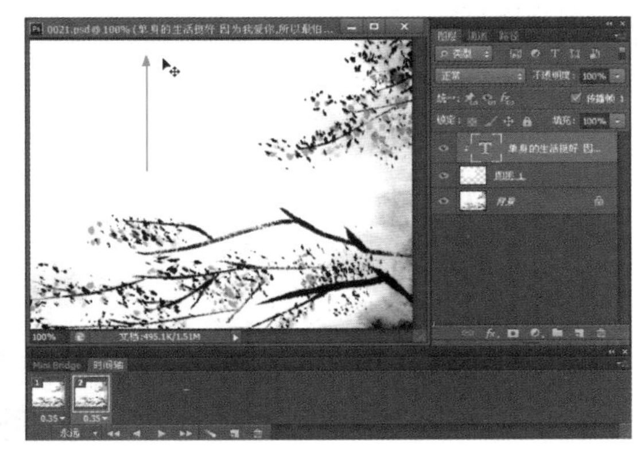

图7-45 将文字向上拖动到画面的上方

10 在【时间轴】面板中单击（过渡动画帧）按钮，弹出【过渡】对话框，在其中设置【要添加的帧数】为30，如图7-46所示，设置好后单击【确定】按钮，即可在第1帧与第2帧之间添加30帧过渡帧，如图7-47所示。

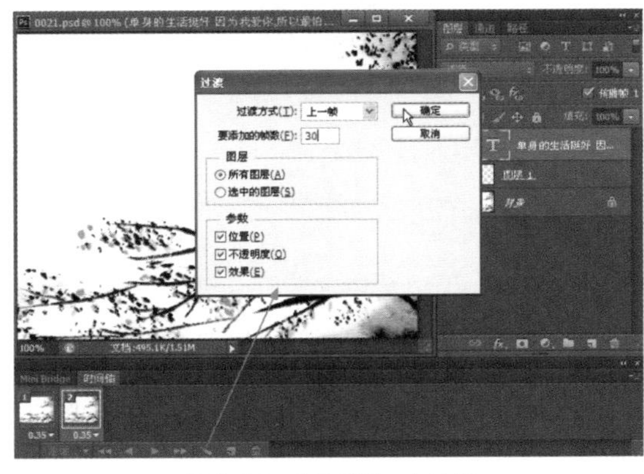

图7-46 【过渡】对话框

图7-47 添加30帧过渡帧

11 在【时间轴】面板中单击（播放动画）按钮，即可在图像窗口中预览制作好的动画了，如图7-48所示，最后将其存储为Web所用格式就可以了。

图7-48　预览制作好的动画

7.3 可爱的流光字

实例说明

在设计广告招牌、霓虹灯、网页、动画时，可以使用本例“可爱的流光字”的制作方法。如图7-49所示为范例的效果图，如图7-50所示为类似范例的实际应用效果图。

图7-49　可爱的流光字最终效果图

图7-50　精彩效果欣赏

设计思路

先打开所需的素材，再使用移动工具、图层样式、通过复制的图层、图层样式、创建新图层、矩形工具、高斯模糊、创建剪贴蒙版等工具与命令绘制动画中需要的内容，然后使用复制所选帧、过渡动画帧等工具与命令让动画每一帧的内容不同，最后将其存储为GIF动画。如图7-51所示为制作流程图。

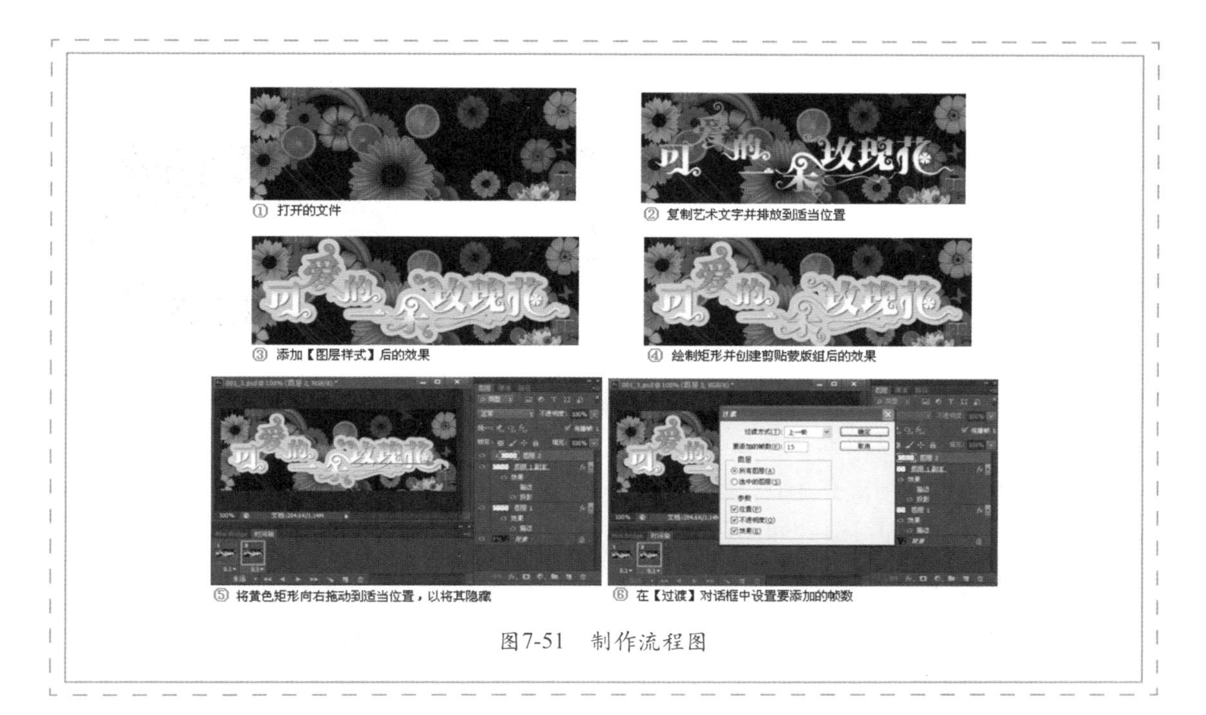

图7-51 制作流程图

操作步骤

01 按“Ctrl”+“O”键从配套光盘的素材库中打开两个文件，如图7-52、图7-53所示。

图7-52 打开的文件

图7-53 打开的文件

02 用移动工具将艺术文字拖动到背景中，并排放到适当位置，如图7-54所示，【图层】面板如图7-55所示。

图7-54 复制艺术文字并排放到适当位置

图7-55 【图层】面板

03 在【图层】面板中双击有艺术文字的图层，弹出【图层样式】对话框，在其中选择【描边】选项，再设置【大小】为8像素，【颜色】为#c8c4fc，如图7-56所示，设置好后单击【确定】按钮，即可得到如图7-57所示的效果。

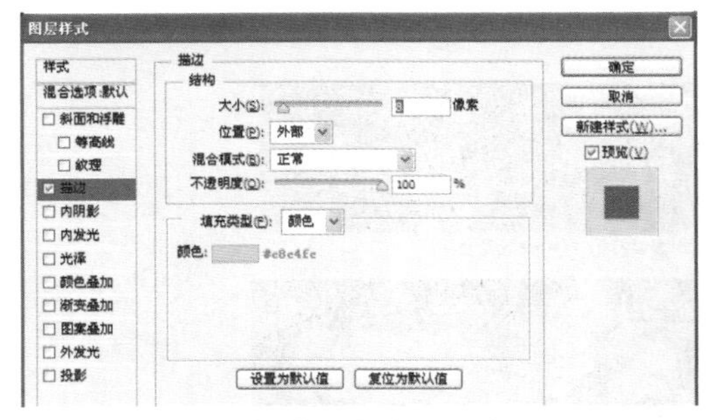
图7-56 【图层样式】对话框

图7-57 添加【图层样式】后的效果

04 按“Ctrl”+“J”键复制图层1为图层1副本，如图7-58所示，在图层1副本上双击，弹出【图层样式】对话框，在其中取消【描边】选项的选择，再选择【投影】选项，然后在其中设置【距离】为1像素，【大小】为1像素，其他不变，如图7-59所示，单击【确定】按钮，即可得到如图7-60所示的效果。

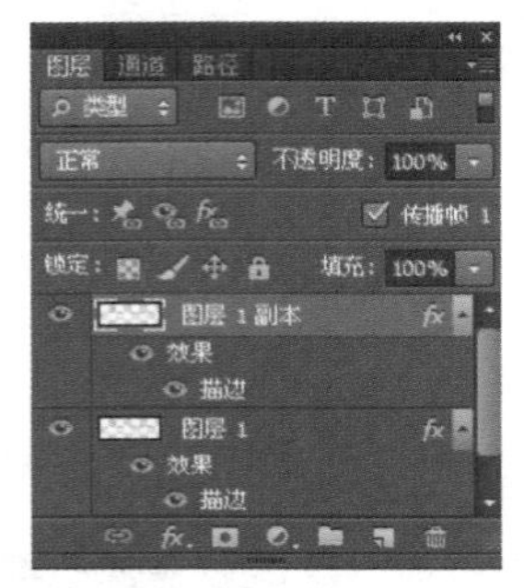
图7-58 【图层】面板

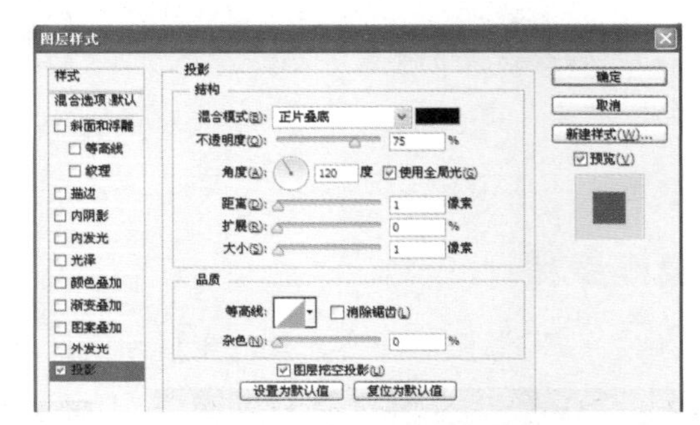
图7-59 【图层样式】对话框

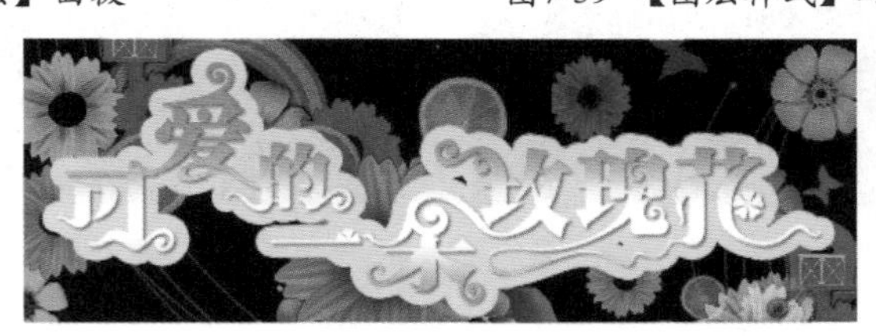
图7-60 添加【图层样式】后的效果

05 设置前景色为# fff83f，在【图层】面板中单击【创建新图层】按钮，新建图层2，如图7-61所示。

06 在工具箱中选择矩形工具，在选项栏中选择像素，然后在画面中绘制一个矩形，如图7-62所示。

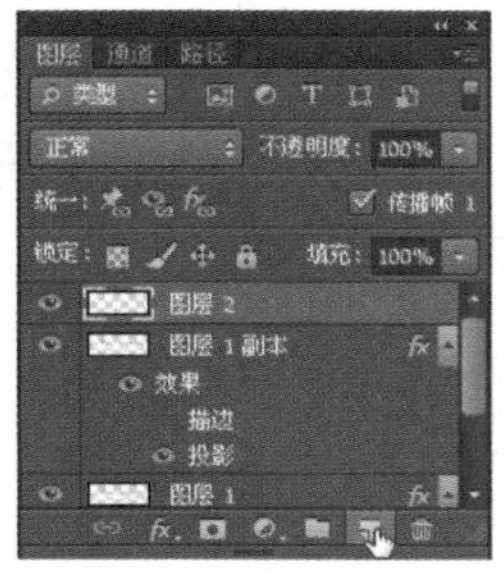
图7-61 【图层】面板

图7-62 绘制一个矩形

07 在【滤镜】菜单中执行【模糊】→【高斯模糊】命令，弹出【高斯模糊】对话框，在其中设置【半径】为4像素，如图7-63所示，设置好后单击【确定】按钮，即可将绘制的矩形进行模糊，画面效果如图7-64所示。

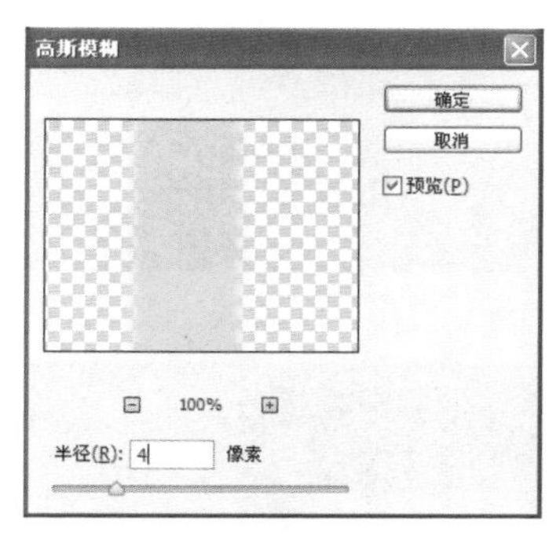

图7-63 【高斯模糊】对话框

图7-64 高斯模糊后的效果

08 在【图层】菜单中执行【创建剪贴蒙版】命令，创建剪贴蒙版组，如图7-65所示，得到如图7-66所示的效果。

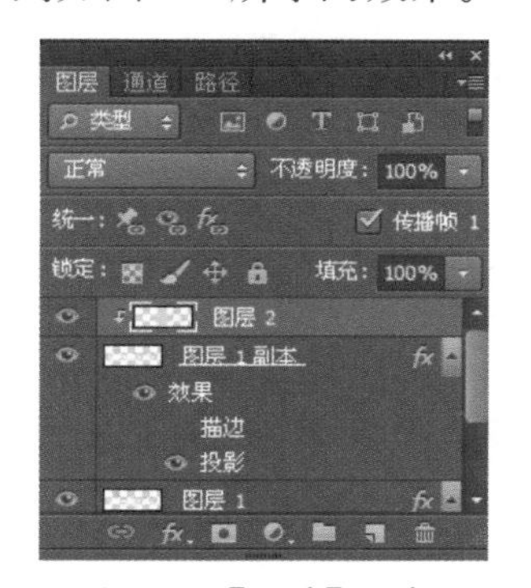

图7-65 【图层】面板

图7-66 创建剪贴蒙版组后的效果

09 在【窗口】菜单中执行【时间轴】命令，显示【时间轴】面板，在其中单击（复制所选帧）按钮，复制一帧，如图7-67所示，然后将图层2中的黄色矩形向右拖动到适当位置，以将其隐藏，如图7-68所示。

10 在【时间轴】面板中选择第1帧，将图层2中的内容向左拖动到左边，以将其隐藏，如图7-69所示。

11 在【时间轴】面板中选择第2帧，单击（过渡动画帧）按钮，弹出【过渡】对话框，在其中设置【要添加的帧数】为15，如图7-70所示，设置好后单击【确定】按钮，即可在第1帧与第2帧之间添加15帧过渡帧，如图7-71所示。

12 在【文件】菜单中执行【存储为Web所用格式】命令，弹出【存储为Web所用格式】对话框，采用默认值，单击【存储】按钮，如图7-72所示。接着弹出【将优化结果存储为】对话框，选择要保存的文件夹并命好名称，如图7-73所示，然后单击【保存】按钮，即可将其保存为GIF动画。

图7-67 【时间轴】面板

图7-68　将黄色矩形向右拖动到适当位置

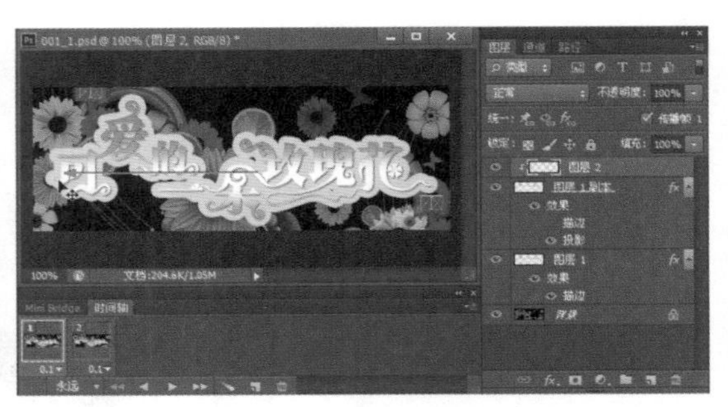

图7-69　将黄色矩形向左拖动到适当位置

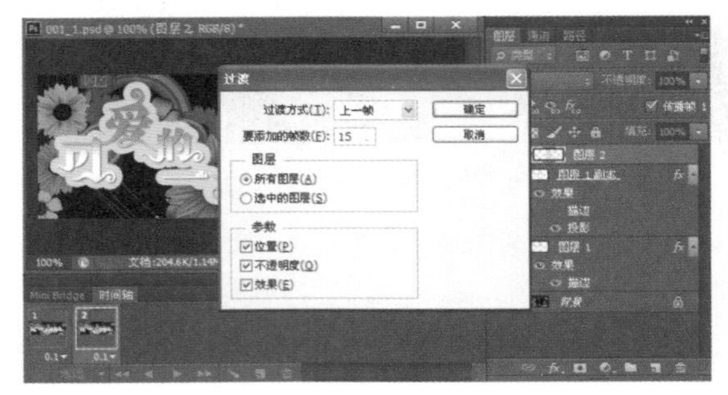

图7-70　【过渡】对话框

图7-71　添加15帧过渡帧

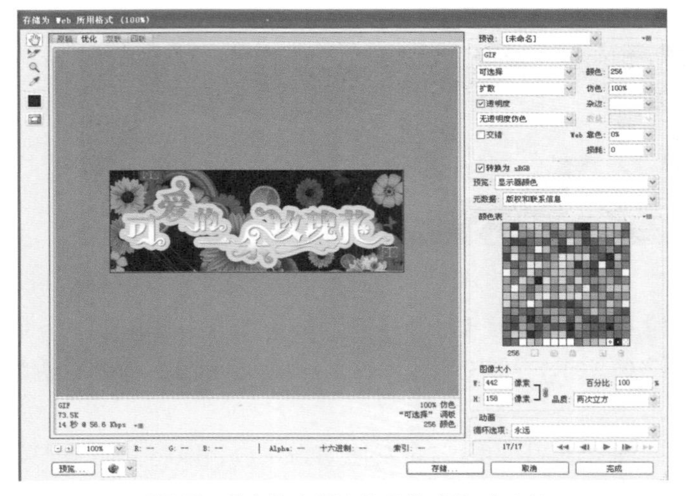

图7-72　【存储为Web所用格式】对话框

图7-73　【将优化结果存储为】对话框

7.4 沿着边框滑行的流光效果

实例说明

在制作广告招牌、霓虹灯和封面设计时，可以使用本例“沿着边框滑行的流光效果”的制作方法。如图7-74所示为范例的效果图，如图7-75所示为类似范例的实际应用效果图。

图7-74　沿着边框滑行的流光效果最终效果图

图7-75　精彩效果欣赏

设计思路

先打开所需的素材，再使用矩形选框工具、通过复制的图层、清除、取消选择、创建新图层、矩形工具、高斯模糊等工具与命令为图像添加要动的元素，然后使用复制所选帧、创建剪贴蒙版、画笔工具、过渡动画帧等工具与命令使每一帧的内容不同，最后将其存储为GIF动画。如图7-76所示为制作流程图。

① 打开的图片

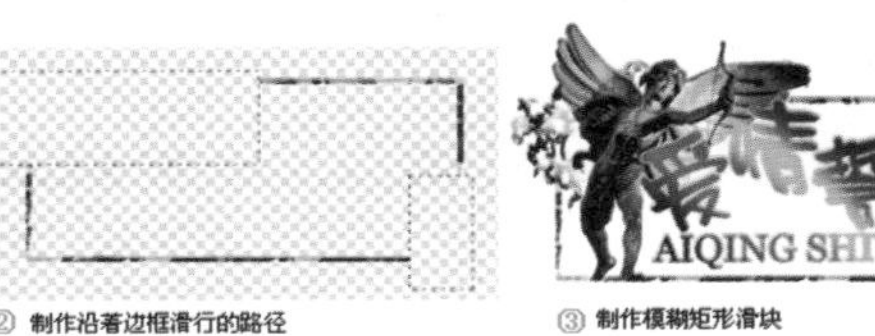

② 制作沿着边框滑行的路径

③ 制作模糊矩形滑块

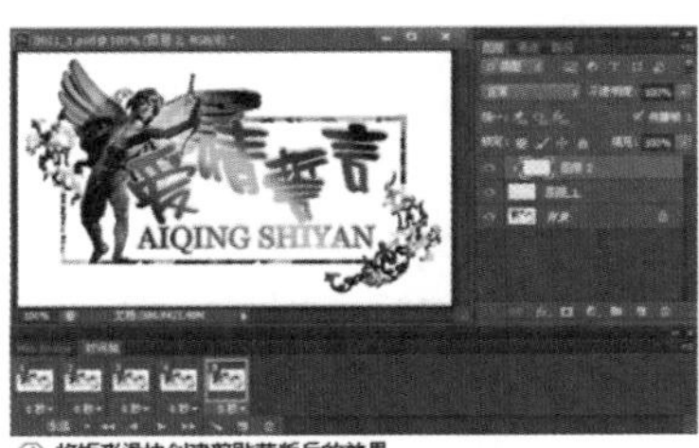

④ 将矩形滑块创建剪贴蒙版后的效果

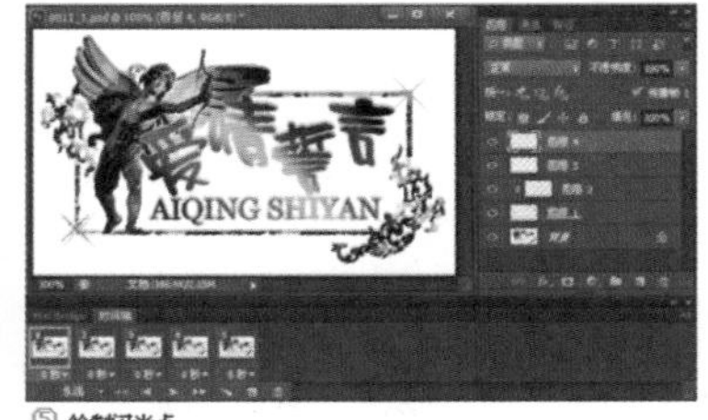

⑤ 绘制闪光点

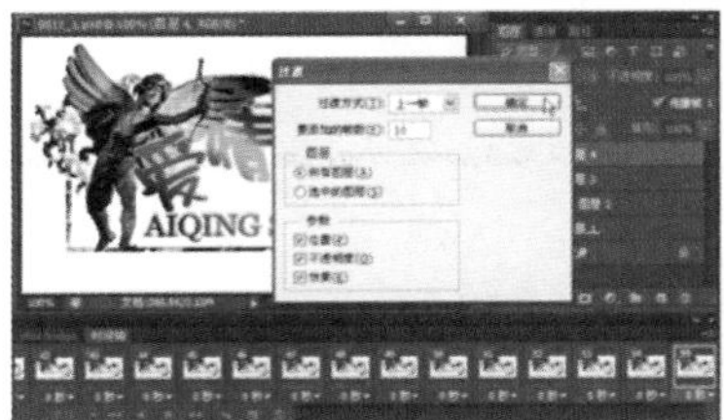

⑥ 在【过渡】对话框中设置过渡方式和要添加的帧数

⑦ 在【时间轴】面板和【图层】面板中进行动画设置

图7-76　制作流程图

操作步骤

01 按“Ctrl”+“O”键从配套光盘的素材库中打开一个背景图片，如图7-77所示。

02 在工具箱中选择▢矩形选框工具，然后在画面中沿着图形的外边缘拖出一个虚框，如图7-78所示。

图7-77 打开的图片

图7-78 沿着图形的外边缘拖出一个虚框

03 按“Ctrl”+“J”键由选区建立一个复制的图层，如图7-79所示。

04 在【图层】面板中将背景层关闭，如图7-80所示。

图7-79 【图层】面板

图7-80 关闭背景层后的效果

05 使用矩形选框工具在画面中再沿着图形的内边缘拖出一个虚框，如图7-81所示，然后按“Delete”键将选区内容删除，删除后取消选择，其画面效果如图7-82所示。

图7-81 沿着图形的内边缘拖出一个虚框

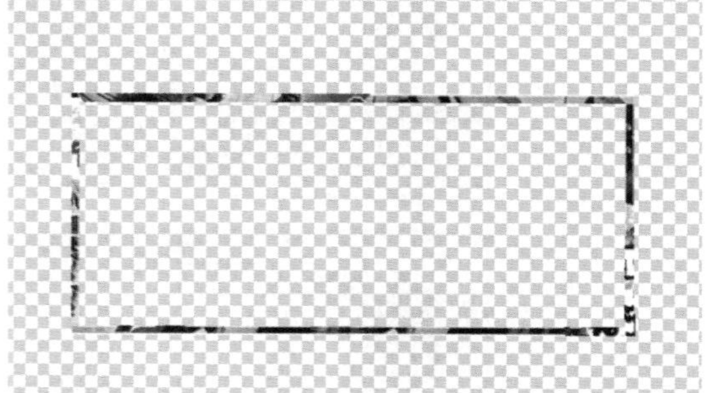

图7-82 删除选区内容后的效果

06 在【图层】面板中激活背景层，以显示背景，如图7-83所示。

07 在矩形选框工具的选项栏中选择▢按钮，在画面中框选所需的内容，如图7-84所示，并按“Delete”键将选区内容删除。可以通过关闭背景层来查看效果，如图7-85所示。

08 按“Ctrl”+“D”键取消选择，再显示背景层，如图7-86所示。

图7-83 显示背景后的效果

图7-84 框选所需的内容

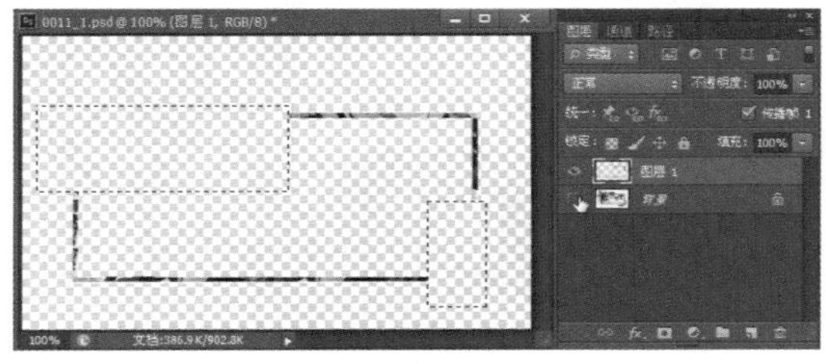

图7-85 将选区内容删除后的效果

图7-86 显示背景后的效果

09 在【图层】面板中单击【创建新图层】按钮，新建图层2，如图7-87所示。

10 设置前景色为#ff04fc，再使用矩形工具在画面中右上角顶点上绘制一个矩形，如图7-88所示。

图7-87 【图层】面板

图7-88 绘制一个矩形

11 在【滤镜】菜单中执行【模糊】→【高斯模糊】命令，弹出【高斯模糊】对话框，在其中设置【半径】为4.0像素，如图7-89所示，设置好后单击【确定】按钮，即可将绘制的矩形进行模糊，画面效果如图7-90所示。

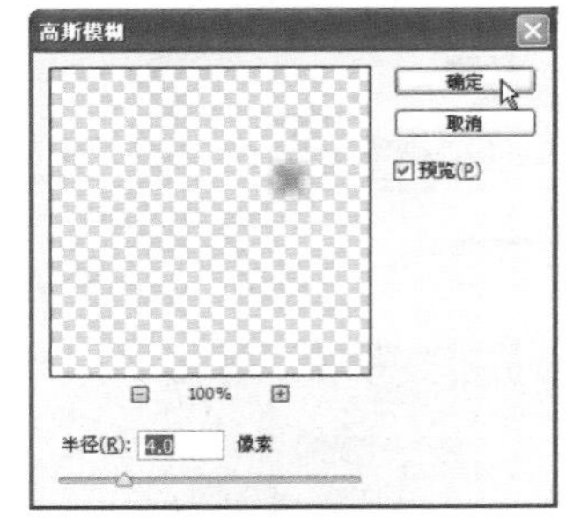

图7-89 【高斯模糊】对话框

图7-90 高斯模糊后的效果

12 显示【时间轴】面板，在其中单击 （复制所选帧）按钮，复制一帧，如图7-91所示；然后将图层2中的矩形向左拖动到适当位置，如图7-92所示。

13 在【时间轴】面板中单击 （复制所选帧）按钮，复制一帧，然后将图层2中的矩形向下拖动到适当位置，如图7-93所示。

图7-91 【时间轴】面板

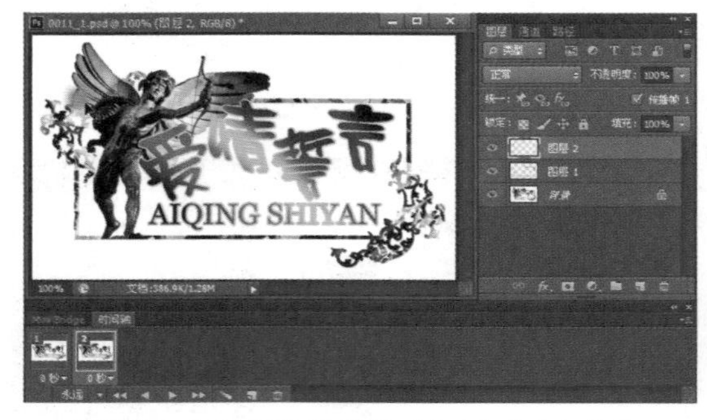

图7-92 复制所选帧并拖动矩形到适当位置

图7-93 复制所选帧并拖动矩形到适当位置

14 在【时间轴】面板中单击 （复制所选帧）按钮，复制一帧，然后将图层2中的矩形向右拖动到适当位置，如图7-94所示。

15 在【时间轴】面板中单击 （复制所选帧）按钮，复制一帧，然后将图层2中的矩形向上拖动到适当位置，如图7-95所示。

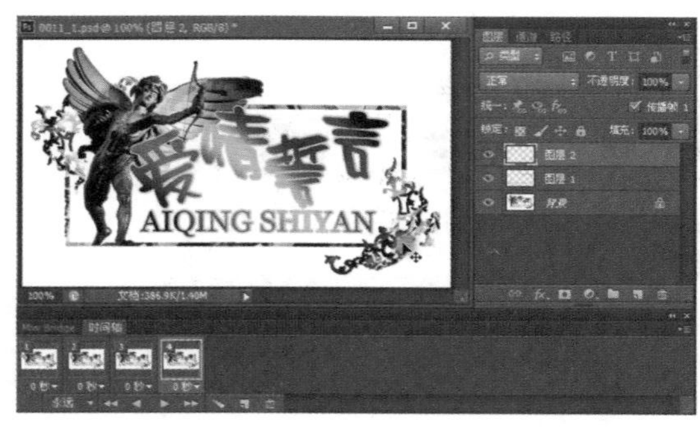

图7-94 复制所选帧并拖动矩形到适当位置

图7-95 复制所选帧并拖动矩形到适当位置

16 按“Alt”+“Ctrl”+“G”键创建剪贴蒙版，将不需要的内容隐藏，如图7-96所示。

17 在【时间轴】面板中激活第1帧，在【图层】面板中新建图层3，如图7-97所示。

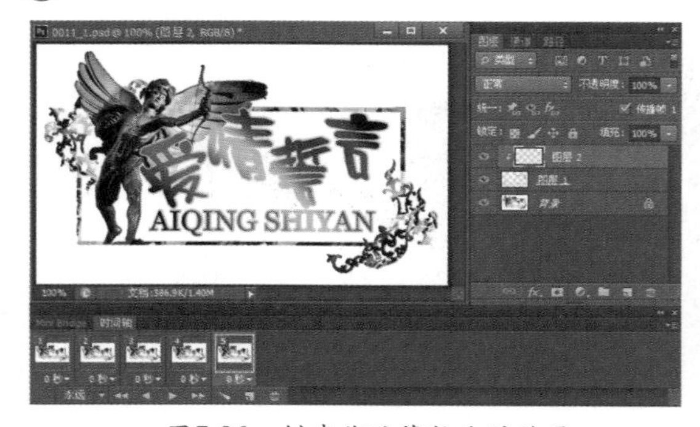

图7-96 创建剪贴蒙版后的效果

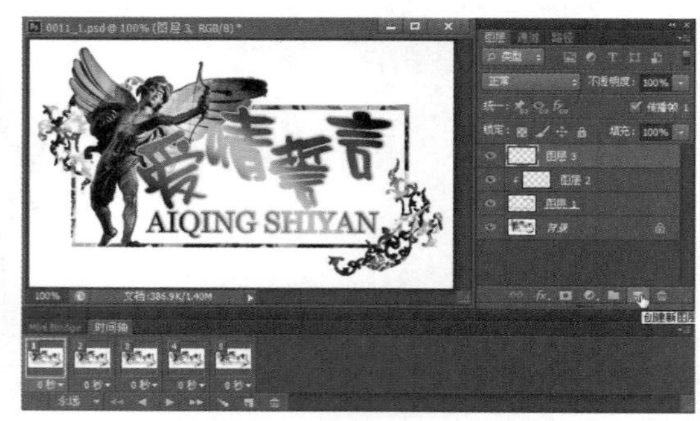

图7-97 在【图层】面板中新建图层3

18 在工具箱中选择画笔工具，在画笔弹出式面板中选择所需的画笔，如图7-98所示，然后在画面中绘制一个闪光，如图7-99所示。

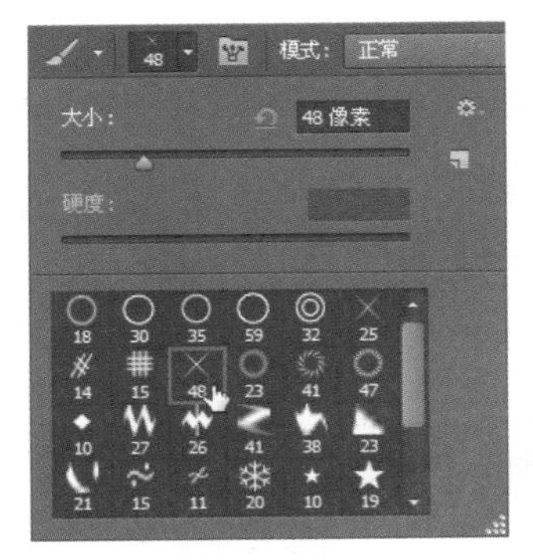

图7-98 选择画笔

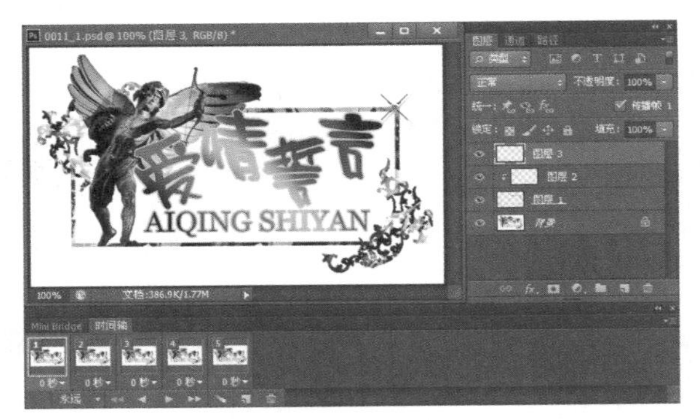

图7-99 绘制闪光

19 在【图层】面板中新建图层4，使用画笔工具绘制一个闪光，如图7-100所示。

20 在【图层】面板中关闭图层3与图层4，如图7-101所示。

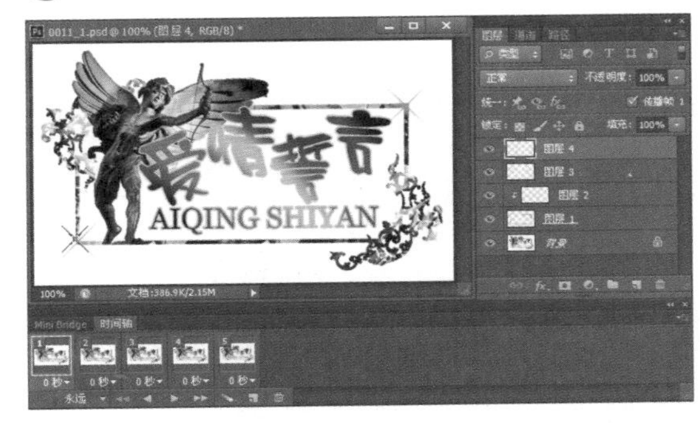

图7-100 绘制闪光

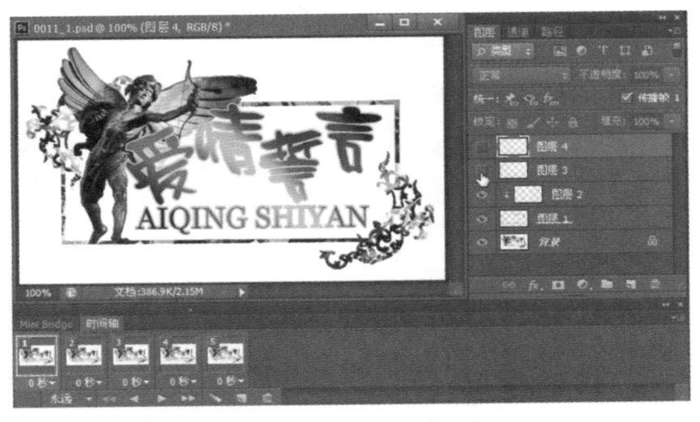

图7-101 关闭图层后的效果

21 在【时间轴】面板中选择第2帧，如图7-102所示，再单击（过渡动画帧）按钮，弹出【过渡】对话框，在其中设置【过渡方式】为上一帧，【要添加的帧数】为20，如图7-103所示，设置好后单击【确定】按钮，即添加了20帧过渡帧，如图7-104所示。

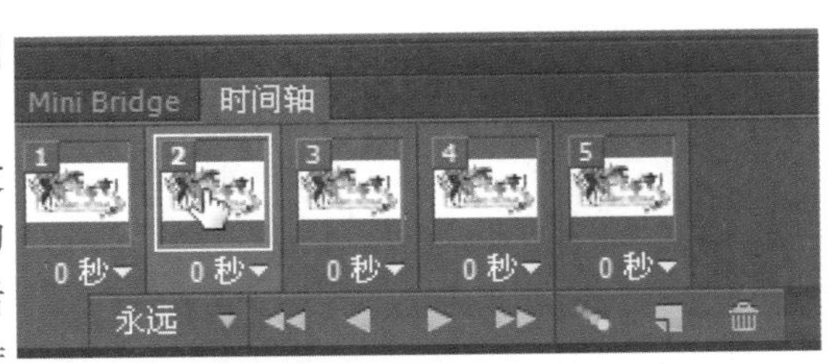

图7-102 【时间轴】面板

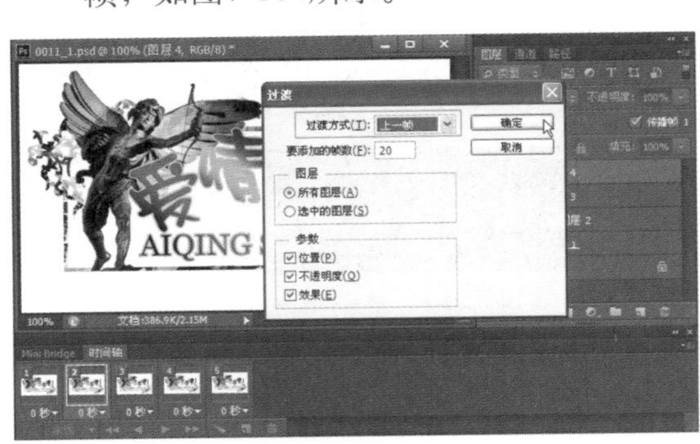

图7-103 【过渡】对话框

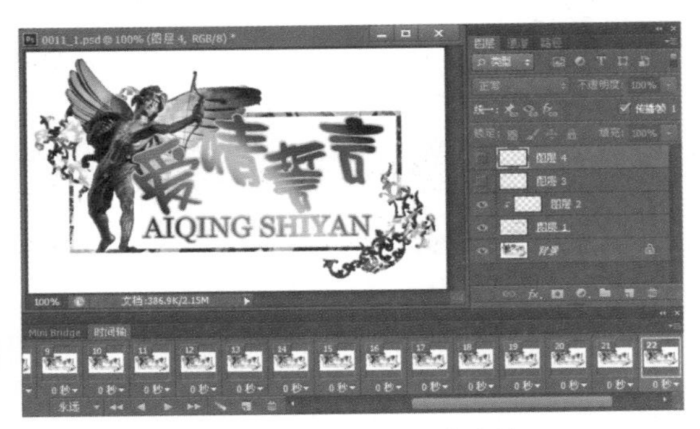

图7-104 添加20帧过渡帧

22 在【时间轴】面板中选择第23帧，单击（过渡动画帧）按钮，弹出【过渡】对话框，在其中设置【过渡方式】为上一帧，【要添加的帧数】为10，如图7-105所示，设置好后单击【确定】按钮，即添加了10帧过渡帧，如图7-106所示。

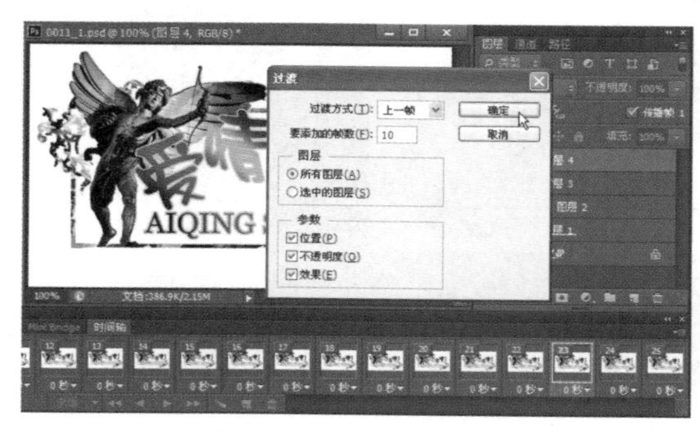
图7-105 【过渡】对话框

图7-106 添加10帧过渡帧

23 在【时间轴】面板中选择第34帧，再单击（过渡动画帧）按钮，弹出【过渡】对话框，在其中设置【要添加的帧数】为20，如图7-107所示，设置好后单击【确定】按钮，即添加了20帧过渡帧，如图7-108所示。

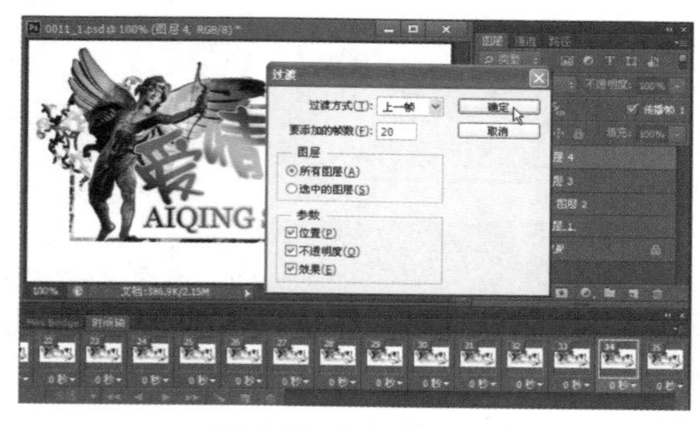
图7-107 【过渡】对话框

图7-108 添加20帧过渡帧

24 在【时间轴】面板中选择第55帧，单击（过渡动画帧）按钮，弹出【过渡】对话框，在其中设置【要添加的帧数】为10，如图7-109所示，设置好后单击【确定】按钮，即添加了10帧过渡帧，如图7-110所示。

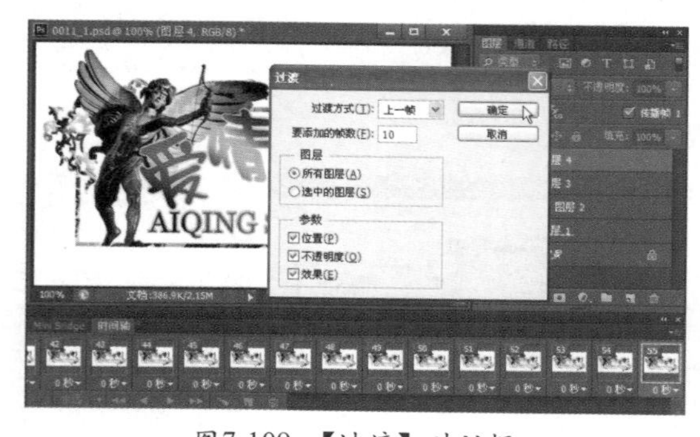
图7-109 【过渡】对话框

图7-110 添加10帧过渡帧

25 在【时间轴】面板中选择第1帧，在【图层】面板中显示图层3，如图7-111所示。

26 在【时间轴】面板中选择第2帧，按“Shift”键选择最后一帧，然后在【图层】面板中关闭图层3，如图7-112所示。

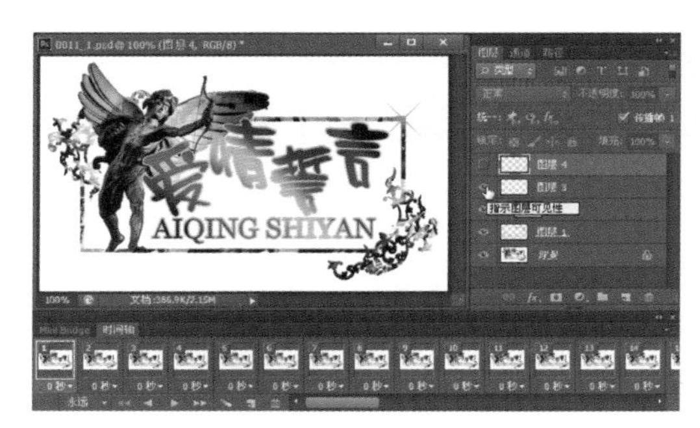

图7-111　选择第1帧并显示图层3

图7-112　选择相应的帧并关闭图层3

27 在【时间轴】面板中选择第33帧，在【图层】面板中显示图层4，如图7-113所示。

28 在【时间轴】面板中选择第一帧，按"Shift"键选择最后一帧，以同时选择所有的帧，然后在延迟时间按钮上单击弹出一个菜单，选择0.1秒，如图7-114所示，将延迟时间改为0.1秒，如图7-115所示。

图7-113　选择相应的帧并显示图层4

图7-114　【时间轴】面板

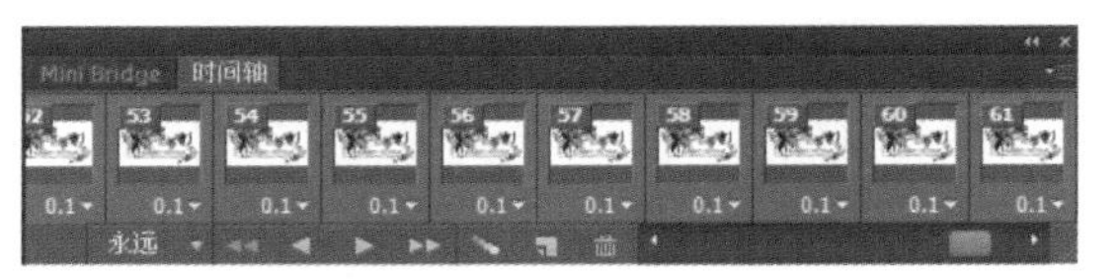

图7-115　【时间轴】面板

29 在【文件】菜单中执行【存储为Web所用格式】命令，弹出【存储为Web所用格式】对话框，采用默认值，单击【存储】按钮，如图7-116所示。接着弹出【将优化结果存储为】对话框，选择要保存的文件夹并命好名称，如图7-117所示，然后单击【保存】按钮，即可将其保存为GIF动画。

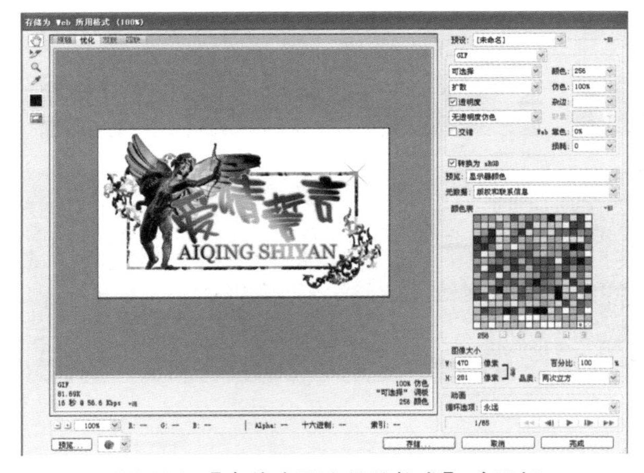

图7-116　【存储为Web所用格式】对话框

图7-117　【将优化结果存储为】对话框

7.5 汽车广告动画

实例说明

在设计广告、海报、网页以及制作动画、产品动画展示时，可以使用本例“汽车广告效果”的制作方法。如图7-118所示为范例效果图，如图7-119所示为类似范例的实际应用效果图。

图7-118 汽车广告动画最终效果图

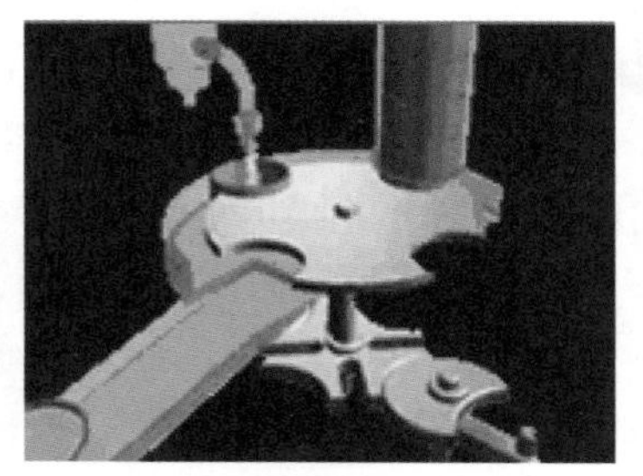

图7-119 精彩效果欣赏

设计思路

先打开所需的素材，再使用移动工具、横排文字工具、图层样式等工具与命令为图像添加需要动的元素与效果，然后使用复制所选帧、关闭与显示图层、延迟时间等工具与命令使每一帧的内容不同，最后将其存储为GIF动画。如图7-120所示为制作流程图。

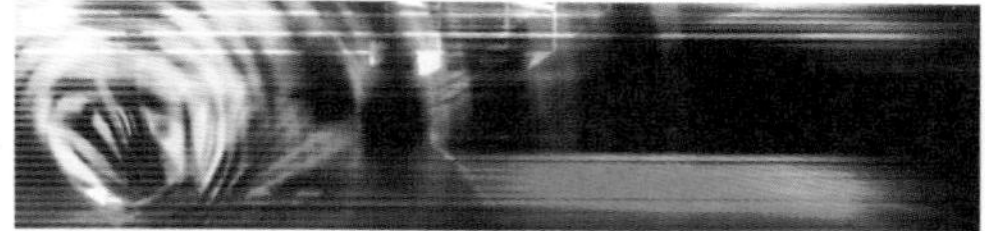

① 打开的文件

② 复制汽车并排放到适当位置

③ 复制标志并排放到适当位置

④ 输入文字并添加【图层样式】后的效果

⑤ 在【时间轴】面板和【图层】面板中进行动画编辑

⑥ 在【时间轴】面板中设置延迟时间

图7-120 制作流程图

操作步骤

01 按“Ctrl”+“O”键从配套光盘的素材库中打开两个图片文件，如图7-121、图7-122所示。

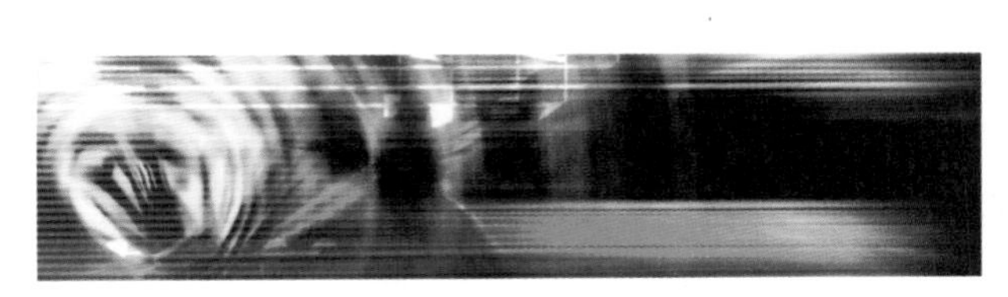

图7-121 打开的文件

图7-122 打开的文件

02 将有汽车的文件拖出文档标题栏，在工具箱中选择移动工具将汽车拖到画面中，并排放到所需的位置，如图7-123所示。

图7-123 复制汽车并排放到适当位置

03 打开一个有标志和“神州雷电”的文件，如图7-124所示，并使用移动工具将它们拖到画面中，如图7-125所示。

图7-124 打开的文件

图7-125 复制标志并排放到适当位置

04 在【图层】面板中将神州雷电图层关闭，如图7-126所示。

图7-126 关闭图层后的效果

05 再在工具箱中选择横排文字工具，在选项栏中设置【字体】为文鼎CS大黑，【字体大小】为36点，然后输入将“飞越极限 尽在神州雷电”，如图7-127所示。

图7-127 输入文字

06 在【图层】面板中双击文字图层，弹出【图层样式】对话框，在其中设置描边【大小】为3像素，【颜色】为黑色，如图7-128所示，设置好后单击【确定】按钮，为文字添加黑色的描边效果，如图7-129所示。

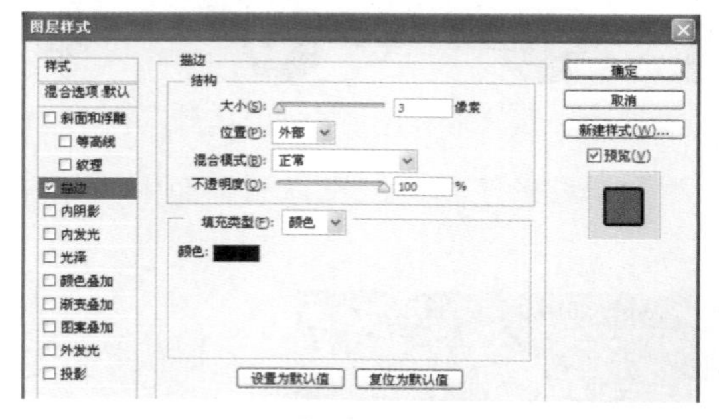

图7-128 【图层样式】对话框

图7-129 添加【图层样式】后的效果

07 在菜单执行【窗口】→【时间轴】命令，显示【时间轴】面板，同时在【图层】面板中单击文字图层左边的眼睛图标将它们关闭，如图7-130所示。

08 在【时间轴】面板中单击 （复制所选帧）按钮，复制一帧，在【图层】面板中单击“神州雷电”图层最左边的列以显示该图层，如图7-131所示。

图7-130 显示【时间轴】面板并关闭相应的图层

图7-131 复制所选帧并显示相应的图层

09 在【时间轴】面板中单击【复制所选帧】按钮，复制1帧，在【图层】面板中单击“飞越极限 尽在神州雷电”最左边的列以显示该图层，然后单击“神州雷电”图层左边的眼睛图标将它关闭，如图7-132所示。

图7-132 复制所选帧并显示与关闭相应的图层

⑩ 按“Shift”键单击【时间轴】面板中第1帧，将它们全选，再单击【延迟时间】按钮，在弹出的菜单中选择1.0秒，如图7-133所示，将每帧的时间间隔设为1.0秒，如图7-134所示。

图7-133 设置延迟时间

图7-134 设置延迟时间

⑪ 在【文件】菜单中执行【存储为Web所用格式】命令，弹出【存储为Web所用格式】对话框，采用默认值，单击【存储】按钮，如图7-135所示；接着弹出【将优化结果存储为】对话框，选择要保存的文件夹并命好名称，然后单击【保存】按钮，即可将其保存为GIF动画。

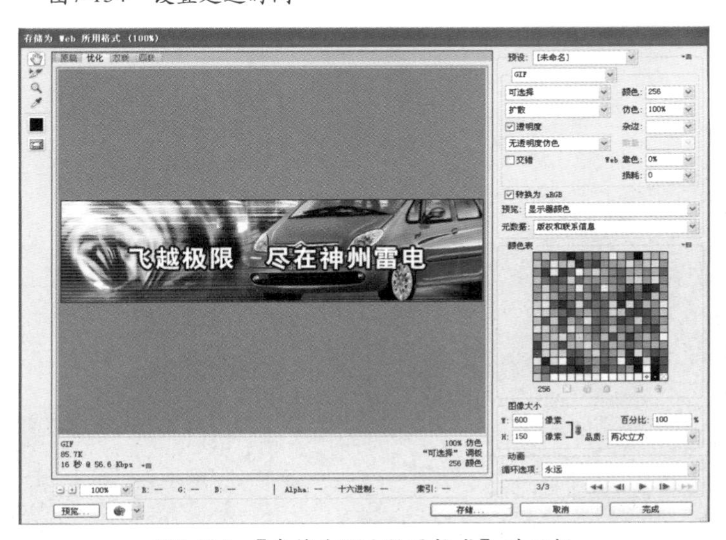

图7-135 【存储为Web所用格式】对话框

第8章
产品造型

本章通过毛笔、牌匾、时钟、茶具4个范例的制作，介绍了Photoshop中产品造型的制作技巧。

8.1 毛笔

实例说明

在设计产品造型和实物写生时，可以用到本例“毛笔”的制作技巧。如图8-1所示为范例效果图，如图8-2所示为类似范例的实际应用效果图。

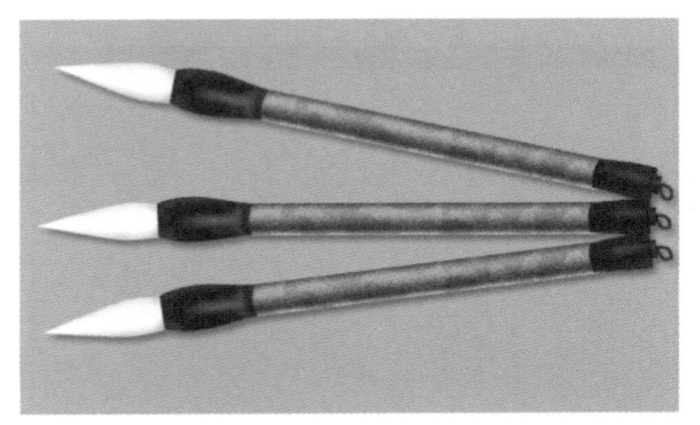

图8-1 毛笔最终效果图

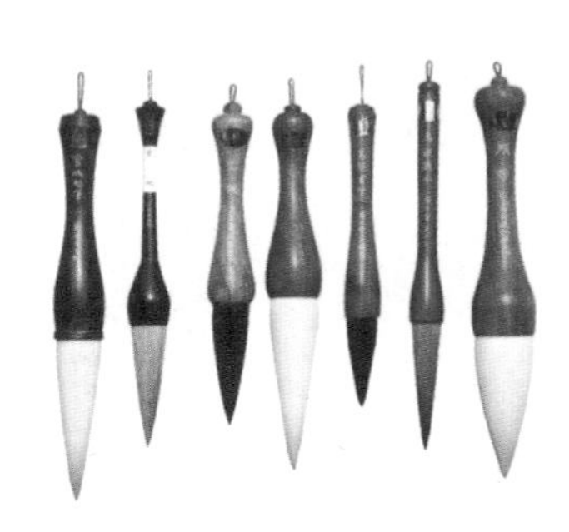

图8-2 精彩效果欣赏

设计思路

先新建一个文档，再使用矩形选框工具、渐变工具、添加杂色、海绵、混合模式、钢笔工具、将路径作为选区载入、减淡工具等工具命令绘制笔杆；然后使用矩形选框工具、渐变工具、钢笔工具、反选、清除、移动工具、加深工具等工具与命令绘制笔毛；最后使用投影、复制图层、自由变换将毛笔在画面中进行排放并添加投影。根据毛笔的形状，可以分为笔杆、笔尖两个部分来绘制。如图8-3所示为制作流程图。

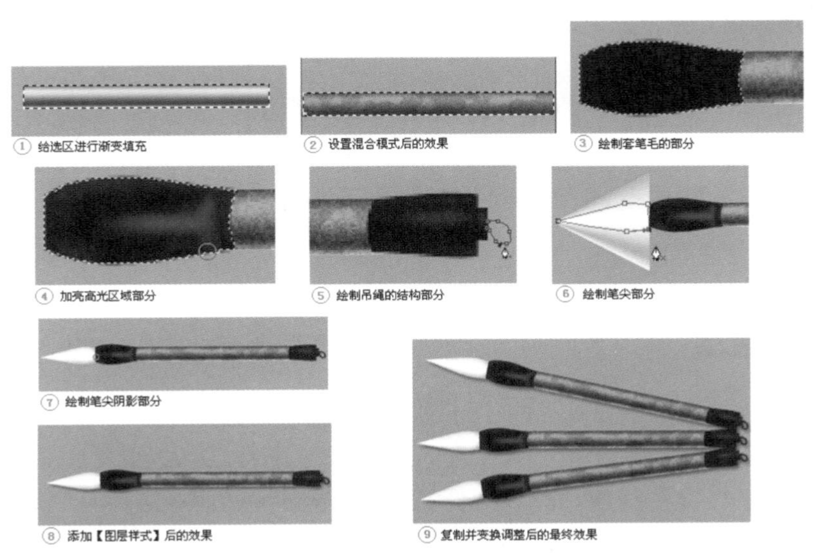

图8-3 制作流程图

操作步骤

（1）制作笔杆

01 设置背景色为R149、G175、B202，按“Ctrl”+“N”键新建一个大小为500×400像素，【分辨率】为100像素/英寸，【颜色模式】为RGB颜色，【背景内容】为背景色的文件。

02 设置前景色为R228、G212、B27，在【图层】面板中单击（创建新图层）按钮，新建图层1，如图8-4所示，接着在工具箱中选择矩形选框工具，在画面上适当位置绘制一个矩形选框，如图8-5所示。

图8-4 【图层】面板

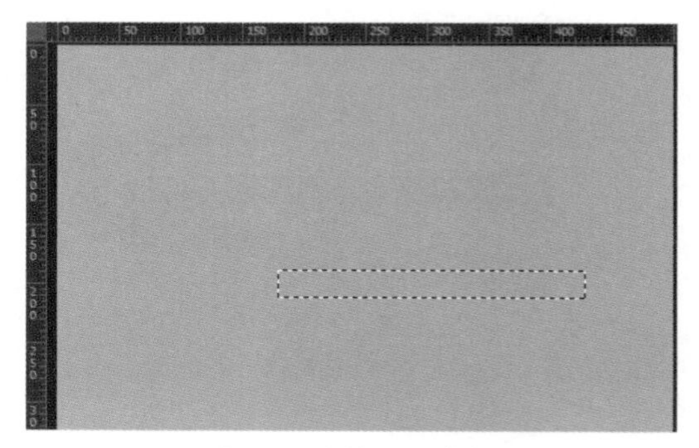

图8-5 绘制矩形选框

03 在工具箱中选择渐变工具，在选项栏中的【渐变拾色器】中选择所需的渐变，如图8-6所示。按“Shift”键从上方向下方拖动，对选区进行渐变填充，效果如图8-7所示。

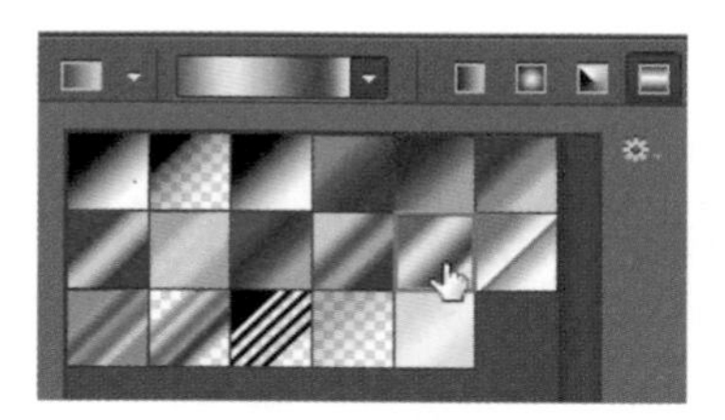

图8-6 渐变拾色器

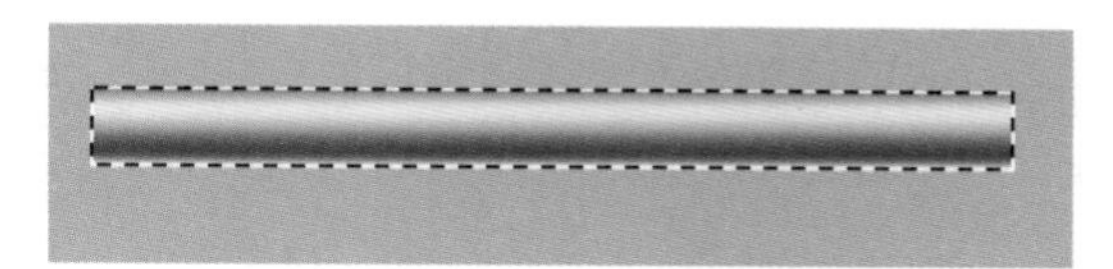

图8-7 对选区进行渐变填充

04 在菜单中执行【滤镜】→【杂色】→【添加杂色】命令，弹出如图8-8所示的【添加杂色】对话框，在其中设置【数量】为10%，【分布】为平均分布，勾选【单色】复选框，单击【确定】按钮，即可得到如图8-9所示的效果。

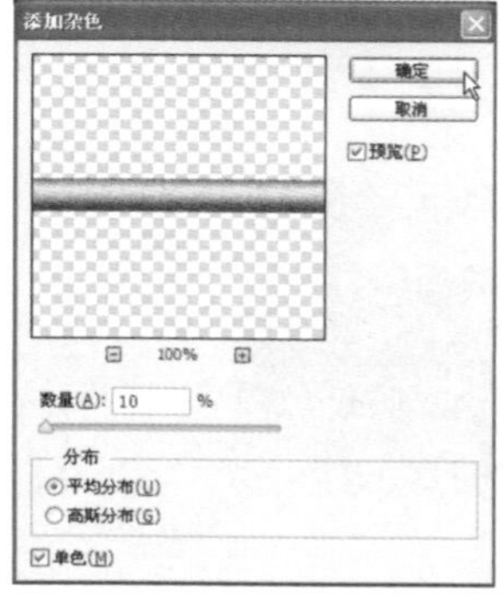

图8-8 【添加杂色】对话框

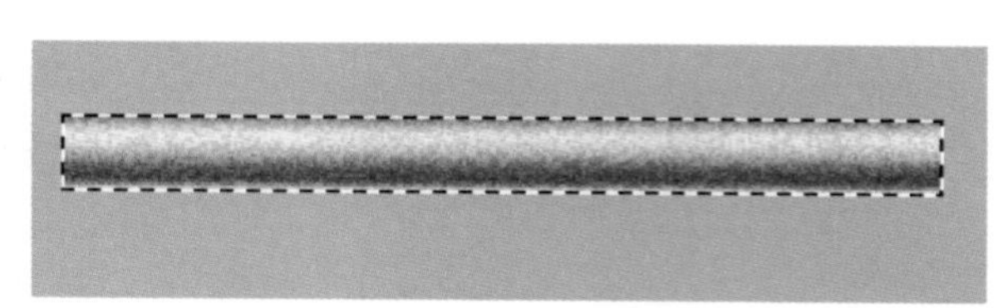

图8-9 添加杂色后的效果

05 在【图层】面板中新建图层2，如图8-10所示，按“Alt”+“Delete”键填充前景色，效果如图8-11所示。

图8-10 【图层】面板

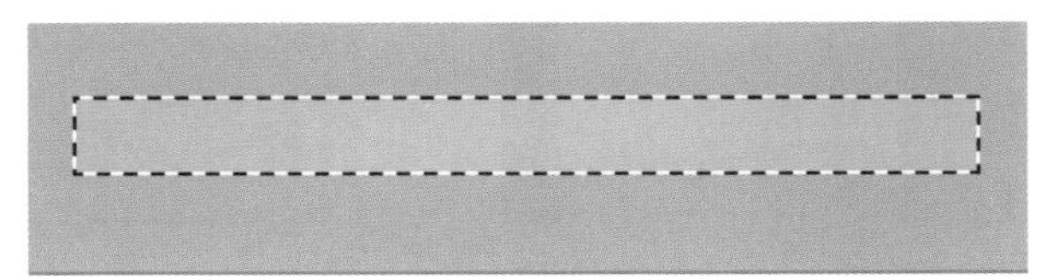
图8-11 填充前景色

06 在菜单中执行【滤镜】→【滤镜库】命令，再在弹出的对话框中展开【艺术效果】滤镜，然后选择【海绵】命令，弹出【海绵】对话框，在其中设置【画笔大小】为7，【清晰度】为20，【平滑度】为7，如图8-12所示，单击【确定】按钮，即可得到如图8-13所示的效果。

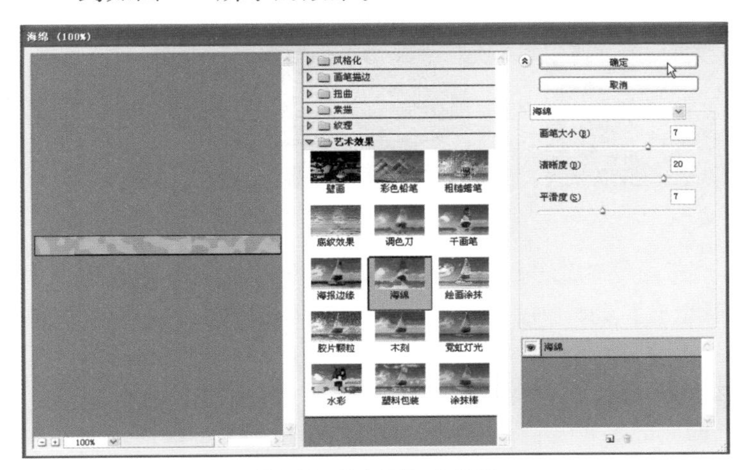

图8-12 【海绵】对话框

图8-13 执行【海绵】后的效果

07 在【图层】面板中设置图层2的【混合模式】为正片叠底，效果和面板如图8-14所示，并按“Ctrl”+“D”键取消选择。

08 使用缩放工具将笔杆的左边放大，在【图层】面板中新建图层3，在工具箱中选择钢笔工具，在选项栏中选择路径，然后在笔杆的左边勾画出套笔毛的部分，如图8-15所示。

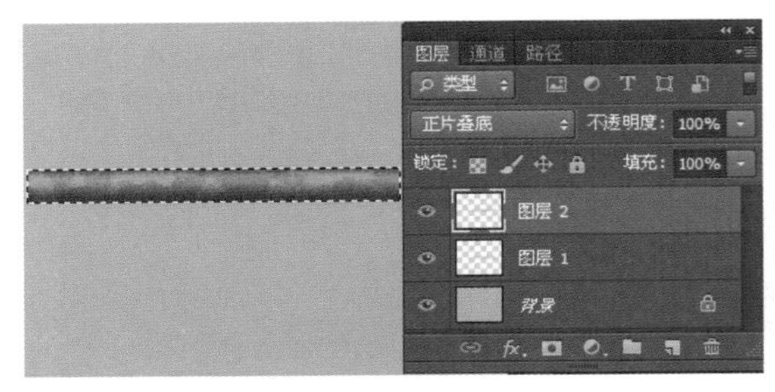

图8-14 设置混合模式后的效果

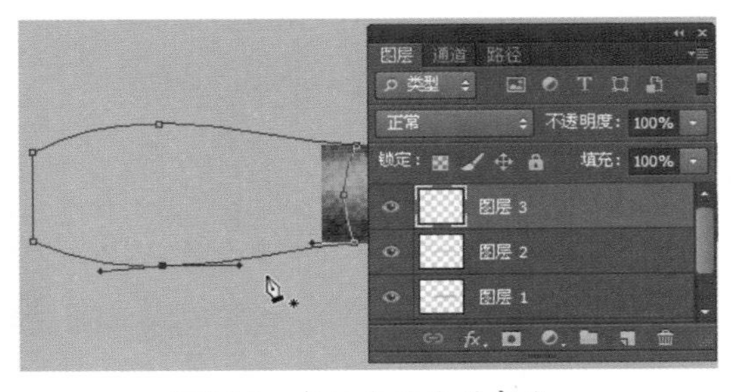

图8-15 勾画套笔毛的部分

09 显示【路径】面板，在其中单击右上角的小三角形按钮，弹出下拉菜单并选择【存储路径】命令，如图8-16所示，弹出如图8-17所示的对话框，在其中直接单击【确定】按钮，即可将临时路径存储为路径。

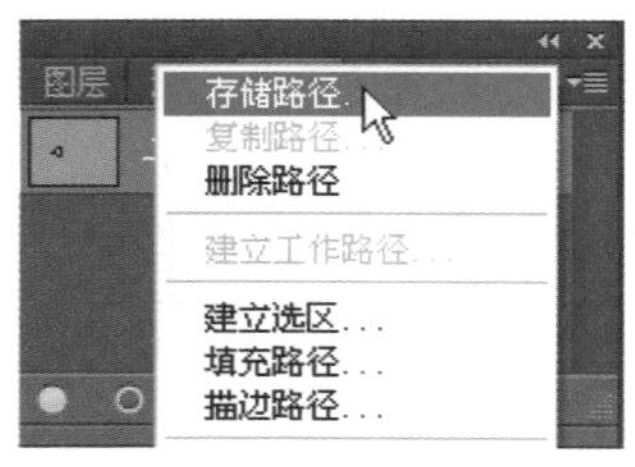

图8-16 【路径】面板

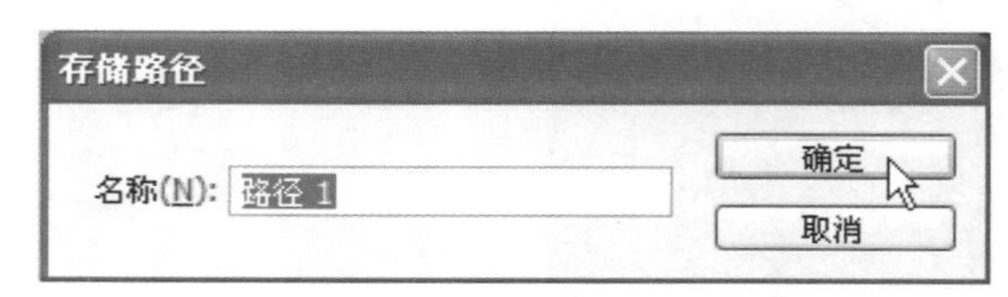

图8-17 【存储路径】对话框

10 设置前景色为R30、G30、B30，在【路径】面板中单击（将路径作为选区载入）按钮，将路径1载入选区，得到如图8-18左所示的选区，按“Alt”+“Delete”键填充前景色，即可得到如图8-19所示的效果。

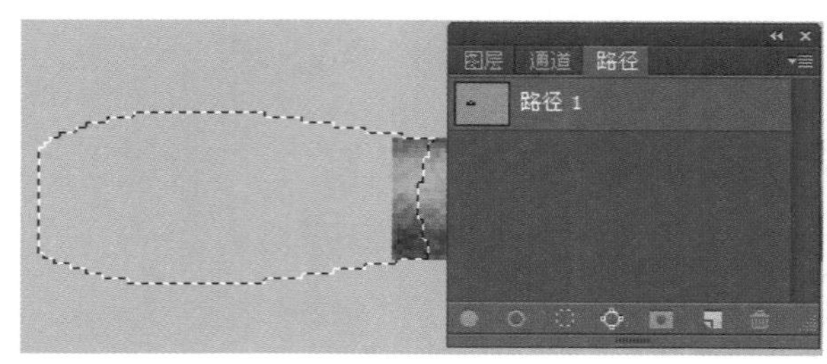

图8-18 将路径作为选区载入

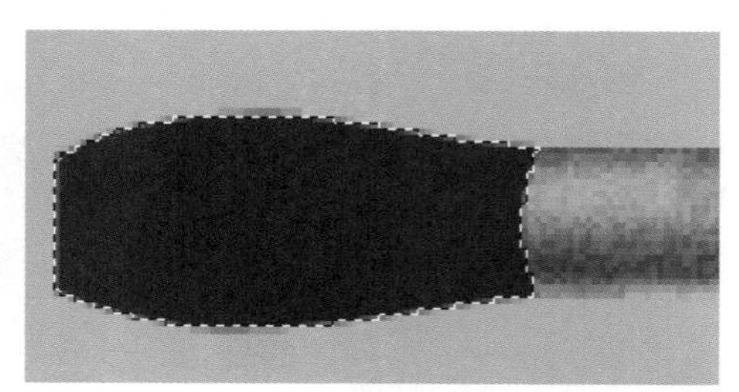

图8-19 填充前景色

11 在工具箱中选择减淡工具，在画笔弹出式面板中选择柔角13像素，在选项栏中设置【范围】为中间调，【曝光度】为50%，然后在选区内适当位置拖动，以加亮高光区，如图8-20所示。

12 在画笔弹出式面板中选择柔角9像素，在选项栏中设置【曝光度】为20%，继续处理高光区，即可得到如图8-21所示的效果。

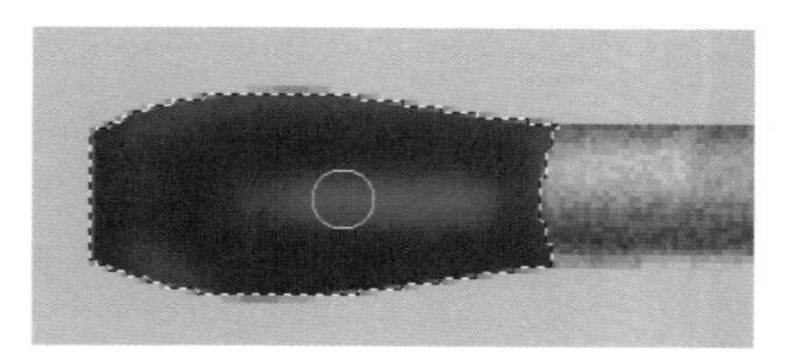

图8-20 加亮高光区

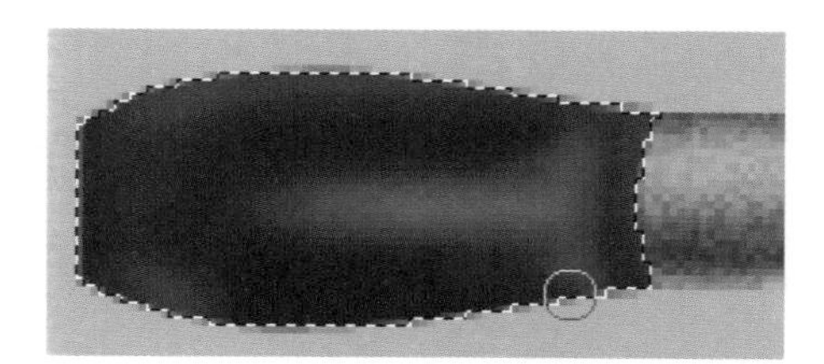

图8-21 继续加亮高光区

13 在【路径】面板中新建路径2，使用钢笔工具在笔杆的右边勾画出如图8-22左所示的形状，然后用上面同样的方法将路径先载入选区，接着填充颜色，填充颜色后进行减淡处理，处理后的效果如图8-23所示。

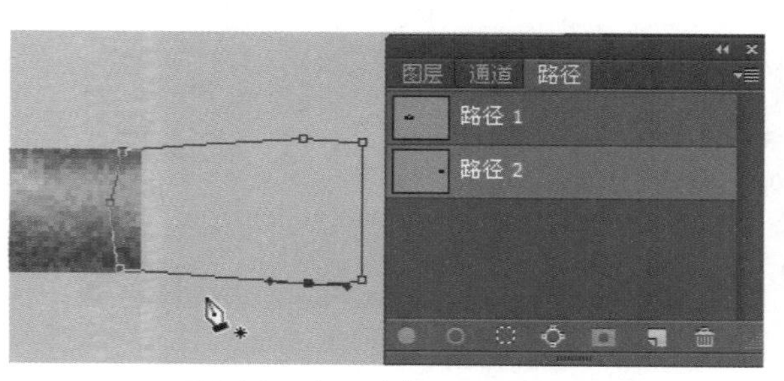

图8-22 勾画笔杆右边的形状

14 使用矩形选框工具在笔的右边框

选出一个小矩形选区，并填充前景色后进行减淡处理，效果如图8-24所示。

图8-23 将路径载入选区并填充颜色

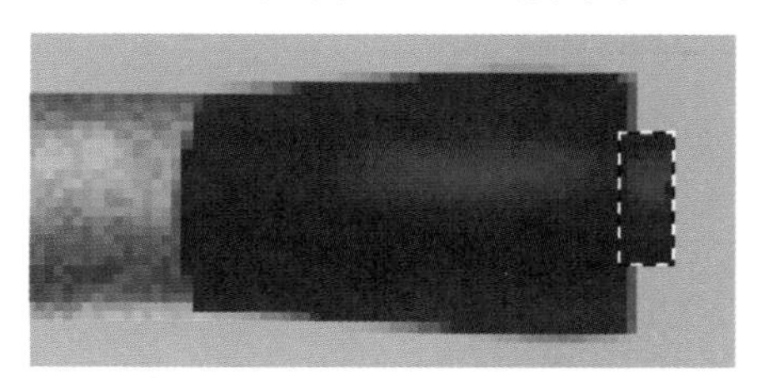

图8-24 框选一个小矩形选区

15 在【路径】面板中新建路径3，用钢笔工具勾画出吊绳结构，如图8-25所示，在工具箱中选择画笔工具，在画笔弹出式面板中选择尖角3像素，然后在【路径】面板中单击（用画笔描边路径）按钮，即可得到如图8-26所示的效果。

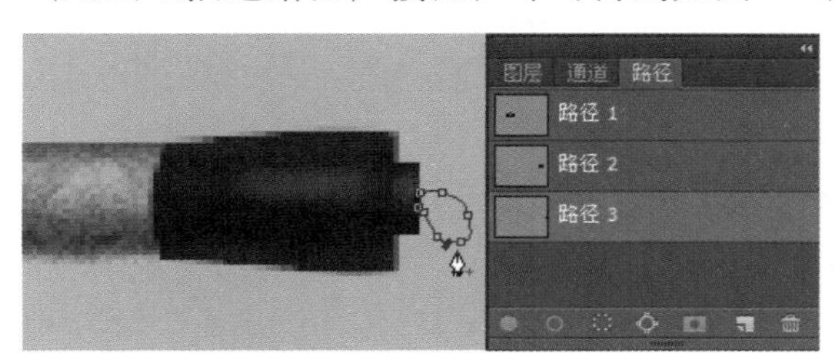

图8-25 勾画出吊绳结构

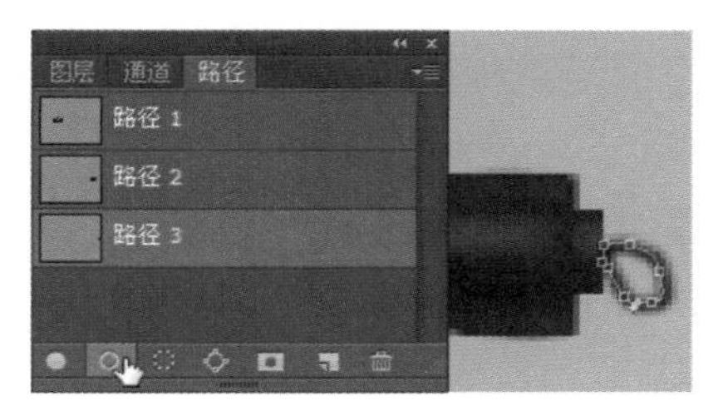

图8-26 用画笔描边路径

16 在【路径】面板中单击空档区域以隐藏路径的显示，再按“Ctrl”+“–”键将画面缩小，效果如图8-27所示。

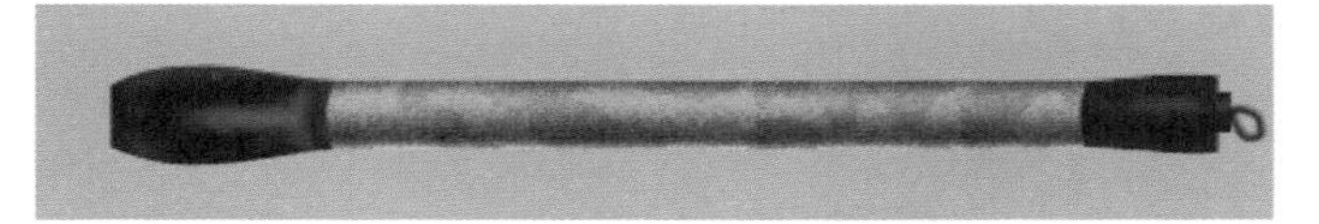

图8-27 将画面缩小后的效果

（2）绘制笔尖

17 在【图层】面板中新建图层4，用矩形选框工具在笔杆的左边拖出一个矩形选框，如图8-28所示。

18 在工具箱中选择渐变工具，在选项栏中选择（线性渐变）按钮，单击渐变条弹出【渐变编辑器】对话框，然后在其中编辑渐变，如图8-29所示，单击【确定】按钮，接着按“Shift”键从选区的上边向下边拖动，给选区进行渐变填充，效果如图8-30所示。

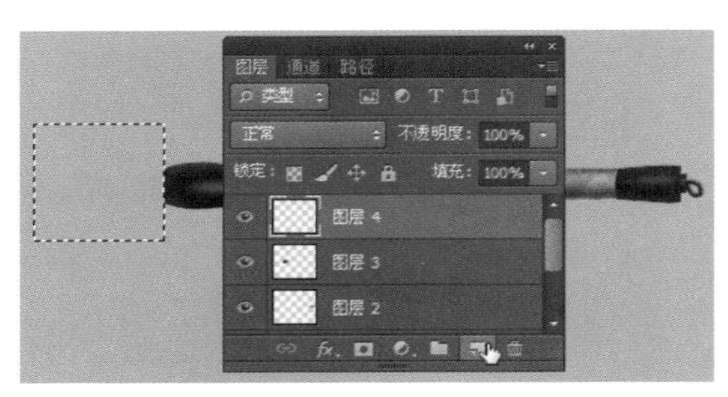

图8-28 在笔杆左边拖出一个矩形选框

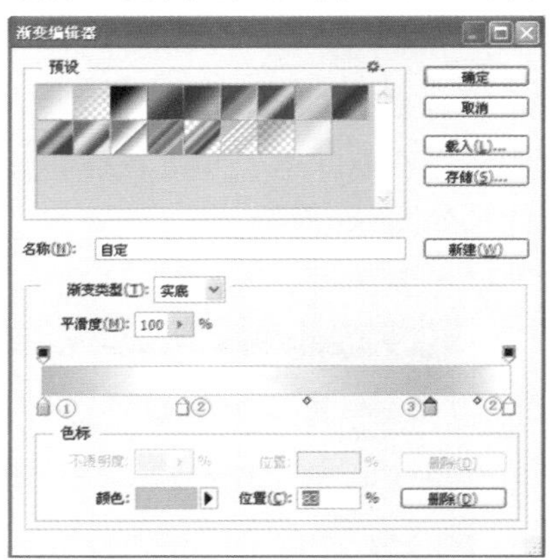

图8-29 【渐变编辑器】对话框

提 示

色标1的颜色为R174、G173、B173，色标2的颜色为白色，色标3的颜色为R181、G181、B181。

19 按“Ctrl”+“D”键取消选择，再在菜单中执行【编辑】→【变换】→【透视】命令，出现变换框，移动指针到左下角的控制点上，按下左键向上拖动至中间，如图8-31所示，再在变换框中双击确认变换。

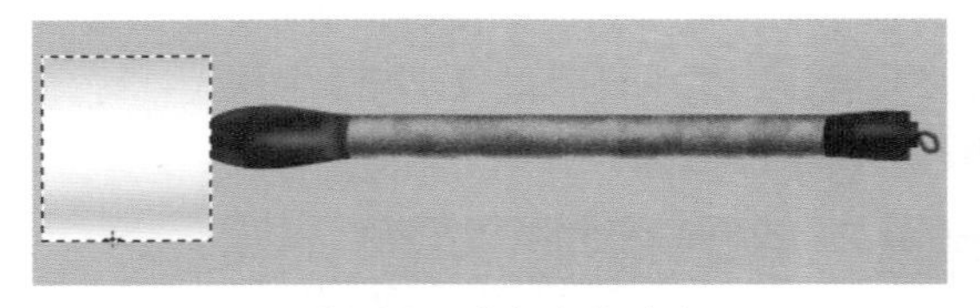

图8-30 进行渐变填充

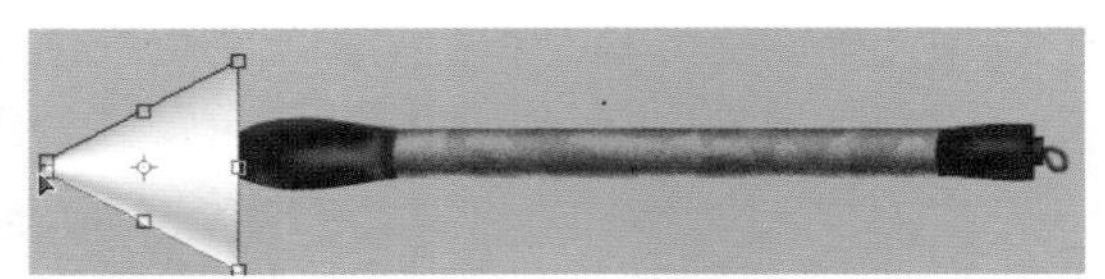

图8-31 执行【变换】调整

20 使用钢笔工具在灰白渐变上勾选出所需的部分，如图8-32所示，然后在【路径】面板中单击【将路径作为选区载入】按钮，将该路径载入选区，如图8-33所示。

21 按“Ctrl”+“Shift”+“I”键反选选区，按“Delete”键删除选区内容，即可得到如图8-34所示的效果，按“Ctrl”+“D”键取消选择。

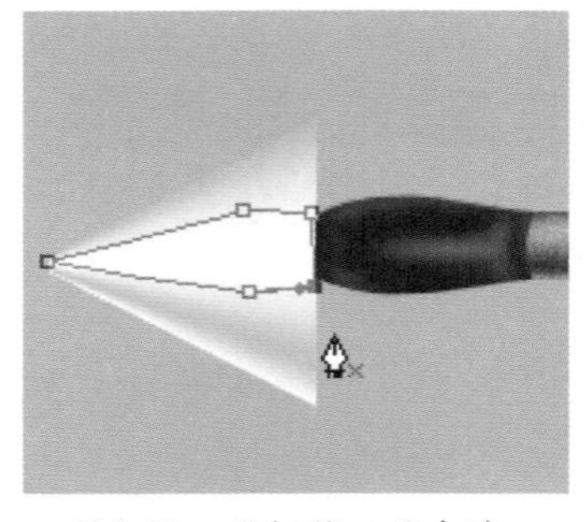

图8-32 用钢笔工具勾选所需的部分

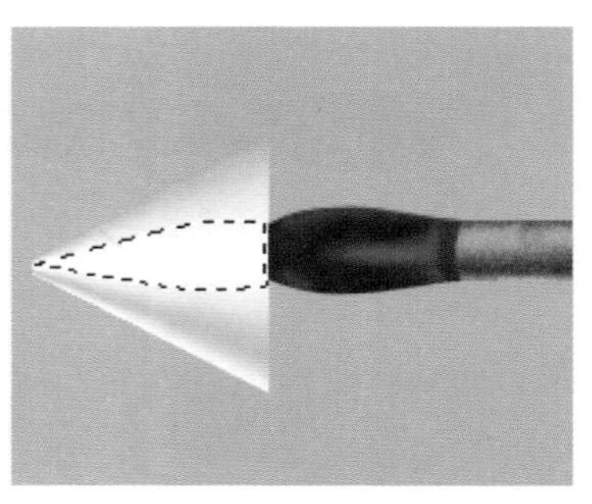

图8-33 将路径作为选区载入

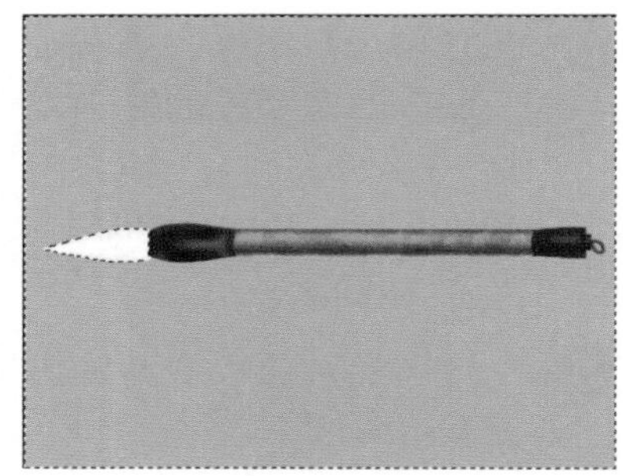

图8-34 反选选区

22 在工具箱中选择移动工具，在键盘上按方向键将笔尖移动到适当位置，如图8-35所示。

23 在工具箱中选择加深工具，在选项栏中设置【范围】为中间调，【曝光度】为50%，然后在笔尖与笔杆交接处及上下两边进行拖动，将其变暗一些以加强立体感，效果如图8-36所示。

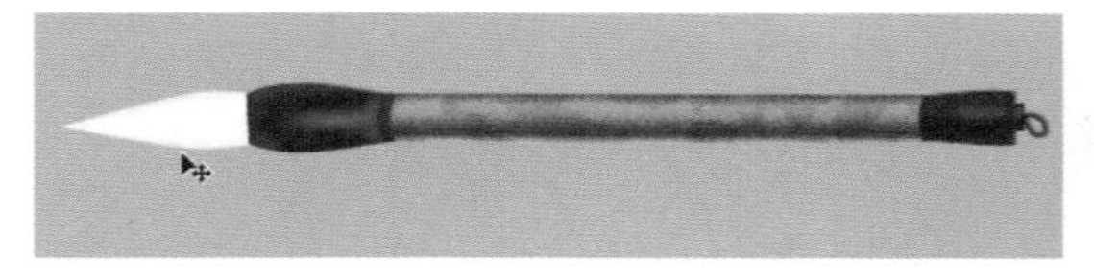

图8-35 将笔尖移动到适当位置

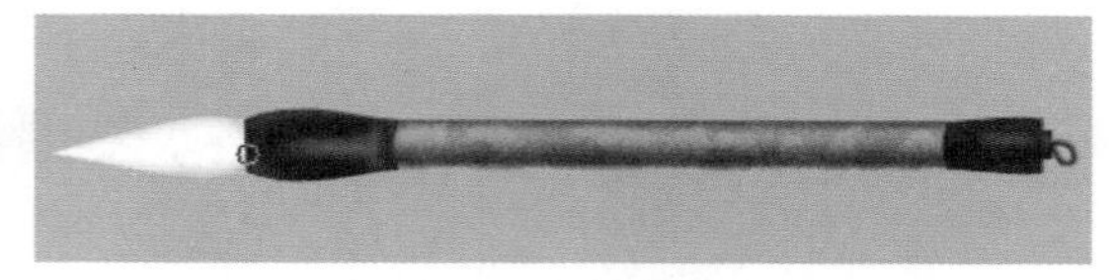

图8-36 用加深工具进行涂抹

24 在【图层】面板中选择除背景层外的所有图层，如图8-37所示，再按“Ctrl”+“E”键合并所有选择的图层，如图8-38所示。

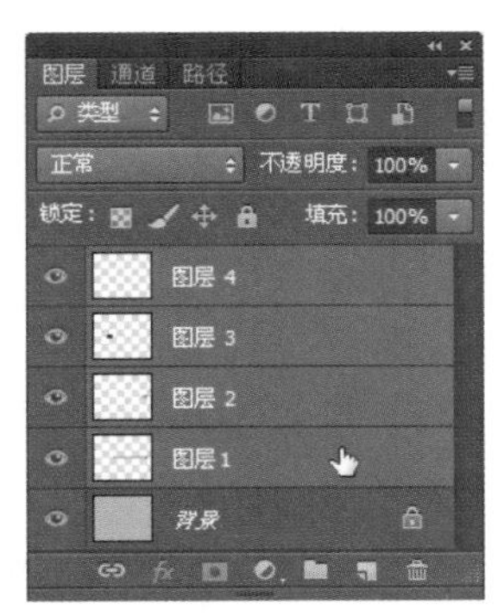
图8-37 【图层】面板

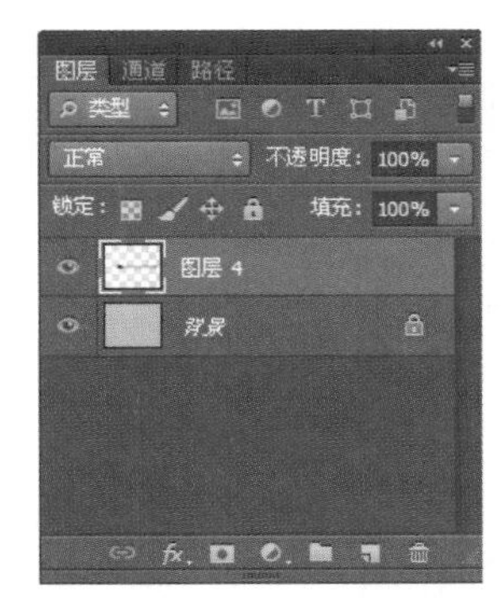
图8-38 【图层】面板

25 在【图层】面板中双击图层4，弹出【图层样式】对话框，在其左边栏中单击【投影】选项，然后在右边栏中设置【不透明度】为40%，其他为默认值，如图8-39所示，单击【确定】按钮，即可得到如图8-40所示的效果。

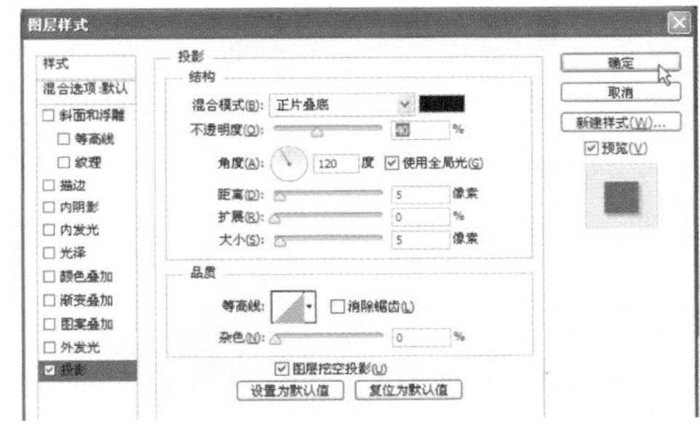
图8-39 【图层样式】对话框

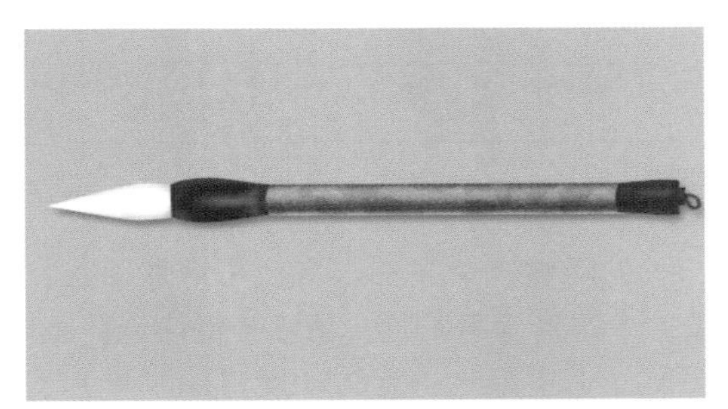
图8-40 添加【图层样式】后的效果

26 按“Ctrl”+“J”键复制两次，以得到两个副本，如图8-41所示，再按“Ctrl”+“T”键执行【自由变换】命令，将图层4副本2中的内容向上移至适当位置后，将中心点移至笔头处进行适当旋转，结果如图8-42所示，在变换框中双击确认变换。

图8-41 【图层】面板

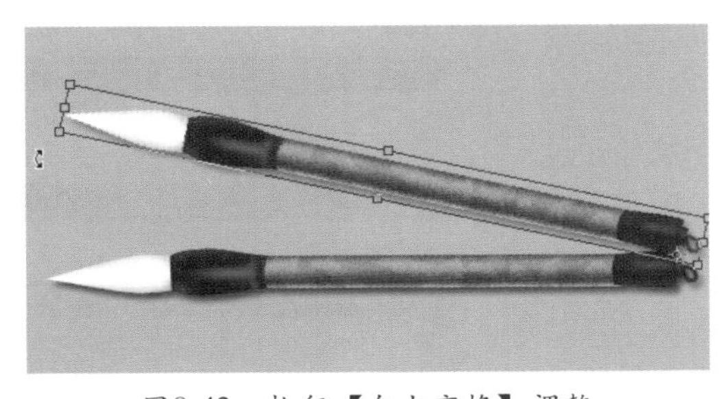
图8-42 执行【自由变换】调整

27 在【图层】面板中激活图层4副本，同样进行移动和变换调整，调整后的效果如图8-43所示，毛笔就绘制完成了。

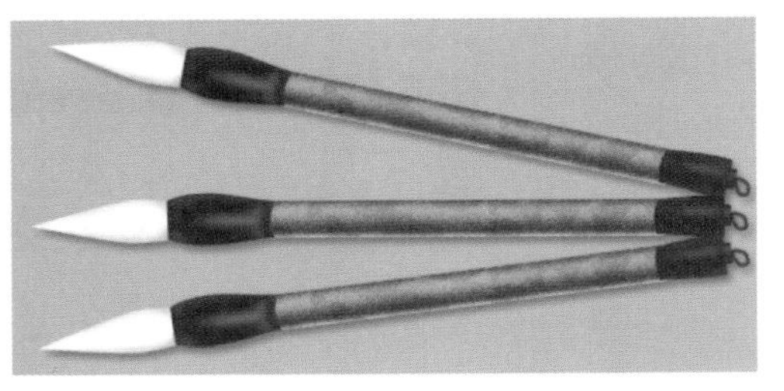
图8-43 最终效果图

8.2 牌匾

实例说明

在制作广告招牌、霓虹灯、牌匾以及封面设计时，可以使用本例“牌匾”的制作方法。如图8-44所示为范例效果图，如图8-45所示为类似范例的实际应用效果图。

图8-44 牌匾最终效果图

图8-45 精彩效果欣赏

设计思路

先新建一个文档，再使用矩形工具、图层样式、移动工具、自由变换、合并图层、多边形套索工具、清除、变换选区、水平翻转、将选区存储为通道、通过复制的图层、垂直翻转、旋转90度（顺时针）、反选等工具与命令绘制牌匾框；然后使用矩形工具、横排文字工具、斜面和浮雕、外发光、直排文字工具、矩形选框工具、描边、取消选择等工具与命令为牌匾添加背景与文字，并添加立体效果；最后使用合并图层、通过复制的图层、扭曲、高斯模糊、矩形选框工具、清除等工具与命令绘制投影。如图8-46所示为制作流程图。

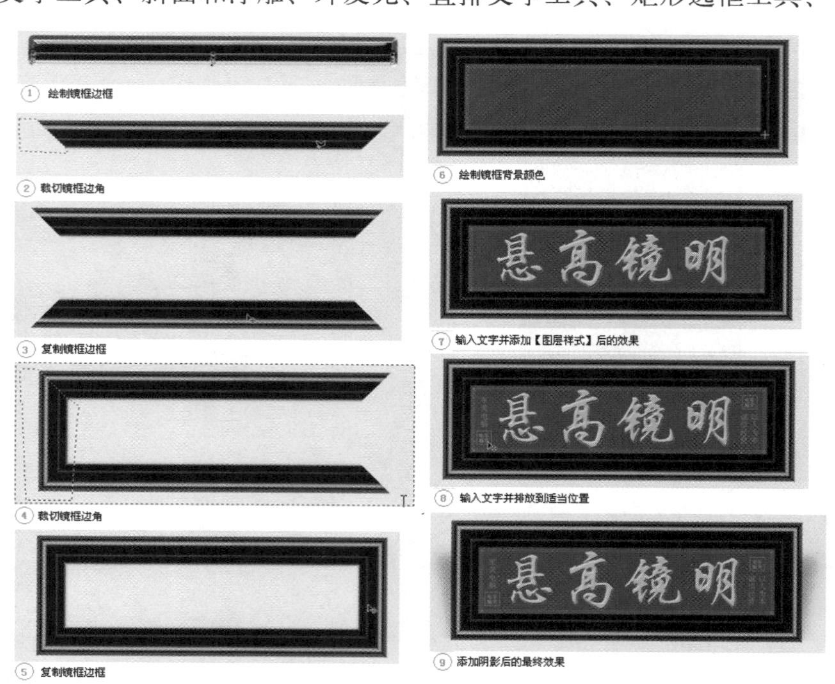

图8-46 制作流程图

操作步骤

01 设置背景色为R231、G253、B214，按“Ctrl”+“N”键新建一个大小为635×230像素，【分辨率】为300像素/英寸，【背景内容】为背景色，【颜色模式】为RGB颜色的文件。

02 在【图层】面板中新建图层1，如图8-47所示，在工具箱中选择矩形工具，在选项栏中选择像素，然后在画面的上方绘制一个长矩形，如图8-48所示。

图8-47 【图层】面板

图8-48 绘制一个长矩形

03 显示【样式】面板，在其中单击右上角的小三角形按钮，弹出下拉菜单并在其中选择【Web样式】命令，如图8-49所示，接着弹出一个警告对话框，如图8-50所示，单击【确定】按钮，即可将所选样式替换当前的样式，然后在【样式】面板中单击【黑色电镀金属】样式，即可得到如图8-51所示的效果。

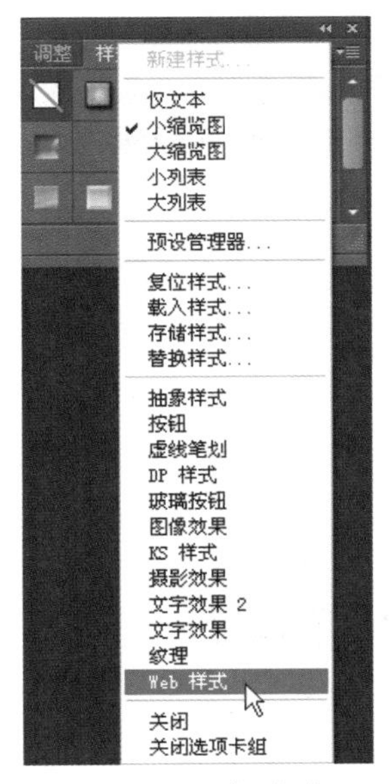

图8-49 面板菜单

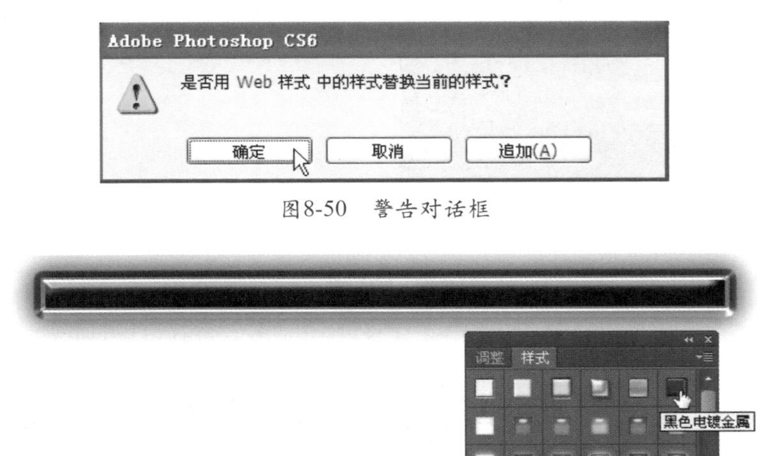

图8-50 警告对话框

图8-51 【样式】面板

04 在【图层】面板中双击图层1下的投影样式，如图8-52所示，弹出【图层样式】对话框，在其右边的【投影】栏中设置【扩展】为5%，【大小】为10像素，其他不变，如图8-53所示，单击【确定】按钮，即可得到如图8-54所示的效果。

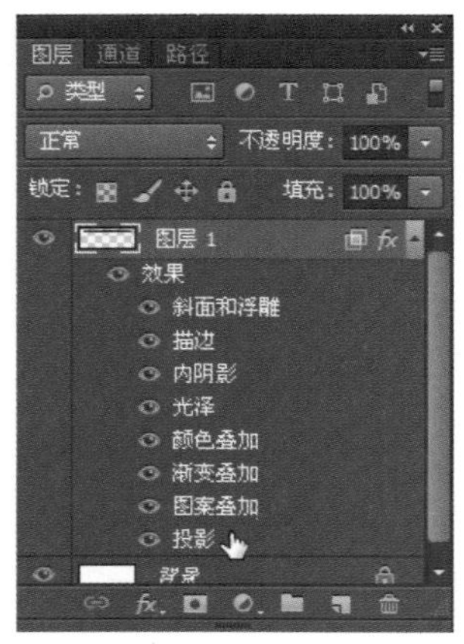
图8-52 【图层】面板

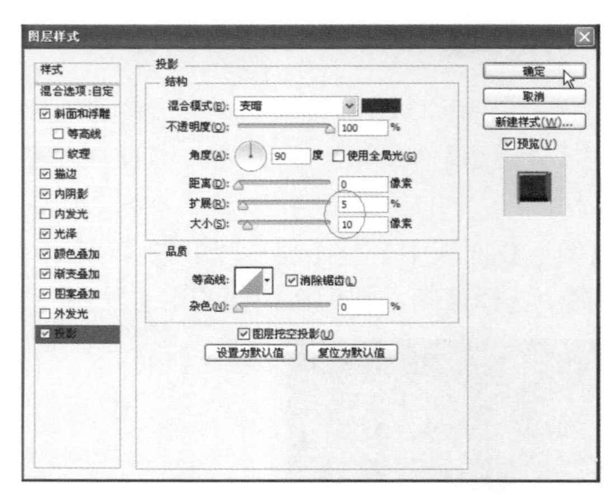
图8-53 【图层样式】对话框

图8-54 添加【图层样式】后的效果

05 按“Ctrl”+“J”键复制图层1为图层1副本，如图8-55所示，再按“V”键选择移动工具，并按“Shift”键将复制后的长矩形向下移动到适当位置，如图8-56所示。

图8-55 【图层】面板

图8-56 复制并移动到适当位置

06 按“Ctrl”+“T”键执行【自由变换】命令，将长矩形缩小并稍微向上移至适当位置，如图8-57所示，在选项栏中单击✓按钮确认变换。

图8-57 执行【自由变换】调整

07 按“Shift”键在【图层】面板中选择图层1与图层1副本，如图8-58所示，再按“Ctrl”+“E”键合并所选图层，即可得到如图8-59所示的结果。

图8-58 【图层】面板

图8-59 合并所选图层

08 在工具箱中选择多边形套索工具，在长矩形的右端框选出要删除的部分，如图8-60所示，再按“Delete”键清除选区内容，即可得到如图8-61所示的效果。

图8-60 框选出要删除的部分

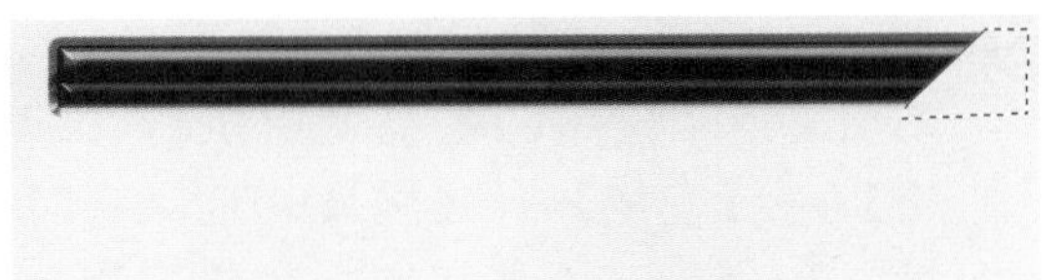

图8-61 清除选区内容

09 在菜单中执行【选择】→【变换选区】命令，即会出现一个变换框，如图8-62所示，在菜单中执行【编辑】→【变换】→【水平翻转】命令，即可将选区进行水平翻转，结果如图8-63所示。然后按“Shift”键将变换选区拖动到左端适当位置，如图8-64所示。

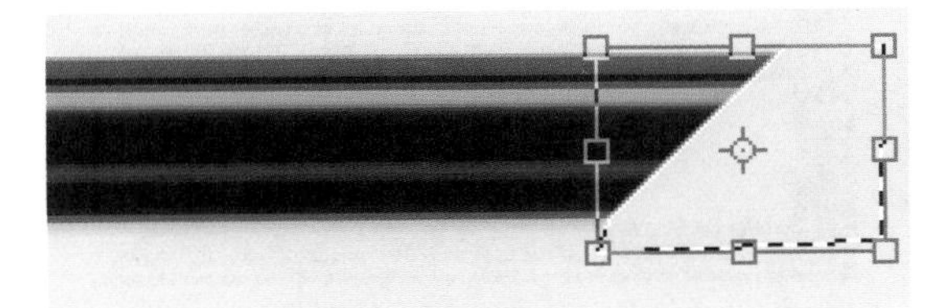

图8-62 变换选区

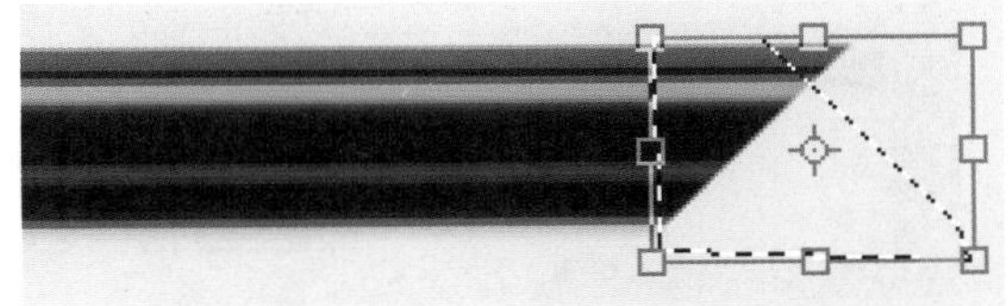

图8-63 水平翻转

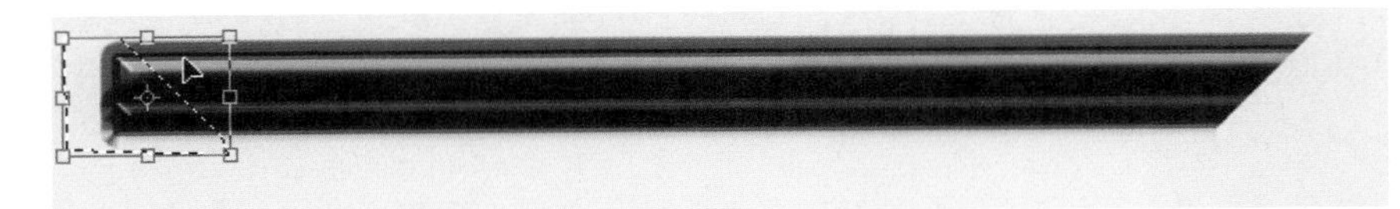

图8-64 将变换选区拖动到左端适当位置

10 在变换框中双击确认变换，然后按“Delete”键清除选区内容，即可得到如图8-65所示的效果。

图8-65 清除选区内容

11 显示【通道】面板，在其中单击【将选区存储为通道】按钮，将选区存储为Alpha 1通道，如图8-66所示。

⑫ 按“Ctrl”+“D”键取消选择，按“Ctrl”+“J”键复制图层1副本为图层1副本2，如图8-67所示，接着在菜单中执行【编辑】→【变换】→【垂直翻转】命令，将图层1副本2中的内容进行垂直翻转，然后按“Shift”键向下移至适当位置，如图8-68所示。

图8-66 【通道】面板

图8-67 【图层】面板

图8-68 垂直翻转并向下移至适当位置

⑬ 按“Ctrl”+“J”键复制图层1副本2为图层1副本3，在菜单中执行【编辑】→【变换】→【旋转90度（顺时针）】命令，再将其向左和向上移动直到下端斜角与下方长条的左端斜角对齐，如图8-69所示。

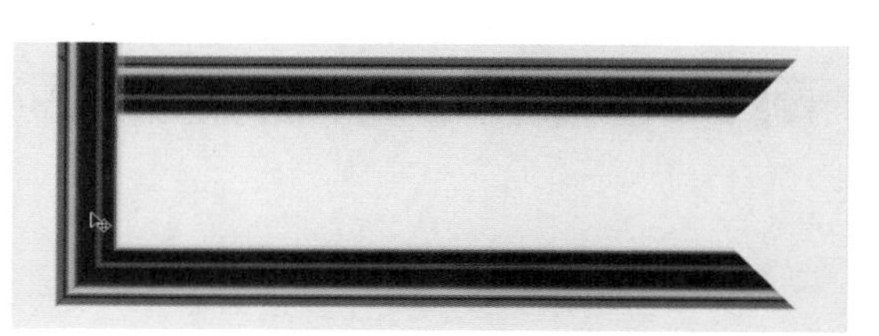
图8-69 旋转90度后的效果

⑭ 显示【通道】面板，按“Ctrl”键单击Alpha 1通道，使Alpha 1载入选区，如图8-70所示。再按“Ctrl”+“Shift”+“I”键反选选区，即可得到如图8-71所示的选区。

图8-70 载入选区

图8-71 反选选区

⑮ 按“L”键选择多边形套索工具，在选项栏中选择▣（从选区减去）按钮，再在画面中框选出不要的选区，如图8-72所示；然后按“Delete”键清除选区内容，即可得到如图8-73所示的效果。

图8-72 框选出不要的选区

图8-73 清除选区内容

⑯ 按“Ctrl”+“D”键取消选择，再按“Ctrl”+“J”键复制图层1副本3为图层1副本4，接着在菜单中执行【编辑】→【变换】→【水平翻转】命令，然后按“Shift”键将图层1副本4中的内容水平向右移至与上下两条的斜角对齐，如图8-74所示。

⑰ 按“C”键选择裁切工具，使用裁切工具沿着画布的边缘进行裁切，将画布外的内容

删除，画布中的内容不变。

图8-74　水平翻转并移至适当位置

⑱ 设置前景色为R125、G0、B0，在【图层】面板中先激活背景层，再新建图层1，如图8-75所示，接着按“U”键选择矩形工具，然后在镜框中绘制一个矩形，效果如图8-76所示。

图8-75　【图层】面板

图8-76　绘制一个矩形

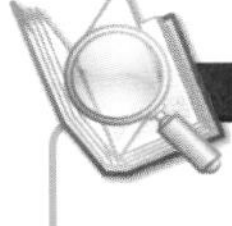

提　示

在绘制矩形时可比中间的空白部分稍大一些。

⑲ 设置前景色为R238、G188、B80，再选择T横排文字工具，接着在选项栏中设置【字体】为华文行楷，【字体大小】为24点，然后在牌匾的中央输入“悬高镜明”，如图8-77所示，单击选项栏中的✓按钮，确认文字输入。

图8-77　输入文字

提　示

生活中的牌匾字一般是从右向左念。

⑳ 在【图层】面板中双击文字图层，弹出【图层样式】对话框，在其左边栏中单击【斜面和浮雕】选项，然后在右边栏中设置【大小】为3像素，其他为默认值，如图8-78所示，此时的画面效果如图8-79所示。

㉑ 在【图层样式】对话框的左边栏中单击【外发光】选项，然后在右边栏中设置【大小】为2像素，其他为默认值，如图8-80所示，单击【确定】按钮，即可得到如图8-81所示的效果。

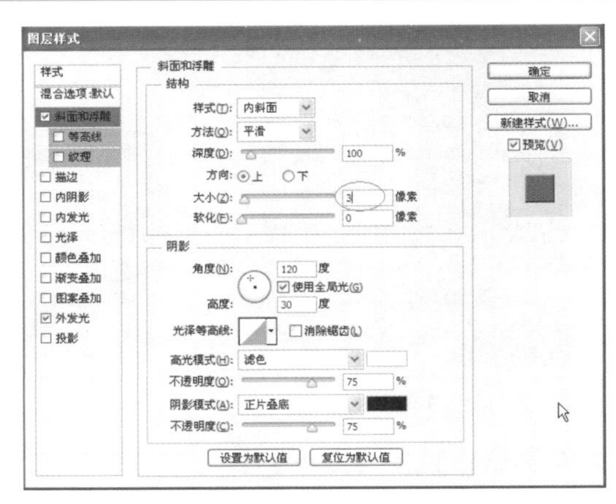

图8-78　【图层样式】对话框

图8-79　添加斜面和浮雕后的效果

图8-80　【图层样式】对话框

图8-81　添加外发光后的效果

22 设置前景色为R238、G188、B80，在工具箱中选择直排文字工具，在牌匾的右边单击出现编辑图标，然后输入文字“以人为本 诚信经营”，再选择文字，在【字符】面板中设置【字体】为宋体，【字体大小】为3点，【行距】为4点，如图8-82所示，单击选项栏中的按钮，确认文字输入。

23 使用直排文字工具在“以人为本 诚信经营”文字的上方单击并输入文字“军荧电脑”，设置它的【字体大小】为2点，【行距】为2点，如图8-83所示。

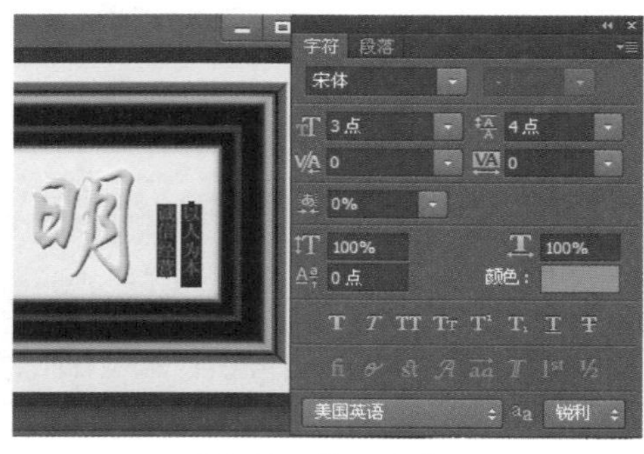

图8-82　输入文字

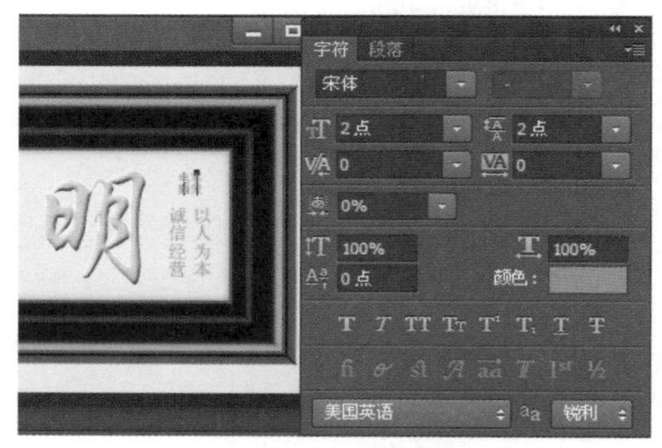

图8-83　输入文字

24 在【图层】面板中新建图层2，如图8-84所示，在工具箱中选择矩形选框工具，在“军荧电脑”文字的周围拖出一个方框，如图8-85所示。

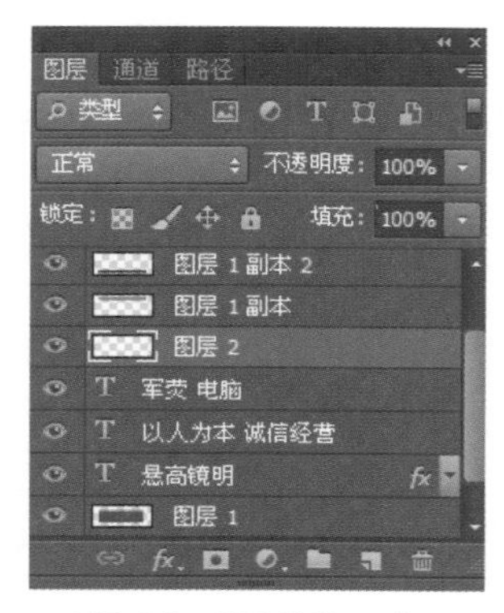

图8-84　【图层】面板

图8-85　拖出一个方框

25 在菜单中执行【编辑】→【描边】命令，弹出【描边】对话框，在其中设置【宽度】为1像素，【位置】为居中，如图8-86所示，单击【确定】按钮，再按“Ctrl”+“D”

键取消选择，即可得到如图8-87所示的效果。

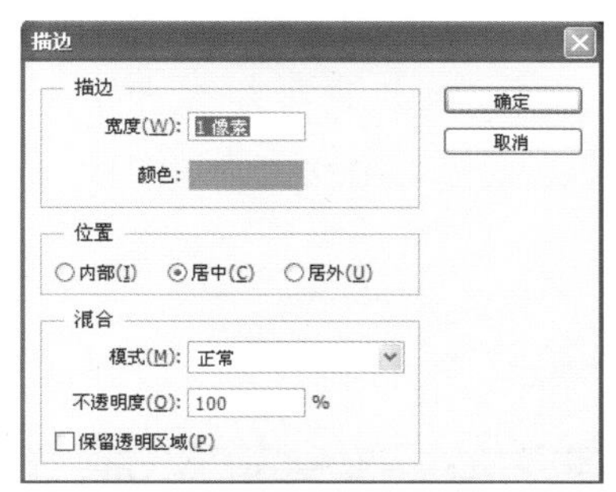

图8-86 【描边】对话框

图8-87 描边后的效果

㉖ 使用直排文字工具在牌匾的左边输入文字“军荧电脑”，如图8-88所示。

图8-88 输入文字

㉗ 在【图层】面板中复制图层2为图层2副本，军荧电脑文字图层为军荧电脑副本文字图层，按“Ctrl”键在【图层】面板中选择两个副本图层，如图8-89所示，然后用移动工具将印章向左下角拖动到适当位置，如图8-90所示。

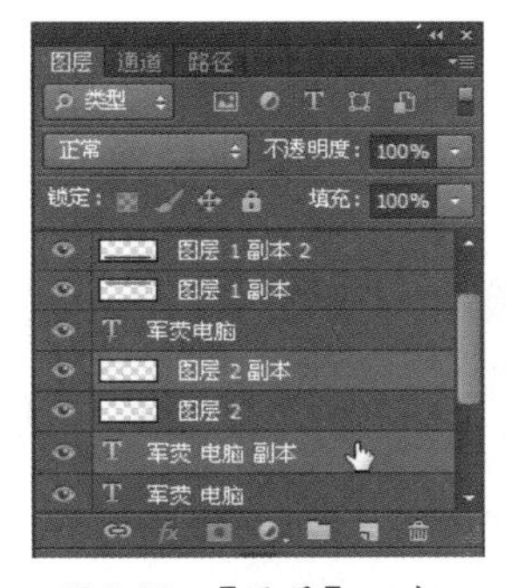

图8-89 【图层】面板

图8-90 复制文字并排放到适当位置

㉘ 在【图层】面板中选择镜框所在的图层（图层1副本、图层1副本2、图层1副本3和图层1副本4），如图8-91所示，按“Ctrl”+“E”键合并所选图层，如图8-92所示；接着双击图层1副本4文字，显示为编辑状态，再输入文字“镜框”，将图层1副本 4名称改为“镜框”，如图8-93所示，按回车键确认名称更改。

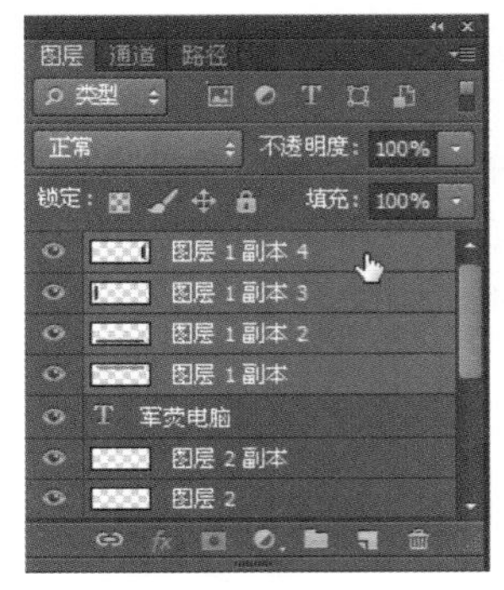

图8-91 【图层】面板

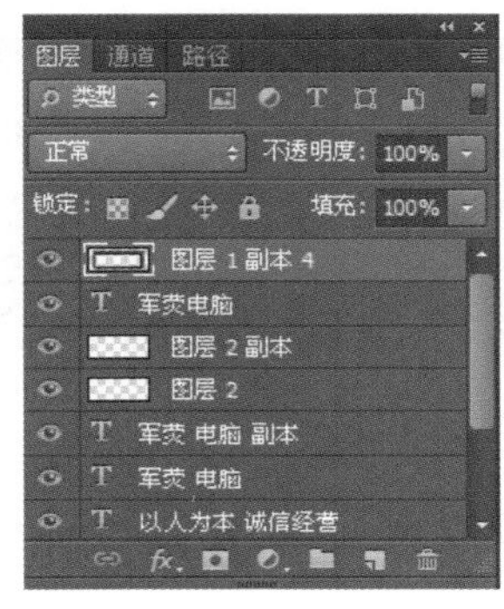

图8-92 【图层】面板

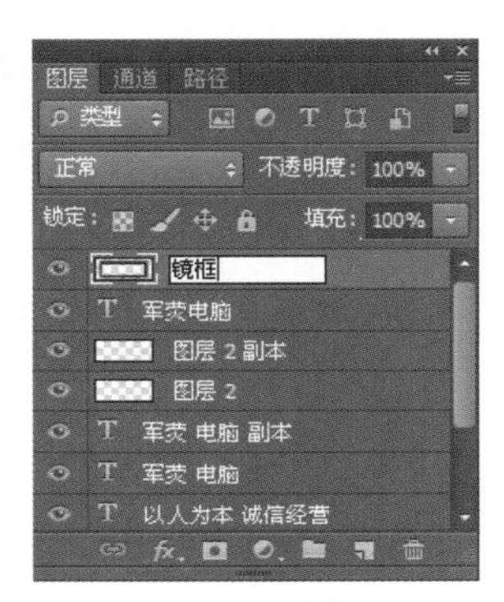

图8-93 【图层】面板

29 按“Ctrl”+“J”键复制镜框图层为镜框副本图层，如图8-94所示，再将镜框副本图层拖动到图层1的下面，如图8-95所示。

30 在菜单中执行【编辑】→【变换】→【扭曲】命令，出现变换框后分别拖动右上角和左上角的两个控制点向外到适当位置，如图8-96所示，在变换框中双击确认变换。

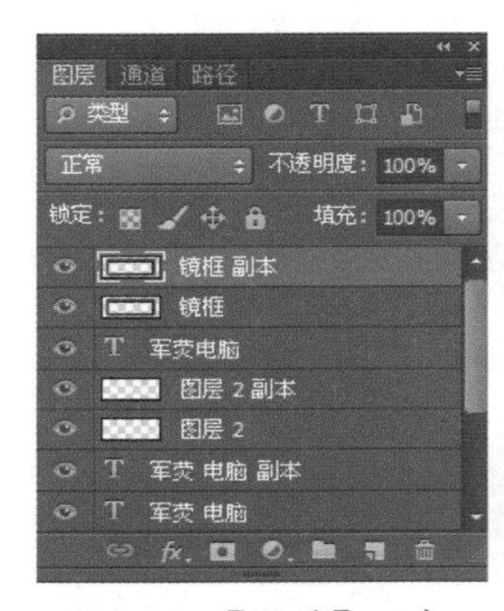

图8-94 【图层】面板

图8-95 【图层】面板

图8-96 执行【变换】调整

31 在菜单中执行【滤镜】→【模糊】→【高斯模糊】命令，弹出【高斯模糊】对话框，在其中设置【半径】为9像素，如图8-97所示，单击【确定】按钮，即可得到如图8-98所示的效果。

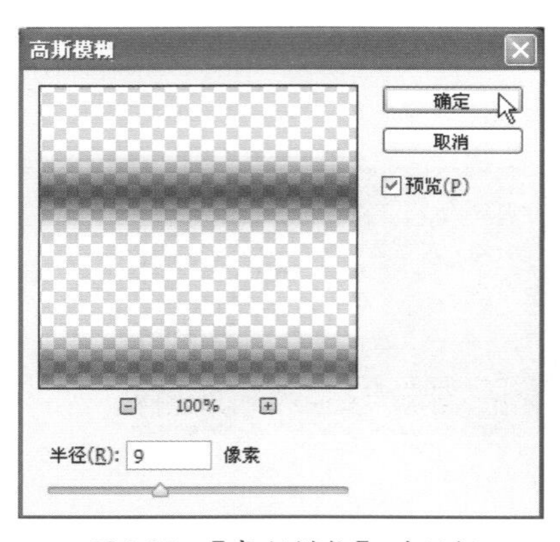

图8-97 【高斯模糊】对话框

图8-98 高斯模糊后的效果

32 按“M”键选择矩形选框工具，框选牌匾下方的阴影，并按“Delete”键将其清除，效果如图8-99所示。

图8-99 清除选区内容

33 按“Ctrl”+“D”键取消选择，在【图层】面板中设置镜框副本图层的【不透明度】为50%，如图8-100所示，即可得到如图8-101所示的效果，牌匾就制作完成了。

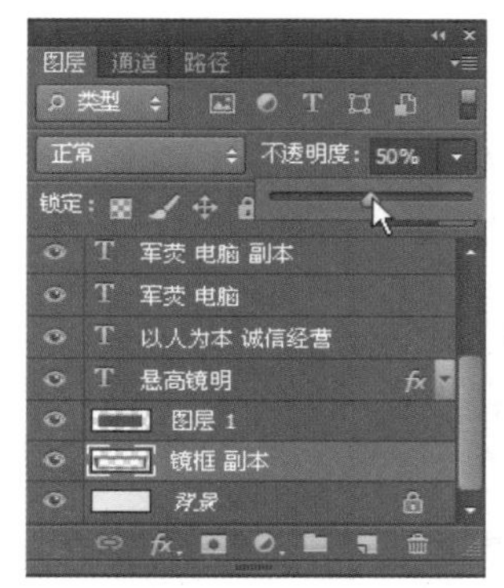

图8-100 【图层】面板

图8-101 最终效果图

8.3 时钟

实例说明

在设计产品造型、电器、钟表以及实物写生时，可以使用本例“时钟”的制作方法。如图8-102所示为范例效果图，如图8-103所示为类似范例的实际应用效果图。

图8-102 时钟最终效果图

图8-103 精彩效果欣赏

设计思路

先新建一个文件并用参考线确定其中心点，再使用椭圆选框工具、渐变工具绘制出时钟的基本结构与色调，然后使用直线工具、图层样式、套索工具等工具与命令绘制出时刻线并添加效果。如图8-104所示为制作流程图。

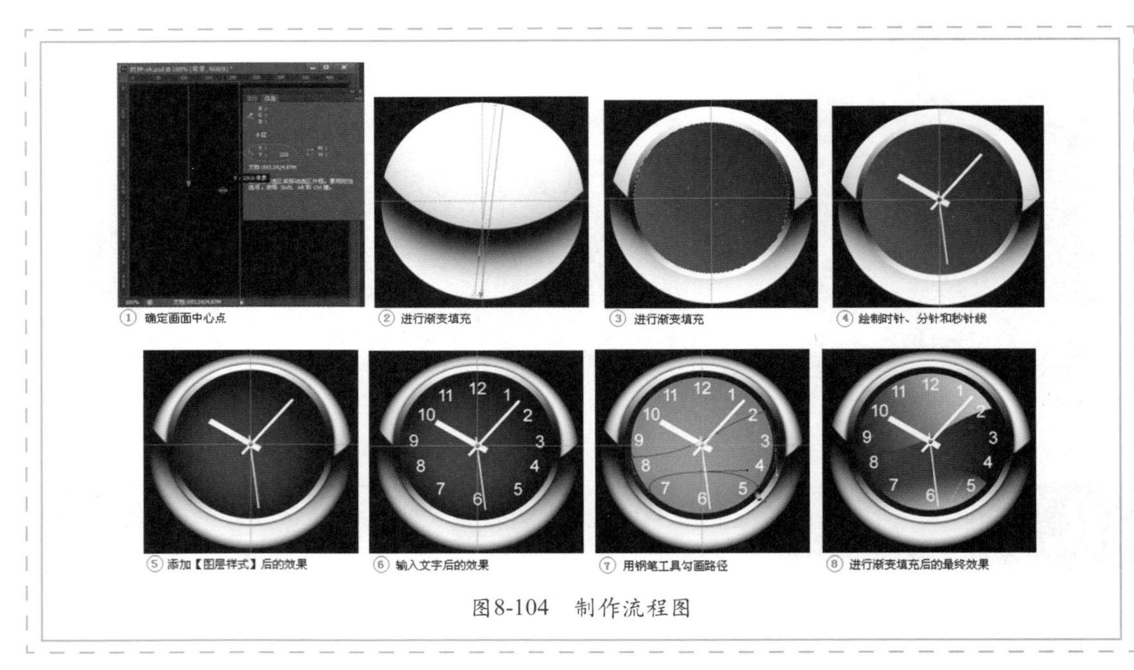

图8-104　制作流程图

操作步骤

01 设置前景色为白色，背景色为黑色，按“Ctrl”+“N”键，弹出【新建】对话框，在其中设置【宽度】和【高度】均为450像素，【分辨率】为99.8像素/英寸，【颜色模式】为RGB颜色，【背景内容】为背景色，如图8-105所示，单击【确定】按钮，即可新建一个文件。

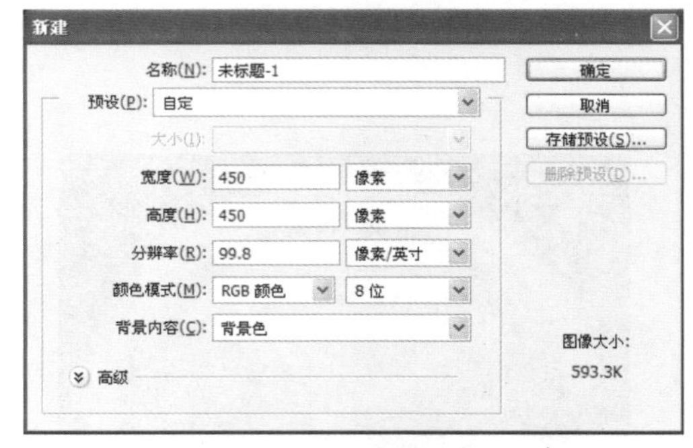

图8-105　【新建】对话框

02 按“Ctrl”+“R”键显示标尺栏，从竖标尺栏中拖出一条参考线到X:225.0处，如图8-106所示，同样从横标尺栏中拖出一条参考线到Y:225.0处，如图8-107所示，确定画面的中心点。

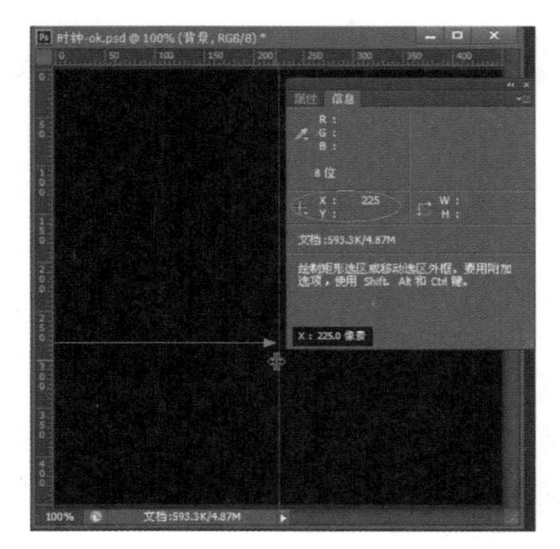

图8-106　确定画面中心点

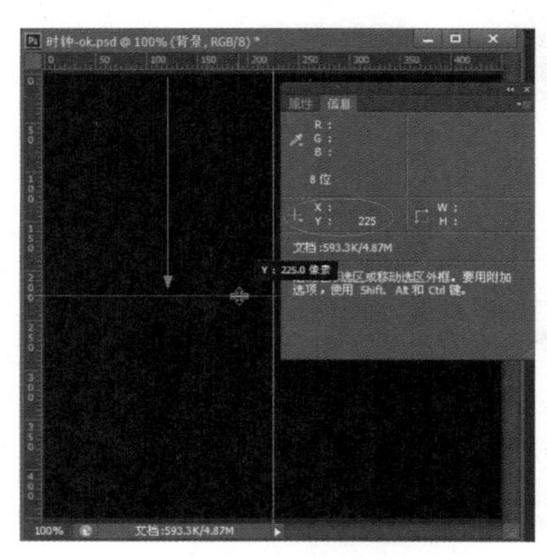

图8-107　确定画面中心点

03 在【图层】面板中新建图层1，如图8-108所示，在工具箱中选择椭圆选框工具，按“Alt”+“Shift”键，从参考线的交叉点向外拖到适当位置，即可得到一个以参考线交叉点为中心的圆选区，如图8-109所示。

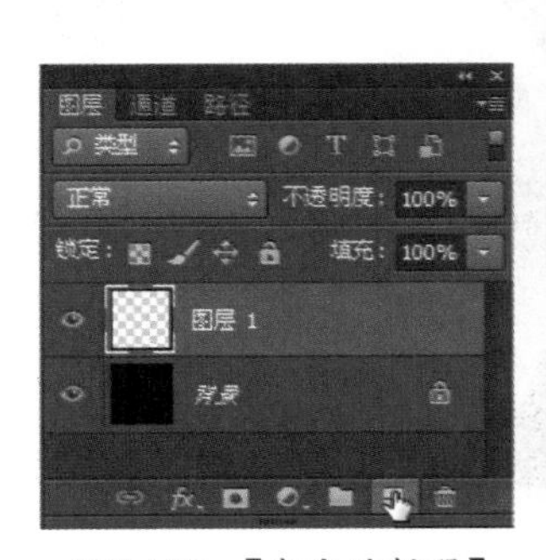

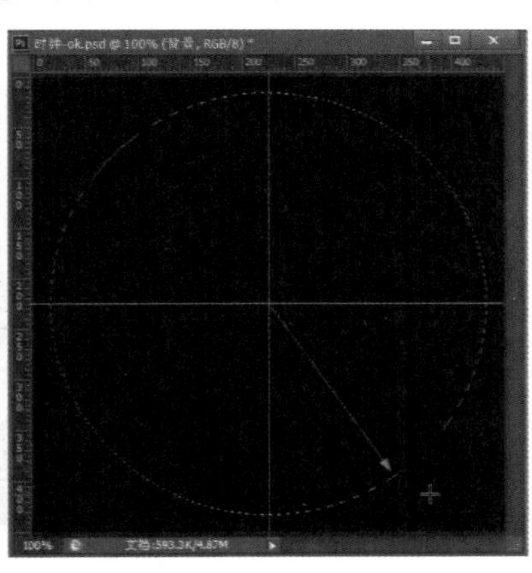

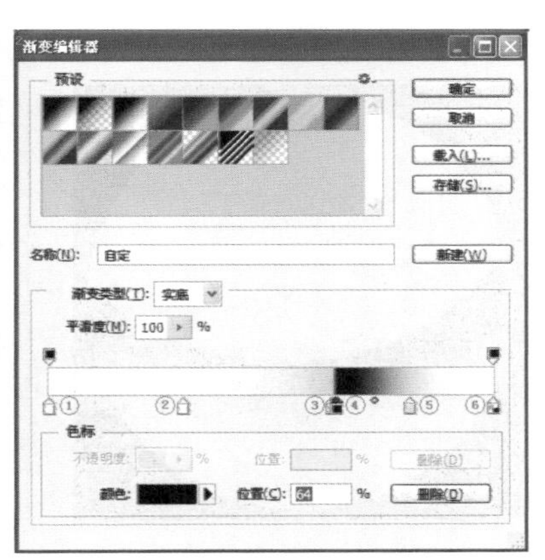

图8-110 【渐变编辑器】对话框　　图8-108 【图层】面板　　图8-109 绘制圆选区

04 在工具箱中选择渐变工具，在选项栏中单击【可编辑渐变】按钮，在弹出的对话框中设置渐变，如图8-110所示，单击【确定】按钮完成渐变编辑，再在选项栏中单击(径向渐变)按钮，其他为默认值，然后在画面上从上往下拖动，得到如图8-111所示的渐变。

05 按“Ctrl”键用鼠标拖动水平参考线到Y:210.0处，将交叉点（即中心）向上移，如图8-112所示。

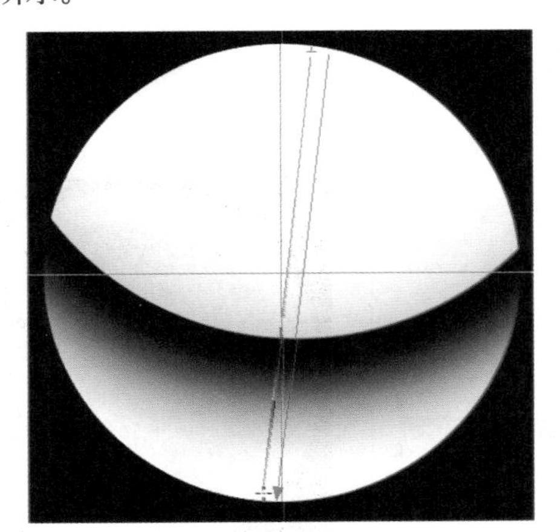

图8-111 进行渐变填充

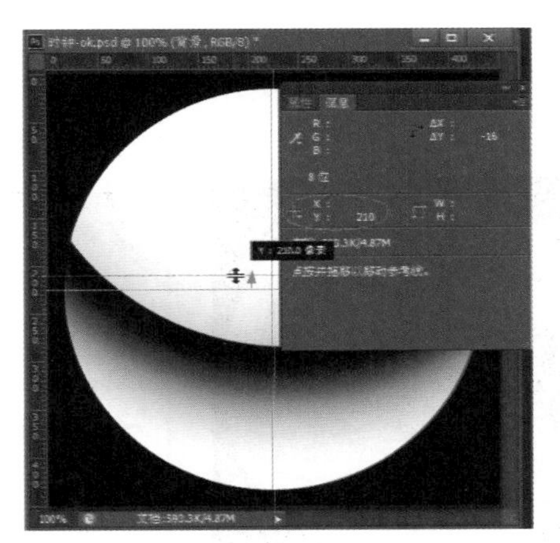

图8-112 将交叉点（即中心）向上移

提 示

色标1、色标2、色标6的颜色为白色，色标3的颜色为R209、G207、B207，色标4的颜色为黑色，色标5的颜色为R213、G213、B213。

06 在【图层】面板中新建图层2，用椭圆选框工具，按“Alt”+“Shift”键，从参考线的交叉点向外拖到适当位置，即可得到一个以参考线交叉点为中心的圆选区，如图8-113所示。

07 在工具箱中选择■渐变工具，在选项栏中单击【可编辑渐变】按钮，在弹出的对话框中设置渐变，如图8-114所示，单击【确定】按钮完成渐变编辑，再在选项栏中单击■（线性渐变）按钮，然后在画面上从上往下拖动，得到如图8-115所示的渐变。

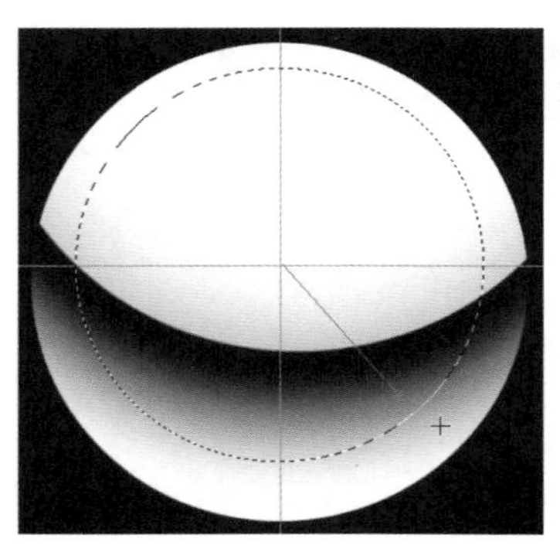
图8-113 绘制圆选区

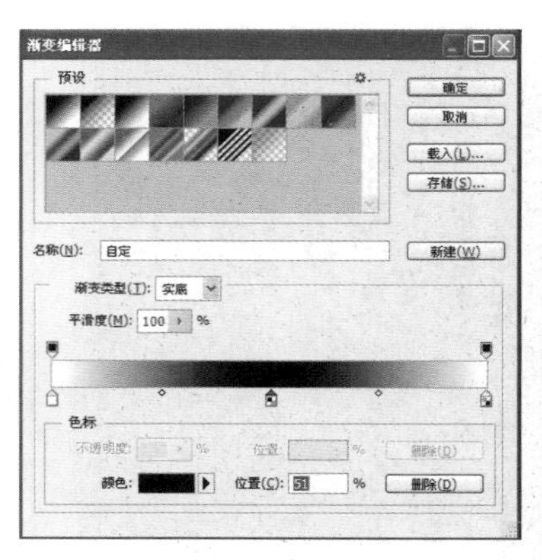

图8-114 【渐变编辑器】对话框

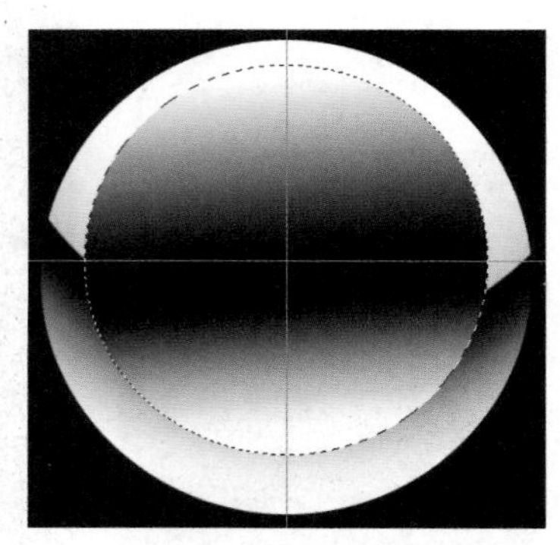
图8-115 进行渐变填充

提 示

左边色标为白色，中间色标为黑色，右边色标为白色。

08 在【图层】面板中新建图层3，用椭圆选框工具，按“Alt”+“Shift”键，从参考线的交叉点向外拖到适当位置，即可得到一个以参考线交叉点为中心的圆选区，如图8-116所示。

09 在工具箱中选择渐变工具，在选项栏中单击【可编辑渐变】按钮，在弹出的对话框中设置渐变，如图8-117所示，单击【确定】按钮完成渐变编辑，在选项栏中单击【线性渐变】按钮，然后在画面上从左下方往右上方拖动，得到如图8-118所示的渐变，再按“Ctrl”+“D”键取消选择。

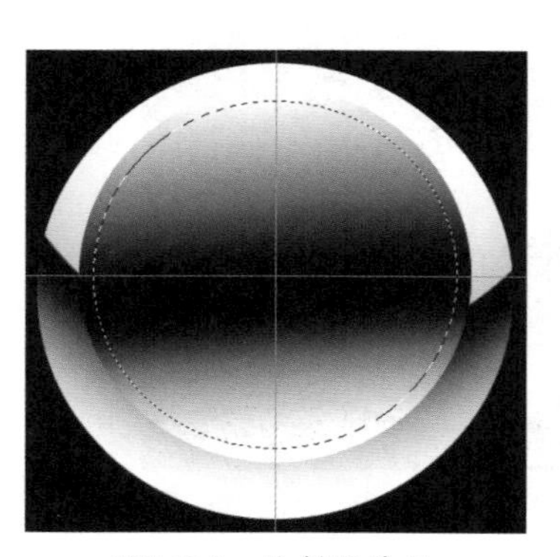
图8-116 绘制圆选区

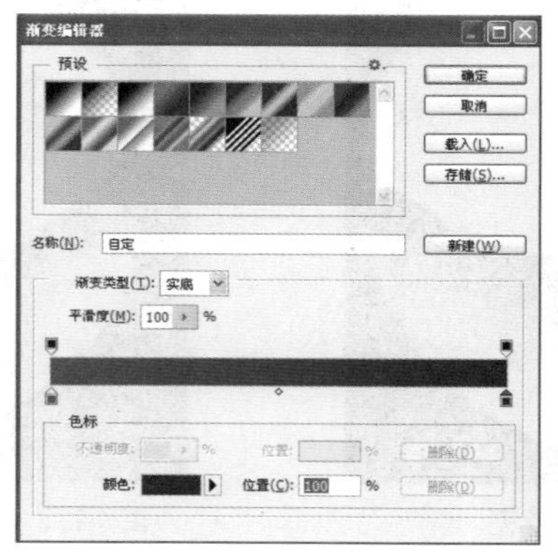

图8-117 【渐变编辑器】对话框

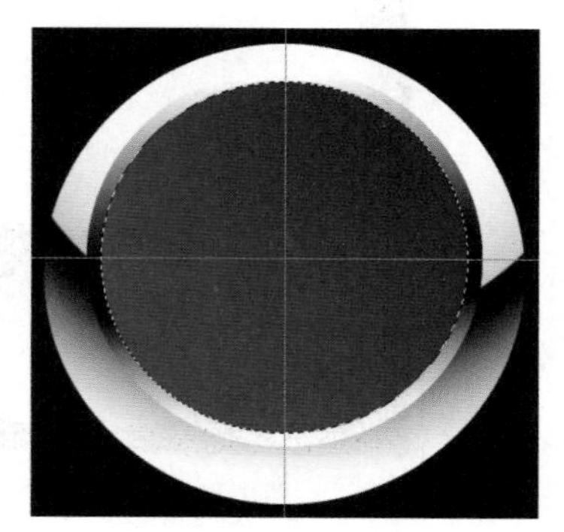
图8-118 进行渐变填充

提 示

左边色标的颜色为R20、G84、B247，右边色标的颜色为R1、G41、B82。

10 在【图层】面板中新建图层4，在工具箱中选择■直线工具，在选项栏中选择像素，设置【粗细】为12像素，然后在画面上拖出如图8-119所示的时针线；用同样的方法，分别设置【粗细】为6像素、3像素，再在画面上拖出分针线和秒针线，如图8-120所示。

提 示

如果要制作成动画，则需将时针、分针、秒针与中心轴分别绘制在不同的图层内，也就是绘制在新建的4个图层中，在此为了方便绘制在一个图层中。

11 设置前景色为黑色，在【图层】面板中新建图层5，接着在工具箱中选择椭圆工具，按“Alt”+“Shift”键，从参考线的交叉点向外拖到适当位置，即可得到一个以参考线交叉点为中心的圆点，如图8-121所示。

图8-119 绘制时针线

图8-120 绘制分针线和秒针线

图8-121 在参考线的交叉点绘制圆点

12 在【图层】面板中双击图层1，弹出【图层样式】对话框，在其中单击左边的【内发光】选项，然后在右边栏中设置【混合模式】为正常，【颜色】为黑色，【大小】为22像素，其他为默认值，如图8-122所示，单击【确定】按钮，得到如图8-123所示的效果。

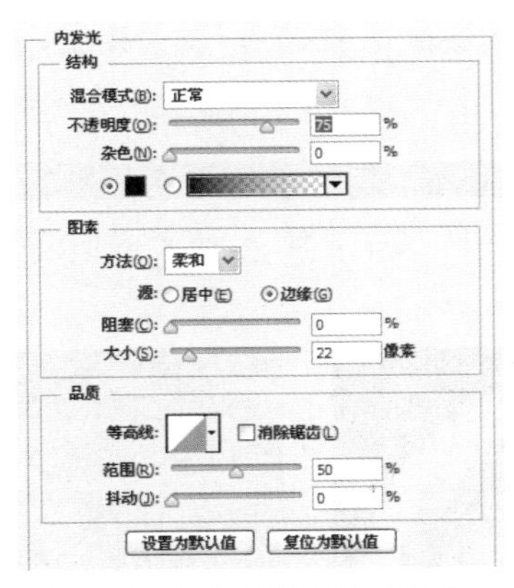

图8-122 【图层样式】对话框

图8-123 添加内发光后的效果

13 在【图层】面板中双击图层2，弹出【图层样式】对话框，在其中单击左边的【外发光】选项，然后在右边栏中设置【混合模式】为正常，【颜色】为黑色，【大小】为9像素，其他为默认值，如图8-124所示，单击【确定】按钮，得到如图8-125所示的效果。

14 在【图层】面板中双击图层3，弹出【图层样式】对话框，在其中单击左边的【内发光】选项，然后在右边栏中设置【混合模式】为正常，【颜色】为黑色，【大小】为125像素，其他为默认值，如图8-126所示，单击【确定】按钮，得到如图8-127所示的效果。

15 在【图层】面板中双击图层5，弹出【图层样式】对话框，在其中单击左边的【斜面和浮雕】选项和勾选【颜色叠加】选项，然后在右边栏中设置【大小】为7像素，其他为默认值，如图8-128所示，单击【确定】按钮，得到如图8-129所示的效果。

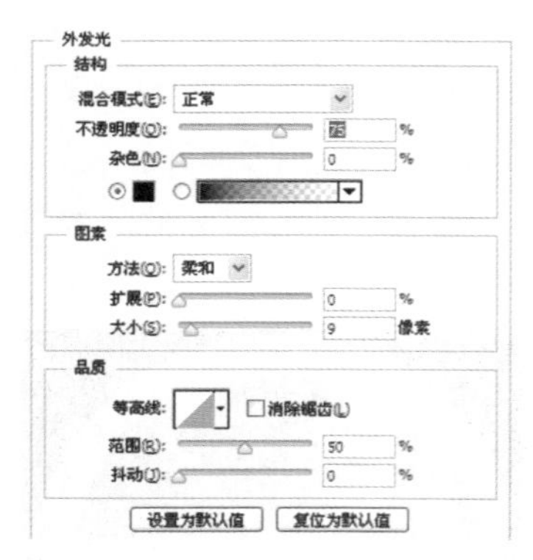

图8-124 【图层样式】对话框

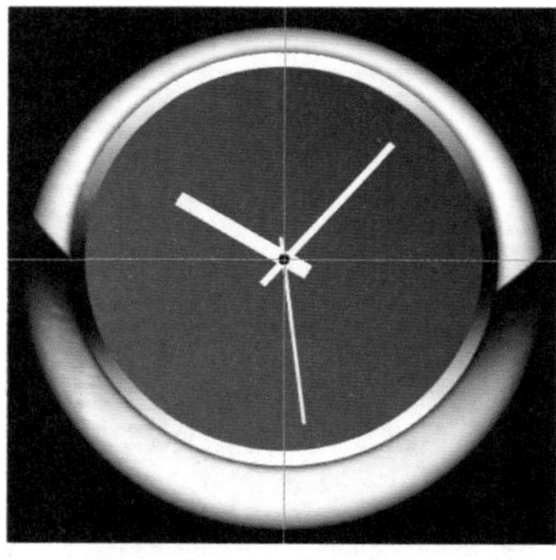

图8-125 添加外发光后的效果

图8-126 【图层样式】对话框

图8-127 添加内发光后的效果

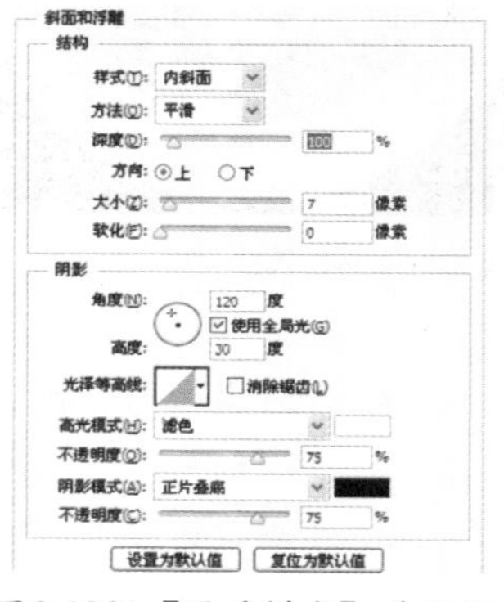

图8-128 【图层样式】对话框

图8-129 添加斜面和浮雕后的效果

16 设置前景色为白色，在【图层】面板中新建一个组，如图8-130所示，在工具箱中选择横排文字工具，在选项栏中设置参数为，然后在画面上相应的位置分别单击并输入如图8-131所示的文字，输入好文字后的【图层】面板如图8-132所示。

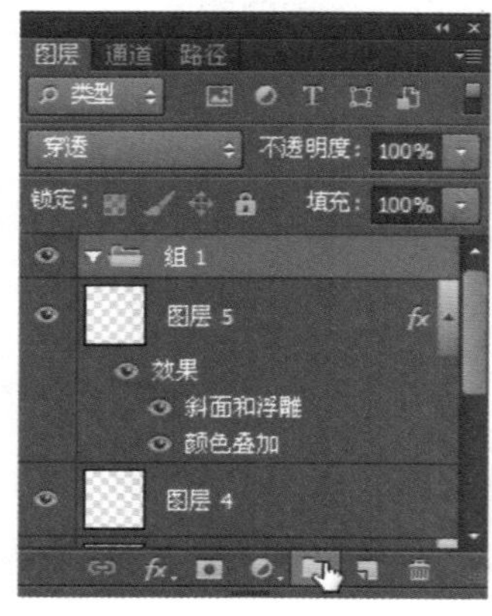

图8-130 【图层】面板

图8-131 输入文字

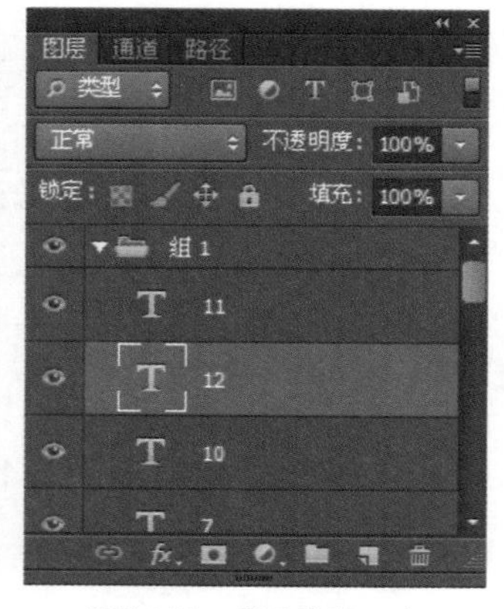

图8-132 【图层】面板

⑰ 在【图层】面板选择组 1，单击【创建新图层】按钮，新建图层6，如图8-133所示，设置图层6的【填充】为“50%”。接着在工具箱中选择椭圆选框工具，按“Alt”+“Shift”键，从参考线的交叉点向外拖到适当位置，即可得到一个以参考线交叉点为中心的圆，并填充颜色为白色，如图8-134所示。

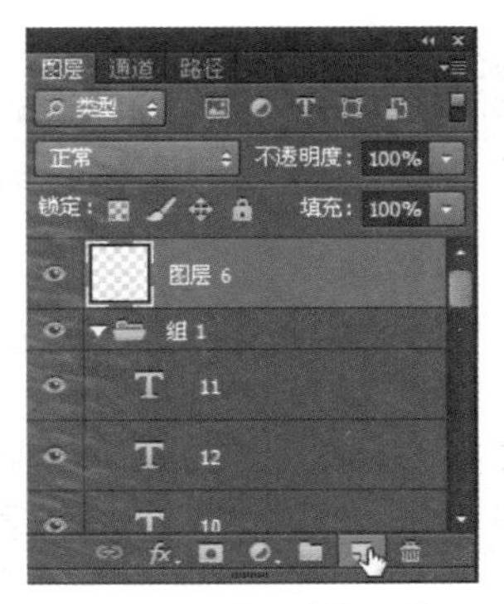

图8-133 【图层】面板

⑱ 按“Ctrl”+“D”键取消选择，显示【路径】面板，并在其中新建路径1，如图8-135所示，在工具箱中选择钢笔工具，接着在选项栏中选择路径，然后在画面上勾画出如图8-136所示的路径。

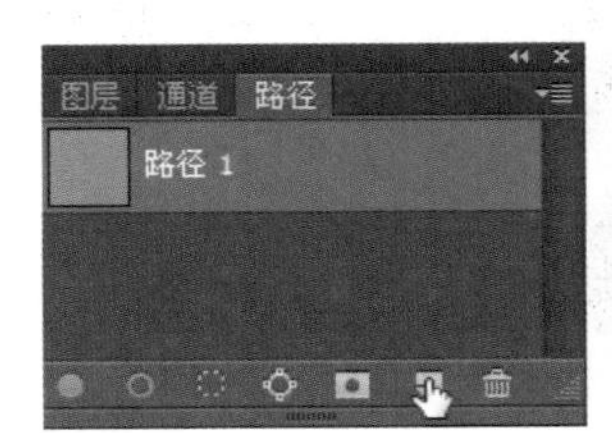

图8-135 【路径】面板

图8-134 绘制圆选框并填充颜色

图8-136 用钢笔工具勾画路径

⑲ 按“Ctrl”键用鼠标在【路径】面板中单击路径1，将路径作为选区载入，按“Delete”键删除选区内容，如图8-137所示，再按“Ctrl”+“D”键取消选择。

⑳ 在【图层】面板中设置图层6的【填充】为100%，如图8-138所示，按“Ctrl”键用鼠标单击图层6的图层缩览图，将图层6载入选区，得到如图8-139所示的选区。

图8-137 删除选区

图8-138 【图层】面板

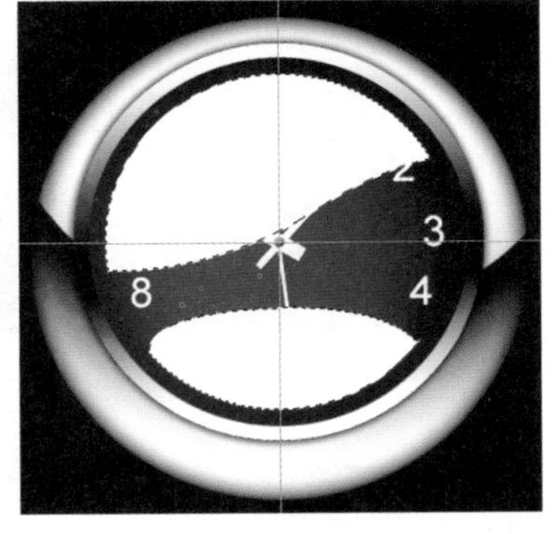

图8-139 载入选区

㉑ 在工具箱中选择矩形选框工具，在选项栏中选择按钮，移动指针到画面中框选出不要的选区，如图8-140所示，松开鼠标左键后即可将不需要的选区删去，从而得到如图8-141所示的选区。

㉒ 在【图层】面板中新建图层7，单击图层6左边的眼睛图标，关闭该图层，如图8-142所示。

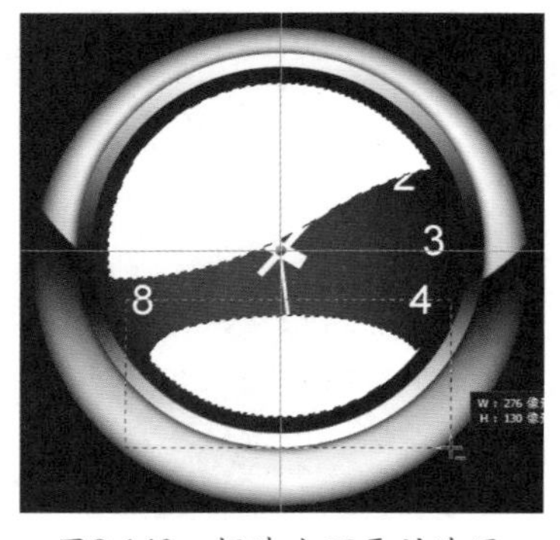

图8-140　框选出不要的选区

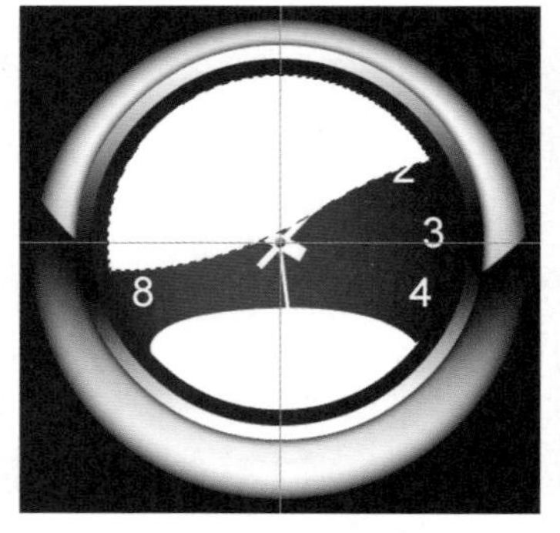

图8-141　将不需要的选区删去

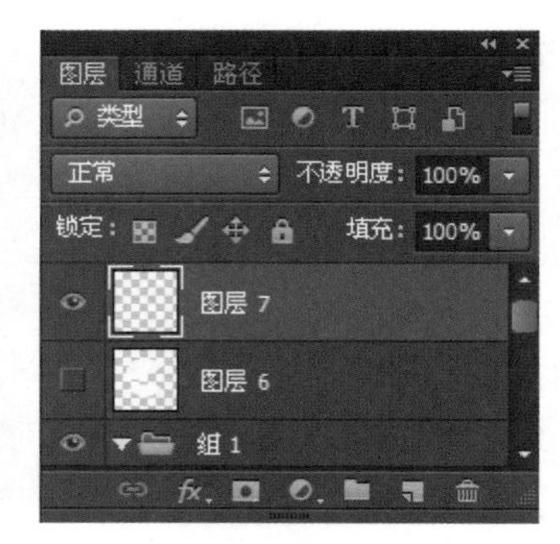

图8-142　【图层】面板

23 在工具箱中选择渐变工具，在选项栏的【渐变拾色器】中选择前景到透明渐变，如图8-143所示，然后在画面上从右上方向左下方拖动，得到如图8-144所示的渐变。

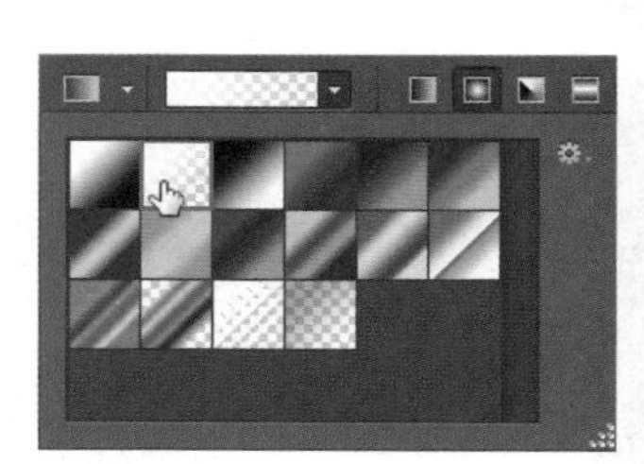

图8-143　渐变拾色器

图8-144　进行渐变填充

24 在【图层】面板中设置图层7的【填充】为80%，如图8-145所示，按“Ctrl”+“D”键取消选择，得到如图8-146所示的效果。

25 使用同样的方法制作另一个反光面，最后按“Ctrl”+“；”键隐藏参考线，得到如图8-147所示的效果。作品就制作完成了。

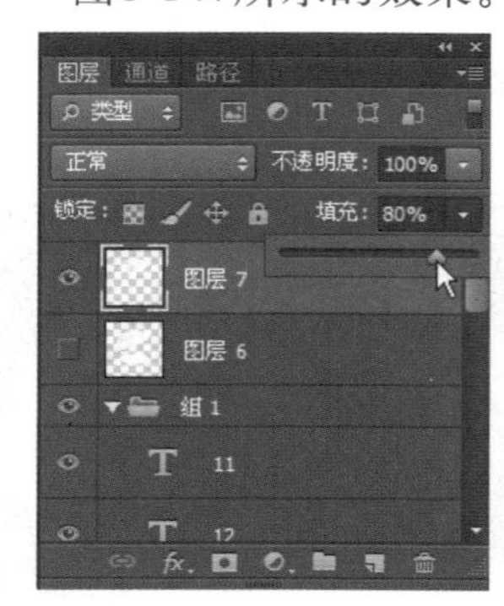

图8-145　【图层】面板

图8-146　设置【填充】后的效果

图8-147　最终效果图

8.4 茶具

实例说明

在设计人物、瓜果、花卉、瓷器时，可以使用本例“茶具”的制作方法。如

图8-148所示为范例效果图，如图8-149所示为类似范例的实际应用效果图。

图8-148 茶具最终效果图

图8-149 精彩效果欣赏

设计思路

本例先使用渐变工具、钢笔工具、椭圆选框工具、添加图层蒙版、画笔工具、将路径作为选区载入、直接选择工具、加深工具等工具与命令来绘制三维立体实物（如杯子、盘子），然后新建一个空白的图像文件，接着使用钢笔工具勾画出杯子与盘子的基本轮廓，使用渐变工具对杯子与盘子填充基本色调与颜色，最后使用描边、移动工具、添加图层蒙版、画笔工具、羽化、收缩、加深工具、色相/饱和度等工具与命令对颜色与色调进行调整，直到得到所需的效果为止。如图8-150所示为制作流程图。

图8-150 制作流程图

操作步骤

提 示

如果是画静物，可以先将盘子与杯子摆放好，并在杯子中倒一些咖啡，然后在电脑上进行绘画。

（1）绘制背景

01 按“Ctrl”+“N”键新建一个大小为600×500像素，【分辨率】为100像素/英寸，【背景内容】为白色，【颜色模式】为RGB颜色的文件。

02 设置前景色为R188、G204、B237，背景色为白色，在工具箱中选择渐变工具，在选项栏中右击工具图标，弹出快捷菜单，在其中选择【复位工具】命令，将渐变工具还原为默认值。再单击渐变条后的下拉按钮，弹出如图8-151所示的【渐变拾色器】面板，在其中选择“前景到背景”渐变，然后在画面的左下角适当位置按下左键向右上角拖动，给画面进行渐变填充，填充后的效果如图8-152所示。

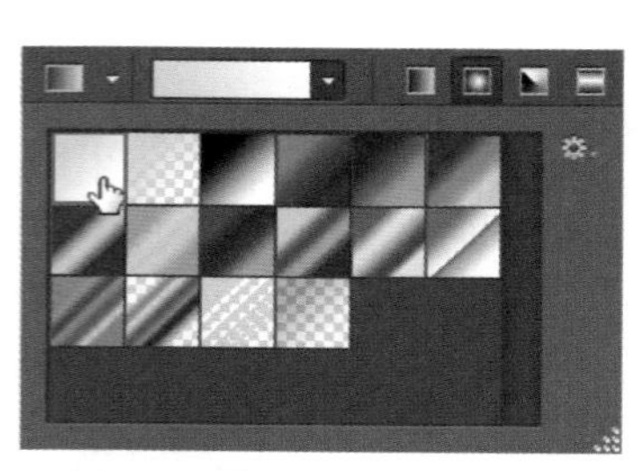
图8-151 【渐变拾色器】面板

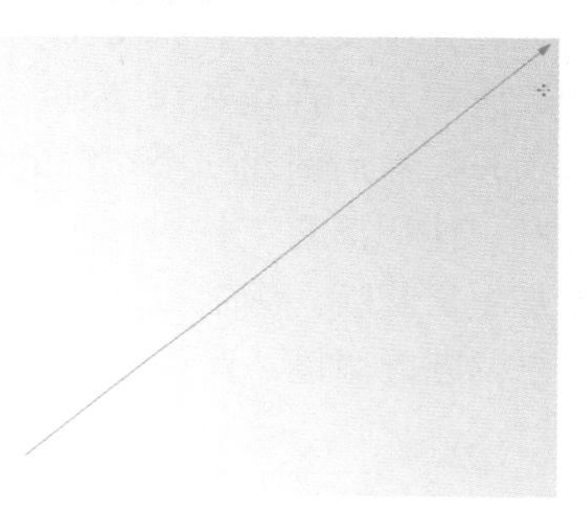
图8-152 进行渐变填充

（2）绘制盘子

03 在【图层】面板中单击【创建新图层】按钮，新建图层1，如图8-153所示。在工具箱中选择椭圆选框工具，然后在画面中绘制出一个适当大小的椭圆，如图8-154所示，表示盘子的大小。

04 在渐变工具的选项栏中单击【可编辑渐变】按钮，弹出【渐变编辑器】对话框，在其中的渐变条下方中间位置单击添加一个色标，设置该色标的颜色为白色，再单击右边的色标也选择它，然后在渐变条的左边适当位置单击以吸取颜色，如图8-155所示。

图8-153 【图层】面板

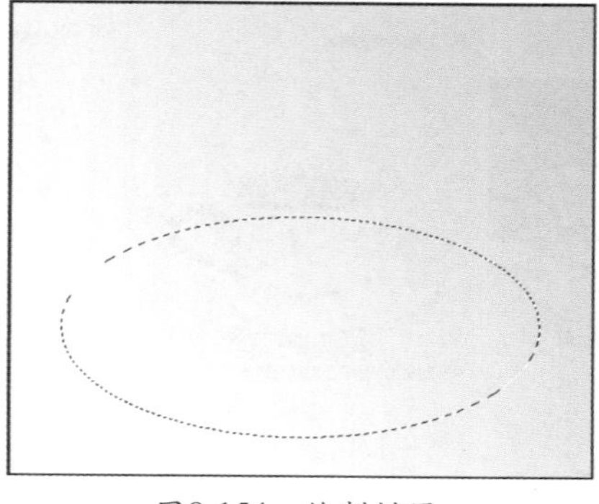
图8-154 绘制椭圆

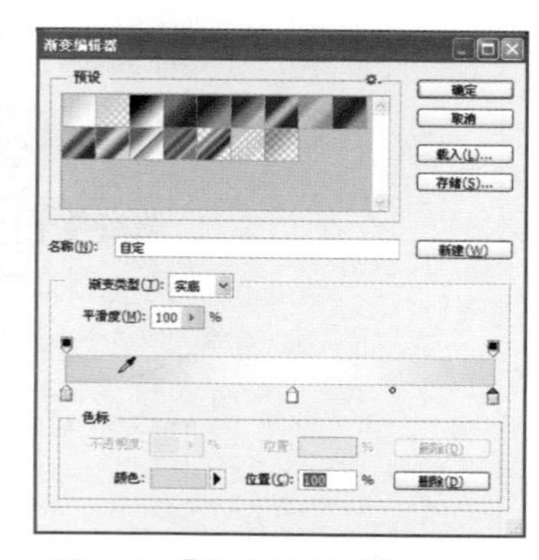

图8-155 【渐变编辑器】对话框

05 在键盘上按 “Shift” 键在椭圆选区内从左边按下左键向右边拖动，为椭圆选区进行渐变填充，填充后的效果如图8-156所示。

06 在菜单中执行【编辑】→【描边】命令，弹出【描边】对话框，在其中设置【宽度】为2，【位置】为居中，其他为默认值，如图8-157所示，单击【确定】按钮，得到如图8-158所示的效果。

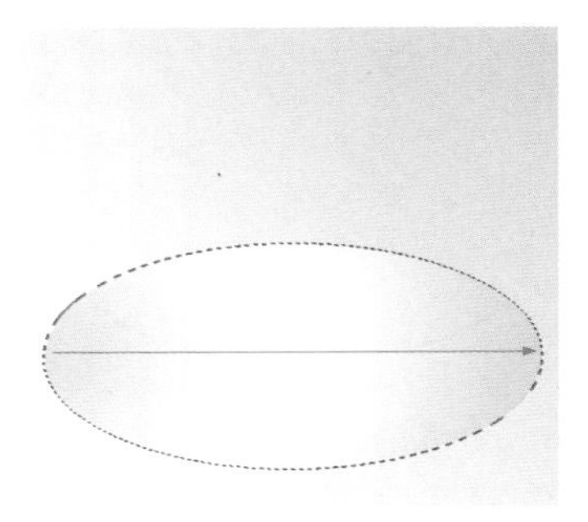

图8-156 进行渐变填充

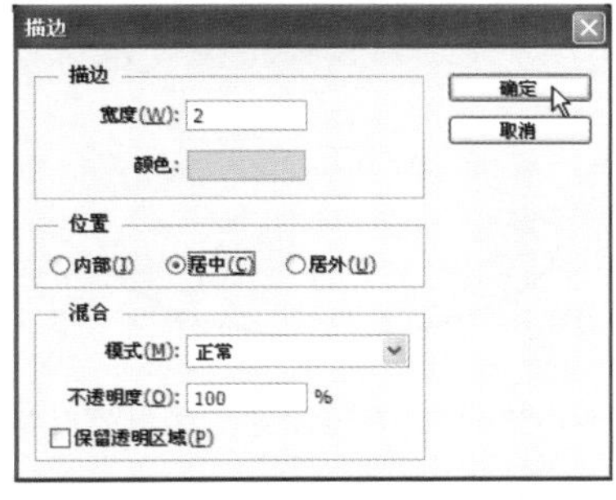

图8-157 【描边】对话框

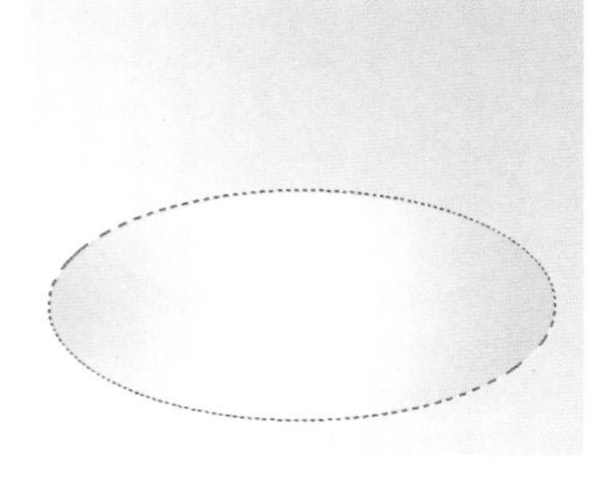

图8-158 描边后的效果

07 在【图层】面板中新建图层2，在菜单中执行【编辑】→【描边】命令，弹出【描边】对话框，在其中设置【宽度】为5像素，【颜色】为R18、G69、B148，【位置】为内部，其他不变，单击【确定】按钮，得到如图8-159所示的效果。

08 按“Ctrl”+“D”键取消选择，在工具箱中选择移动工具，在键盘上按↑（向上键）键5次，将椭圆框向上移动一定位置，得到如图8-160所示的效果。

09 在【图层】面板中单击【添加图层蒙版】按钮，给图层2添加图层蒙版，再设置前景色为黑色。在工具箱中选择画笔工具，在选项栏中设置【模式】为正常，【不透明度】为80%，【流量】为100%，再在画笔弹出式面板中选择柔角为9像素，然后在画面中不需要的边框上进行涂抹，以将不需要的部分隐藏，涂抹后的效果如图8-161所示。

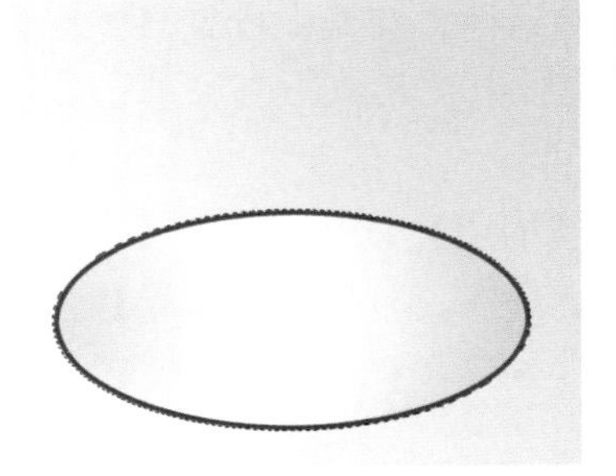

图8-159 描边后的效果

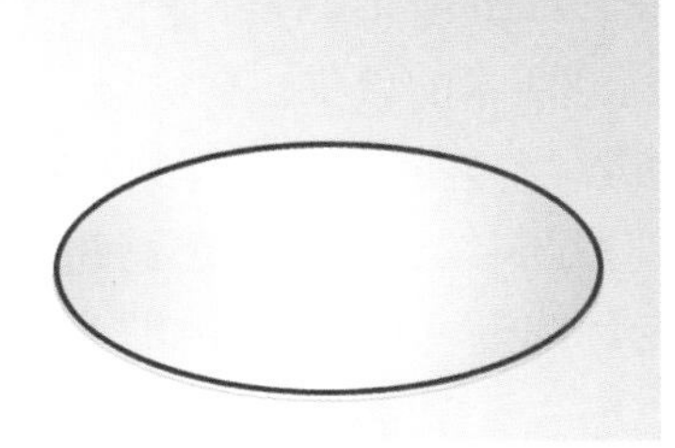

图8-160 将椭圆框向上移动一定位置

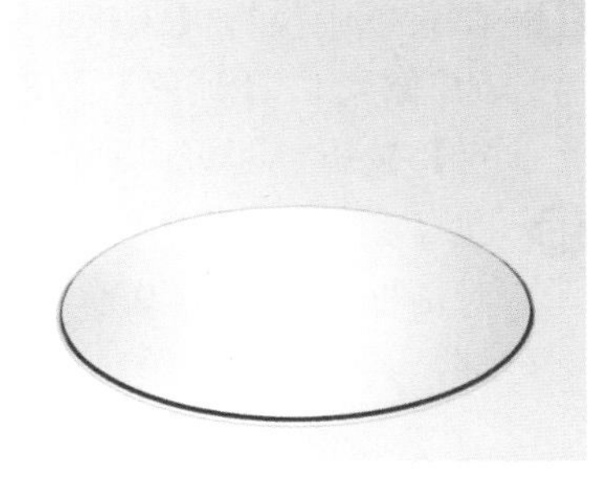

图8-161 以将不需要的部分隐藏

（3）绘制杯子

10 在工具箱中选择椭圆工具，在选项栏中选择路径，接着在画面中盘子的上方适当位置绘制一个表示杯口大小的椭圆路径，如图8-162所示。

11 在工具箱中选择钢笔工具，在画面中绘制表示杯身与杯把的形状，如图8-163所示。

12 按“Ctrl”键单击表示杯口的路径，如图8-164所示，显示【路径】面板，在其中单击【将路径作为选区载入】按钮，如图8-165所示，使所选路径载入选区。

⑬ 在【图层】面板中新建图层3，在工具箱中选择渐变工具，在选项栏中选择【径向渐变】按钮，接着单击【可编辑渐变】按钮，弹出【渐变编辑器】对话框，在其中先后更改色标的颜色，更改后的渐变如图8-166所示，单击【确定】按钮完成渐变编辑，然后在椭圆内拖动，为椭圆进行渐变填充，填充后的效果如图8-167所示。

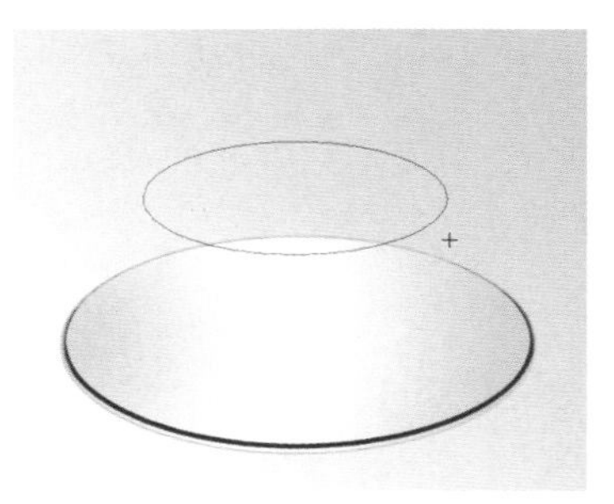

图8-162 绘制椭圆路径

图8-163 绘制表示杯身与杯把的形状

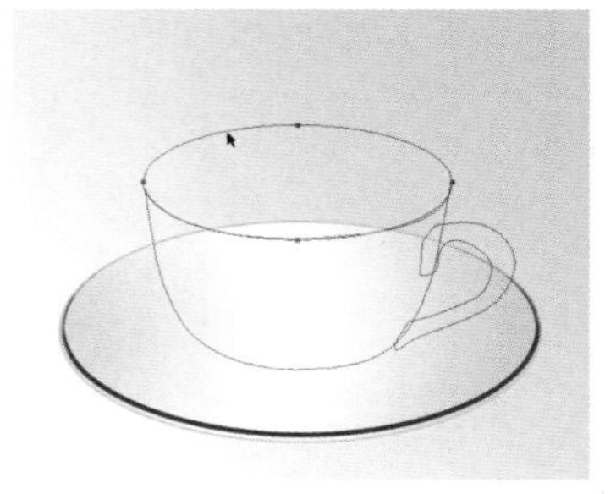

图8-164 选择路径

图8-165 【路径】面板

图8-166 【渐变编辑器】对话框

图8-167 进行渐变填充

⑭ 在菜单中执行【编辑】→【描边】命令，弹出【描边】对话框，在其中设置【宽度】为2像素，【颜色】为R188、G204、B237，【位置】为居中，其他不变，单击【确定】按钮，即可得到如图8-168所示的效果。

⑮ 在【图层】面板中新建图层4，在菜单中执行【编辑】→【描边】命令，弹出【描边】对话框，在其中设置【宽度】为4像素，【颜色】为R30、G48、B110，【位置】为内部，其他不变，单击【确定】按钮，即可得到如图8-169所示的效果。

图8-168 描边后的效果

图8-169 描边后的效果

⑯ 按“Ctrl”+“D”键取消选择，在工具箱中选择移动工具，再在键盘上按↑（向上

键）键2次，将椭圆框向上移动一定位置，得到如图8-170所示的效果。

17 在【图层】面板中激活图层2，再新建图层5，如图8-171所示，在工具箱中选择直接选择工具，在画面中单击要选择的路径，然后在【路径】面板中单击【将路径作为选区载入】按钮，使所选路径载入选区，如图8-172所示。

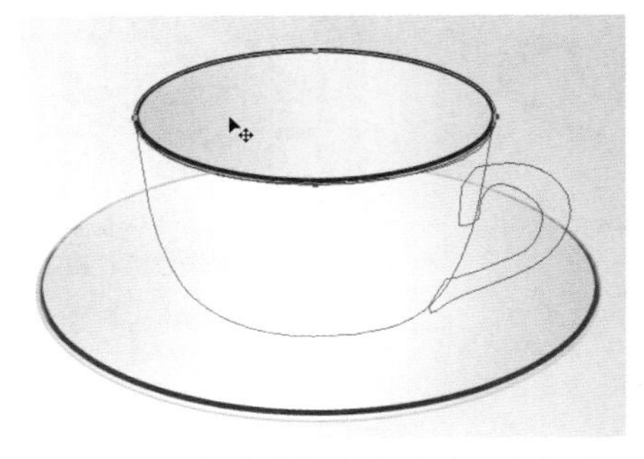

图8-170 将椭圆框向上移动一定位置

图8-171 【图层】面板

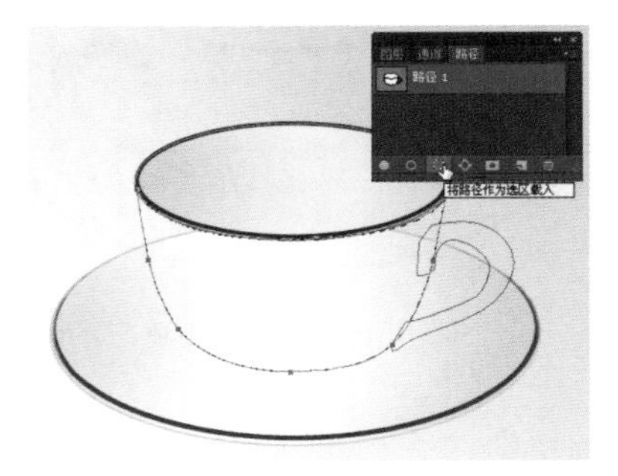

图8-172 将路径作为选区载入

18 在工具箱中选择渐变工具，在选项栏中选择按钮，然后在画面中适当位置进行拖动，给选区进行渐变填充，填充后的效果如图8-173所示。

19 在渐变工具的选项栏中单击【可编辑渐变】按钮，弹出【渐变编辑器】对话框，在其中单击【新建】按钮，将前面编辑的渐变存储在预设栏中，如图8-174所示，再对3个色标进行颜色编辑，编辑好后的效果如图8-175所示，单击【确定】按钮。

图8-173 进行渐变填充

图8-174 【渐变编辑器】对话框

图8-175 【渐变编辑器】对话框

20 在【图层】面板中新建图层6，按“Ctrl”键在画面中单击表示杯把的路径，并使它载入选区，再在选项栏中单击（对称渐变）按钮，然后在画面中的选区上进行拖动，对杯把进行渐变填充，填充后的效果如图8-176所示。

21 在【路径】面板的空档区域单击，隐藏路径显示，如图8-177所示。

（4）绘制杯中咖啡

22 在【图层】面板中激活图层3，再新建图层7，如图8-178所示，在工具箱中选择椭圆选框工具，然后在杯口的下方绘制一个椭圆选框，如图8-179所示。

23 将图层5拖到图层7的上面，再单击图层7，以它为当前图层，如图8-180所示。

24 设置前景色为R166、G124、B96，按“Shift”＋“F6”键执行【羽化】命令，弹出【羽化选区】对话框，在其中设置【羽化半径】为10像素，单击【确定】按钮，即可将选区进行羽化，然后按“Alt”+“Delete”键填充前景色，即可得到如图8-181所示的效果。

图8-176　进行渐变填充

图8-177　隐藏路径显示

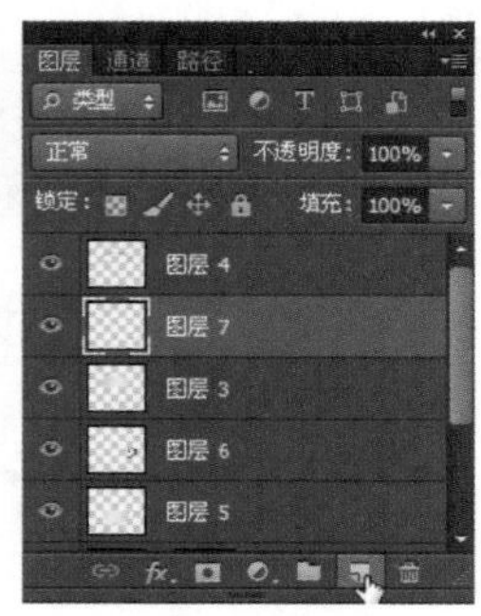

图8-178　【图层】面板

图8-179　绘制一个椭圆选框

图8-180　【图层】面板

图8-181　填充前景色

25 在菜单中执行【选择】→【修改】→【收缩】命令，弹出【收缩选区】对话框，在其中设置【收缩量】为3像素，如图8-182所示，单击【确定】按钮，以将选区适当缩小，然后按“Ctrl”+“U”键执行【色相/饱和度】命令，弹出【色相/饱和度】对话框，在其中勾选【着色】复选框，设置【色相】为27，【饱和度】为74，其他不变，如图8-183所示，单击【确定】按钮，得到如图8-184所示的效果。

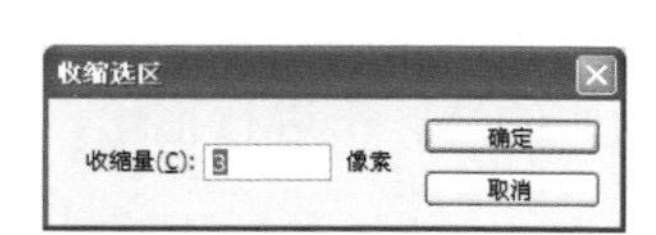

图8-182　【收缩选区】对话框

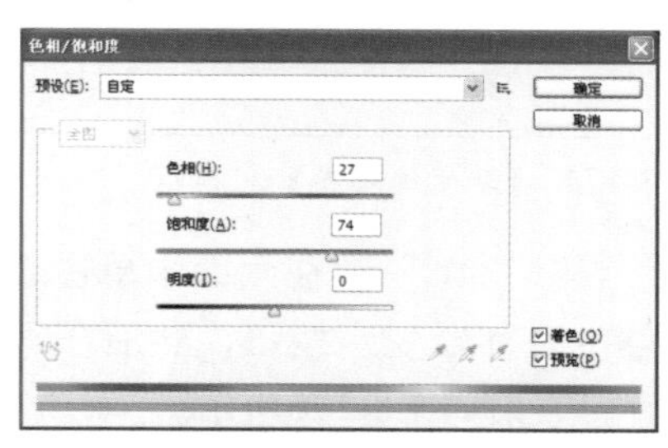

图8-183　【色相/饱和度】对话框

图8-184　执行【色相/饱和度】后的效果

26 在【图层】面板中新建图层8，如图8-185所示。用椭圆选框工具在画面中绘制出一个稍小一点的椭圆选框，再将其移动到适当位置，如图8-186所示。

27 设置前景色为R85、G64、B36，按“Shift”+“F6”键执行【羽化】命令，弹出【羽化选区】对话框，在其中设置【羽化半径】为3像素，单击【确定】按钮，即可将选区进行羽化，然后按“Alt”+“Delete”键填充前景色，得到如图8-187所示的效果。

图8-185 【图层】面板

图8-186 绘制椭圆选框

图8-187 填充前景色

28 在菜单中执行【编辑】→【描边】命令，弹出【描边】对话框，在其中设置【宽度】为1像素，【颜色】为R207、G153、B82，【位置】为“居外”，其他不变，单击【确定】按钮，取消选择后得到如图8-188所示的效果。

29 在【图层】面板中单击【添加图层蒙版】按钮，给图层8添加图层蒙版，如图8-189所示，接着在工具箱中选择画笔工具，在选项栏中设置【不透明度】为100%，在画笔弹出式面板中选择柔角为13像素，如图8-190所示，然后在画面中不需要的部分进行涂抹，以将其隐藏，隐藏后的效果如图8-191所示。

30 在【图层】面板中激活图层7，在底部单击【添加图层蒙版】按钮，给图层7添加图层蒙版，然后在画面中不需要的部分进行涂抹，以将其隐藏，隐藏后的效果如图8-192所示。

31 观察图像发现杯把被隐藏了一部分，因此需要对它进行调整。在【图层】面板中拖动图层6到图层5的上方，即可将杯把没有显示的部分显示出来了，如图8-193所示。

图8-188 描边后的效果

图8-189 【图层】面板

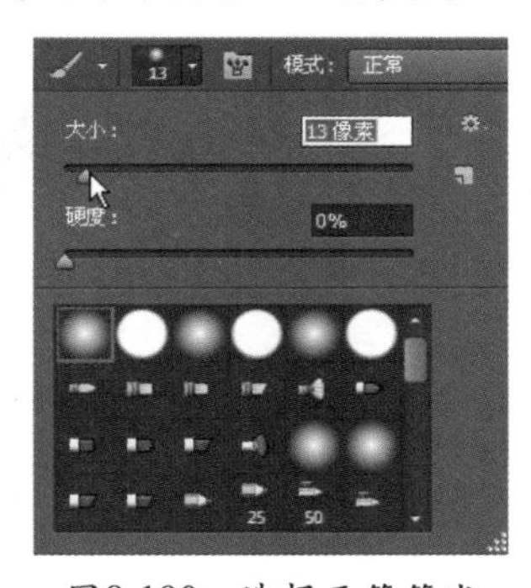

图8-190 选择画笔笔尖

图8-191 隐藏不需要的部分

图8-192 隐藏不需要的部分

图8-193 调整排放顺序

32 设置前景色为R85、G64、B36，在【图层】面板中先激活图层8，再新建图层9，如图8-194所示，用椭圆选框工具在杯子的底部绘制一个小椭圆选区，按“Alt”+

"Delete"键填充前景色，得到如图8-195所示的效果。

33 按"Ctrl"+"D"键取消选择，在菜单中执行【滤镜】→【模糊】→【高斯模糊】命令，弹出【高斯模糊】对话框，在其中设置【半径】为3像素，得到如图8-196所示的效果。

图8-194 【图层】面板

图8-195 填充前景色

图8-196 高斯模糊后的效果

34 在【图层】面板中先激活图层9，再新建图层10，用钢笔工具在杯子的底部绘制一个表示杯子倒影的形状，如图8-197所示。

35 显示【路径】面板，按"Ctrl"键单击工作路径的缩览图标，使工作路径载入选区，如图8-198所示，再按"Shift"+"F6"键执行【羽化】命令，弹出【羽化选区】对话框，在其中设置【羽化半径】为2像素，以将选区进行羽化。

图8-197 绘制杯子倒影

图8-198 将工作路径载入选区

36 在工具箱中选择渐变工具，在选项栏中单击渐变条后的下拉按钮，弹出【渐变拾色器】面板，在其中选择前面保存的渐变，如图8-199所示，然后在选区内进行拖动，为选区进行渐变填充，填充后的效果如图8-200所示。

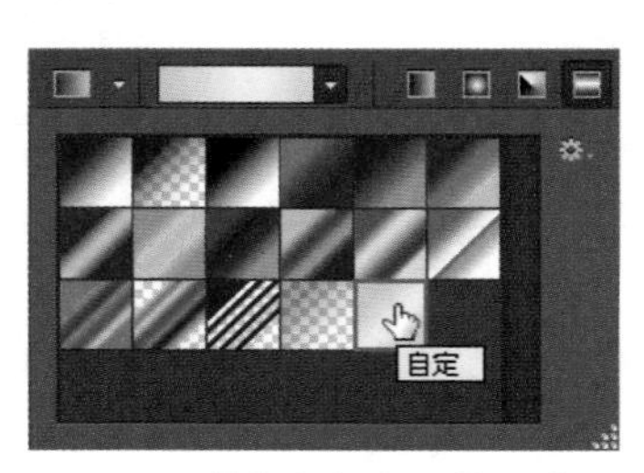

图8-199 【渐变拾色器】面板

图8-200 进行渐变填充

37 按“Ctrl”+“D”键取消选择，在【图层】面板中单击【添加图层蒙版】按钮，为图层10添加图层蒙版，如图8-201所示，接着在工具箱中选择画笔工具，在选项栏中设置【不透明度】为60%，【画笔】为柔角21像素，然后在画面中太明显的部分进行涂抹，以将其渐隐，涂抹后的效果如图8-202所示。

38 按“X”键切换前景色与背景色，使前景色为白色，在画笔工具的选项栏中设置【不透明度】为30%，然后在画面中进行涂抹，将过多隐藏的部分显示，涂抹后的效果如图8-203所示。

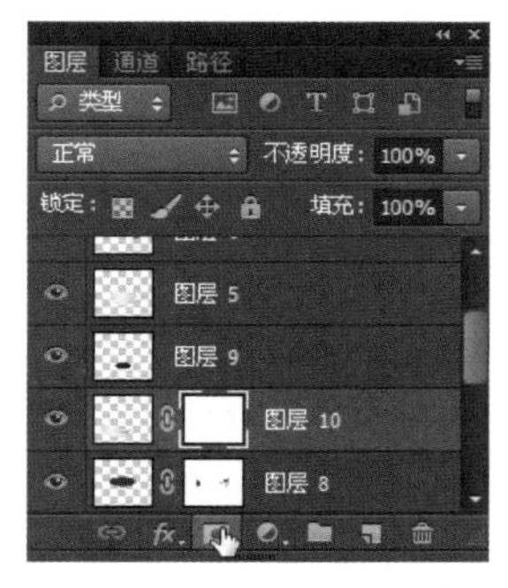
图8-201 【图层】面板

图8-202 隐藏不需要的部分

图8-203 显示过多隐藏的部分

（5）加强立体感

39 按“Ctrl”+“J”键复制图层6为图层6副本，并隐藏图层6，如图8-204所示，这样是为了防止在加深或涂抹时出错，以便及时还原。在工具箱中选择加深工具，在选项栏中设置【范围】为中间调，【曝光度】为50%，画笔大小为柔角9像素，然后在杯把上进行涂抹，将杯把的亮部与暗部大体区分开来，涂抹后的效果如图8-205所示。

40 在【图层】面板中先激活图层5，同样按“Ctrl”+“J”键复制图层5为图层5副本，并隐藏图层5。在画面中右击弹出画笔面板，在其中设置【大小】为52像素，然后在画面中需要加深的地方进行涂抹，涂抹后的效果如图8-206所示。

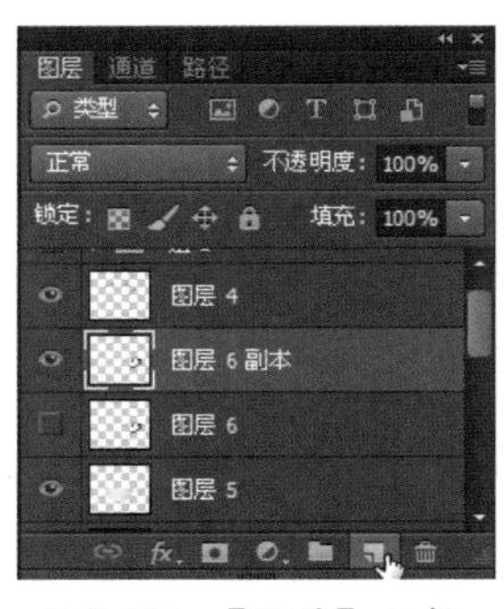
图8-204 【图层】面板

图8-205 将杯把亮部与暗部区分开

图8-206 在需要加深的地方进行涂抹

41 使用前面同样的方法对盘子进行涂抹，以加深杯把倒影的区域，如图8-207所示。

42 在【图层】面板中激活图层4，在底部单击【添加图层蒙版】按钮，为图层4添加图层蒙版，如图8-208所示，然后使用画笔工具在杯口的边缘进行涂抹，以隐藏不需要的部分，涂抹后的效果如图8-209所示。

图8-207 加深杯把倒影的区域

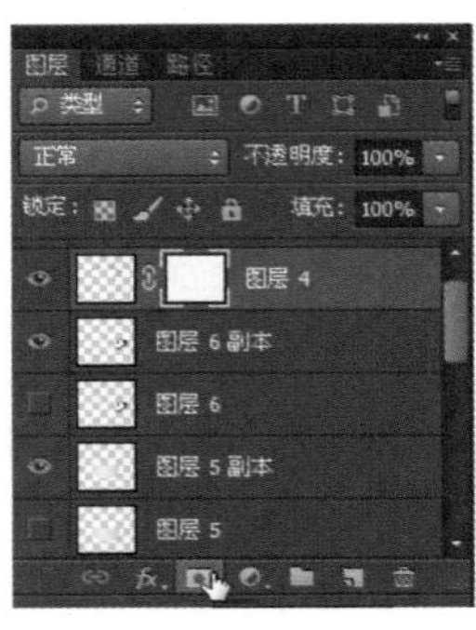

图8-208 【图层】面板

图8-209 隐藏不需要的部分

43 在工具箱中选择钢笔工具，在咖啡处绘制杯口的倒影形状，如图8-210所示，显示【路径】面板，按“Ctrl”键单击工作路径的缩览图标，使工作路径载入选区，如图8-211所示。

44 在【图层】面板中新建图层11，在工具箱中选择渐变工具，在选项栏中选择【线性渐变】按钮，然后在选区内拖动，为选区进行渐变填充，填充后的效果如图8-212所示。

图8-210 绘制杯口的倒影形状

图8-211 使工作路径载入选区

图8-212 进行渐变填充

45 按“Ctrl”+“D”键取消选择，在【图层】面板中单击【添加图层蒙版】按钮，给图层11添加图层蒙版，如图8-213所示，再在工具箱中选择画笔工具，在选项栏中设置【不透明度】为100%，其他不变，然后在画面中将不需要的部分隐藏，隐藏后的效果如图8-214所示。

图8-213 【图层】面板

图8-214 隐藏不需要的部分

46 在【图层】面板中单击图层11的图层缩览图标，进入标准模式编辑，如图8-215所示，再在工具箱中选择加深工具，然后在画面中需要加深的区域进行涂抹，涂抹后的效果如图8-216所示。

图8-215 【图层】面板

图8-216 在需要加深的区域进行涂抹

47 设置前景色为白色，在工具箱中选择钢笔工具，在画面中绘制一条曲线，如图8-217所示，再选择画笔工具，在选项栏中设置【画笔】为尖角3像素，【不透明度】为100%，然后在【路径】面板中单击 ○ （用画笔描边路径）按钮，给路径描边，如图8-218所示。

48 在【路径】面板中空档区域单击隐藏路径显示，在工具箱中选择加深工具，在选项栏中设置【画笔】为柔角5像素，其他不变，激活画面，然后按“Ctrl”+“+”键放大画面，接着在刚绘制的白色线条下方进行涂抹，以加深其下方的颜色，涂抹后的效果如图8-219所示。

图8-217 绘制一条曲线

图8-218 用画笔描边路径

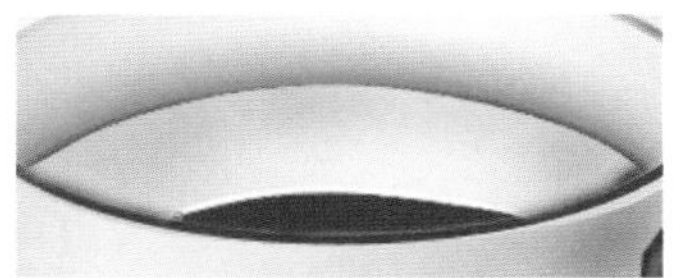
图8-219 用加深工具加深颜色

49 在【图层】面板中设置图层11的【不透明度】为12%，将该图层不透明度降低，其效果与面板如图8-220所示。

50 在【图层】面板中先激活背景层，再新建图层12。在工具箱中选择椭圆选框工具，在选项栏中设置【羽化】为5像素，其他不变，然后在画面中绘制出一个椭圆，如图8-221所示，用来绘制盘子的阴影。

图8-220 降低不透明度后的效果

图8-221 绘制一个椭圆

51 在工具箱中选择渐变工具，在选项栏中单击【可编辑渐变】按钮，弹出【渐变编辑器】对话框，在其中选择左边的色标，改变其颜色，其他不变，如图8-222所示，单击【确定】按钮，然后在画面中进行拖动，为选区进行渐变填充，填充后的效果如图8-223所示。

52 在【图层】面板中先激活背景层，再新建图层13，然后用椭圆选框工具绘制一个椭圆选区，如图8-224所示，同样对椭圆选区进行渐变填充，渐变填充后的效果如图8-225所示。

53 按“Ctrl”+“D”键取消选择，在【图层】面板中先激活图层12，在底部单击【添加图层蒙版】按钮，给图层12添加图层蒙版，接着在工具箱中选择画笔工具，在选项栏中设置【画笔】为柔角66像素，【不透明度】为40%，其他不变，然后在画面中盘子的阴影处进行涂抹，将部分内容稍稍隐藏，涂抹后的效果如图8-226所示。

54 在【图层】面板中设置图层12的【不透明度】为70%，将该图层的不透明度降低，如图8-227所示。

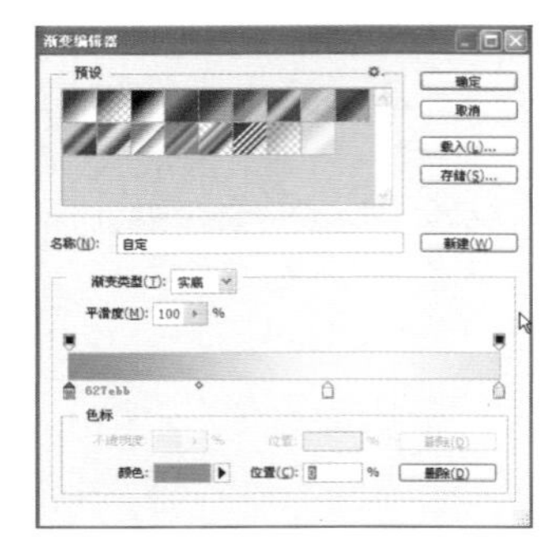

图8-222 【渐变编辑器】对话框

图8-223 进行渐变填充

图8-224 绘制一个椭圆选区

图8-225 进行渐变填充

图8-226 隐藏不需要的部分

图8-227 降低不透明度后的效果

55 在【图层】面板中单击图层12的图层缩览图标，进入标准模式编辑。接着在工具箱中选择加深工具，在选项栏中设置【画笔】为柔角33像素，其他不变，然后在画面中盘子的阴影处进行涂抹，效果如图8-228所示。

图8-228 在盘子的阴影处进行涂抹

56 按“Ctrl”+“+”键放大画面，在【图层】面板中单击图层4的图层蒙版图标，进入蒙版编辑，再设置前景色为白色，在工具箱中选择画笔工具，在画面中右击弹出画笔面板，在其中设置

【大小】为3像素，如图8-229所示，然后在杯口处进行涂抹，显示出一些被过多隐藏的部分，如图8-230所示。

57 设置前景色为黑色，使用画笔工具对杯口边缘进行精细处理，处理后的效果如图8-231所示。

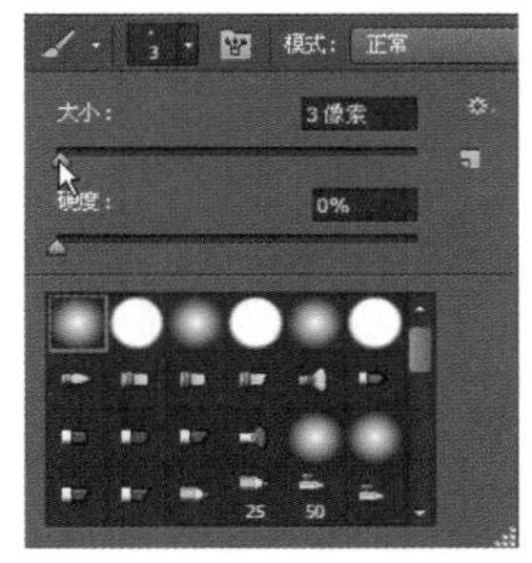

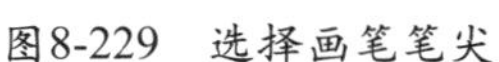
图8-229 选择画笔笔尖

图8-230 在杯口处进行涂抹

图8-231 对杯口边缘进行精细处理

58 按“Ctrl”+“-”键缩小画面，在【图层】面板中激活图层9，即杯子阴影所在图层，如图8-232所示，按“Ctrl”+“U”键执行【色相/饱和度】对话框，在其中先勾选【着色】复选框，再设置【色相】为232，【饱和度】为79，单击【确定】按钮，即可将阴影的颜色进行调整，调整后的效果如图8-233所示。

59 在【图层】面板中激活图层5副本，在工具箱中选择涂抹工具，在选项栏中设置【画笔】为柔角5像素，【模式】为正常，【强度】为80%，不勾选【对所有图层取样】与【手指绘画】复选框，然后在画面中的杯口与杯身的接口处进行涂抹，使它过渡平滑，如图8-234所示。

图8-232 【图层】面板

图8-233 执行【色相/饱和度】后的效果

图8-234 在杯口与杯身的接口处进行涂抹

（6）绘制高光

60 按“Ctrl”键在【图层】面板中单击构成杯子结构所在的图层，再按“Ctrl”+“E”键将它们合并为一个图层，如图8-235所示。

61 设置前景色为白色，按“Ctrl”+“+”键放大画面，按“Ctrl”+“J”键复制刚合并的图层（即图层11）为图层11副本，隐藏图层11，如图8-236所示，在涂抹工具的选项栏中设置【画笔】为尖角3像素，勾选【手指绘画】复选框，其他不变，然后先在杯口、盘子与咖啡的边缘处绘制高光，如图8-237所示，移动画面向左以显示杯把，在杯把上绘制高光，如图8-238所示。

62 在选项栏中取消【手指绘画】复选框的勾选，在画面中对杯把和刚绘制的高光进行涂抹，使杯把与杯身连接好，使高光融合到画面中，然后绘制杯把在杯身上的倒影，如图8-239、图8-240所示。

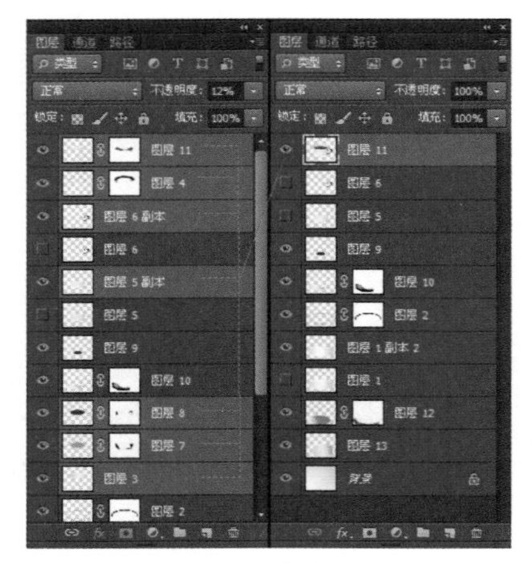

图8-235 合并图层

图8-236 【图层】面板

图8-237 绘制高光部分

图8-238 绘制高光部分

图8-239 在倒影处进行涂抹

图8-240 在高光处进行涂抹

63 在选项栏中勾选【手指绘画】复选框，在画面中再次绘制高光，如图8-241所示，然后取消【手指绘画】复选框的勾选，在画面中对刚绘制的高光进行来回涂抹，使它们融合到画面中，如图8-242所示。

64 在工具箱中选择加深工具，在画面中一些需要加深的地方进行涂抹，加深后的效果如图8-243所示。

图8-241 绘制高光

图8-242 在高光处进行涂抹

图8-243 在需要加深的地方进行涂抹

65 在【图层】面板中激活图层10，使用加深工具对杯子的阴影进行涂抹，以加深阴影，如图8-244所示。

（7）添加文字

66 设置前景色为R48、G72、B156，在【图层】面板中先激活图层11副本，如图8-245所示，在工具箱中选择横排文字工具，在画面中单击并输入“与时具进”文字，选择文字后在【字符】面板中设置【字体】为隶书，【字体大小】为36点，【垂直缩放】为130%，【所选字符间距】为50，如图8-246所示，在选项栏中单击✓(提交)按钮，得到如图8-247所示的文字。

图8-244 对杯子的阴影进行涂抹

图8-245 【图层】面板

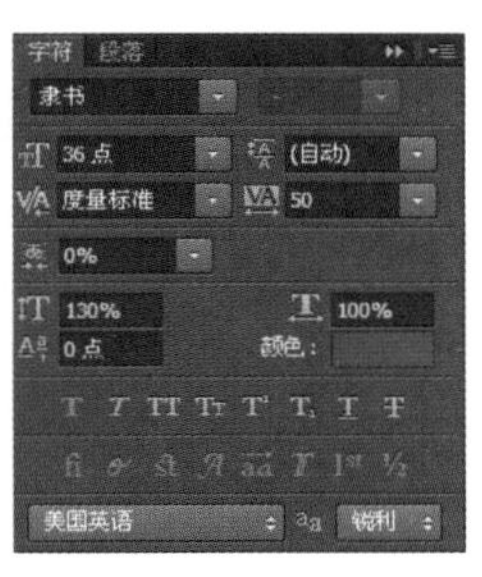

图8-246 【字符】面板

图8-247 输入文字

67 在选项栏中单击(创建文字变形）按钮，弹出【变形文字】对话框，在其中选择【样式】为拱形，【弯曲】为－20，其他不变，如图8-248所示，单击【确定】按钮，得到如图8-249所示的效果。

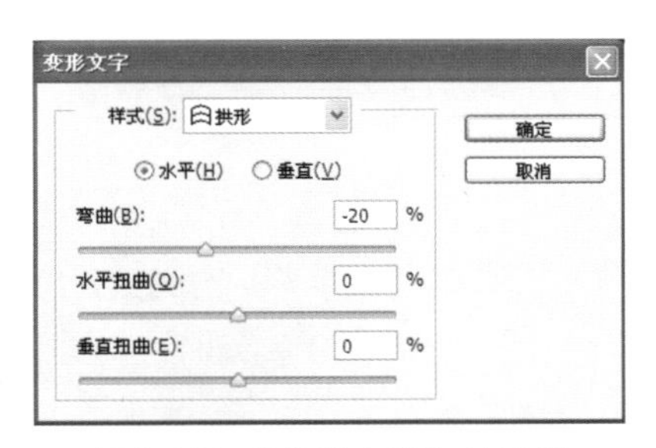

图8-248 【变形文字】对话框

图8-249 文字变形后的效果

68 在【图层】面板中设置文字图层的【混合模式】为正片叠底，如图8-250所示，得到如图8-251所示的效果。作品就制作完成了。

图8-250 【图层】面板

图8-251 最终效果图

第9章

广告设计

本章通过小区楼盘广告、杨梅酒广告、汽车广告、户外广告4个范例的制作，介绍了Photoshop中广告设计的技巧。

9.1 小区楼盘广告

实例说明

在设计广告和海报时，可以使用本例“小区楼盘广告”中的制作方法。如图9-1所示为范例效果图，如图9-2所示为类似范例的实际应用效果图。

图9-1　小区楼盘广告最终效果图

图9-2　精彩效果欣赏

设计思路

先新建一个有背景颜色的文档，接着打开所需的素材并用移动工具、添加图层蒙版、画笔工具、渐变工具等工具与命令将其拖动到新建的文档中进行排放与组合，再使用横排文字工具添加主题宣传文字及相关的宣传文字与装饰文字。如图9-3所示为制作流程图。

① 复制人物并排放到适当位置

② 复制相应的图片并排放到适当位置

③ 修改蒙版后的效果

④ 复制相应的图片并排放到适当位置

⑤ 输入文字后的效果

⑥ 改变图层顺序后的最终效果

图9-3　制作流程图

操作步骤

01 在工具箱中设置背景色为#f5dfba，按“Ctrl”+“N”键弹出【新建】对话框，在其中设置【大小】为800×560像素，【分辨率】为300像素/英寸，【背景内容】为背景色，设置好后单击【确定】按钮，即可新建一个图像文件。

02 按“Ctrl”+“O”键从配套光盘的素材库中打开一个图像文件，如图9-4所示，再用移动工具将其拖动到新建的画面中，并排放到适当位置，如图9-5所示。

图9-4 打开的文件

图9-5 复制并移动图片

03 使用同样的方法打开一张图片，使用移动工具将其拖动到画面中，然后将其排放到适当位置，如图9-6所示。

04 使用同样的方法再打开一张图片，使用移动工具将其拖动到画面中，然后将其排放到适当位置，如图9-7所示。

图9-6 复制并移动图片

图9-7 复制并移动图片

05 在【图层】面板中拖动复制的图层到背景层的上层，如图9-8所示。

06 在【图层】面板中单击【添加图层蒙版】按钮，为图层3添加图层蒙版，如图9-9所示。

07 设置前景色为黑色，按“G”键选择渐变工具，在选项栏的【渐变拾色器】中选择前景到透明渐变，如图9-10所示，然后在画面中从上向下拖动，对蒙版进行编辑，编辑后的效果如图9-11所示。

图9-8　改变图层顺序

图9-9　添加图层蒙版

图9-10　选择渐变颜色

图9-11　修改蒙版后的效果

08 使用同样的方法将其他的图片与文字复制到画面中，并排放到适当位置，排放好后的效果如图9-12所示。

09 在工具箱中选择横排文字工具，在选项栏中设置为 文鼎特粗圆简 14点，颜色为 # b2101e，然后在画面中适当位置单击并输入所需的文字，输入好文字后的效果如图9-13所示。

图9-12　复制并移动图片

图9-13　输入文字

⑩ 使用同样的方法再输入所需的文字，输入好文字后的效果如图9-14所示。

⑪ 按“Shift”键在【图层】面板中单击“银湾金滩贺岁”文字图层，以同时选择所有的文字图层，如图9-15所示，再将它们拖动到图层2的上层，如图9-16所示。

⑫ 在【图层】面板中将图层5拖动到最顶层，如图9-17所示，将蝴蝶排放到文字的上方，如图9-18所示。作品就制作完成了。

图9-14　输入文字

图9-15　选择图层

图9-16　改变图层顺序

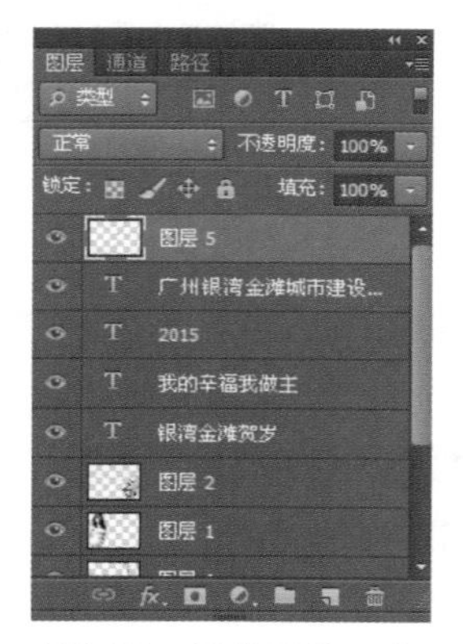

图9-17　调整图层顺序

图9-18　最终效果图

9.2 杨梅酒广告

实例说明

在制作广告招牌、海报、产品宣传页以及封面设计时，可以使用本例“杨梅酒广告”的制作方法。如图9-19所示为范例效果图，如图9-20所示为类似范例的实际应用效果图。

图9-19 杨梅酒广告最终效果图

图9-20 精彩效果欣赏

设计思路

先打开所需的素材并使用移动工具将其拖动到指定的背景文件中进行排放与组合，然后使用图层样式为主题文字及相关的艺术文字添加效果。如图9-21所示为制作流程图。

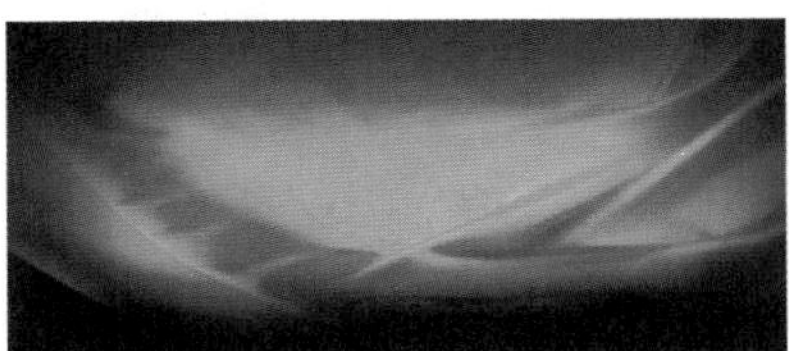
① 打开的文件

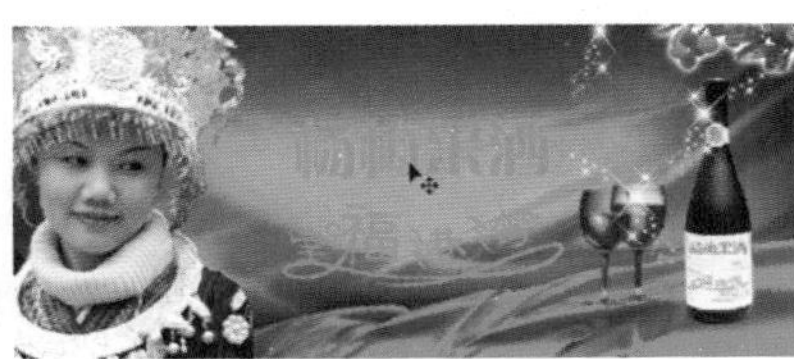
④ 复制有文字的图片并排放到适当位置

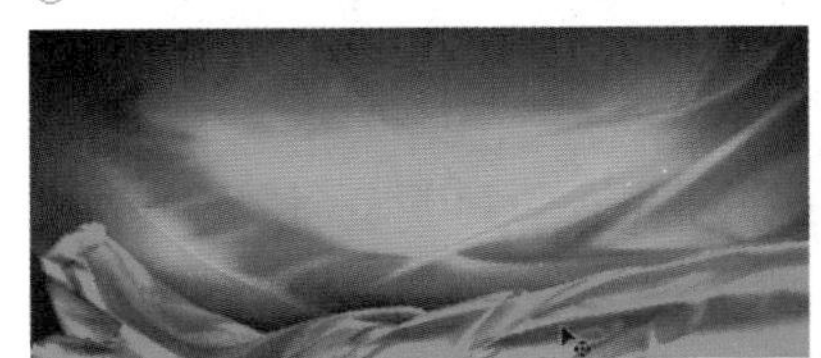
② 复制图片并排放到适当位置

⑤ 添加【图层样式】后的效果

③ 复制相应的图片并排放到适当位置

⑥ 输入文字后的最终效果

图9-21 制作流程图

操作步骤

01 按“Ctrl”+“O”键从配套光盘的素材库中打开两个图像文件，如图9-22、图9-23所示。

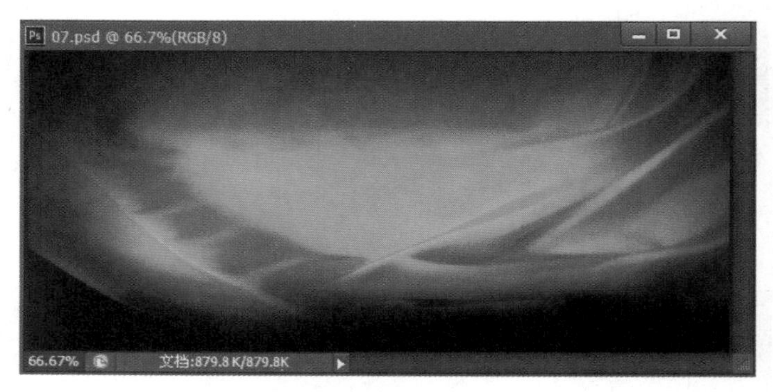

图9-22　打开的文件

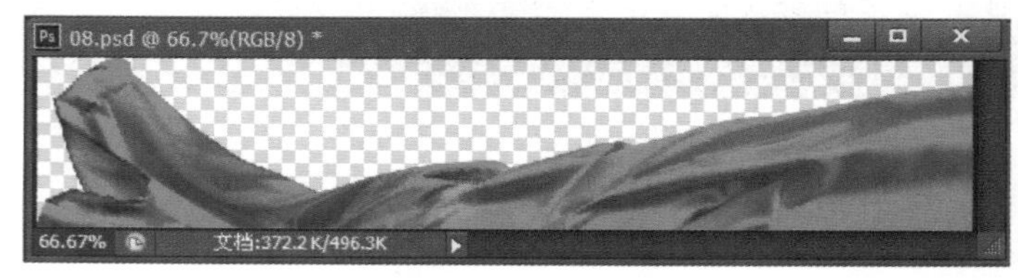

图9-23　打开的文件

02 按“V”键选择移动工具，再使用移动工具将08.psd文件中的红绸拖动到07.psd文件中，并排放到适当位置，如图9-24所示。

图9-24　复制并移动图片

03 使用同样的方法再打开几个图片，并将它们分别拖动到07.psd文件中，然后依次排放到适当位置，排放好后的效果如图9-25所示。

图9-25　复制并移动图片

04 在移动工具的选项栏中选择【自动选择】选项，然后在下拉列表中选择图层，接着在画面中单击有杨梅的图片，选择它，然后在菜单中执行【图层】→【图层样式】→【外发光】命令，弹出【图层样式】对话框，在其中设置【混合模式】为正常，【不透明度】为100%，【颜色】为白色，【大小】为11像素，其他不变，如图9-26所示，单击【确定】按钮，即可得到如图9-27所示的效果。

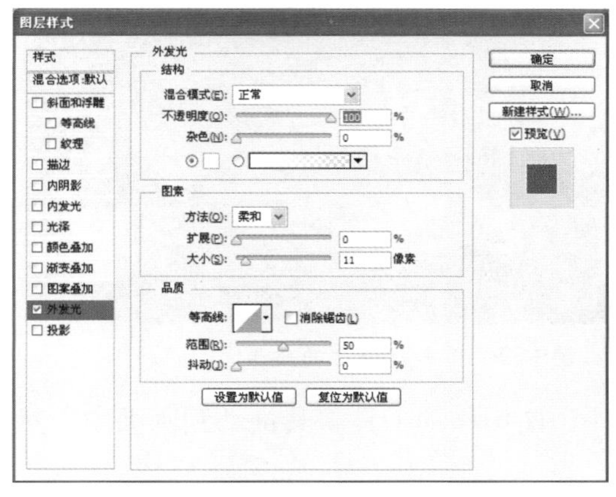

图9-26 【图层样式】对话框

图9-27 添加外发光后的效果

05 从配套光盘的素材库中打开一个已经准备好的有文字的文件，然后用移动工具将其拖动到画面中，并排放到适当位置，如图9-28所示。

图9-28 复制并移动图片

06 在菜单中执行【图层】→【图层样式】→【描边】命令，弹出【图层样式】对话框，在其中设置【颜色】为白色，【大小】为3像素，其他不变，如图9-29所示，设置好后的效果如图9-30所示。

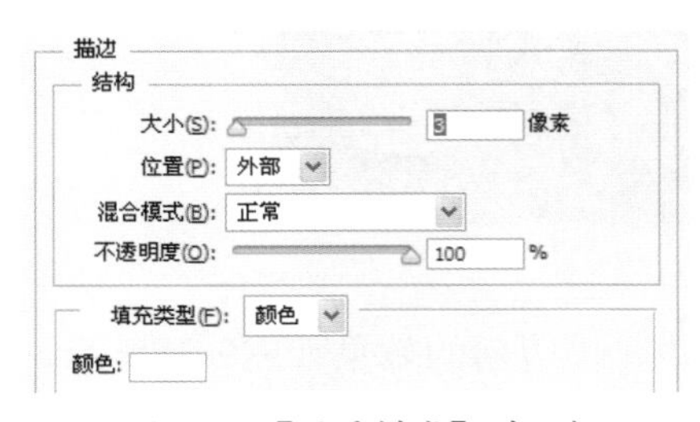

图9-29 【图层样式】对话框

图9-30 描边后的效果

07 在【图层样式】对话框的左边栏中选择【投影】选项，再在右边的【投影】栏中设置【距离】为8像素，【大小】为8像素，其他不变，如图9-31所示，单击【确定】按钮，即可得到如图9-32所示的效果。

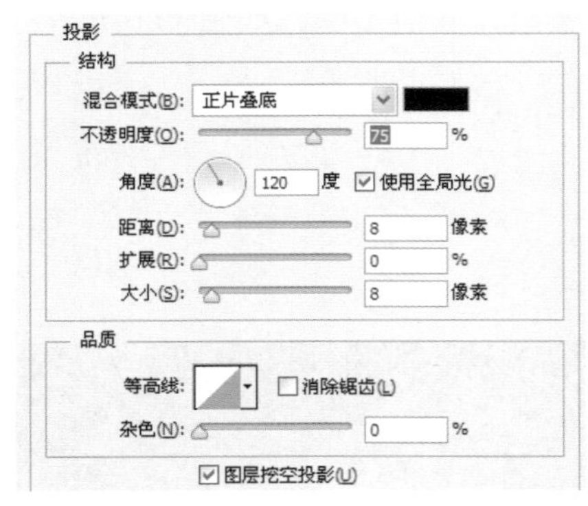

图9-31 【图层样式】对话框

图9-32 添加投影后的效果

08 从配套光盘的素材库中打开一个有文字的文件，使用移动工具将其拖动到画面中，然后将其排放到右下角，如图9-33所示。

图9-33 复制并移动有文字的图片

09 使用横排文字工具在画面的适当位置输入相关的文字，输入好文字后的效果如图9-34所示。

图9-34 输入文字

10 使用前面同样的方法对上方的两行文字进行白色描边，描边后的效果如图9-35所示。作品就制作完成了。

图9-35 最终效果图

9.3 汽车广告

实例说明

在广告设计、封面设计、网页设计以及制作海报时，可以使用本例“汽车广告”的制作方法。如图9-36所示为范例效果图，如图9-37所示为类似范例的实际应用效果图。

图9-36 汽车广告最终效果图

图9-37 精彩效果欣赏

设计思路

先打开要宣传的汽车图片，再使用创建新图层、创建新路径、钢笔工具、将路径作为选区载入、清除、描边、取消选择等工具与命令为画面添加装饰对象；然后使用横排文字工具、打开、图层样式、复制图层样式、粘贴图层样式、填充等工具与命令添加主题文字及相关的宣传文字，同时为文字添加一些效果。如图9-38所示为制作流程图。

图9-38 制作流程图

操作步骤

01 按“Ctrl”+“O”键从配套光盘的素材库中打开准备好的汽车，如图9-39所示，作为广告的主体。

02 设置前景色为白色，在【图层】面板中新建图层1，并按“Alt”+“Delete”键填充前景色（白色），如图9-40所示。

图9-39 打开的文件

图9-40 【图层】面板

03 显示【路径】面板并在其中单击（创建新路径）按钮，新建路径1，如图9-41所示。

04 在工具箱中选择钢笔工具，在选项栏中单击路径（路径）按钮，然后在画面上勾画出如图9-42所示的路径。

05 在【路径】面板中单击（将路径作为选区载入）按钮，如图9-43所示，将路径1载入选区，即可得到如图9-44所示的选区。

图9-41 【路径】面板

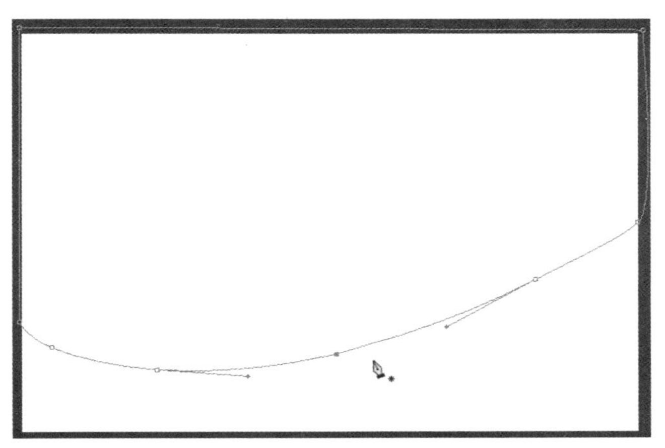

图9-42 勾画路径

图9-43 【路径】面板

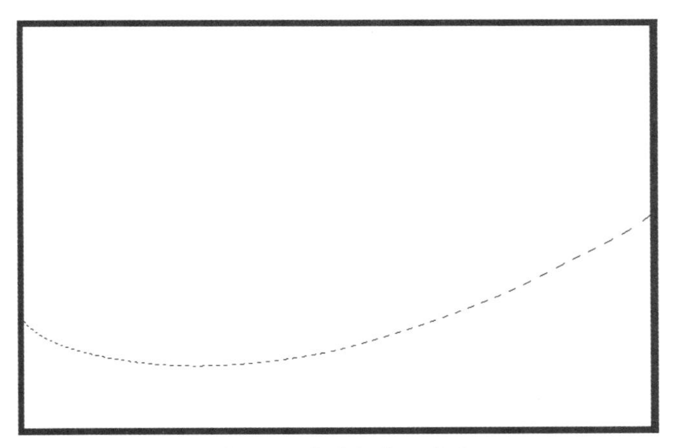

图9-44 将路径载入选区

06 按“Delete”键清除选区内容，【图层】面板如图9-45所示，得到如图9-46所示的结果。

图9-45 【图层】面板

图9-46 清除选区内容后的效果

07 在工具箱中选择矩形选框工具，在键盘上按↑（向上键）键，将选区向上移到如图9-47所示的位置。

图9-47 移动选区

08 在菜单中执行【编辑】→【描边】命令，在弹出的对话框中设置【宽度】为4像素，【颜色】为白色，【位置】为居中，如图9-48所示，单击【确定】按钮，得到如图9-49所示的描边效果。

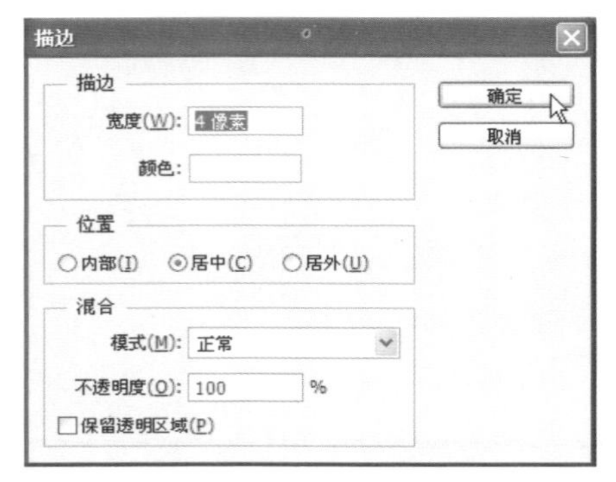

图9-48 【描边】对话框

图9-49 描边后的效果

09 设置前景色为R255、G0、B0，按“Ctrl”+“D”键取消选择，在工具箱中选择横排文字工具，在选项栏中设置【字体】和【字体大小】为 文鼎CS大黑 36点，然后在画面上如图9-50所示的位置单击并输入相关的广告词，再在选项栏中单击✓按钮确定文字输入。

10 使用横排文字工具在画面的右下角拖出一个文本框，接着在文本框中输入相关的文字说明，按“Ctrl”+“A”键全选文字，如图9-51所示。

图9-50 输入文字

图9-51 输入文字并全选

⑪ 在选项栏中单击■按钮，显示【字符】面板，在其中设置具体参数，如图9-52所示，再在选项栏中单击✓按钮确定文字输入，得到如图9-53所示的结果。

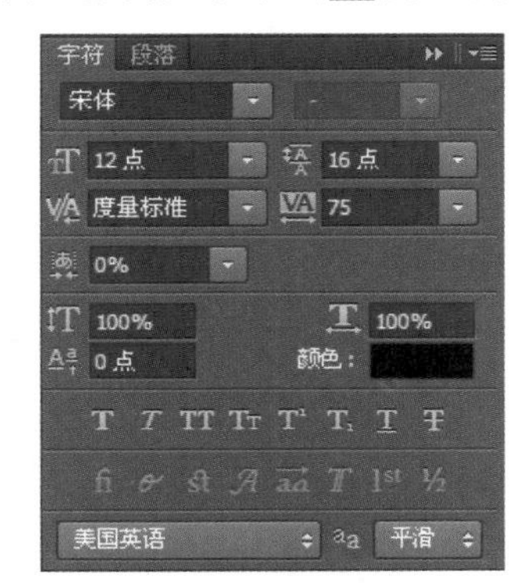

图9-52 【字符】面板

图9-53 设置字符后的效果

⑫ 从配套光盘的素材库中打开准备好的标志，将它拖到画面的左上角，如图9-54所示，成为图层2。

⑬ 使用横排文字工具在标志的下方单击并输入品牌名称“神州雷电”，颜色为白色，如图9-55所示。

图9-54 复制图片并排放到适当位置

图9-55 输入文字

⑭ 在【图层】面板中双击“神州雷电”文字图层，并在弹出的【图层样式】对话框中单击左边的【投影】选项，然后在右边栏中设置具体参数，如图9-56所示，单击【确定】按钮，得到如图9-57所示的效果。

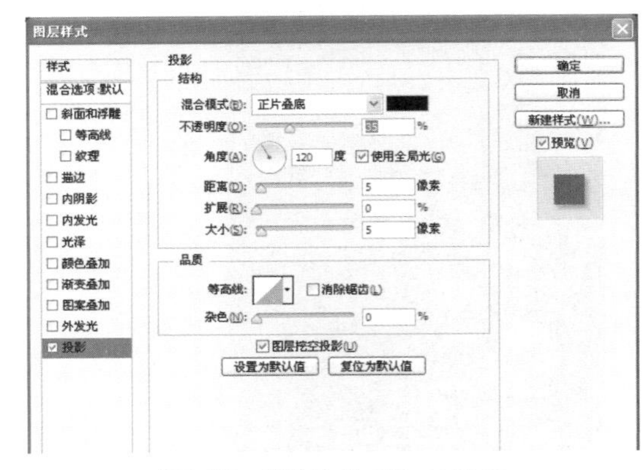

图9-56 【图层样式】对话框

图9-57 添加【图层样式】后的效果

15 在【图层】面板中“神州雷电”文字图层上右击，弹出快捷菜单，在其中选择【拷贝图层样式】命令，如图9-58所示，然后在图层2上右击，并在弹出的快捷菜单中执行【粘贴图层样式】命令，如图9-59所示，即可将“神州雷电”文字图层的效果复制给图层2，如图9-60所示，这样标志也有投影效果了，如图9-61所示。

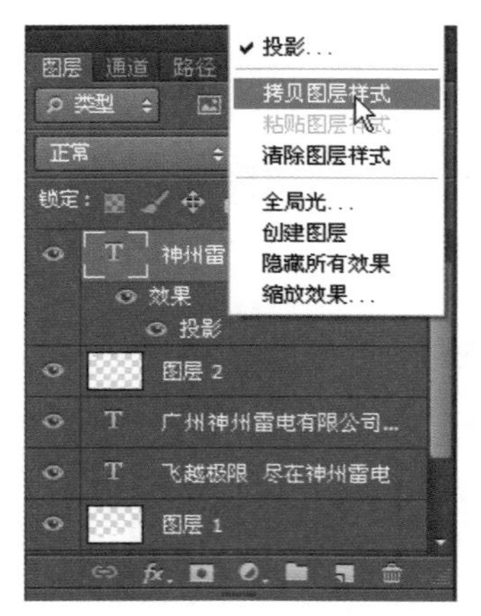

图9-58 【图层】面板

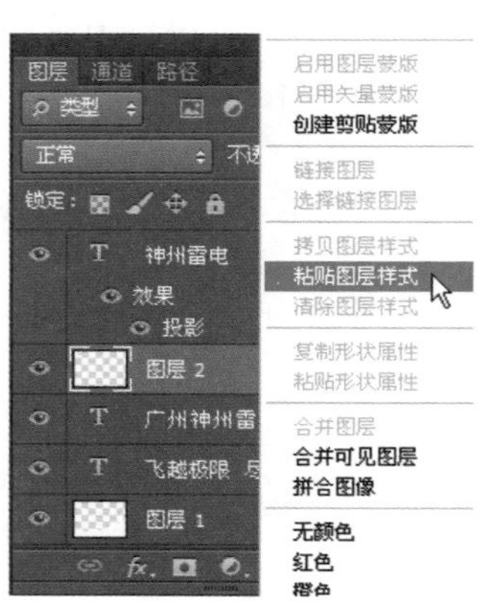

图9-59 【图层】面板

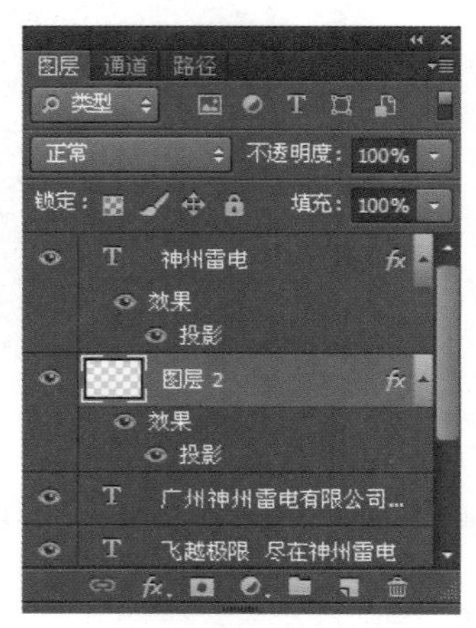

图9-60 【图层】面板

图9-61 【粘贴图层样式】后的效果

16 按“Ctrl”键在【图层】面板中单击图层2与“神州雷电”文字图层，以同时选择它们，如图9-62所示，再按“Ctrl”+“G”键将它们编成一组，如图9-63所示。

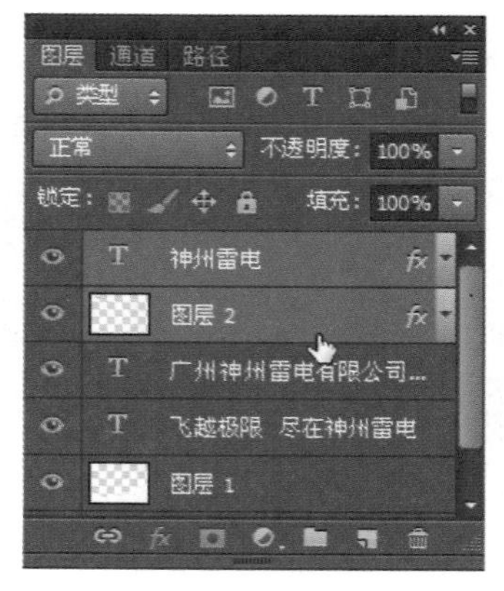

图9-62 【图层】面板

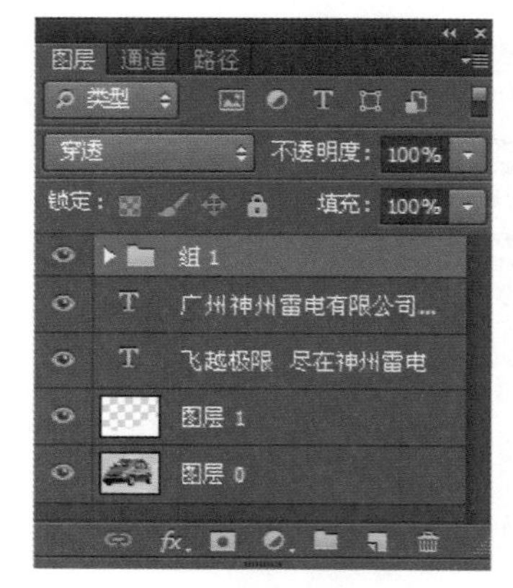

图9-63 【图层】面板

⑰ 按“Ctrl”+“Alt”键将左上角的标志和文字拖动到画面的右下角，松开鼠标左键后即可复制一组文字和标志，如图9-64所示。

⑱ 在【图层】面板中单击组1副本左边的三角形按钮，展开组1副本，然后单击“神州雷电”文字图层，以它为当前图层，如图9-65所示；设置前景色为黑色，按“Alt”+“Delete”键填充黑色，即可将复制后的文字填充颜色为黑色，如图9-66所示。

⑲ 使用横排文字工具在画面的右上角单击并输入“成功人士的选择”广告词，颜色为白色，字体与字体大小根据需要决定，如图9-67所示，广告就制作完成了。

图9-64　复制图片并排放到适当位置

图9-65　【图层】面板

图9-66　给文字填充颜色

图9-67　广告效果图

9.4 户外广告

 **实例说明**

在制作广告招牌、户外广告、海报、产品宣传页时，可以使用本例“户外广告”的制作方法。如图9-68所示为范例效果图，如图9-69所示为类似范例的实际应用效果图。

图9-68 户外广告最终效果图

图9-69 精彩效果欣赏

设计思路

先打开所需的户外广告栏，再使用盖印图层、移动工具、自由变换、添加图层蒙版、画笔工具等工具与命令将汽车广告贴到户外广告栏中。如图9-70所示为制作流程图。

① 打开的户外广告栏

② 将汽车广告盖印所有显示的图层

③ 执行【自由变换】调整

④ 执行【自由变换】调整后的效果

⑤ 添加图层蒙版后的最终效果

图9-70 制作流程图

操作步骤

01 从配套光盘的素材库中打开一张如图9-71所示的户外广告栏，目的是为了将汽车广告制作成户外广告，加大汽车宣传力度。

02 从配套光盘的素材库中打开做好的汽车广告，按“Ctrl”+“Shift”+“Alt”+“E”键盖印所有显示的图层内容，得到图层3，如图9-72所示，然后在工具箱中选择移动工具，将图层3的内容拖到画面中来，成为图层1，如图9-73所示。

03 按“Ctrl”+“T”键执行【自由变换】命令，在拖动变换框对角控制点的同时，按下“Shift”键将它等比缩小，如图9-74所示。

图9-71 打开的户外广告栏

图9-72 打开做好的汽车广告

图9-73 【图层】面板

图9-74 执行【自由变换】调整

04 按“Ctrl”键拖动左下角的顶点到相应的位置，如图9-75所示，使用同样的方法将其他3个顶点与相应的顶点对齐，如图9-76所示。

图9-75 执行【自由变换】调整

图9-76 执行【自由变换】调整

05 在变换框中双击确认变换，得到如图9-77所示的效果。

06 在【图层】面板中单击（添加图层蒙版）按钮，为图层1添加图层蒙版，如图9-78所示。

图9-77　调整后的效果

图9-78　【图层】面板

07 设置前景色为黑色，在工具箱中选择画笔工具，在选项栏中设置具体参数如图9-79所示。在广告与广告栏的边缘涂抹，使画面看起来像是在广告栏的里面，如图9-80所示，户外广告就制作好了。

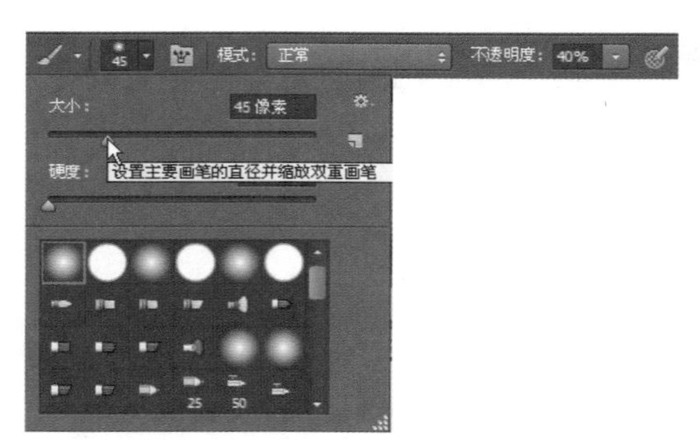

图9-79　选择画笔笔尖

图9-80　最终效果图

第10章 包装设计

本章通过湿巾包装设计、包装平面设计、包装平面分析图、包装立体效果图4个范例的制作，介绍Photoshop中的包装设计技巧。

10.1 湿巾包装设计

实例说明

在制作产品宣传单和产品包装时，可以使用本例“湿巾包装设计”的制作方法。如图10-1所示为范例效果图，如图10-2所示为类似范例的实际应用效果图。

图10-1　湿巾包装设计最终效果图

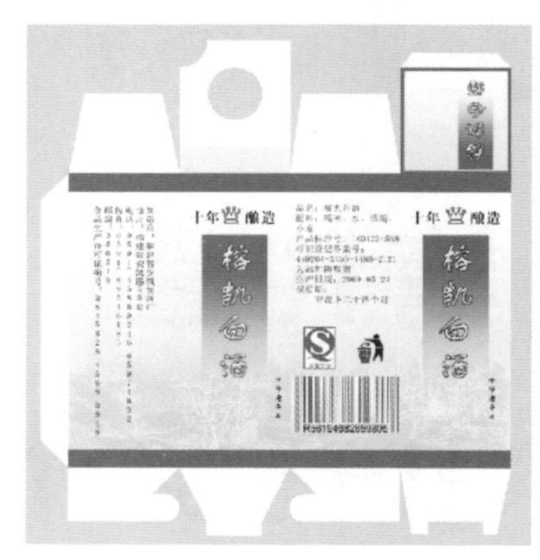

图10-2　精彩效果欣赏

设计思路

先新建一个空白的文档，再使用标尺栏、参考线确定包装图的大小；然后使用创建新路径、矩形工具、钢笔工具将包装的结构图绘制出来，使用打开、移动工具、矩形选框工具、添加图层蒙版等工具与命令将一些装饰图片复制到画面中并进行组合排放与编辑；最后使用横排文字工具、图层样式、编组、用画笔描边路径、移动工具、自由变换、垂直翻转、旋转90度（顺时针）、水平翻转、直线工具等工具与命令为画面添加主题文字与相关文字说明以及一些标志等。如图10-3所示为制作流程图。

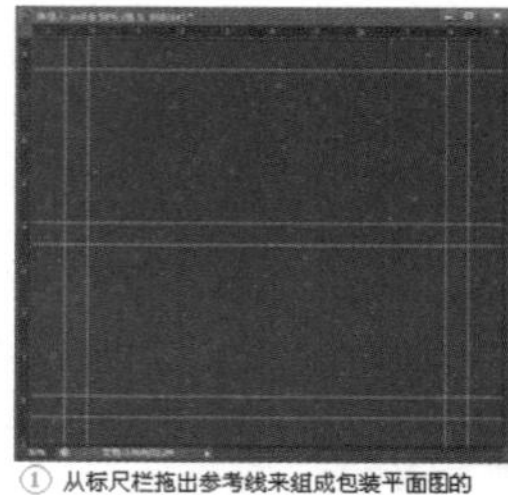

① 从标尺栏拖出参考线来组成包装平面图的结构线

② 用钢笔工具绘制出包装的结构线

④ 添加图案和文字后包装正面

⑤ 复制图案和文字到包装的侧面

⑥ 最终效果图

图10-3　制作流程图

操作步骤

01 工具箱中设置背景色为#002063，按“Ctrl”+“N”键新建一个大小为1230×1100像素，【分辨率】为300像素/英寸，【背景内容】为背景色的图像文件。

02 按“Ctrl”+“R”键显示标尺栏，从标尺栏中拖出两条参考线，使它们相交于指定位置，如图10-4所示，然后从标尺栏的左上角原点处按下左键向下拖至参考线交叉点，使原点位于该点处，如图10-5所示。

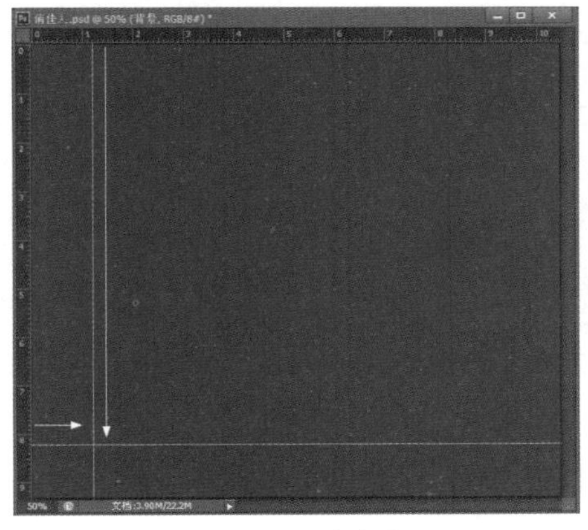

图10-4 拖动参考线

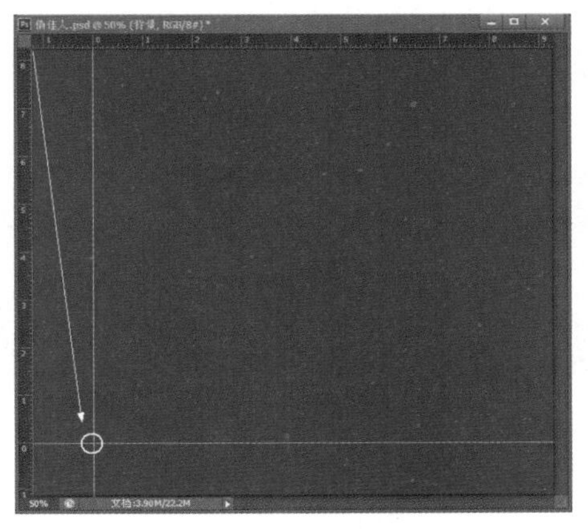

图10-5 更改标尺原点

03 从标尺栏中拖出多条参考线到所需的位置，组成包装平面图的结构线，排放好的结果如图10-6所示。

04 显示【路径】面板，在其中单击 （创建新路径）按钮，新建路径1，如图10-7所示，接着在工具箱中选择 矩形工具，在选项栏中选择路径，然后在画面中适当位置绘制多个矩形路径，如图10-8所示。

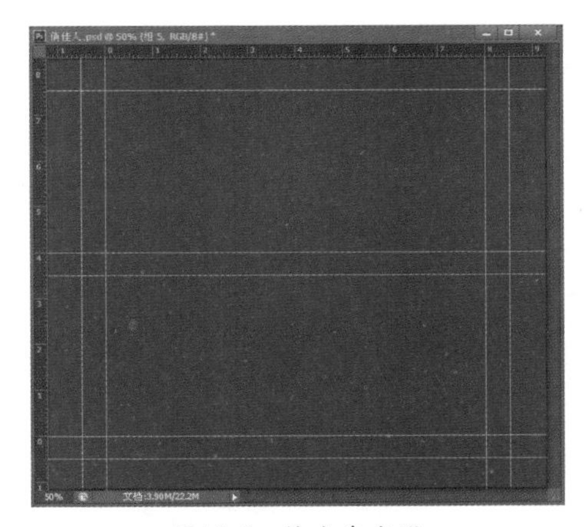

图10-6 拖出参考线

图10-7 新建路径

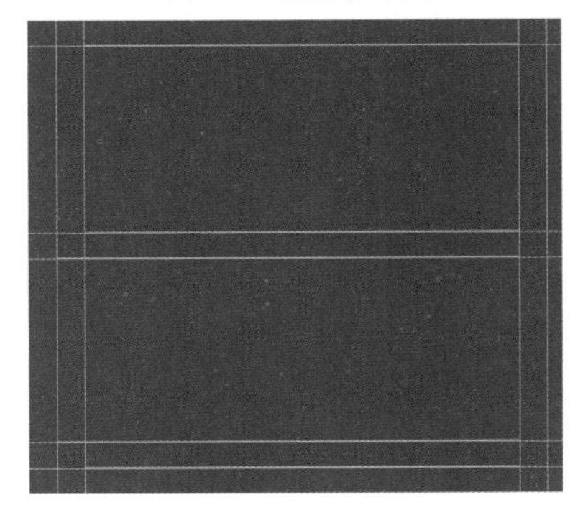

图10-8 绘制矩形路径

05 在工具箱中选择钢笔工具，然后在画面中适当位置绘制多个梯形，表示包装袋的粘贴边或折叠面，如图10-9所示。

06 按“Ctrl”+“；”键隐藏参考线，隐藏参考线后的效果如图10-10所示。

图10-9 用钢笔工具绘制梯形路径

图10-10 隐藏参考线后的效果

07 按“Ctrl”+“O”键从配套光盘的素材库中打开一张图片，如图10-11所示，然后使用移动工具将其拖动到画面中，并排放到适当位置，如图10-12所示。

图10-11 打开的图片

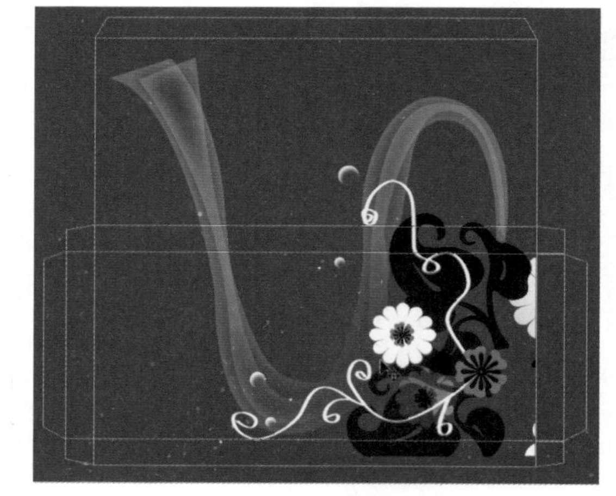

图10-12 复制并移动图片

08 在工具箱中选择矩形选框工具，在画面中沿着一个矩形辅助框绘制一个矩形，该区域表示包装的正面，如图10-13所示。

09 在【图层】面板中单击（添加图层蒙版）按钮，为选区建立图层蒙版，如图10-14所示，将不需要的部分隐藏，画面效果如图10-15所示。

图10-13 用矩形选框工具绘制矩形选框

图10-14 添加图层蒙版

图10-15 为选区建立蒙版后的效果

10 从配套光盘的素材库中再打开一张图片，使用移动工具将其拖动到画面中，然后排放到适当位置，画面效果如图10-16所示。

11 按“Ctrl”键在【图层】面板中单击图层1的图层蒙版缩览图标，使蒙版载入选区，再单击【添加图层蒙版】按钮，为图层2添加图层蒙版，如图10-17所示，得到如图10-18所示的效果。

12 在工具箱中选择T横排文字工具，在选项栏中设置为[选项栏]，颜色为白色，然后在画面的适当位置单击并输入所需的文字，如图10-19所示。

图10-16 复制并移动图片

图10-17 【图层】面板

图10-18 为选区建立蒙版后的效果

图10-19 输入文字

13 在菜单中执行【图层】→【图层样式】→【投影】命令，弹出【图层样式】对话框，在其中设置【距离】为4像素，【大小】为4像素，其他为默认值，如图10-20所示，设置好后的效果如图10-21所示。

14 在【图层样式】对话框的左边栏中选择【描边】选项，再在右边栏中设置【颜色】为黑色，其他为默认值，如图10-22所示，设置好后单击【确定】按钮，得到如图10-23所示的效果。

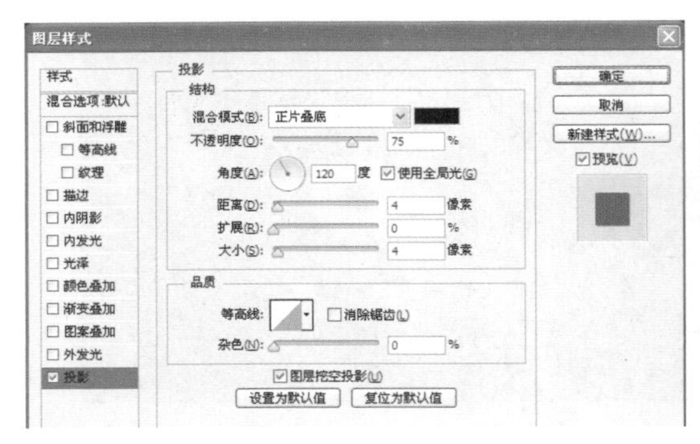

图10-20 【图层样式】对话框

图10-21 添加投影后的效果

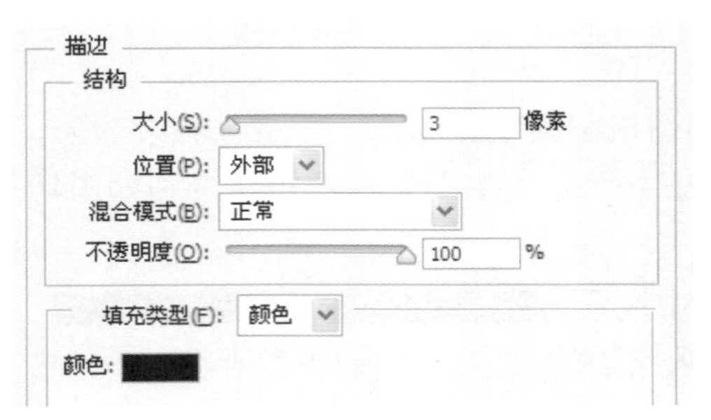

图10-22 【图层样式】对话框

图10-23 描边后效果

15 使用前面同样的方法在画面中输入所需的文字，并为它们描边与添加投影，输入好文字后的效果如图10-24所示。

16 按“Shift”键在【图层】面板中单击最底层的文字图层，选择刚输入的所有文字图层，如图10-25所示，再按“Ctrl”+“G”键将它们编成一组，结果如图10-26所示。

图10-24 输入文字并添加投影与描边

图10-25 选择图层

图10-26 由图层创建组

17 从配套光盘的素材库中打开已经准备好的标志文件，再使用移动工具将其拖动到画面中，并排放到适当位置，如图10-27所示，在【图层】面板为组2。

18 使用横排文字工具在画面的适当位置单击并输入所需的文字，再按“Ctrl” + “A”键选择刚输入的文字，然后根据需要在选项栏中改变其字体与字体大小，直至得到所需的效果为止，输入好文字后的效果如图10-28所示。

图10-27 复制并移动标志

图10-28 输入文字

19 在【图层】面板中激活背景层，单击【创建新图层】按钮，新建图层3，如图10-29所示。

20 在工具箱中设置前景色为白色，再选择画笔工具，在选项栏中选择所需的画笔笔尖，如图10-30所示，然后显示【路径】面板，在其中单击【用画笔描边路径】按钮，如图10-31所示，使用白色画笔描边路径，描边后的效果如图10-32所示。

21 在【路径】面板的空档区域单击，隐藏路径显示，得到如图10-33所示的效果。

图10-29 新建图层

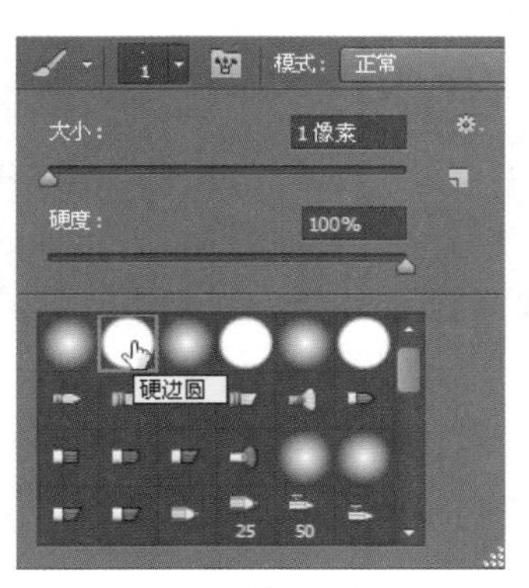

图10-30 选择画笔笔尖

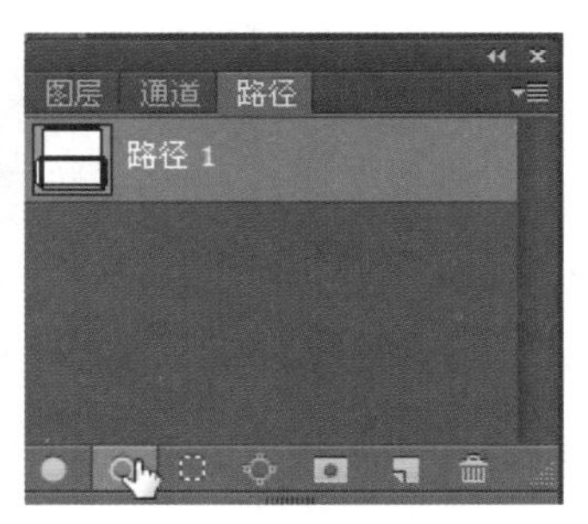

图10-31 【路径】面板

图10-32 用画笔描边路径后的效果

图10-33 隐藏路径显示后的效果

22 在【图层】面板中激活组1，如图10-34所示，按“V”键选择移动工具，在选项栏中设置为 自动选择：组 ，然后按“Alt”键在画面中拖动组1中的内容向右下方到适当位置，复制一组副本，复制好后的效果如图10-35所示。

图10-34 选择组

图10-35 复制组

23 按“Ctrl”+“T”键对刚复制的内容进行大小调整，并排放到适当位置，如图10-36所示。

图10-36 变换调整

24 在【图层】面板中展开组1副本，在其中选择SHIJIN文字图层，如图10-37所示，然后将其拖动到适当位置，再选择横排文字工具，在选项栏中更改其字体大小，调整后的效果如图10-38所示。

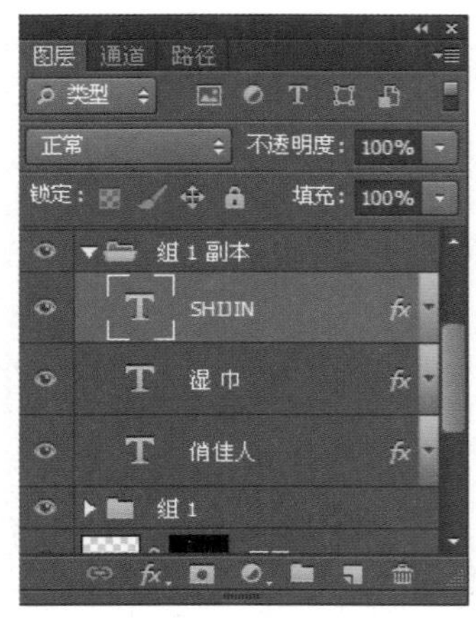

图10-37 【图层】面板

图10-38 更改字体大小后的效果

㉕ 在【图层】面板中激活标志所在的组2，按“Alt”键在画面中将标志向下方拖到文字的前面，以复制一组副本，然后展开组2副本，在其中隐藏俏佳人文字图层，激活标志所在的图层，如图10-39所示；再按“Ctrl”+“T”键对标志图形进行大小调整，如图10-40所示，调整好后在选项栏中单击✔（提交）按钮确认变换。

图10-39 【图层】面板

图10-40 调整标志大小

㉖ 在【图层】面板中先折叠组2副本，按“Ctrl”键单击组1副本，以同时选择组2副本与组1副本，如图10-41所示，按“Ctrl”+“E”键将它们合并为组2副本，如图10-42所示；然后按“Alt”键将组2 副本中的内容向上拖动到另一个面中，并排放到适当位置，复制并移动后的效果如图10-43所示。

㉗ 在菜单中执行【编辑】→【变换】→【垂直翻转】命令，将复制的内容进行垂直翻转，翻转后的效果如图10-44所示。

图10-41 选择组

图10-42 合并组

图10-43 复制并移动后的效果

图10-44 垂直翻转后的效果

28 按“Ctrl”+“J”键复制一个副本，在菜单中执行【编辑】→【变换】→【旋转90度（顺时针）】命令，将复制的内容进行旋转，旋转后再将其移动到右边的转折面处，并排放到适当位置，画面效果如图10-45所示。

29 按“Ctrl”+“J”键再复制一个副本，在菜单中执行【编辑】→【变换】→【水平翻转】命令，将复制的内容进行水平翻转，翻转后再将其移动到左边的转折面处，并排放到适当位置，画面效果如图10-46所示。

图10-45 旋转后的效果

图10-46 水平翻转后的效果

30 使用前面同样的方法再复制一个标志与产品名称，将它们移动到背面的适当位置后按“Ctrl”+“T”键将其调小，调整好后在变换框中双击确认变换，调整好后的效果如图10-47所示。

31 使用横排文字工具在画面的适当位置拖出一个文本框，在其中输入所需的文字，如图10-48所示。

图10-47 复制并移动对象

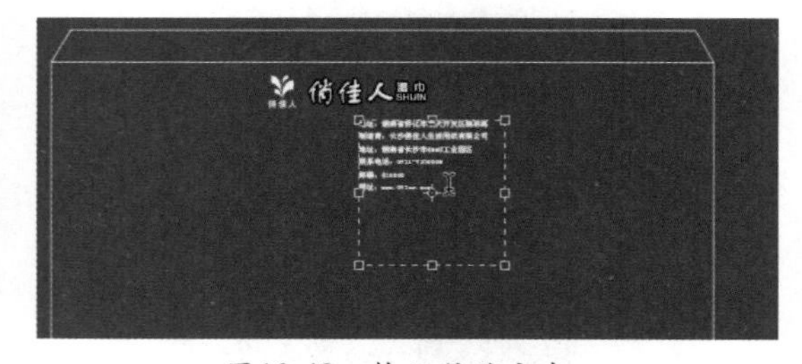

图10-48 输入段落文本

32 使用横排文字工具在刚输入的段落文本左边再拖出一个文本框，然后在其中输入所需的内容，输入好后的效果如图10-49所示。

图10-49 输入段落文本

33 在【图层】面板中新建一个图层，设置前景色为白色，选择直线工具，在选项栏中选择像素，设置【粗细】为2像素，然后在画面中两段文字中间绘制一条白线，绘制好后的效果如图10-50所示。

34 从配套光盘的素材库中打开已经准备好的图片（如条码、环保标志等），再使用移动工具将它们依次拖动并排放到所需的位置，如图10-51所示。

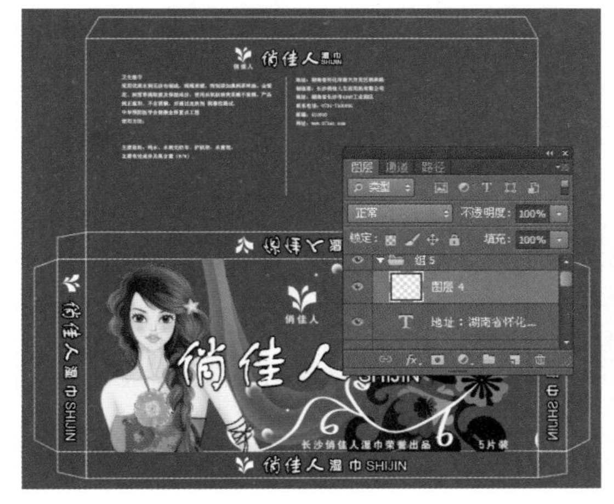

图10-50　绘制直线

图10-51　打开并复制相关的内容

35 在【图层】面板中选择这个面中的所有内容所在的图层，如图10-52所示，然后在菜单中执行【编辑】→【变换】→【垂直翻转】命令，将它们进行翻转，翻转后的效果如图10-53所示，作品就制作完成了。

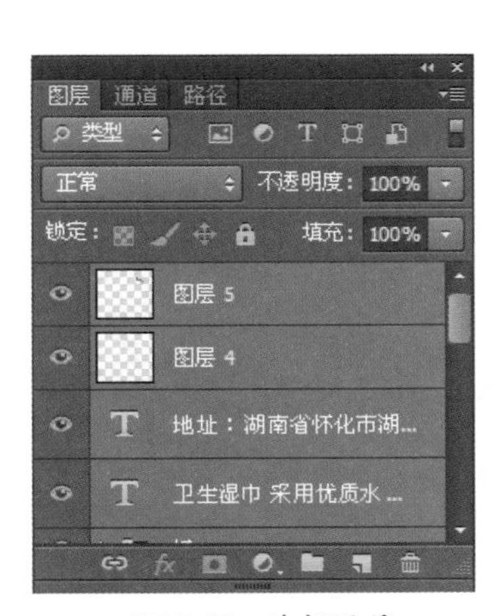

图10-52　选择图层

图10-53　最终效果

10.2 包装平面设计

实例说明

在进行广告设计、宣传单设计、包装设计、网页设计时，可以使用本例“包装平面设计”的制作方法。如图10-54所示为范例效果图，如图10-55所示为类似范例的实际应用效果图。

图10-54　包装平面设计最终效果图

图10-55　精彩效果欣赏

设计思路

先新建一个空白的文档，再使用创建新路径、钢笔工具、将路径作为选区载入、填充、画笔工具、混合模式、打开、描边、椭圆选框工具、填充、收缩等工具与命令来绘制背景；然后使用横排文字工具、图层样式、直排文字工具、打开、直线工具、移动工具等工具与命令为画面添加主题文字以及相关的宣传文字与标志等。如图10-56所示为制作流程图。

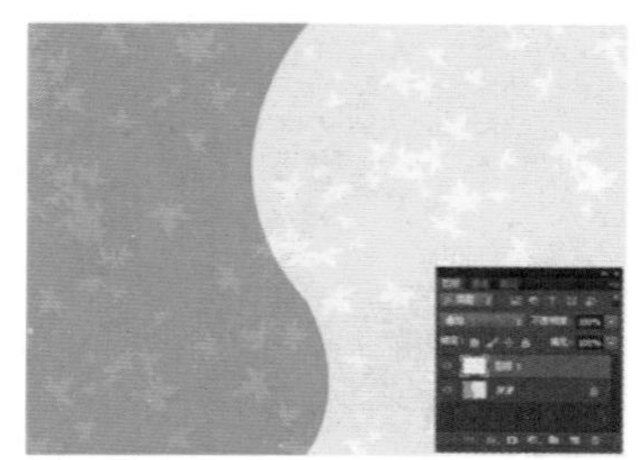

① 制作包装底纹图案

② 复制图片并排放到适当位置

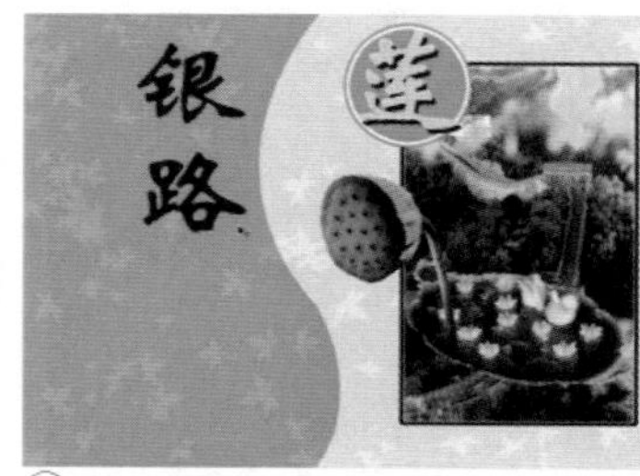

③ 输入文字后的效果

④ 输入文字并添加【图层样式】后的效果

⑤ 分别输入文字并排放到适当位置

⑥ 最终效果图

图10-56　制作流程图

操作步骤

01 在工具箱中设置背景色为R218、G72、B1，按“Ctrl”+“N”键新建一个大小为800×600像素，【分辨率】为96像素/英寸，【颜色模式】为RGB颜色，【背景内容】为背景色的图像文件。

02 显示【路径】面板，在其中单击【创建新路径】按钮，新建路径1，如图10-57所示，再在工具箱中选择钢笔工具，在选项栏中选择路径，然后在画面右边勾画出如图10-58所示的路径，【路径】面板也自动进行了更新。

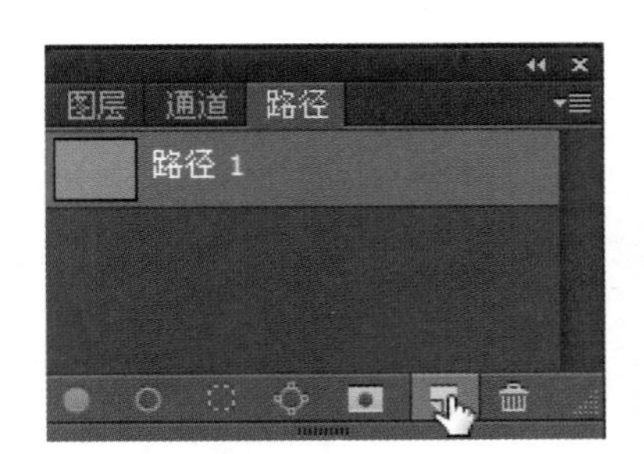

图10-57 创建新路径

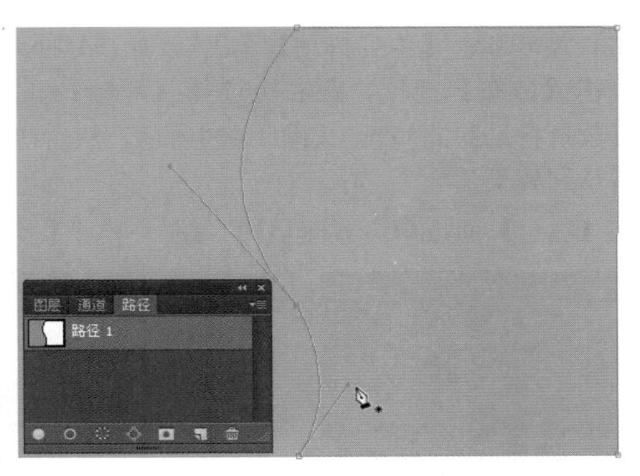

图10-58 用钢笔工具绘制路径

提 示

在使用钢笔工具或自由钢笔工具绘制好一个封闭的路径后，路径将会自动取消选择；如果需要选择它，可以按“Ctrl”键在路径上单击，即可选择路径；按“Ctrl”键在路径上拖动或拖动路径上的节点，都可调整路径的形状。

03 在【路径】面板中单击【将路径作为选区载入】按钮，将路径载入选区，如图10-59所示。

04 设置前景色为R253、G232、B134，按“Alt”+“Delete”键填充前景色，得到如图10-60所示的效果，再按“Ctrl”+“D”键取消选择。

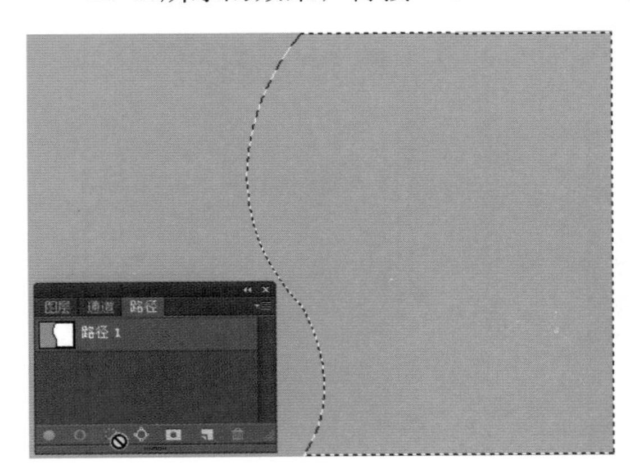

图10-59 将路径载入选区

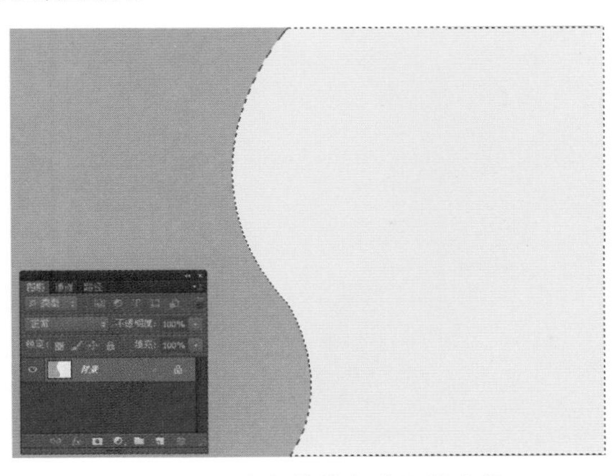

图10-60 填充前景色并取消选择

05 在【图层】面板中单击【创建新图层】按钮，新建图层1，如图10-61所示。

图10-61 创建新图层

06 在工具箱中选择画笔工具，在选项栏中设置【不透明度】为50%，再在选项栏中单击（画笔）按钮，显示【画笔】面板，在其中左边栏中单击【画笔笔尖形状】选项，在右边的画笔库中选择（散布枫叶画笔），在其下设置【间距】为124%，如图10-62所示。选择【形状动态】选项，在右边设置【大小抖动】为59%，【角度抖动】为7%，如图10-63所示。单击【散布】选项，在右边选择【两轴】，设置【散布】为270%，【数量】为2，【数量抖动】为35%，如图10-64所示，然后在画面上任意拖动或单击，得到如图10-65所示的效果。

07 在【图层】面板中设置图层1的【混合模式】为叠加，得到如图10-66所示的效果。

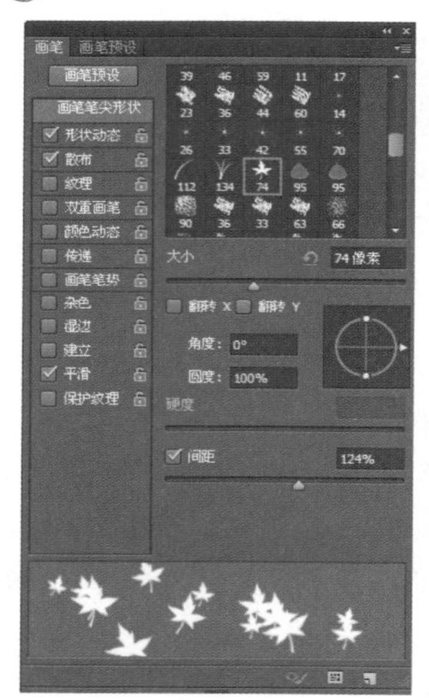

图10-62 【画笔】面板

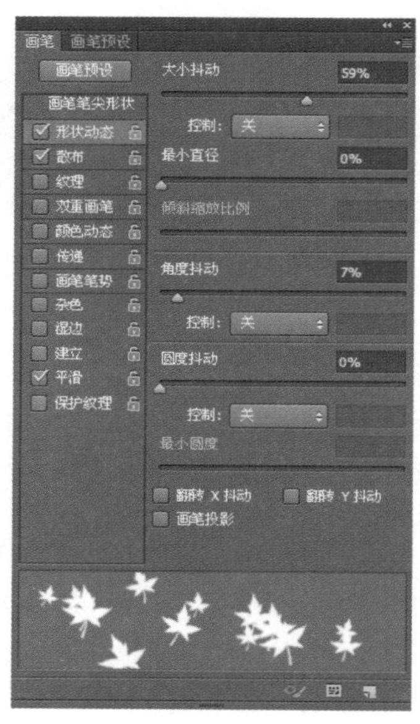

图10-63 【画笔】面板

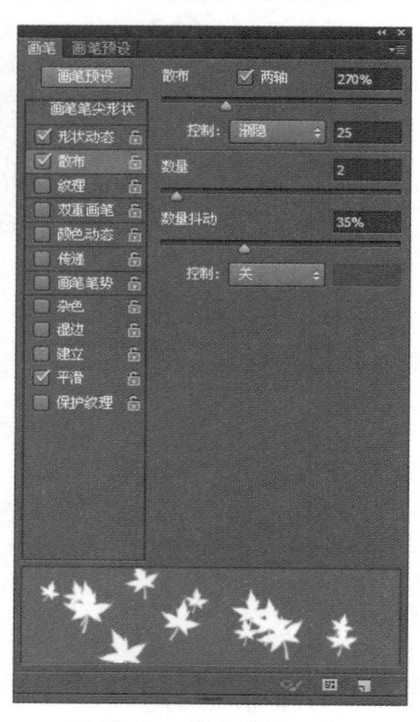

图10-64 【画笔】面板

图10-65 绘制散布枫叶画笔后的效果

图10-66 设置混合模式后的效果

08 按“Ctrl”+“O”键从配套光盘的素材库中打开一张如图10-67所示的图片，按“Ctrl”键将它拖到画面中，并排放到右边的适当位置，同时在【图层】面板中自动添加了一个图层，如图10-68所示。

图10-67 打开的图片

图10-68 复制图像到指定位置

09 按“Ctrl”键在【图层】面板中单击图层2的缩览图，使图层2载入选区，如图10-69所示。

10 在菜单中执行【编辑】→【描边】命令，弹出【描边】对话框，在其中设置【宽度】为5像素，【颜色】为黑色，【位置】为居外，其他为默认值，如图10-70所示，单击【确定】按钮，得到如图10-71所示的效果。

图10-69 载入选区

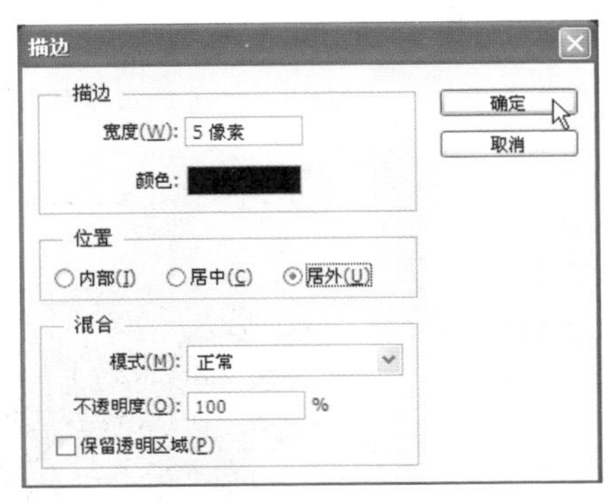

图10-70 【描边】对话框

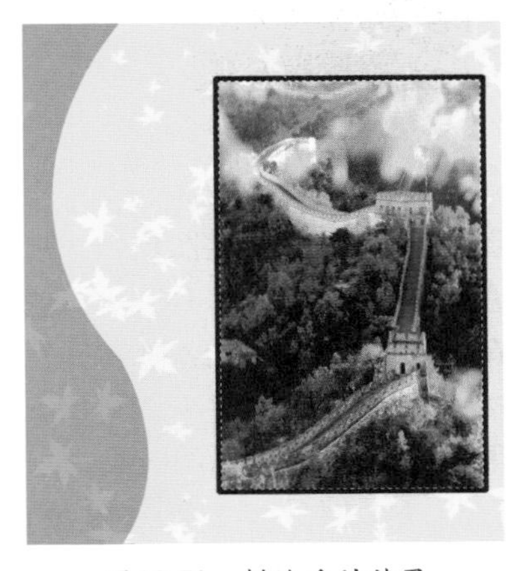

图10-71 描边后的效果

11 在菜单中执行【编辑】→【描边】命令，弹出【描边】对话框，在其中设置【宽度】为1像素，【颜色】为白色，其他不变，如图10-72所示，单击【确定】按钮，再按

"Ctrl" + "D"键取消选择，得到如图10-73所示的效果。

12 从配套光盘的素材库中打开一张如图10-74所示的图片，按"Ctrl"键将它拖到画面中，并排放到右边的适当位置，如图10-75所示，同时在【图层】面板中就会自动生成图层3。

13 从配套光盘的素材库中打开一张如图10-76所示的图片，按"Ctrl"键将它拖到画面中，并排放到右边的适当位置，如图10-77所示，同时在【图层】面板中就会自动生成图层4。

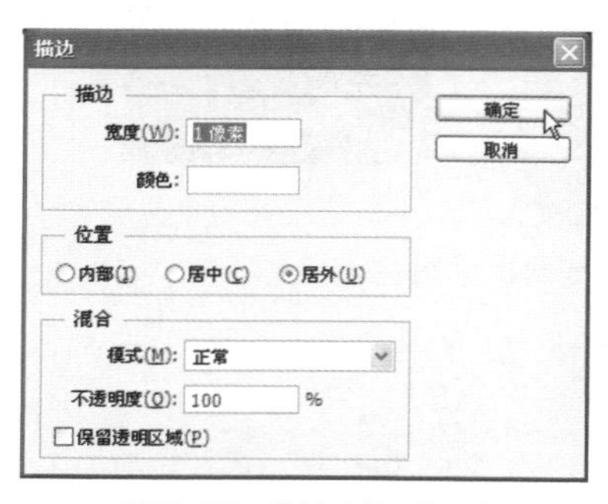

图10-72 【描边】对话框

图10-73 描边后的效果

图10-74 打开的图片

图10-75 复制图像到指定位置

图10-76 打开的图片

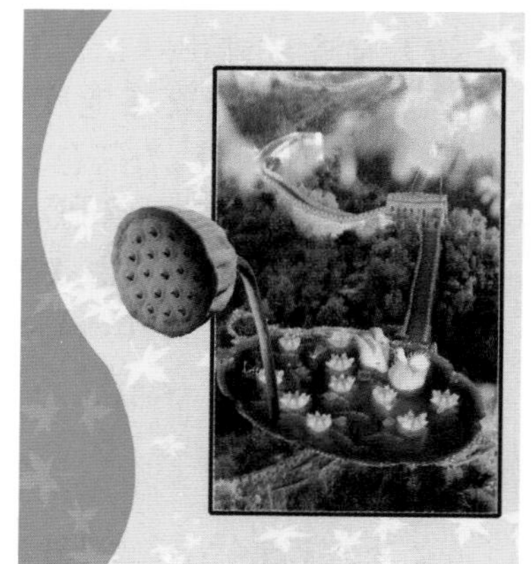

图10-77 复制图像到指定位置

14 在【图层】面板中新建图层5，在工具箱中设置前景色为R218、G72、B1，再选择椭圆选框工具，在画面中适当位置绘制出一个适当大小的椭圆选框，然后按"Alt" + "Delete"键填充前景色，得到如图10-78所示的效果。

15 在菜单中执行【选择】→【修改】→【收缩】命令，在弹出的对话框中设置【收缩量】为3像素，如图10-79所示，单击【确定】按钮，得到如图10-80所示的选区。

图10-78 绘制椭圆选框并填充前景色

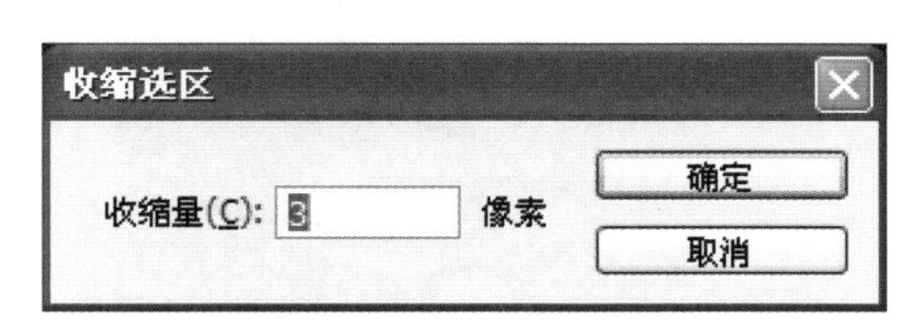

图10-79 【收缩选区】对话框

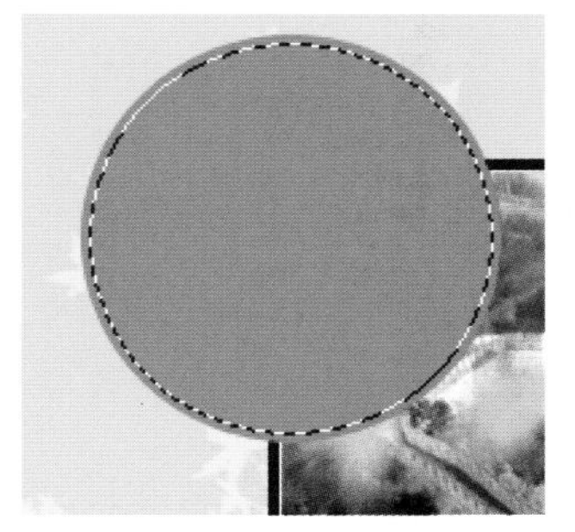

图10-80 收缩后的选区

16 在菜单中执行【编辑】→【描边】命令，在弹出的对话框中设置【宽度】为4像素，【颜色】为白色，【位置】为内部，其他不变，如图10-81所示，单击【确定】按钮，再按“Ctrl”+“D”键取消选择，得到如图10-82所示的效果。

17 在工具箱中设置前景色为R251、G208、B7，选择横排文字工具，在选项栏中设置【字体】为华文新魏，【字体大小】为110点，然后在画面上单击并输入文字“莲”，将文字移动到适当的位置，得到如图10-83所示的效果。

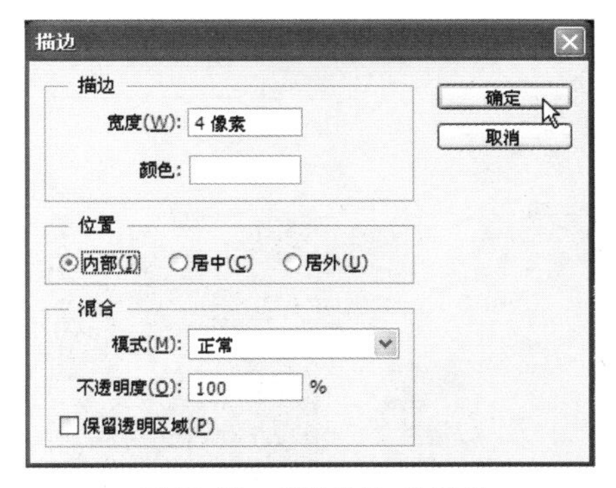

图10-81 【描边】对话框

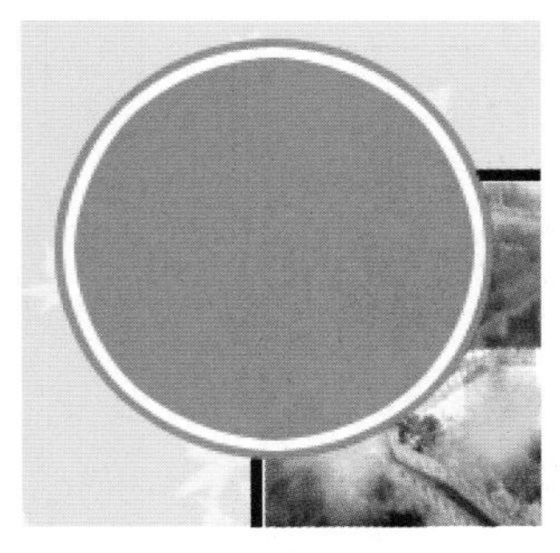

图10-82 描边后的效果

图10-83 输入文字

18 在【图层】面板中双击文字图层，弹出【图层样式】对话框，在其左边栏中单击【投影】选项，在右边栏中进行参数设置，如图10-84所示，设置好后的画面效果如图10-85所示。

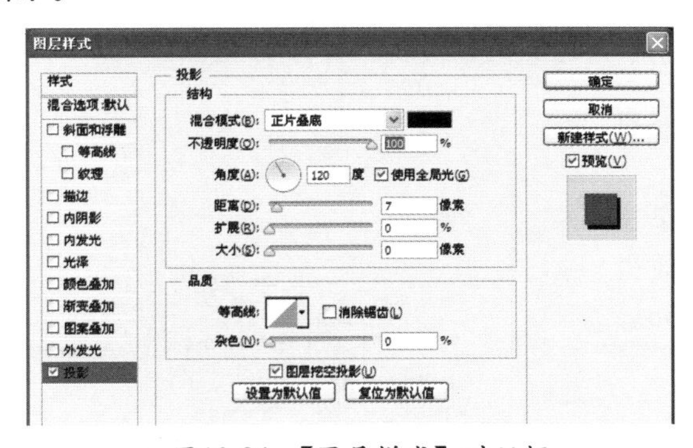

图10-84 【图层样式】对话框

图10-85 设置投影后的效果

19 在【图层样式】对话框的左边栏中单击【描边】选项，在右边栏中进行参数设置，如图10-86所示，设置好后单击【确定】按钮，得到如图10-87所示的效果。

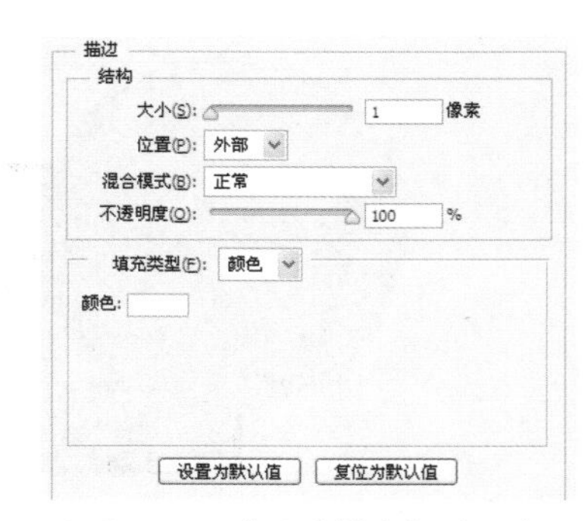

图10-86 【图层样式】对话框

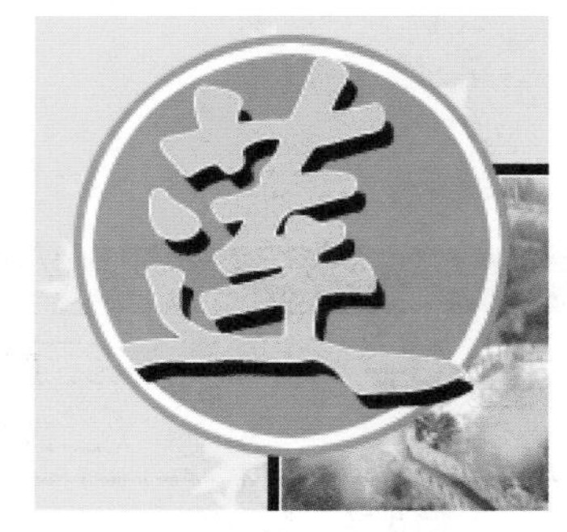

图10-87 描边后的效果

20 在工具箱中选择直排文字工具，在选项栏中设置【字体】为华文新魏，【字体大小】为110点，文本颜色为黑色，然后在画面上单击并输入“银路”文字，再将文字移动到适当的位置，确认文字输入后得到如图10-88所示的效果。

21 在画面中“银路”文字的右下方适当位置单击并输入文字“汤”，选择文字后在选项栏中设置【字体】为华文行楷，【字体大小】为130点，设置好后确认文字输入，得到如图10-89所示的效果。

图10-88 输入文字

图10-89 输入文字

22 在【图层】面板中双击当前文字图层，弹出【图层样式】对话框，在其左边栏中单击【斜面和浮雕】选项，在右边栏中进行参数设置，如图10-90所示，设置好后的画面效果如图10-91所示。

23 在【图层样式】对话框的左边栏中单击【描边】选项，在右边栏中进行参数设置，如图10-92所示，设置好后的画面效果如图10-93所示。

图10-90 【图层样式】对话框

图10-91　设置斜面和浮雕后的效果

图10-92　设置描边

图10-93　设置描边后的效果

24 在【图层样式】对话框的左边栏中单击【投影】选项，在右边栏中进行参数设置，如图10-94所示，设置好后单击【确定】按钮，得到如图10-95所示的效果。

图10-94　设置投影

图10-95　设置投影后的效果

25 从配套光盘的素材库中打开一个标志文件，并将标志拖到画面的左上角适当位置，得到如图10-96所示的效果。

26 使用文字工具在画面中相应的位置依次单击并输入相关的文字，可以根据所需设置文本格式，输入好文字后，得到如图10-97所示的效果。

图10-96　打开文件并复制图像到指定位置

图10-97　输入文字

27 在【图层】面板中新建图层7，在工具箱中设置前景色为白色，选择直线工具，在选项栏中选择像素，设置【粗细】为3像素，然后按“Shift”键在画面中直排文字的中间绘制出两条垂直的直线，得到如图10-98所示的效果。

28 在【图层】面板中设置图层7的【不透明度】和【填充】均为50%，得到如图10-99所示的效果。

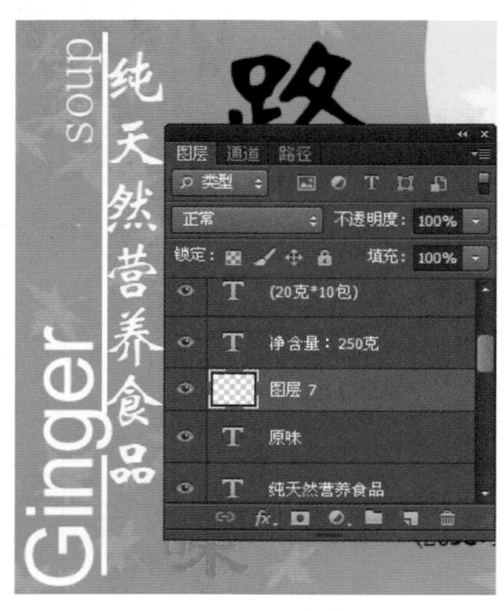

图10-98 绘制直线

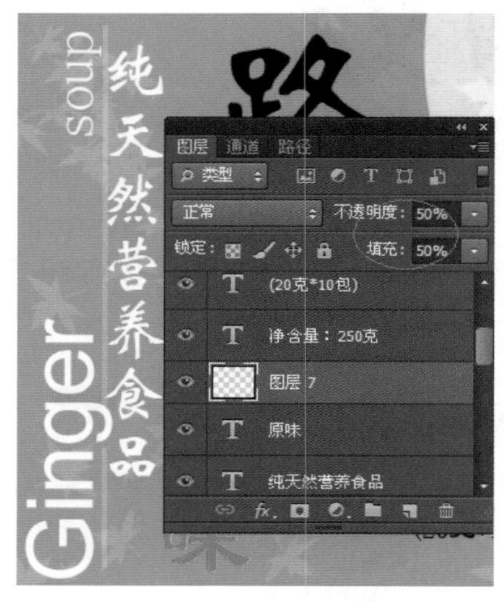

图10-99 设置图层选项后的效果

29 在工具箱中选择移动工具，在画面的“Ginger Soup”文字上右击，弹出快捷菜单，在其中选择“Ginger Soup”，如图10-100所示，以选择“Ginger Soup”文字图层，如图10-101所示。

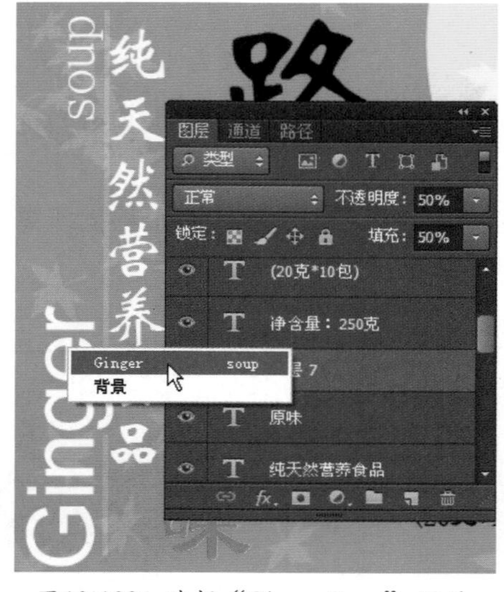

图10-100 选择“Ginger Soup”图层

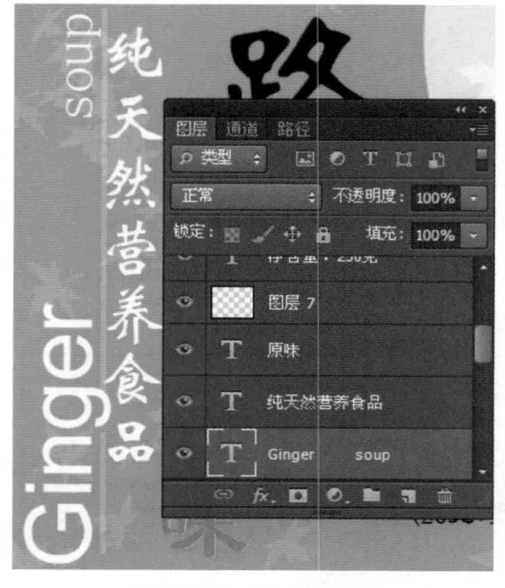

图10-101 选择图层

30 在【图层】面板中设置“Ginger Soup”文字图层的【不透明度】和【填充】均为50%，得到如图10-102所示的效果，显示整个画面，其整体效果如图10-103所示，作品就制作完成了。

图10-102 设置图层选项后的效果

图10-103 最终效果

10.3 包装平面分析图

实例说明

在制作产品宣传页、广告、包装时，可以使用本例“包装平面分析图”的制作方法。如图10-104所示为范例效果图，如图10-105所示为类似范例的实际应用效果图。

图10-104 包装平面分析图最终效果图

图10-105 精彩效果欣赏

设计思路

先打开绘制好的包装平面图，再使用合并图层、标尺栏、矩形选框工具、复制、新建、粘贴、移动工具、横排文字工具、描边、取消选择等工具与命令将包装的两个侧面与顶面绘制出来；然后使用移动工具、钢笔工具、路径选择工具、画笔工具、用画笔描边路径等工具与命令绘制平面结构图并将相应的面排放好。如图10-106所示为制作流程图。

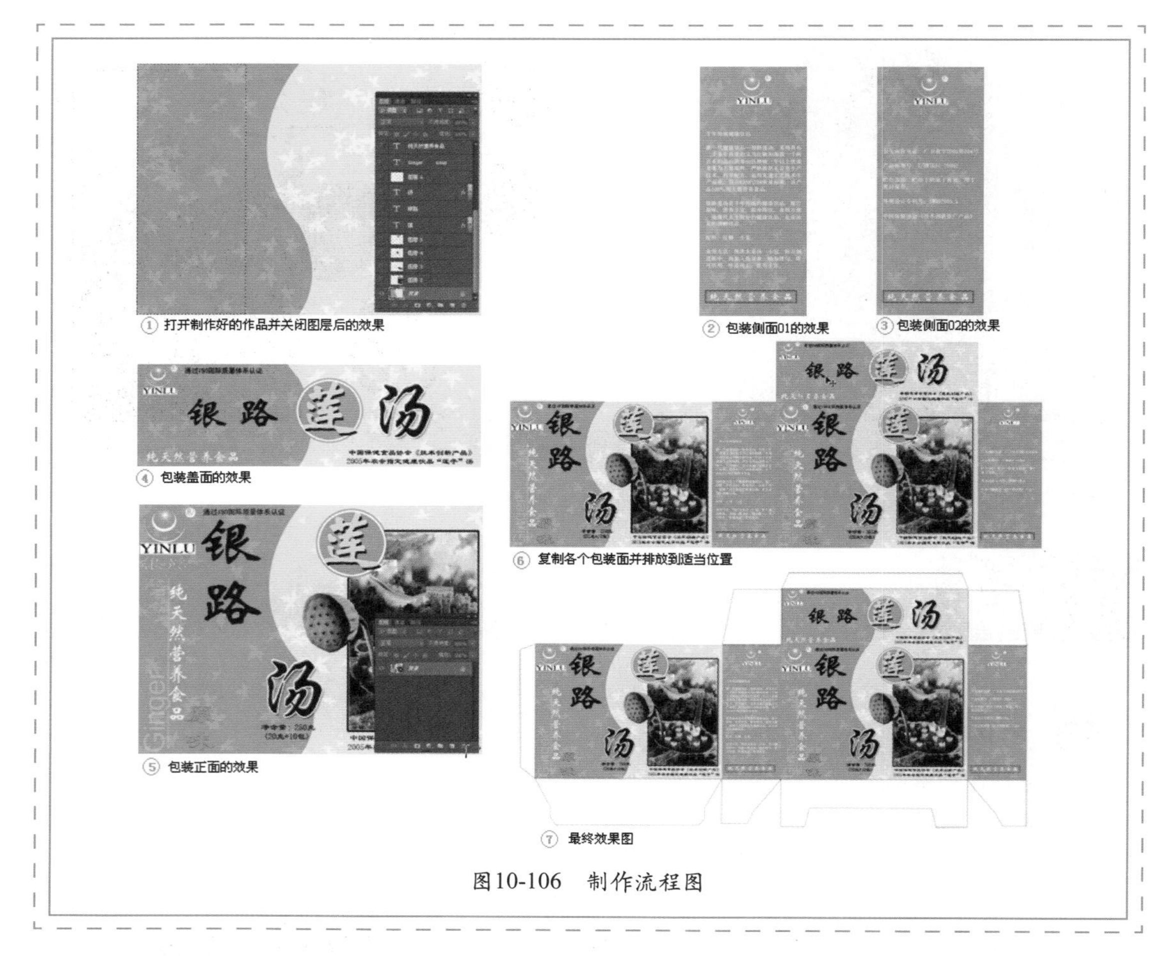

图10-106　制作流程图

操作步骤

01 按“Ctrl”+“O”键打开准备好的图片，在【图层】面板中选择背景图层和图层1，如图10-107所示。

02 按“Ctrl”+“E”键合并为背景层，再关闭其他图层左边的眼睛图标，这时画面和【图层】面板如图10-108所示。

图10-107　选择图层

图10-108　关闭图层后的效果

03 按“Ctrl”+“R”键显示标尺栏，在工具箱中选择矩形选框工具，在选项栏中设置【样式】为固定大小，再设置【宽度】为250像素，【高度】为600像素，在画面的左边适当位置单击，即可得到一个大小为250×600像素的选区，如图10-109所示，按“Ctrl”+“C”键进行复制。

04 按“Ctrl”+“N”键，在弹出的【新建】对话框中直接单击【确定】按钮，即可根据复制选区大小新建一个文件，按“Ctrl”+“V”键进行粘贴，得到如图10-110所示的结果。

05 在工具箱中选择移动工具，将正面的标志拖到新建文件中，并排放到适当位置，得到如图10-111所示的效果，同时在【图层】面板中自动生成了一个图层，如图10-112所示。

06 在工具箱中选择横排文字工具，在选项栏中设置【字体】为文鼎CS中宋，【字体大小】为11点，在画面中适当位置单击并输入如图10-113所示的文字。在画面下方输入相应的文字，设置所需的字体和字体大小，得到如图10-114所示的效果。

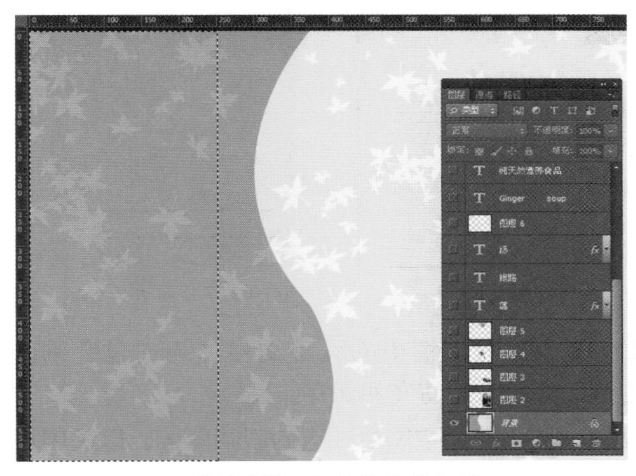

图10-109 绘制选区并复制

图10-110 复制后的结果

图10-111 复制图像到指定图像后的效果

图10-112 【图层】面板

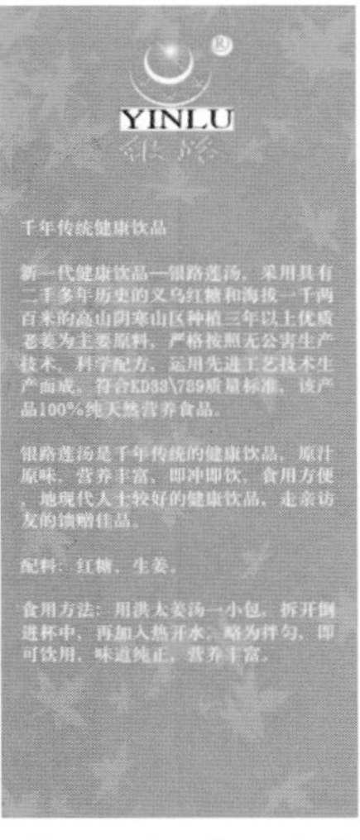

图10-113 输入文字

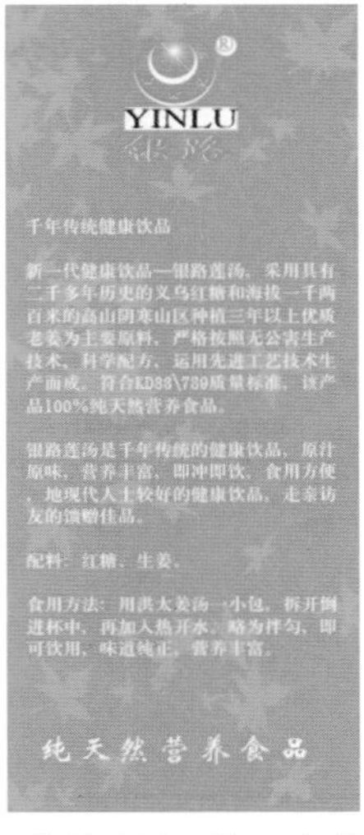

图10-114 输入文字

07 在【图层】面板中新建图层3，在工具箱中选择矩形选框工具，在选项栏中设置【样式】为正常，再在画面下方框选所需的文字，如图10-115所示，然后在菜单中执行【编辑】→【描边】命令，弹出【描边】对话框，在其中设置【宽度】为1像素，【颜色】为黑色，其他为默认值，如图10-116所示，单击【确定】按钮，再按“Ctrl”+“D”键取消选择，得到如图10-117所示的效果。

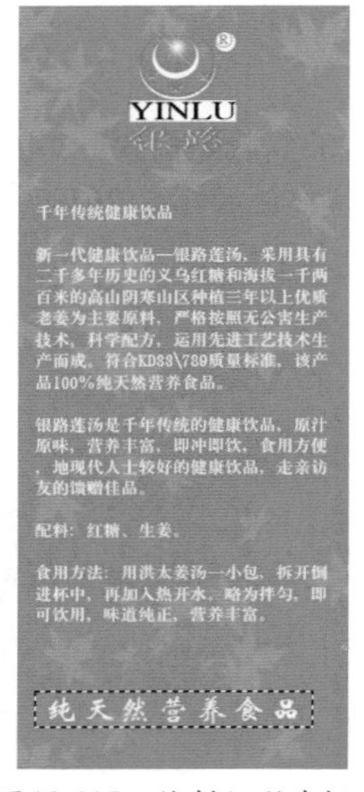

图10-115 绘制矩形选框

图10-116 【描边】对话框

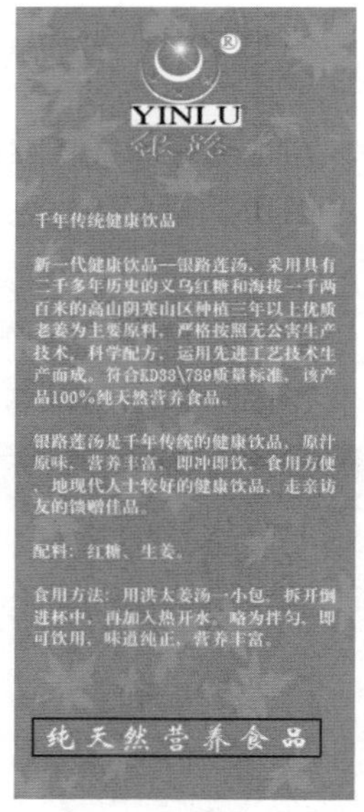

图10-117 描边后的效果

08 按“Ctrl”+“S”键，在弹出的【存储为】对话框中的设置文件名为“包装侧面01.psd”文字，如图10-118所示，单击【保存】按钮将文件保存。

09 在【图层】面板中单击“千年传统健康饮品......”文字图层左边的眼睛图标，以关闭该图层，如图10-119所示，得到如图10-120所示的结果。

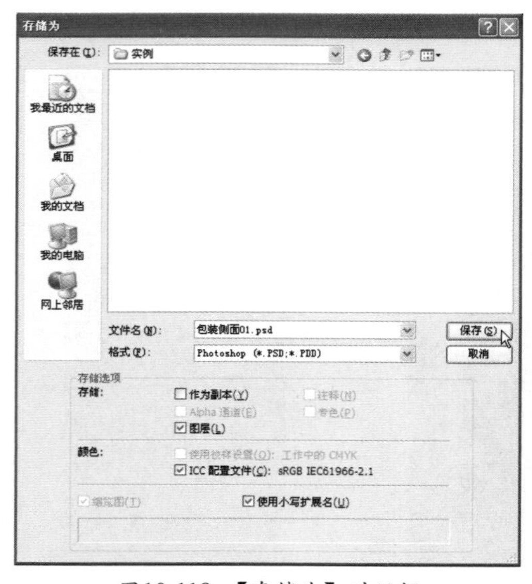

图10-118 【存储为】对话框

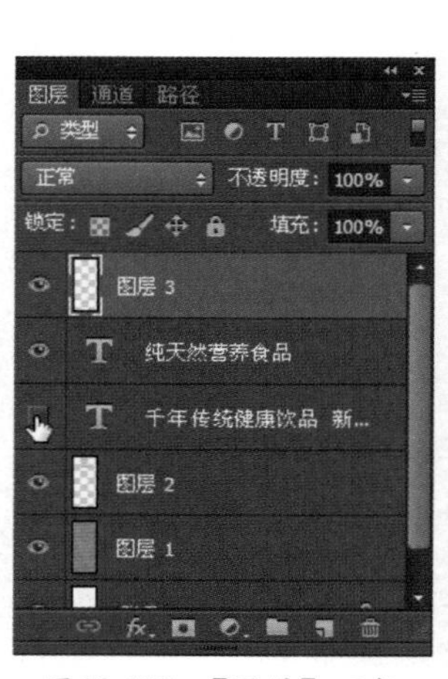

图10-119 【图层】面板

图10-120 关闭图层后的效果

⑩ 在画面中单击并输入如图10-121所示的文字，按“Ctrl”+“Shift”+“S”键，在弹出的【存储为】对话框中设置文件名为“包装侧面02.psd”，如图10-122所示，单击【保存】按钮将文件保存。

⑪ 以前面打开的正面作品为当前文件，在工具箱中选择矩形选框工具，并在选项栏中设置【样式】为固定大小，设置【宽度】为800像素，【高度】为250像素，在画面的下方适当位置单击，即可得到一个大小为800×250像素的矩形选区，如图10-123所示，按“Ctrl”+“C”键进行复制。

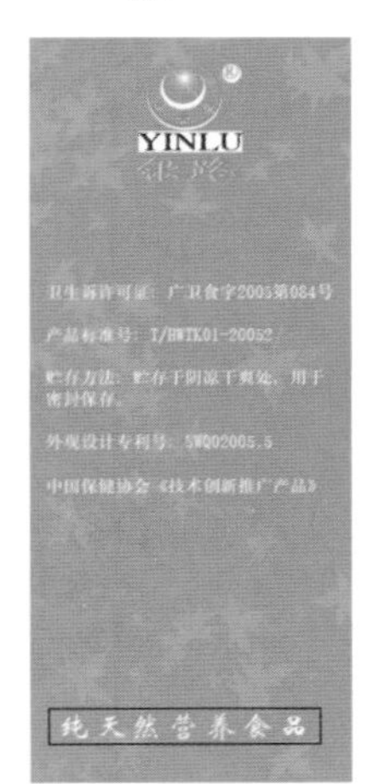

图10-121 输入文字

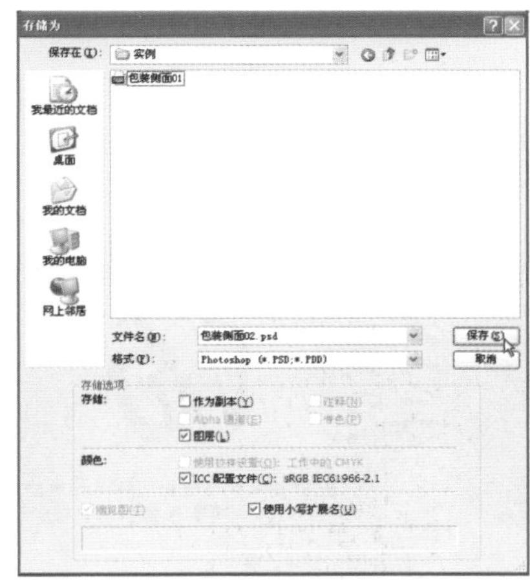

图10-122 【保存为】对话框

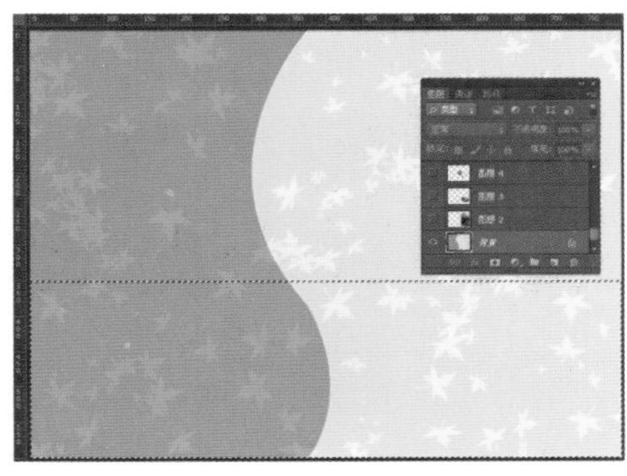

图10-123 绘制矩形选区并复制

⑫ 按“Ctrl”+“N”键，在弹出的【新建】对话框中直接单击【确定】按钮，以选区大小新建一个文件，再按“Ctrl”+“V”键进行粘贴，如图10-124所示。

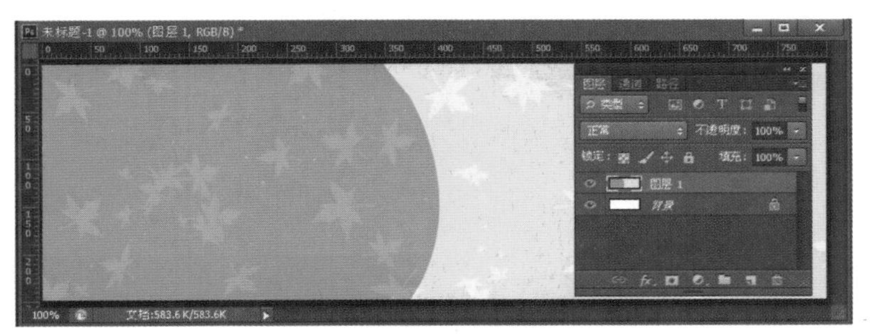

图10-124 粘贴后的效果

⑬ 使用移动工具将正面中的标志拖到刚新建的画面中，并排放到左上角适当位置，得到如图10-125所示的效果。

图10-125 复制图像到指定位置

14 使用移动工具将正面中的文字复制到新建文件中，再在选项栏中单击T（更改文本方向）按钮，并排放到适当的位置，效果如图10-126所示。

图10-126 复制内容到指定位置

15 使用同样的方法依次将正面中的相关文字和图像，分别复制到新建文件中，并排放到适当位置，得到如图10-127所示的效果。

图10-127 复制内容到指定位置

16 按“Ctrl”+“S”键，在弹出的【存储为】对话框中设置【文件名】为“包装盖面.psd”，如图10-128所示，单击【保存】按钮保存文件。

17 按“Ctrl”+“N”键，在弹出的【新建】对话框中设置【宽度】为2400像素，【高度】为1300像素，其他参数设置如图10-129所示，单击【确定】按钮，新建一个文件。

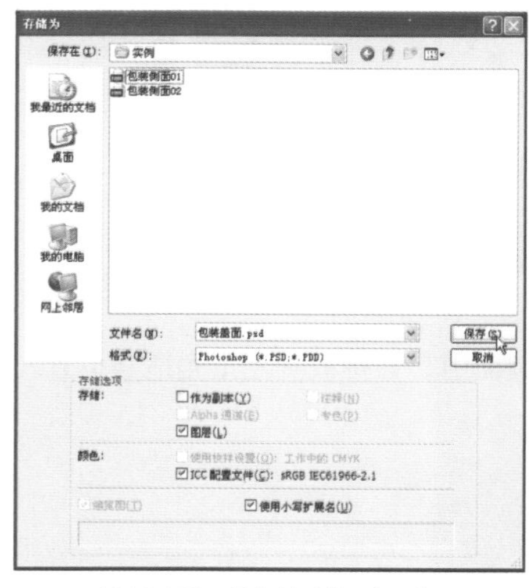

图10-128 【存储为】对话框

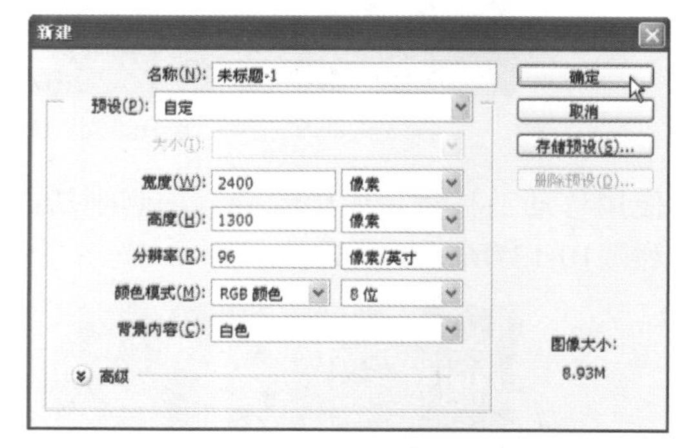

图10-129 【新建】对话框

18 以前面打开的正面文件为当前文件，按“Ctrl”+“D”键取消选择，在【图层】面板中显示所有图层，如图10-130所示，然后按“Ctrl”+“Shift”+“E”键合并所有图层，如图10-131所示。

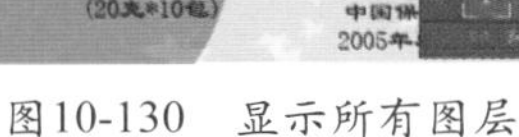
图10-130　显示所有图层

图10-131　合并所有图层

19 使用移动工具将正面拖到新建的文件中，并排放到适当的位置，同时在【图层】面板中自动生成了图层1，如图10-132所示。

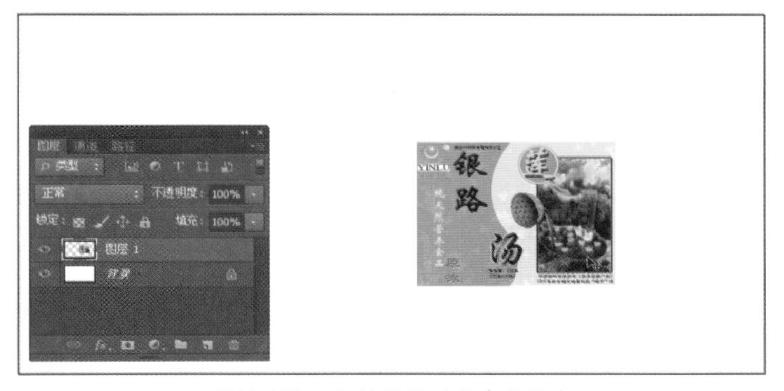

图10-132　复制图像到新建文件中

20 以包装侧面02为当前文件，如图10-133所示，按“Ctrl”+“Shift”+“E”键合并所有可见图层，再用移动工具将它拖到新建的文件中，并排放到适当位置，如图10-134所示。

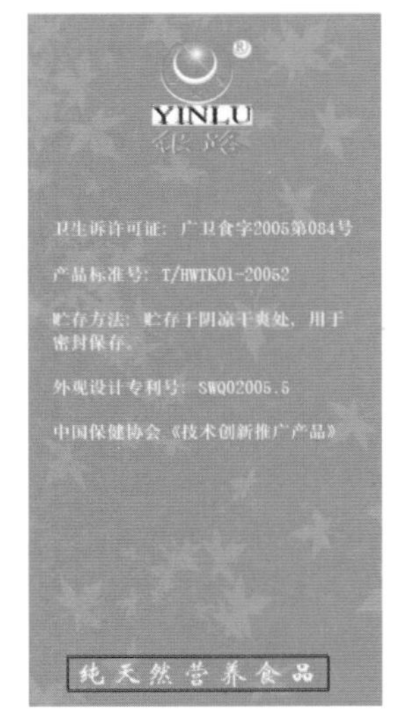

图10-133　包装侧面02文件

图10-134　复制图像到新建文件中

21 打开前面保存的包装侧面01文件，如图10-135所示，按“Ctrl”+“Shift”+“E”键合并所有可见图层，使用移动工具将它拖到新建的文件中，并排放到适当的位置，如图10-136所示。

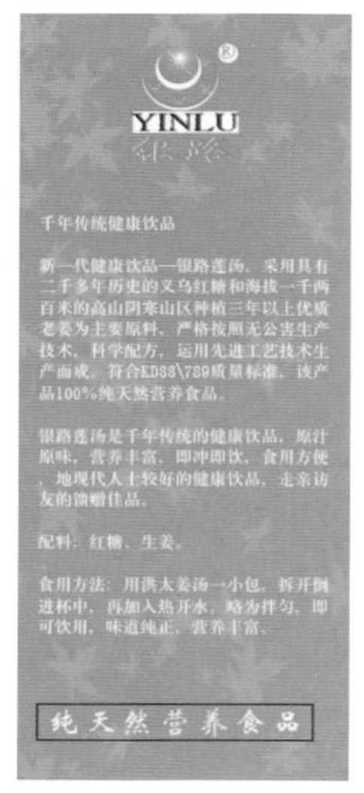

图10-135　包装侧面01文件

图10-136　复制图像到新建文件中

22 在【图层】面板中复制图层1为图层1副本，如图10-137所示，接着将图层1副本向左拖动到适当的位置，得到如图10-138所示的效果。

图10-137　复制图层

图10-138　移动内容后的效果

23 以包装盖面为当前文件，按“Ctrl”+“Shift”+“E”键合并所有可见图层，如图10-139所示。

图10-139　合并所有可见图层

24 使用移动工具将包装盖面拖到新建的文件中，并排放到适当位置，如图10-140所示。

25 显示【路径】面板，新建路径1，如图10-141所示，接着在工具箱中选择钢笔工具，并在选项栏中选择路径，在画面的右下方勾画出如图10-142所示的路径，表示底面的折叠面结构线。

图10-140　移动内容后的效果

图10-141　新建路径　　　　图10-142　用钢笔工具绘制路径

26 使用钢笔工具在画面上分别勾画出如图10-143所示的路径，表示包装的折叠结构线。

图10-143　用钢笔工具绘制路径

27 在工具箱中选择路径选择工具，按“Shift”键在画面中单击所有绘制的路径组件，以同时选择这些路径，如图10-144所示。

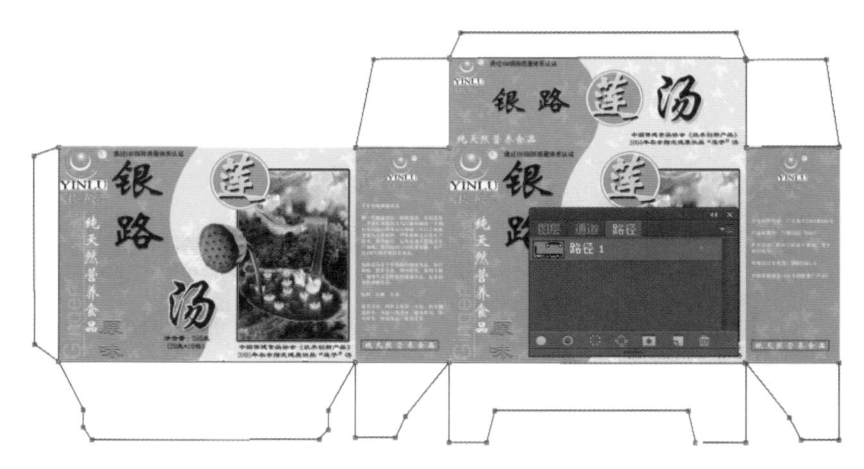

图10-144 选择路径

㉘ 在【图层】面板中新建一个图层5，如图10-145所示，在工具箱中选择画笔工具，在选项栏的画笔弹出式面板中选择尖角画笔，设置【大小】为1像素，如图10-146所示。

㉙ 在工具箱中设置前景色为黑色，显示【路径】面板，在其中单击○（用画笔描边路径）按钮，如图10-147所示，给路径描边，再在【路径】面板的灰色区域单击，隐藏路径，得到如图10-148所示的效果，作品就制作完成了。

图10-145 【图层】面板

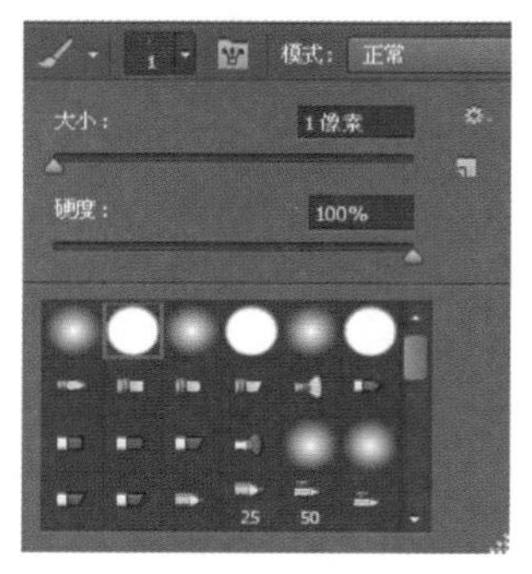

图10-146 画笔弹出式面板

图10-147 【路径】面板

图10-148 最终效果图

10.4 包装立体效果图

实例说明

在制作包装、礼品袋时，可以使用本例“包装立体效果图”的制作方法。如图10-149所示为范例效果图，如图10-150所示为类似范例的实际应用效果图。

图10-149　包装立体效果最终效果图

图10-150　精彩效果欣赏

设计思路

先打开绘制好的包装平面分析图，再将包装正面图复制到Illustrator CS6程序中，然后使用Illustrator中的新建、矩形工具、凸出和斜角制作出一个立方体，最后将立方体复制到Photoshop程序中，并使用拖动并复制、自由变换、曲线调整图层等工具与命令将相应的面贴到立方体上来，调整侧面的明暗度，以加强立体效果。如图10-151所示为制作流程图。

① 复制包装正面图到Illustrator文件中

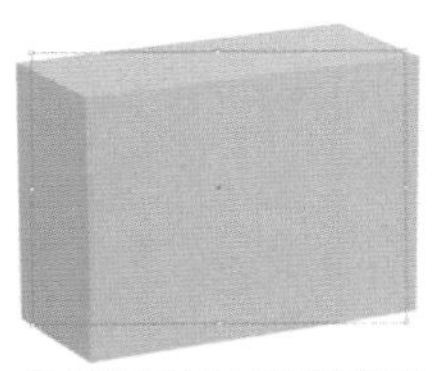
② 依据包装正面图的大小制作三维立体模型

③ 使包装正面图的角点与立方体相对应的顶点重合

④ 使平面的其他角点与立方体相对应的顶点重合

⑤ 用【曲线】命令将侧面和盖面调暗

⑥ 添加背景和倒影后的最终效果图

图10-151　制作流程图

操作步骤

01 打开前面制作好的包装平面分析图，在【图层】面板中单击图层1，以它为当前图层，按“Ctrl”键单击图层1的缩览图标，使图层1载入选区，如图10-152所示，再按“Ctrl”+“C”键执行【复制】命令。

图10-152 载入选区并复制

02 在屏幕底部的任务栏中单击【开始】按钮，弹出【开始】菜单，在程序中打开【Adobe Illustrator CS6】，如图10-153所示，即可开启Illustrator CS6程序。按“Ctrl”+“N”键，弹出【新建文档】对话框，在其中设置所需的参数，如图10-154所示，单击【确定】按钮新建一个文件，再按“Ctrl”+“V”键执行【粘贴】命令，即可将在Photoshop CS6程序中复制的内容粘贴到Illustrator CS6新建文件中，效果如图10-155所示。

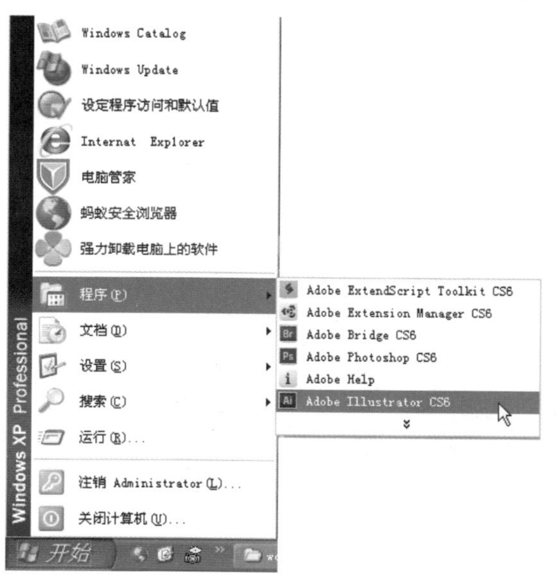

图10-153 【开始】菜单

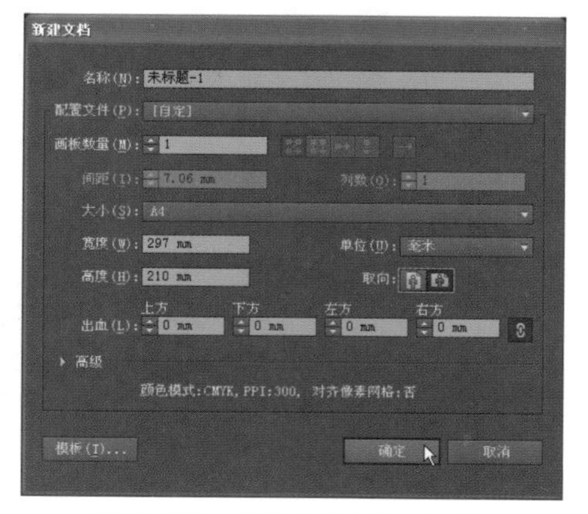

图10-154 【新建文档】对话框

03 在Illustrator CS6程序中的工具箱中选择■矩形工具，在新建文档中绘制一个和正面同样大小的矩形，再在【颜色】面板中设置【填色】为R255、G228、B63，【描边】为无，如图10-156所示，即可得到如图10-157所示的画面效果。

04 在菜单中执行【效果】→【3D】→【凸出和斜角】命令，在弹出的对话框中进行参数设置，如图10-158所示，单击【确定】按钮，得到如图10-159所示的三维立体效果。

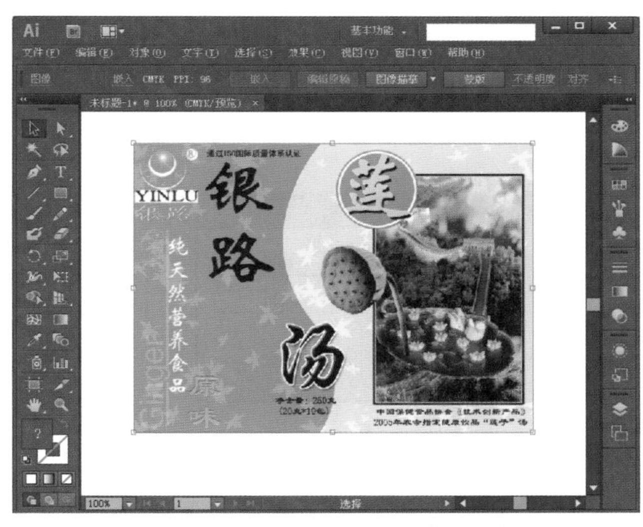

图10-155 粘贴到Illustrator CS6新建文件中的效果

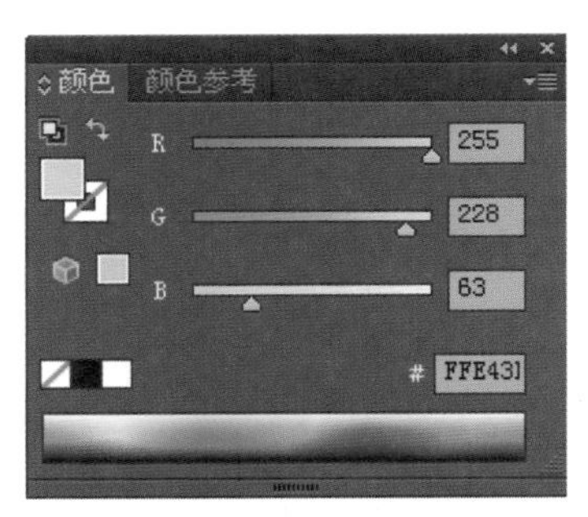

图10-156 【颜色】面板

图10-157 设置【填色】和【描边】后的效果

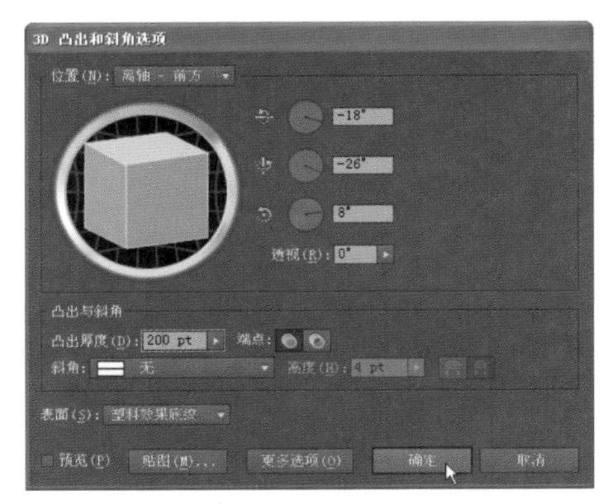

图10-158 【3D凸出和斜角选项】对话框

图10-159 执行【凸出和斜角】命令后的效果

05 按"Ctrl"+"C"键执行【复制】命令，在屏幕下方的任务栏上单击 Adobe Ph... 按钮，切换到Photohop CS6程序窗口，按"Ctrl"+"N"键新建一个文件，再按"Ctrl"+"V"键执行【粘贴】命令，在弹出的【粘贴】对话框中选择【像素】单选框，如图10-160所示，单击【确定】按钮，得到如图10-161所示的结果。

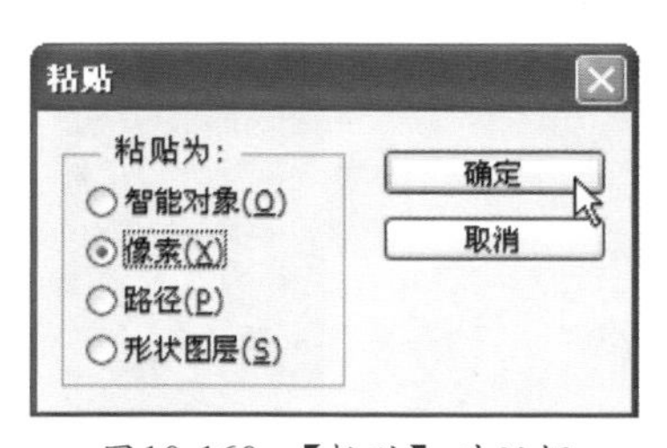

图10-160 【粘贴】对话框

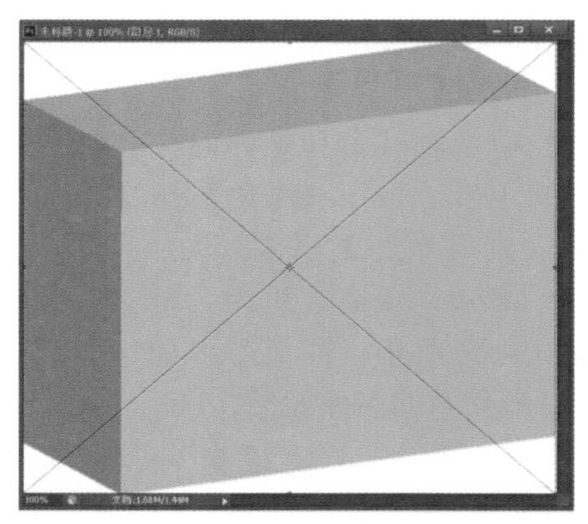

图10-161 粘贴后的效果

06 在Photoshop CS6的工具箱中单击工具时，会弹出如图10-162所示的警告对话框，在其中单击【置入】按钮，将Illustrator CS6程序中的文件置入到Photoshop CS6程序的文件中，得到如图10-163所示的效果。

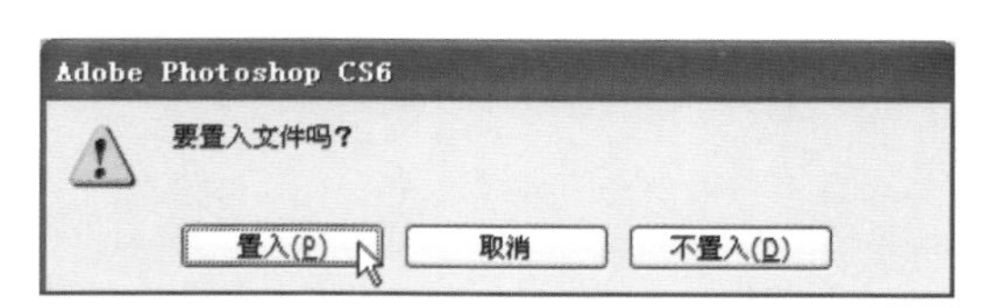

图10-162 【Adobe Photoshop CS6】警告对话框

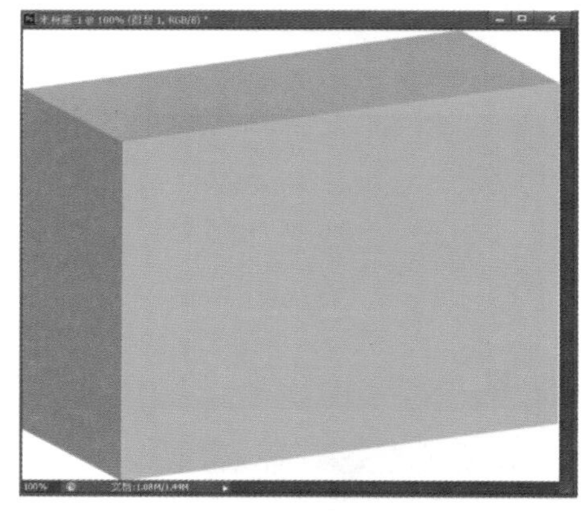

图10-163 置入到Photoshop CS6程序中的效果

07 在菜单中执行【图像】→【画布大小】命令，在弹出的对话框中勾选【相对】复选框，再设置【宽度】为50像素，【高度】为50像素，如图10-164所示，单击【确定】按钮，即可将画布加宽，如图10-165所示。

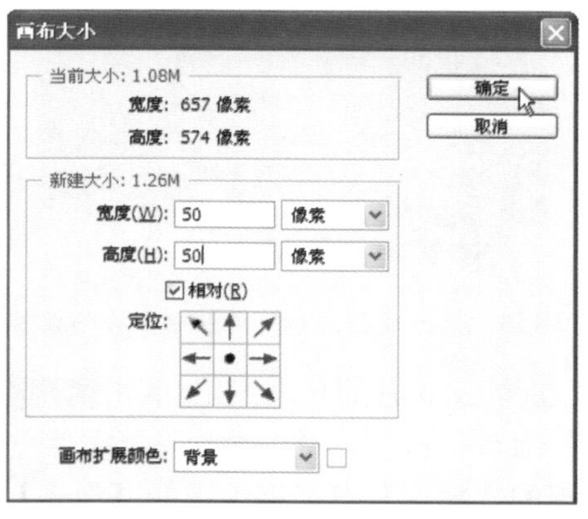

图10-164 【画布大小】对话框

图10-165 加宽画布后的效果

08 将包装平面分析图中的图层1内容拖到画面中，并排放到适当位置，同时在【图层】面板中自动生成了图层2，如图10-166所示。

09 按“Ctrl”+“T”键执行【自由变换】命令，然后按“Ctrl”键拖动左上角的控制点到适当的位置，使平面的角点和立体面的顶点重合，如图10-167所示。使用同样的方法调整其他的控制点到适当的位置，使平面的其他角点与立方体相对应的顶点重合，得到如图10-168所示的效果，再在变换框内双击，确认变换后得到如图10-169所示的效果。

图10-166 复制图像到指定位置

图10-167 调整控制点

图10-168 调整控制点

图10-169 确认变换后的效果

10 将包装平面分析图中的图层2（即包装侧面01中的内容）拖到画面中，并排放到适当的位置，同时在【图层】面板中自动生成了图层3，如图10-170所示。

11 按“Ctrl”+“T”键调整侧面上四个角的控制点到适当的位置，使其相对应的控制点与立体面的顶点重合，结果如图10-171所示，在变换框内双击，确认变换后得到如图10-172所示的效果。

12 将包装平面分析图中的图层4（即包装盖面中的内容）拖到画面中，并排放到适当位置，同时在【图层】面板中自动生成了图层4，如图10-173所示。

图10-170　复制图像到指定位置

图10-171　调整控制点

图10-172　确认变换后的效果

图10-173　复制图像到指定位置

13 按“Ctrl”+“T”键执行【自由变换】命令，在画面中调整四个角上的控制点到适当的位置，使其相对应的控制点与立体面的顶点重合，结果如图10-174所示，在变换框内双击，确认变换后得到如图10-175所示的效果。

图10-174　调整控制点

图10-175　确认变换后的效果

14 在【图层】面板中单击图层3，以它为当前图层，按“Ctrl”键单击图层3的缩览图标，使图层3载入选区，如图10-176所示。

15 在【图层】面板中单击【创建新的填充或调整图层】按钮，在弹出的菜单中选择【曲线】命令，如图10-177所示，在【属性】面板中设置【输入】为0，【输出】为40，如图10-178所示，得到如图10-179所示的效果。

16 在【图层】面板中单击图层4，以它为当前图层，再按“Ctrl”键单击图层4的缩览图，得到如图10-180所示的选区。

图10-176 载入选区后的画面

图10-177 选择【曲线】命令

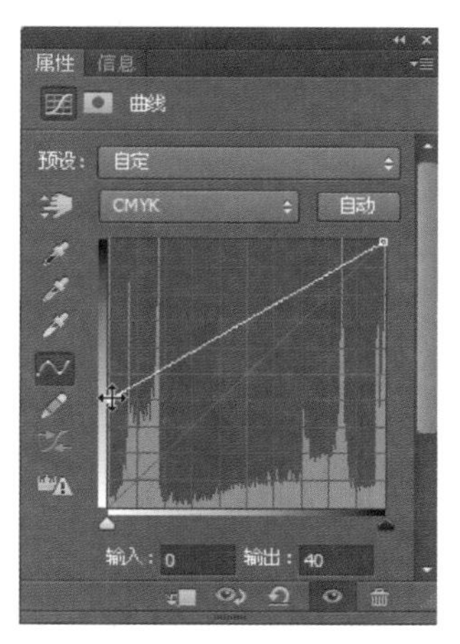

图10-178 【属性】面板

图10-179 调暗后的效果

图10-180 载入选区后的画面

17 在【图层】面板中单击【创建新的填充或调整图层】按钮，在弹出的菜单中选择【曲线】命令，再在【属性】面板中设置【输入】为0，【输出】为20，如图10-181所示，得到如图10-182所示的效果。

18 在菜单中执行【图像】→【画布大小】命令，在弹出的对话框中勾选【相对】复选框，再设置【宽度】为0像素，【高度】为50像素，如图10-183所示，单击【确定】按钮，将画布的下方加高，如图10-184所示。

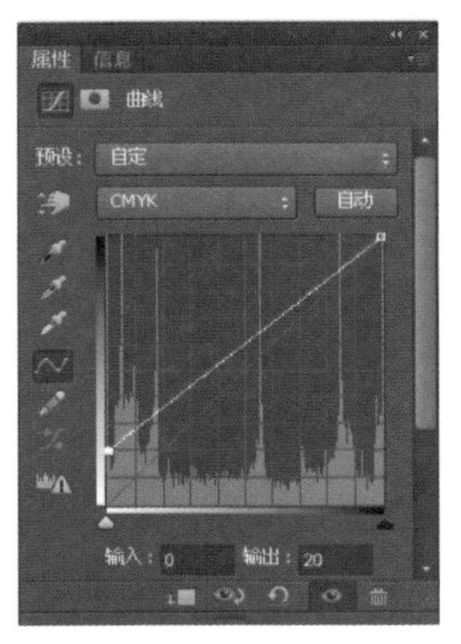

图10-181 【属性】面板

图10-182 调暗后的画面效果

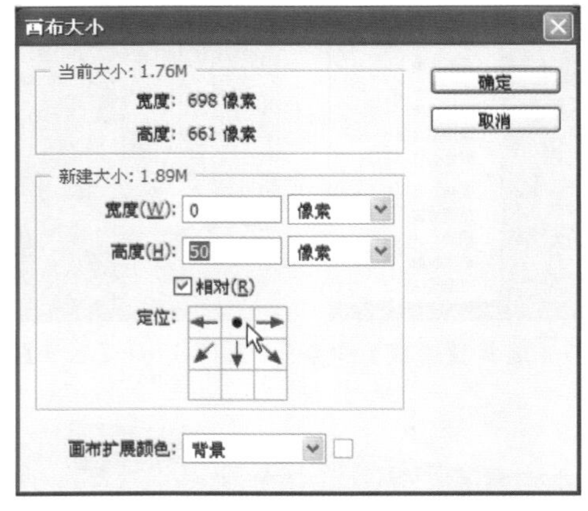

图10-183 【画布大小】对话框

图10-184 加高画布后的结果

19 在【图层】面板中单击背景层，以它为当前图层，然后关闭图层1，如图10-185所示。

20 在工具箱中设置前景色为R0、G126、B255，背景色为R7、G7、B79，选择渐变工具，在选项栏的【渐变拾色器】调板中选择前景到背景渐变，然后在画面中从下向上拖动鼠标，得到如图10-186所示的渐变填充效果。

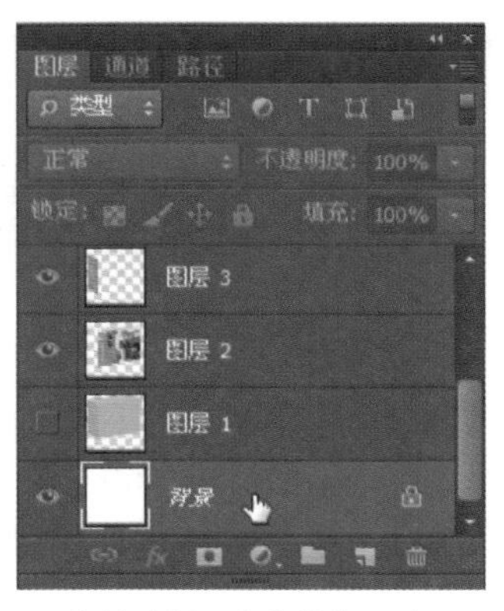

图10-185 【图层】面板

图10-186 渐变填充效果

21 在【图层】面板中复制图层2为图层2副本，如图10-187所示，然后在菜单中执行【编辑】→【变换】→【垂直翻转】命令，得到如图10-188所示的效果。

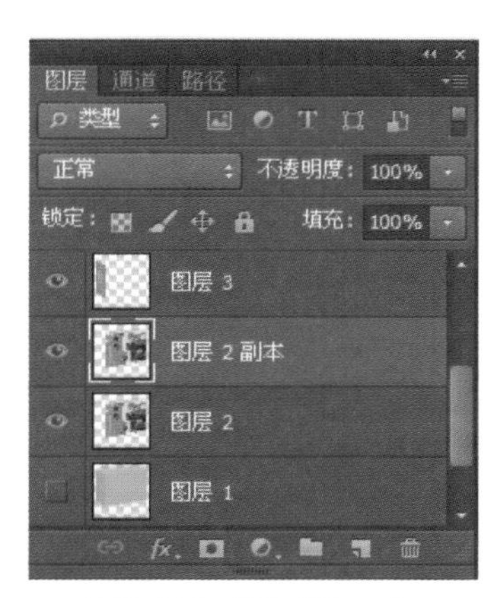

图10-187 【图层】面板

图10-188 垂直翻转后的效果

22 在菜单中执行【编辑】→【变换】→【斜切】命令，显示变换框，对其进行适当调整，调整后的结果如图10-189所示，在变换框内双击确认变换，得到如图10-190所示的效果。

图10-189 调整变换框

图10-190 确认变换后的效果

23 在【图层】面板中设置图层2副本的【不透明度】为30%，如图10-191所示，得到如图10-192所示的效果。

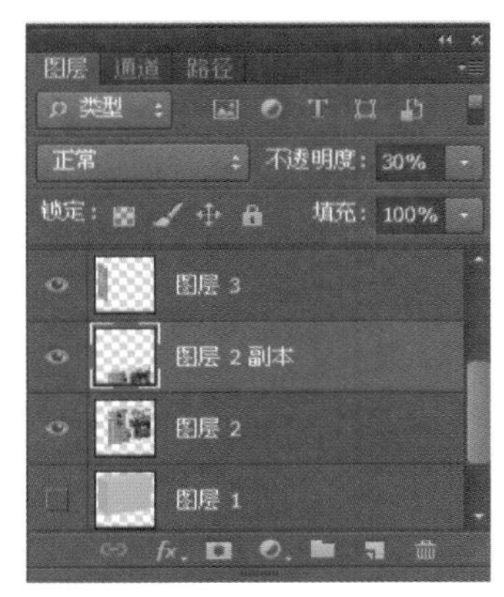

图10-191 【图层】面板

图10-192 设置不透明度后的效果

24 在【图层】面板中单击【添加图层蒙版】按钮，给图层2副本添加图层蒙版，如图10-193所示，使用渐变工具从上向下拖动鼠标，得到如图10-194所示的渐变填充效果。

25 在【图层】面板中选择图层3和曲线1调整图层，如图10-195所示，按“Ctrl”+“E”键向下合并，得到曲线1图层，如图10-196所示。

26 在【图层】面板中复制曲线1图层为曲线1副本图层，如图10-197所示，在菜单中执行【编辑】→【变换】→【垂直翻转】命令，翻转图像后再用对图层2副本进行处理的方法对它进行处理，即可得到如图10-198所示的倒影效果，作品就制作完成了。

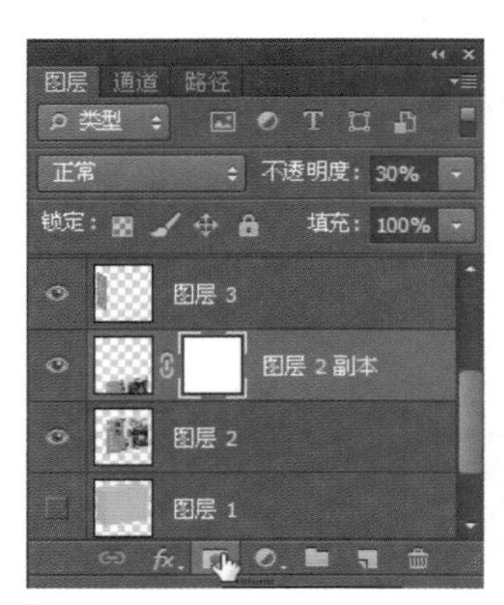

图10-193 【图层】面板

图10-194 渐变填充效果

图10-195 选择图层

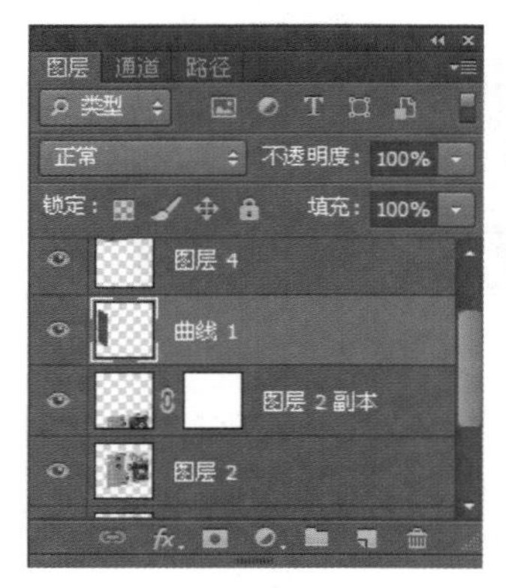

图10-196 合并图层

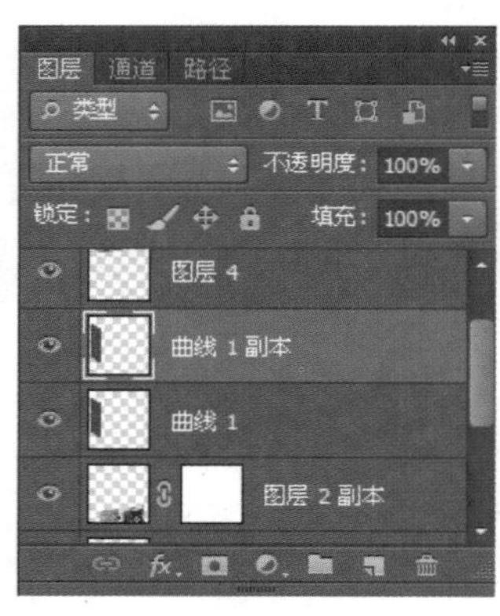

图10-197 复制图层

图10-198 最终效果

第11章 综合设计

本章通过光盘盒封面设计、宝宝秀电子相册制作、啤酒标签设计、啤酒标签合成、室内设计、室外建筑效果6个范例的制作，介绍了Photoshop在平面设计方面的综合技巧。

11.1 光盘盒封面设计

实例说明

在设计封面、海报、广告和包装时，可以使用本例“光盘盒封面设计”的制作方法。如图11-1、图11-2所示为范例最终效果图，如图11-3所示为类似范例的实际应用效果图。

图11-1　光盘盒封面设计最终效果图1

图11-2　光盘盒封面设计最终效果图2

图11-3　精彩效果欣赏

设计思路

先打开一个用作背景的图片，使用渐变调整图层、混合模式等命令改变图片的颜色；再使用打开、拖动并复制、通过复制的图层、动感模糊、添加图层蒙版、多边形套索工具、取消选择、自定形状工具为画面添加主题人物与装饰对象；然后使用横排文字工具、自由变换等工具与命令为画面添加主题文字及相关的文字说明；最后使用图层样式为一些文字添加效果。如图11-4所示为制作流程图。

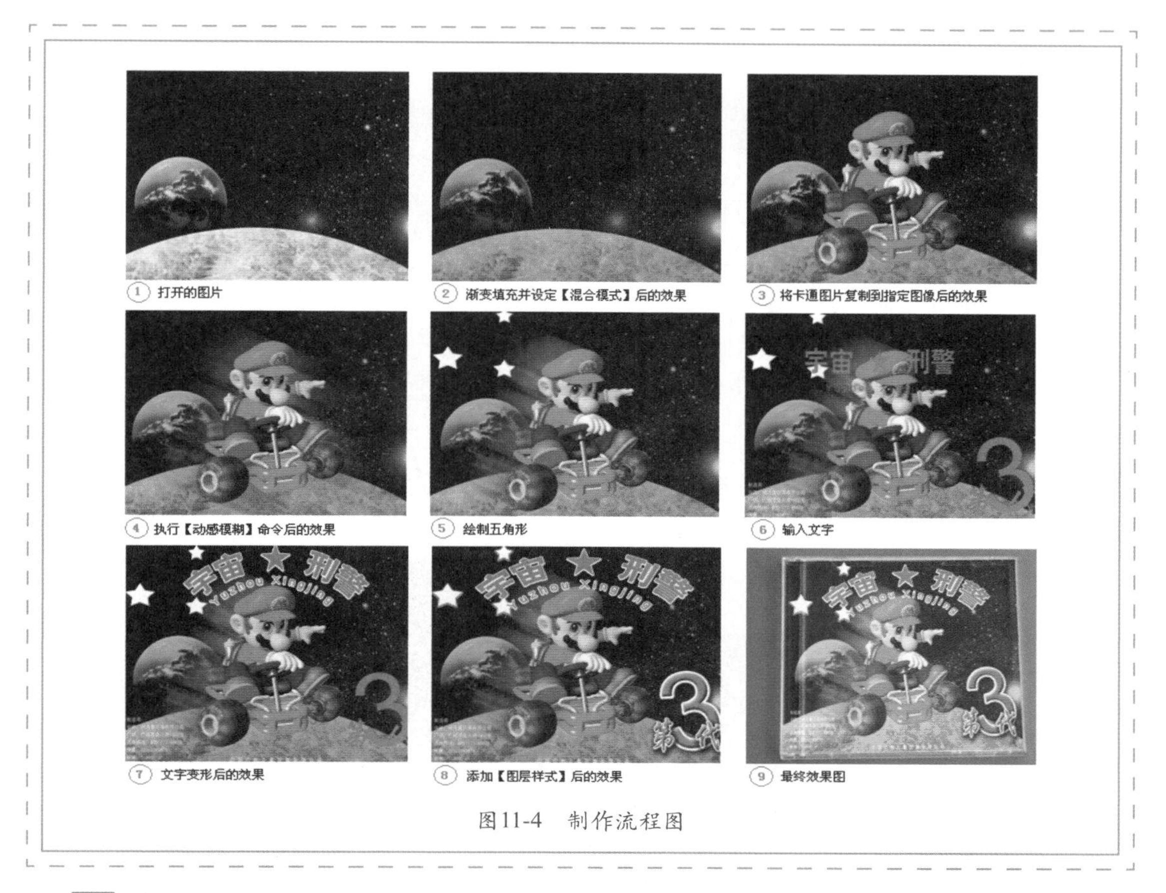

图11-4　制作流程图

操作步骤

01 按“Ctrl”+“O”键从配套光盘素材库中打开一张如图11-5所示的图片。

02 在【图层】面板中单击【创建新的填充或调整图层】按钮，在弹出的菜单中选择【渐变】命令，如图11-6所示，弹出【渐变填充】对话框，在其中单击渐变条右边的小三角形按钮，在弹出的【渐变拾色器】调板中选择“橙色、黄色、橙色”渐变，如图11-7所示，单击【确定】按钮，得到如图11-8所示的结果。

图11-5　打开的图片

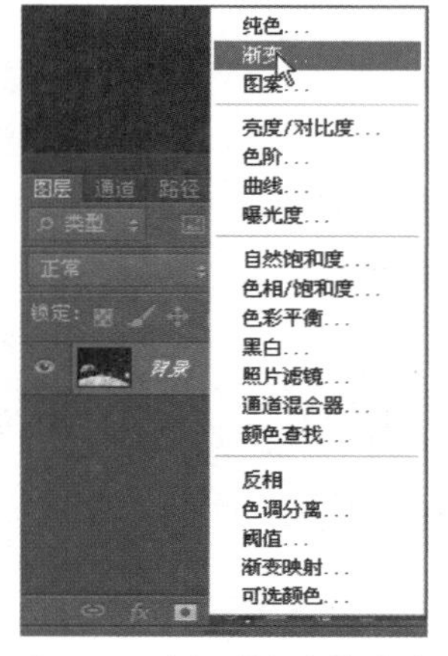

图11-6　选择【渐变】命令

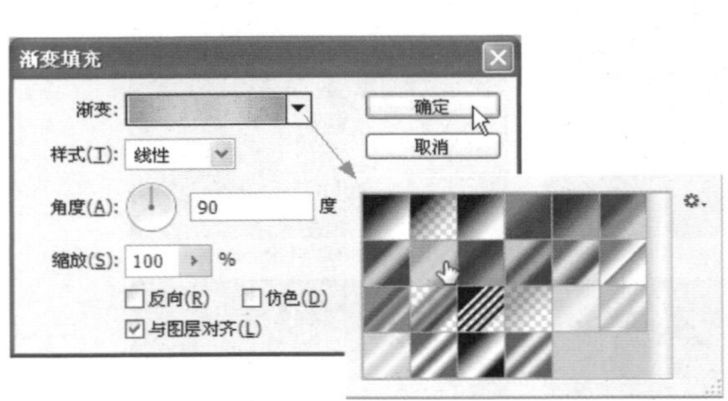

图11-7 设置渐变

图11-8 渐变填充效果

03 在【图层】面板中设置【混合模式】为正片叠底，【不透明度】为80%，如图11-9所示，画面效果如图11-10所示。

图11-9 【图层】面板

图11-10 设置图层选项后的效果

04 从配套光盘的素材库中打开一张卡通图片，如图11-11所示。

05 按“Ctrl”键将卡通图片拖动到画面中，并排放到适当的位置，如图11-12所示，在【图层】面板中就会自动生成一个图层，如图11-13所示。

图11-11 打开的图片

图11-12 复制图像到指定图像后的效果

图11-13 复制图像后的【图层】面板

06 按“Ctrl”+“J”键复制图层1为图层1副本，如图11-14所示，再单击图层1，以它为当前图层，如图11-15所示。

图11-14　复制图层

图11-15　选择当前可用图层

07 在菜单中执行【滤镜】→【模糊】→【动感模糊】命令，在弹出的对话框中设置【角度】为-23，【距离】为200像素，如图11-16所示，单击【确定】按钮，得到如图11-17所示的效果。

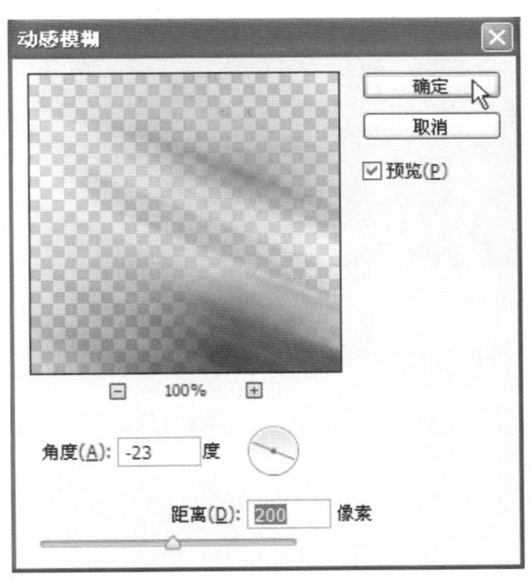

图11-16　【动感模糊】对话框

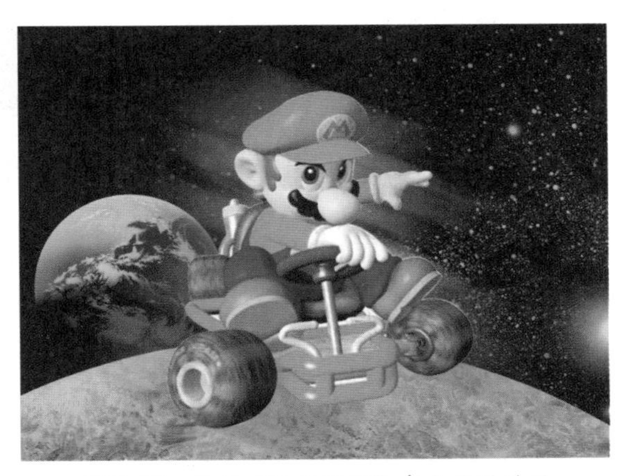

图11-17　执行【动感模糊】命令后的效果

08 在【图层】面板中单击【添加图层蒙版】按钮，为图层1添加图层蒙版，如图11-18所示。

09 在工具箱中选择多边形套索工具，然后在画面中适当位置单击，确定起点，接着单击一点确定一条边，连续单击直到返回到起点处，当指针呈状时单击，可创建一个多边形选区，如图11-19所示，然后填充黑色得到如图11-20所示的效果。

10 按“Ctrl”+“D”键取消选择，按“Ctrl”+“J”键复制图层1为图层1副本2，【图层】面板如图11-21所示，得到如图11-22所示的效果。

图11-18　添加图层蒙版

图11-19　用多边形套索工具创建的选区

图11-20　修改蒙版后的效果

图11-21　复制图层

图11-22　复制图层后的画面效果

⑪ 在【图层】面板中先激活图层1副本，以它为当前图层，再新建图层2，如图11-23所示，然后在工具箱中选择自定形状工具，在选项栏中选择像素，再在形状弹出式面板中选择五角形形状，如图11-24所示。

图11-23　【图层】面板

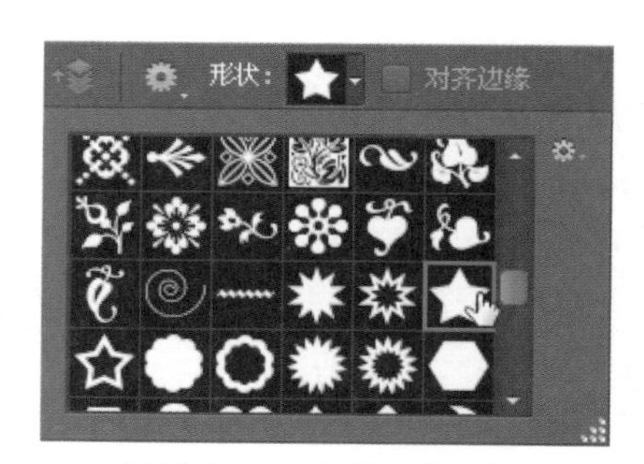

图11-24　形状弹出式面板

⑫ 设置前景色为白色，在画面的左上角适当位置绘制出一个适当大小的五角形，如图11-25所示，使用同样的方法在其他位置绘制出两个五角形，得到如图11-26所示的效果。

图11-25 绘制五角形

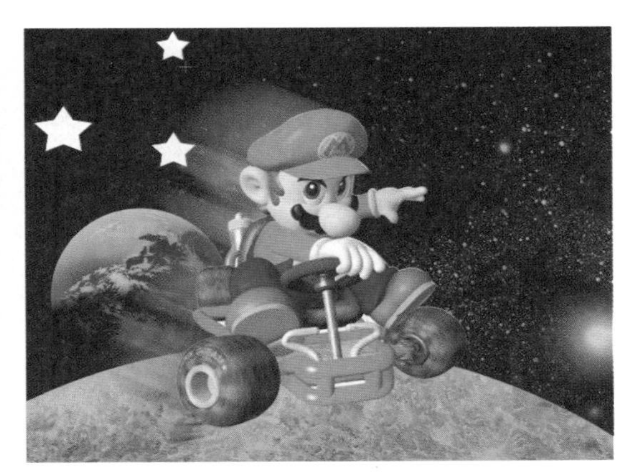

图11-26 绘制五角形

⑬ 在工具箱中选择横排文字工具，在选项栏中设置【字体】为Arial，【字体大小】为180 点，文本颜色为R195、G0、B0，然后在画面中适当的位置单击并输入数字“3”，如图11-27所示，在选项栏中单击按钮，确认文字输入。

⑭ 按“Ctrl”+“T”键执行【自由变换】命令，并将其进行适当旋转，如图11-28所示，调整好后在选项栏中单击按钮，确认变换。

图11-27 输入数字“3”

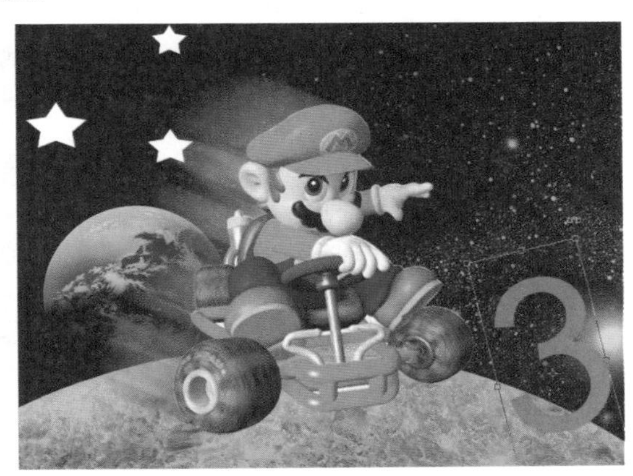

图11-28 调整变换框

⑮ 在画面中适当位置单击并输入文字“第 代”，选择文字后在选项栏中设置【字体】为华文行楷，【字体大小】为58点，如图11-29所示，单击按钮确认文字输入。

⑯ 在画面的适当位置单击并输入文字“宇宙 ★ 刑警”，在选项栏中单击按钮确认文字输入，在选项栏中设置【字体】为文鼎CS大黑，【字体大小】为48点，画面效果如图11-30所示。使用同样的方法，在画面中相应的位置单击并输入相关的文字，字体、字体大小和颜色视需而定，输入好文字后的画面效果如图11-31所示。

图11-29 输入文字

图11-30 输入文字

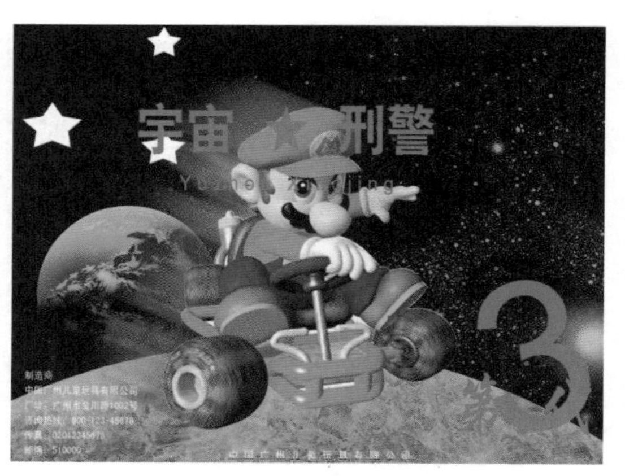

图11-31 输入文字

⑰ 在【图层】面板中单击“宇宙 ★ 刑警”文字图层，以它为当前图层，如图11-32所示，在选项栏中单击（创建文字变形）按钮，在弹出的【变形文字】对话框中设置【样式】为扇形，【弯曲】为+50%，其他为默认值，如图11-33所示，单击【确定】按钮，得到如图11-34所示的效果。

图11-32 【图层】面板

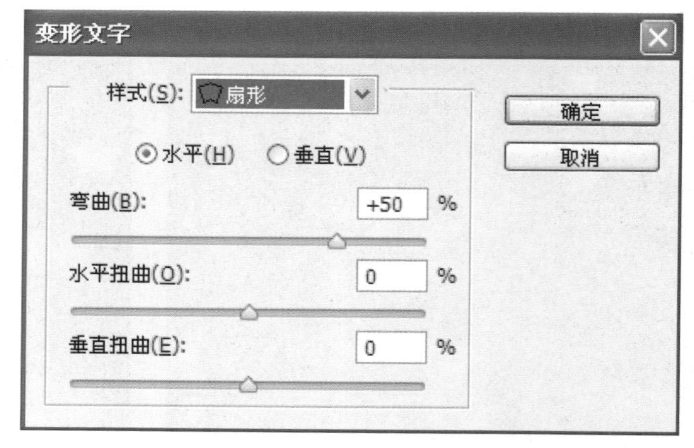

图11-33 【变形文字】对话框

图11-34 文字变形后的效果

18 按“Ctrl”键将文字移动到适当位置，然后双击该文字图层，弹出【图层样式】对话框，在其左边栏中单击【描边】选项，在右边栏中设置【颜色】为白色，其他参数为默认值，如图11-35所示，设置好后单击【确定】按钮，得到如图11-36所示的效果。

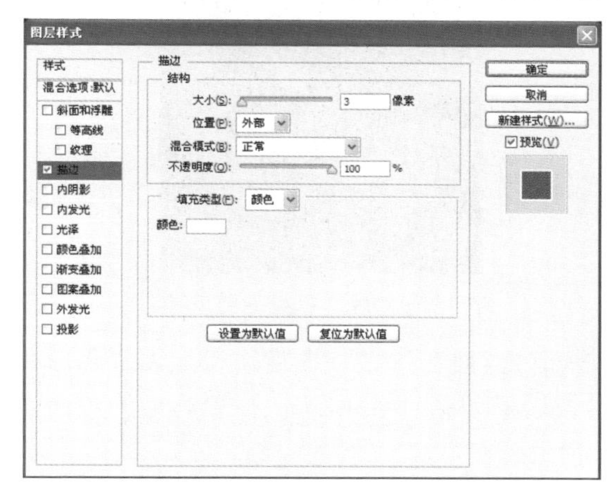

图11-35 【图层样式】对话框

图11-36 设置描边后的效果

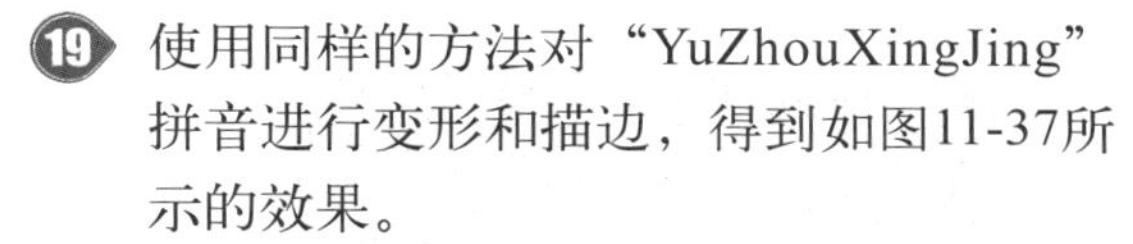

19 使用同样的方法对“YuZhouXingJing”拼音进行变形和描边，得到如图11-37所示的效果。

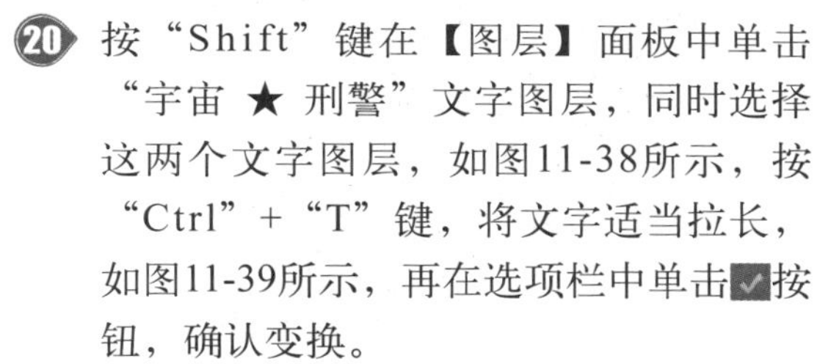

20 按“Shift”键在【图层】面板中单击“宇宙 ★ 刑警”文字图层，同时选择这两个文字图层，如图11-38所示，按“Ctrl”+“T”键，将文字适当拉长，如图11-39所示，再在选项栏中单击✓按钮，确认变换。

图11-37 变形和描边后的效果

图11-38 选择图层

图11-39 调整文字

21 在【图层】面板中双击“3”文字图层，弹出【图层样式】对话框，在其左边栏中单击【投影】选项，在右边栏中进行参数设置，如图11-40所示，设置好后的画面效果如图11-41所示。

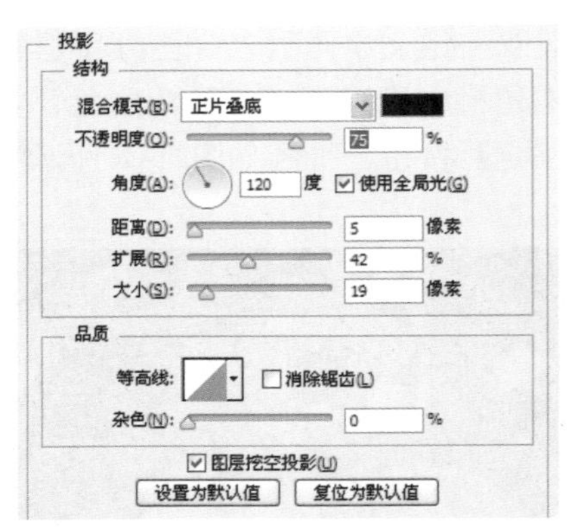

图11-40 【图层样式】对话框

图11-41 设置投影后的效果

22 在【图层样式】对话框的左边栏中单击【斜面和浮雕】选项，在右边栏中设置阴影模式的颜色为R28、G21、B116，其他具体参数设置如图11-42所示，设置好后的画面效果如图11-43所示。

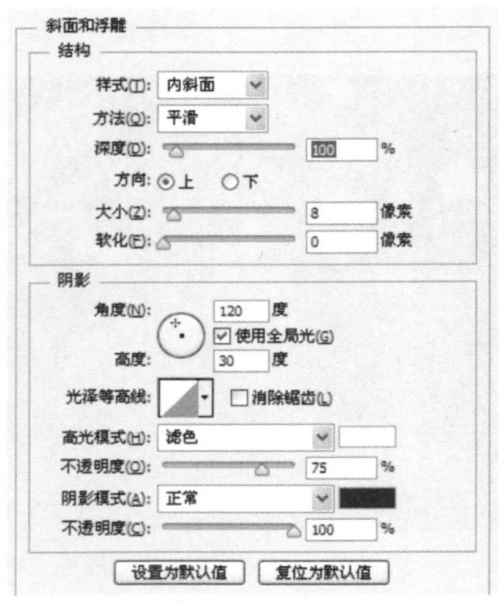

图11-42 设置斜面和浮雕

图11-43 设置斜面和浮雕后的效果

23 在【图层样式】对话框的左边栏中单击【描边】选项，在右边栏中进行参数设置，如图11-44所示，设置好后单击【确定】按钮，得到如图11-45所示的效果。

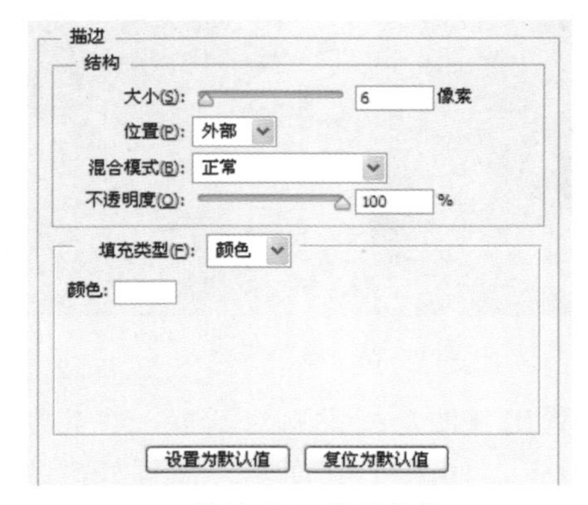

图11-44 设置描边

图11-45 设置描边后的效果

24 移动指针到“3”文字图层下面的效果栏上按下左键拖出一个虚线框到画面中的“第 代”文字上，如图11-46所示，松开左键后即可将“3”文字图层的样式应用到“第 代”文字图层中，其【图层】面板与画面效果如图11-47所示。

图11-46 按下左键拖动时的状态

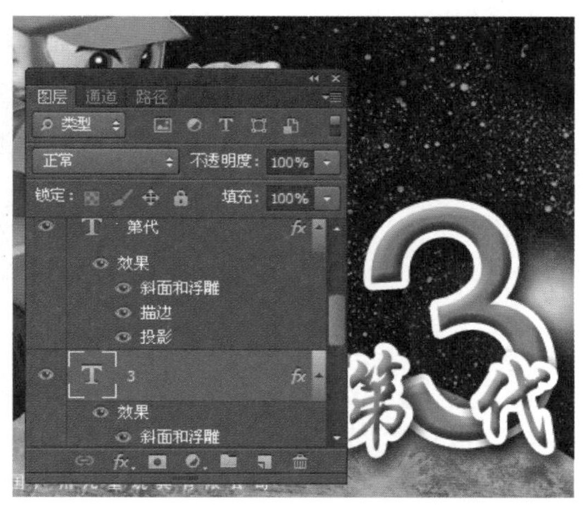

图11-47 松开左键后的效果

25 在【图层】面板中双击“第 代”文字图层的描边效果，在弹出的【图层样式】对话框中设置【大小】为3像素，其他不变，如图11-48所示，单击【确定】按钮，得到如图11-49所示的效果。

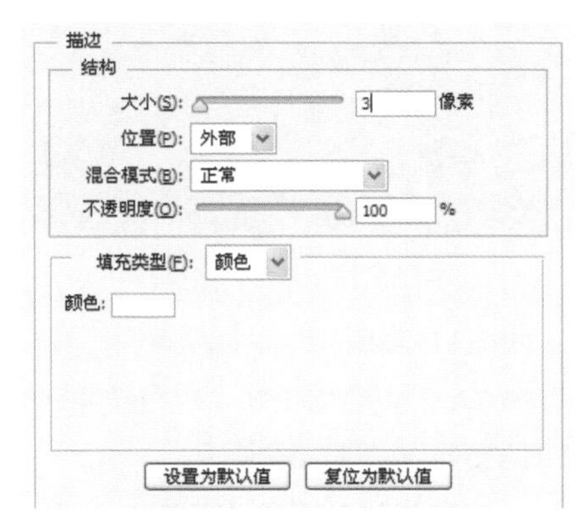

图11-48 设置描边

图11-49 设置描边后的效果

26 在【图层】面板中双击图层2，弹出【图层样式】对话框，并在其左边栏中单击【描边】选项，在右边栏中进行参数设置，具体参数设置如图11-50所示，设置好后单击【确定】按钮，得到如图11-51所示的效果，封面就制作完成了。

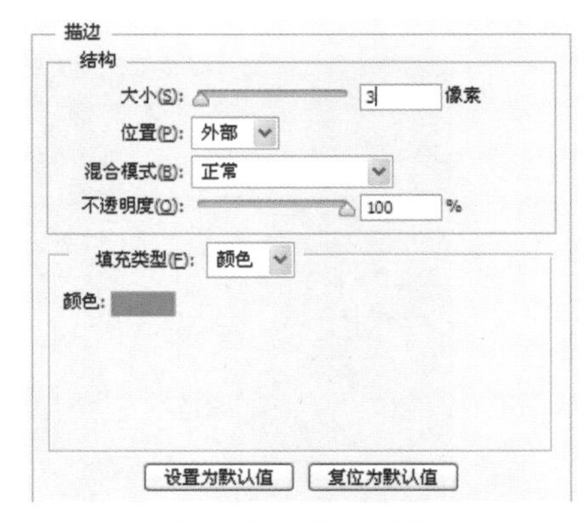

图11-50 设置描边

27 从配套光盘的素材库中打开一张图片，在工具箱中选择钢笔工具，并在选项栏 路径 中选择路径，然后在画面中沿着光盘盒的外边缘绘制一个路径，如图11-52所示。

图11-51 设置描边后的效果

图11-52 绘制路径

㉘ 在【路径】面板中单击【将路径作为选区载入】按钮，如图11-53所示，将路径载入选区，得到如图11-54所示的选区。

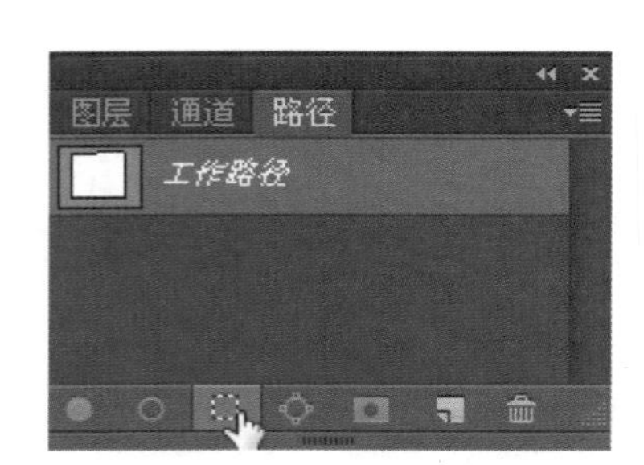

图11-53 【路径】面板

图11-54 将路径载入选区

㉙ 按“Ctrl”+“J”键由选区建立一个新图层，如图11-55所示。

㉚ 激活正在编辑的光盘封面设计图，按“Ctrl”+“Alt”+“Shift”+“E”键将所有图层合并为一个新图层，也称为盖印图层，得到图层3，如图11-56所示。

图11-55 【图层】面板

图11-56 【图层】面板

31 将封面设计图所在的文档拖出文档标题栏，然后使用移动工具将封面设计图拖动到光盘盒文档中，按“Ctrl” + “T”键执行【自由变换】命令，再按“Ctrl”键拖动对角控制柄，使其与光盘盒进行对齐，如图11-57所示，调整好后在变换框中双击确认变换，结果如图11-58所示。

图11-57 自由变换调整

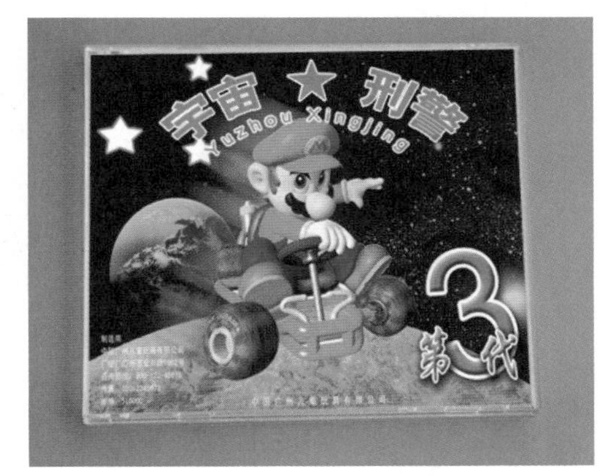

图11-58 调整后的效果

32 在【图层】面板中将封面设计图所在的图层2，拖动到图层1的下层，如图11-59所示。

33 在【图层】面板中激活图层1，设置【混合模式】为滤色，【不透明度】为60%，如图11-60所示，得到如图11-61所示的效果。

图11-59 【图层】面板

图11-60 【图层】面板

图11-61 设置图层样式后的效果

34 在【图层】面板的底部单击【创建新的填充或调整图层】按钮，在弹出的菜单中执行【色阶】命令，如图11-62所示，显示【属性】面板，在其中设置所需的参数，如图11-63所示，以增强画面的亮度与对比度，如图11-64所示，作品就制作完成了。

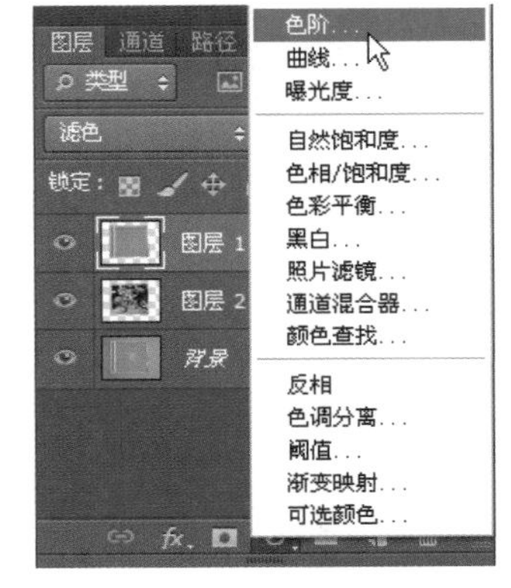

图11-62 【图层】面板

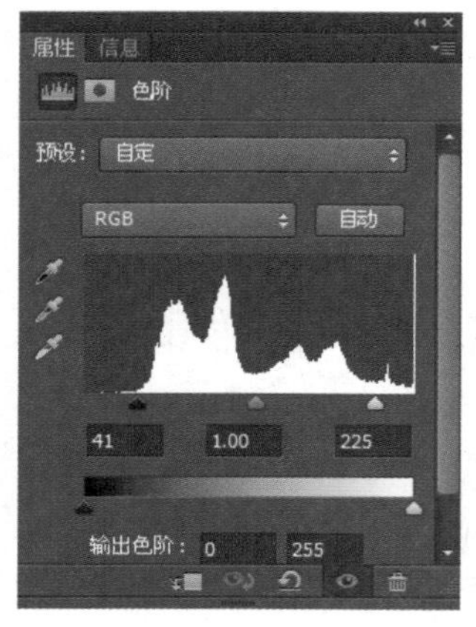

图11-63 【属性】面板

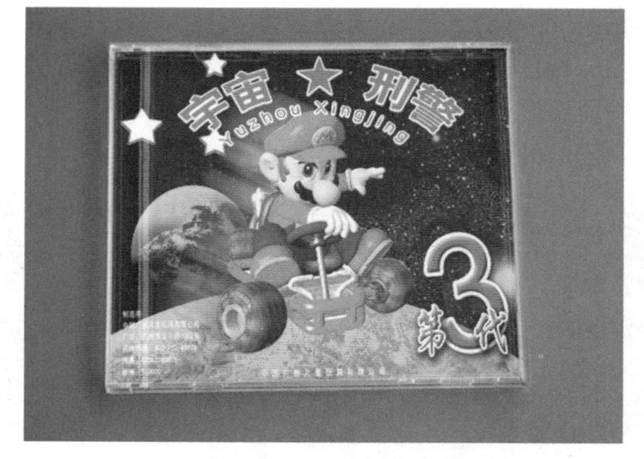

图11-64 处理后的效果

11.2 宝宝秀电子相册制作

实例说明

在设计封面、海报、婚纱摄影、宣传单、网页时，可以使用本例“宝宝秀电子相册制作”的制作方法。如图11-65所示为范例效果图，如图11-66所示为类似范例的实际应用效果图。

图11-65 宝宝秀电子相册制作最终效果图

图11-66 精彩效果欣赏

设计思路

先打开一个用作背景的图片，再使用打开、拖动并复制、矩形选框工具、添加图层蒙版、创建新图层、画笔工具等工具与命令将宝宝的相片分别拖动到画面中并进行适当的调整；然后使用横排文字工具、图层样式等工具与命令为画面添加文字以装饰画面。如图11-67所示为制作流程图。

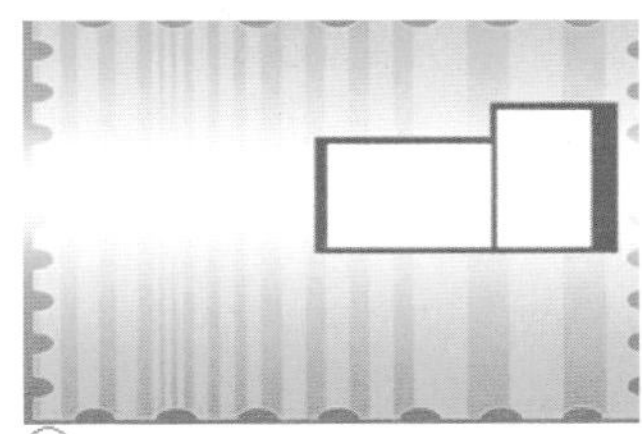
① 打开的模板

② 将打开的照片拖动到模板文件中

③ 为选区建立蒙版后的效果

④ 用画笔工具绘制的星形

⑤ 输入文字并添加【图层样式】后的效果

⑥ 最终效果图

图11-67　制作流程图

操作步骤

01 按“Ctrl”+“O”键从配套光盘的素材库中打开如图11-68所示的模板。

02 打开宝宝的照片，将照片拖动到模板文件中，并排放到适当位置，如图11-69所示。

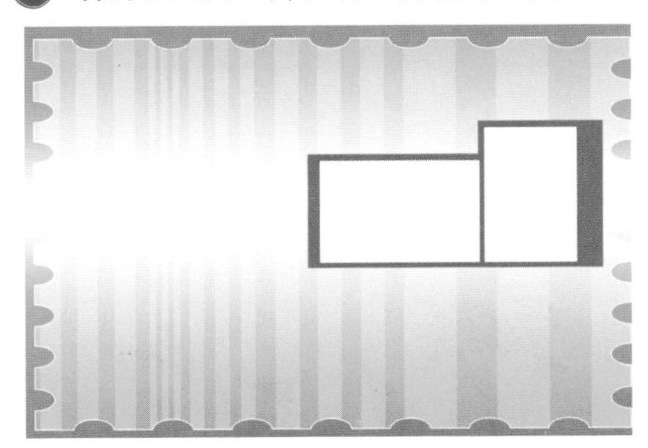
图11-68　打开的模板

图11-69　将照片拖动到模板文件中

提　示

如果宝宝的照片有背景，可以用图层蒙版与画笔工具将背景隐藏。如果照片大了可以按“Ctrl”+“T”键执行【自由变换】命令进行调整。

03 打开另一张照片，同样将其拖动到画面中，并对其进行适当调整，调整好后的效果如图11-70所示。

04 在工具箱中选择矩形选框工具，在画面中框选出所需的矩形区域，如图11-71所示。

图11-70　复制照片并进行适当调整

图11-71　框选出所需的矩形区域

05 在【图层】面板中单击（添加图层蒙版）按钮，为选区建立蒙版，得到如图11-72所示的效果。

06 打开另一张照片，同样将其拖动到画面中，并对其进行适当调整，调整好后的效果如图11-73所示。

图11-72　为选区建立蒙版后的效果

图11-73　复制照片并进行适当调整

07 使用矩形选框工具在画面中框选出所需的矩形区域，如图11-74所示，在【图层】面板中单击（添加图层蒙版）按钮，为选区建立蒙版，得到如图11-75所示的效果。

图11-74　框选出所需的矩形区域

图11-75　为选区建立蒙版后的效果

08 在【图层】面板中单击(创建新图层)按钮，新建图层4，如图11-76所示，接着在工具箱中设置前景色为白色，再选择画笔工具，在选项栏中选择所需的画笔笔触，如图11-77所示，选择好后在画面中单击，绘制出该笔触形状，如图11-78所示，然后在画面中不同位置多次单击，得到如图11-79所示的效果。

图11-76 【图层】面板

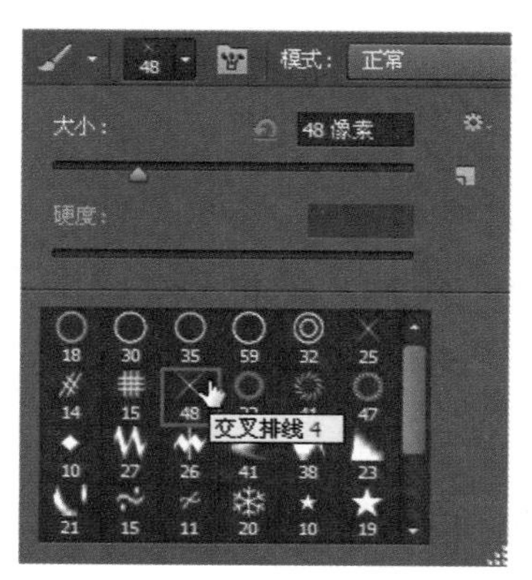

图11-77 在选项栏中选择所需的画笔笔触

图11-78 用画笔工具进行绘制

图11-79 用画笔工具进行绘制

09 在工具箱中设置前景色为R225、G83、B165，再选择横排文字工具，在选项栏中设置参数为[文鼎CS行楷 36点]，然后在画面的适当位置单击并输入所需的文字，如图11-80所示，输入好后在选项栏单击按钮，确认文字输入。

10 在菜单中执行【图层】→【图层样式】→【斜面和浮雕】命令，弹出【图层样式】对话框，在其中设置【大小】为10像素，【角度】为104度，【高度】为74度，阴影颜色为R162、G4、B4，其他为默认值，如图11-81所示，设置好后的画面效果如图11-82所示。

11 在【图层样式】的左边栏中选择【内发光】选项，在右边的【内发光】栏中设置【阻塞】为11%，【大小】为8像素，内发光颜色为白色，其他为默认值，如图11-83所示，设置好后的画面效果如图11-84所示。

图11-80 输入文字

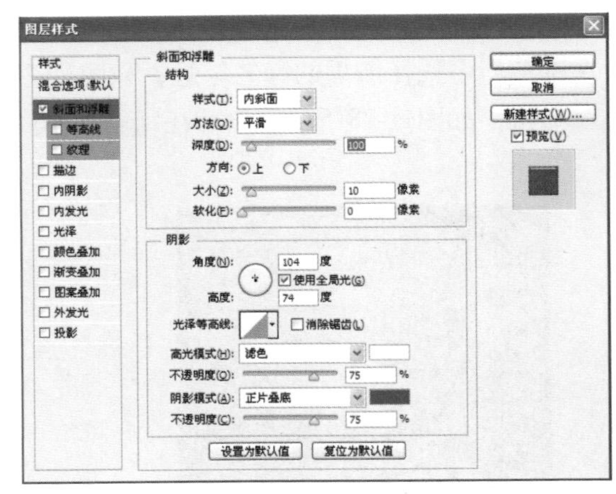

图11-81 【图层样式】对话框

图11-82 添加【图层样式】后的效果

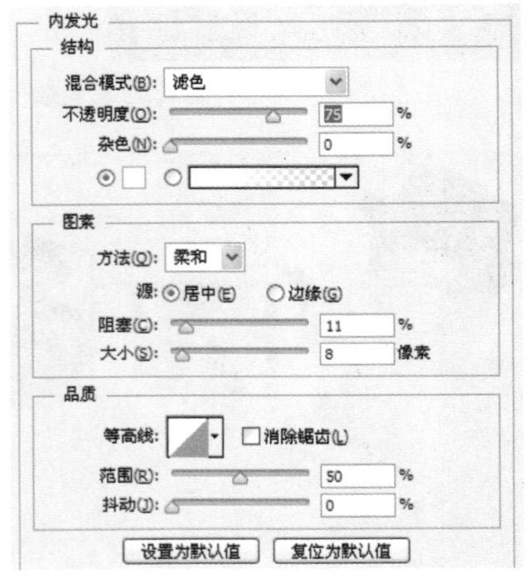

图11-83 【图层样式】对话框

图11-84 添加【图层样式】后的效果

⑫ 在【图层样式】的左边栏中勾选【外发光】选项和选择【投影】选项，如图11-85所示，再在右边的【投影】栏中设置投影颜色为R223、G77、B164，【角度】为104度，其他为默认值，单击【确定】按钮，得到如图11-86所示的效果。

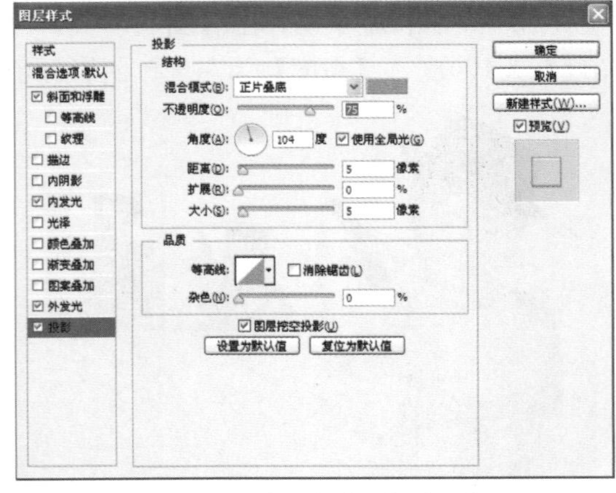

图11-85 【图层样式】对话框

图11-86 添加【图层样式】后的效果

13. 在工具箱中设置前景色为白色，选择横排文字工具，在选项栏中设置参数为 ，在画面的适当位置单击并输入所需的文字，如图11-87所示，输入好后在选项栏单击✓按钮，确认文字输入。

图11-87　输入文字

14. 在菜单中执行【图层】→【图层样式】→【投影】命令，弹出【图层样式】对话框，在其中设置投影颜色为R223、G77、B164，其他不变，如图11-88所示，单击【确定】按钮，得到如图11-89所示的效果，作品就制作完成了。

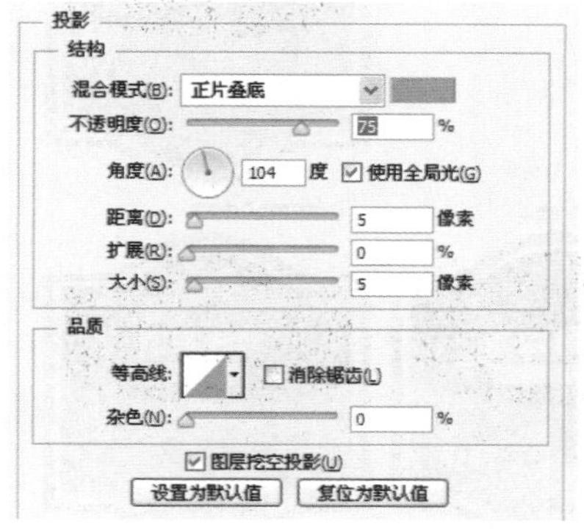

图11-88　【图层样式】对话框

图11-89　添加【图层样式】后的效果

11.3 啤酒标签设计

实例说明

在制作广告、标签、产品宣传页时，可以使用本例“啤酒标签设计”的制作方法。如图11-90所示为范例效果图，如图11-91所示为类似范例的实际应用效果图。

图11-90　啤酒标签设计最终效果图

图11-91　精彩效果欣赏

设计思路

先新建一个文档，再使用创建新路径、钢笔工具、路径选择工具、自由变换、复制、粘贴、将路径作为选区载入、填充等工具与命令绘制出标签的结构图并填充颜色；然后使用打开、路径选择工具、将路径作为选区载入、添加图层蒙版、画笔工具、创建新图层、自定形状工具等工具与命令为画面添加图像与标志；最后使用横排文字工具、创建文字变形、图层样式等工具与命令为画面添加主题文字与相关说明文字。如图11-92所示为制作流程图。

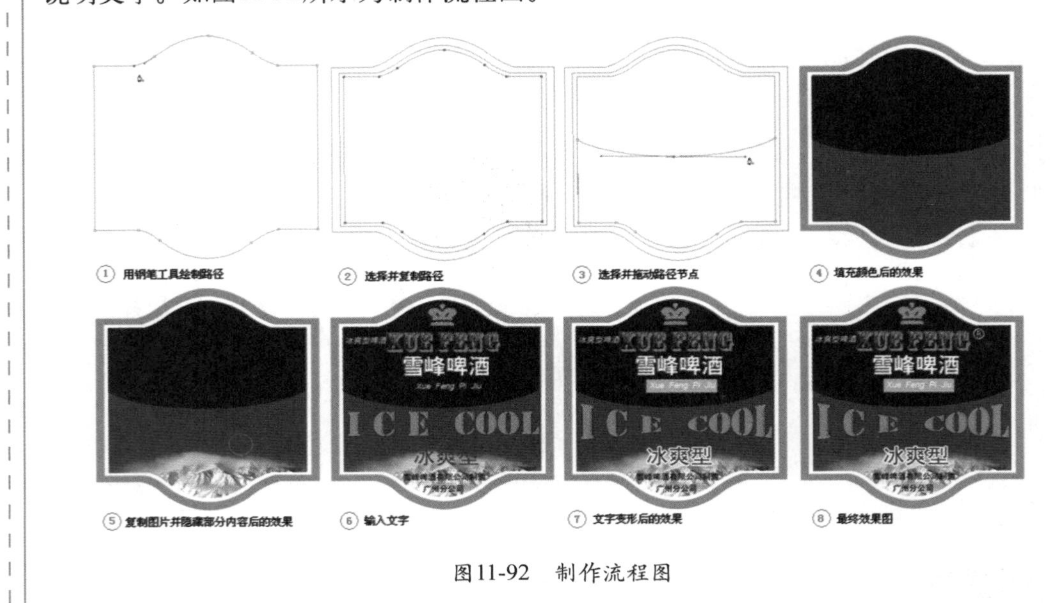

图11-92　制作流程图

操作步骤

01 按“Ctrl”+“N”键新建一个大小为530×550像素，【分辨率】为72像素/英寸，【颜色模式】为RGB颜色，【背景内容】为白色的图像文件。

02 显示【路径】面板，在其中单击（创建新路径）按钮，新建路径1，如图11-93所示。在工具箱中选择钢笔工具，在选项栏中选择路径，在刚新建的图像文件中勾画出如图11-94所示的路径，表示标签的外形。

03 在工具箱中选择路径选择工具，在路径上单击，以选择路径，按“Ctrl”+“C”键进行复制，再按“Ctrl”+“V”键进行粘贴，即可复制选择的路径，如图11-95所示。

04 按“Ctrl”+“T”键执行【自由变换】命令，按“Shift”+“Alt”键拖动右上角的控制点向内到适当位置，如图11-96所示，在变换框内双击确认变换，结果如图11-97所示。

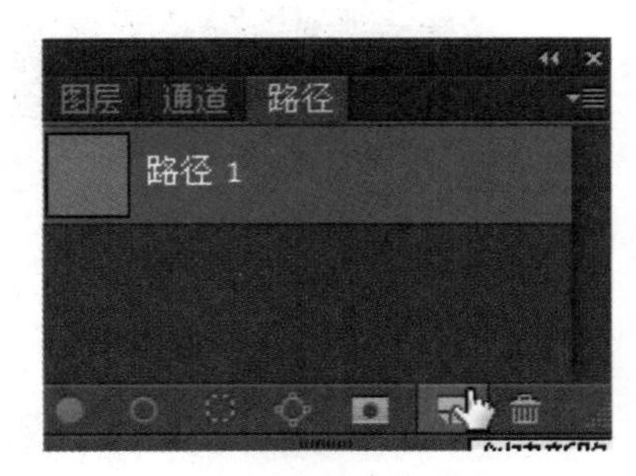

图11-93　创建新路径

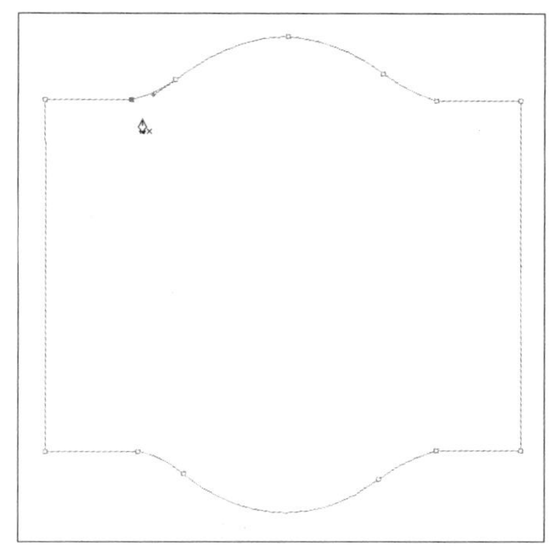

图11-94 用钢笔工具绘制路径

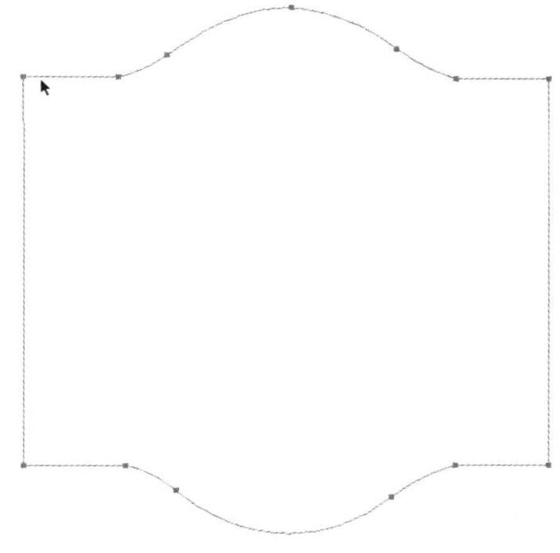

图11-95 选择并复制路径

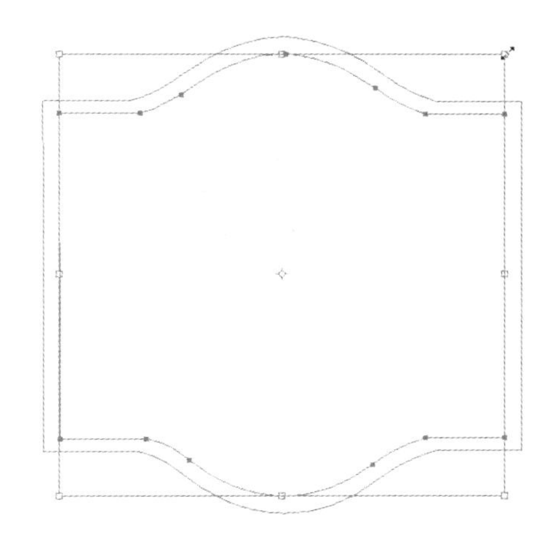

图11-96 调整变换框

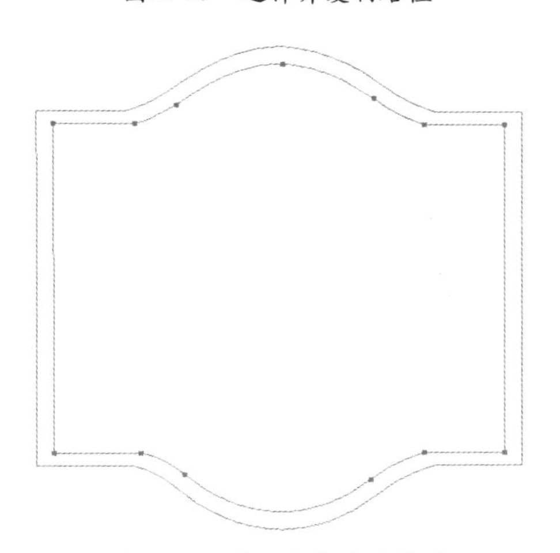

图11-97 确认变换后的结果

05 使用与前面同样的方法复制一条路径，按“Ctrl”+“T”键执行【自由变换】命令，再按“Shift”+“Alt”键拖动右上角的控制点向内到适当位置，如图11-98所示，在变换框内双击确认变换，结果如图11-99所示。

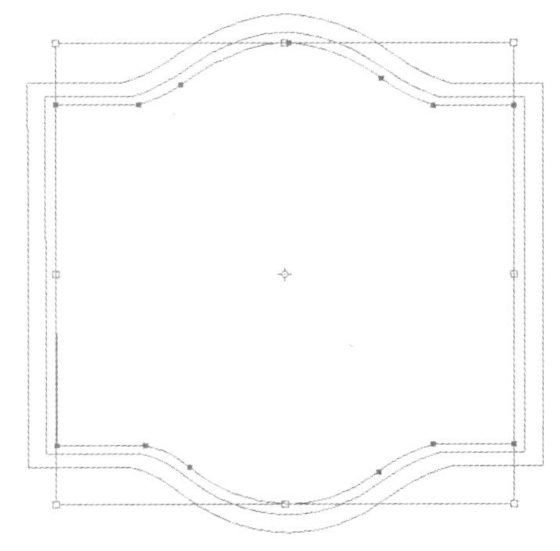

图11-98 复制路径并调整变换框

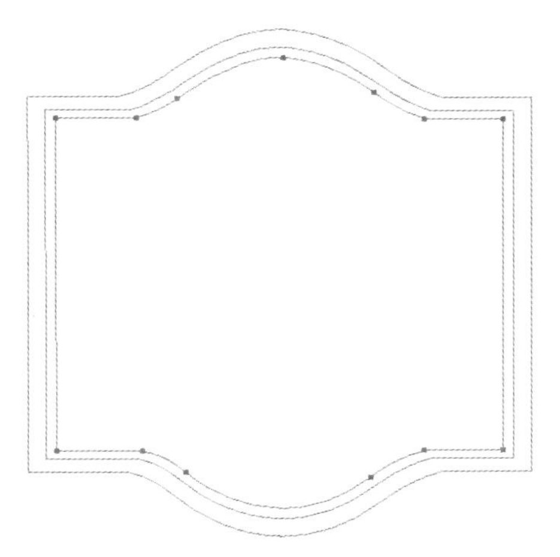

图11-99 确认变换后的结果

06 按“Ctrl”+“C”键进行复制，按“Ctrl”+“V”键进行粘贴，在空白处单击，取消路径的选择，结果如图11-100所示。

07 在工具箱中选择钢笔工具，按“Ctrl”键在画面中单击一条路径，以选择该路径，松开“Ctrl”键，再移动指针到如图11-101所示的节点上，当指针呈✎₋状时单击，删除所单击的节点，删除节点后的结果如图11-102所示。

08 使用同样的方法将其他多余的节点删除，删除后的结果如图11-103所示。

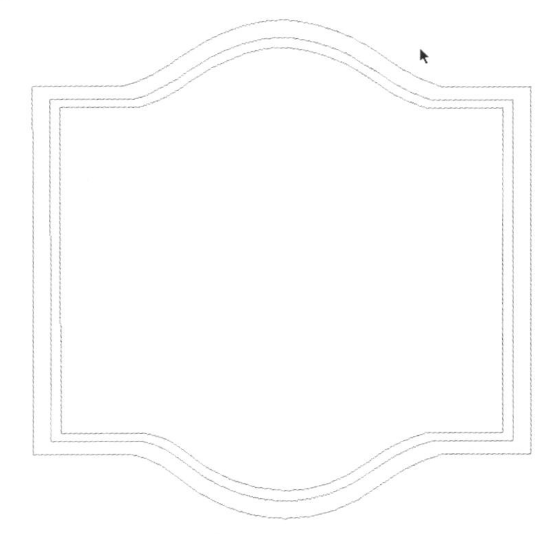

图11-100　复制路径并取消路径的选择

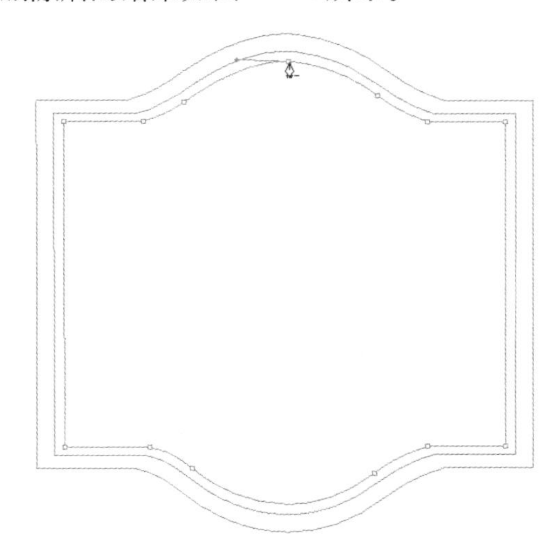

图11-101　选择路径

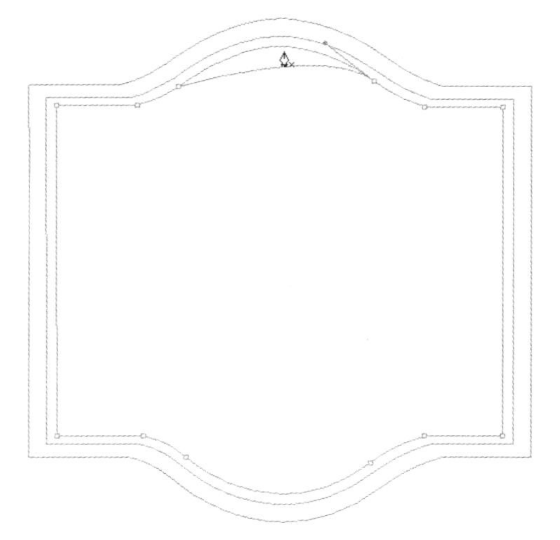

图11-102　删除节点

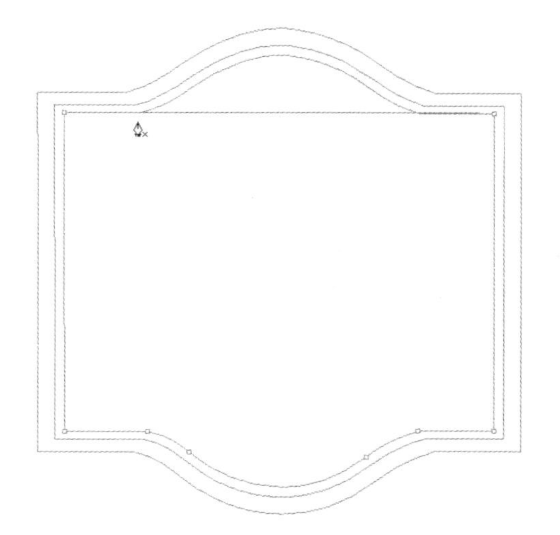

图11-103　删除节点

09 按“Ctrl”键在画面中单击左上角的节点，以选择该节点，再将其垂直向下拖动到适当的位置，如图11-104所示，使用同样的方法将右上角的节点拖动到如图11-105所示的位置。

10 将钢笔工具移动到直线中间，当指针呈✎₊状时单击，以添加一个节点，再按“Ctrl”键向下拖动该节点到适当的位置，如图11-106所示，然后按“Ctrl”键向右拖动该节点上的右边控制点到适当的位置，结果如图11-107所示。

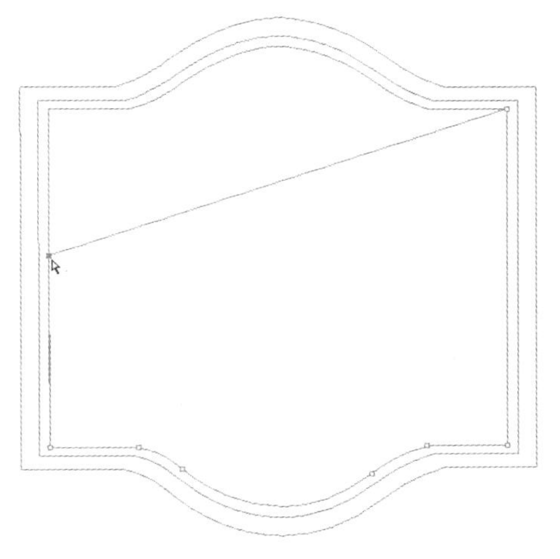

图11-104　选择并拖动节点

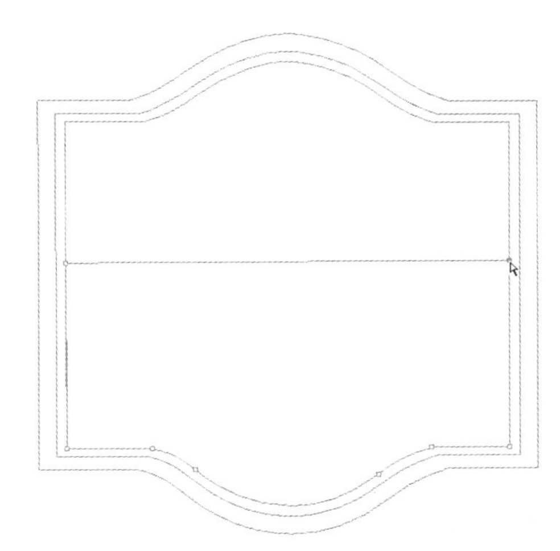

图11-105　选择并拖动节点

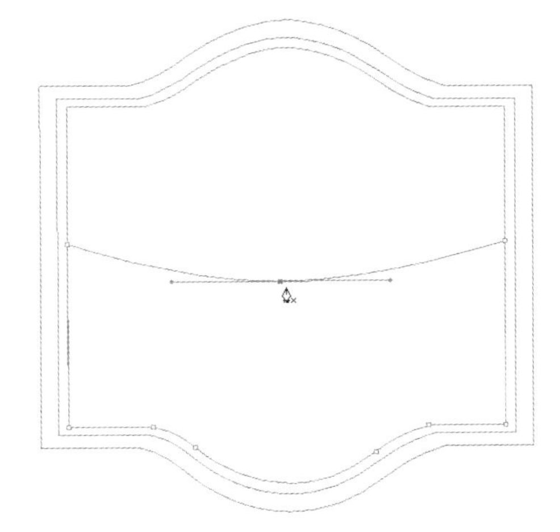

图11-106　添加并移动节点

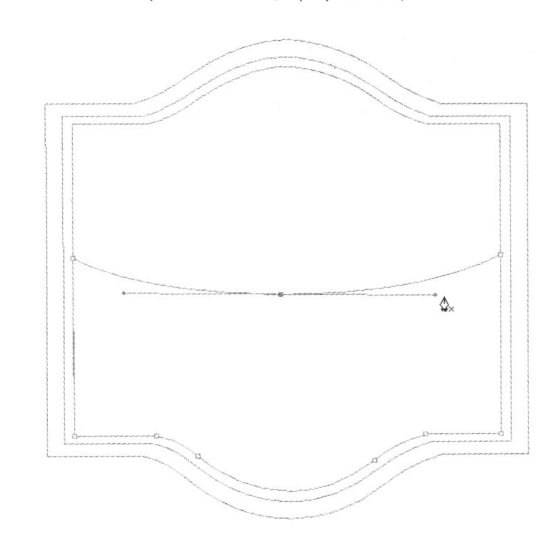

图11-107　调整节点上的控制点

11 在工具箱中选择路径选择工具，在画面中选择如图11-108所示的路径组件，再显示【图层】面板，在其中单击（创建新图层）按钮，新建图层1，如图11-109所示。

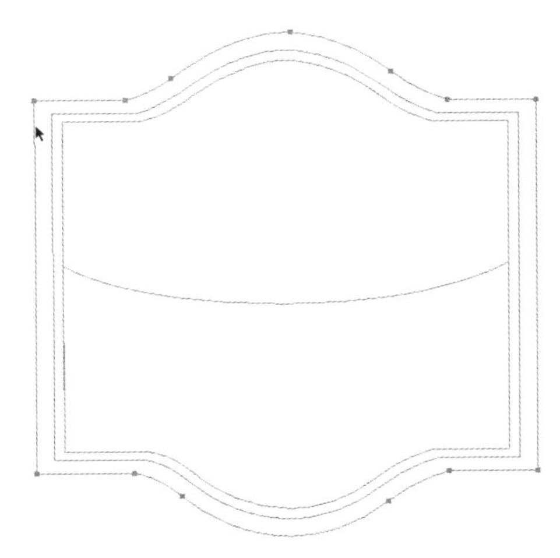

图11-108　选择路径

图11-109　创建新图层

⑫ 设置前景色为R212、G148、B4，再次显示【路径】面板，在其中单击 （将路径作为选区载入）按钮，如图11-110所示，使所选的路径载入选区，按“Alt”+“Delete”键填充前景色，得到如图11-111所示的效果。

图11-110 【路径】面板

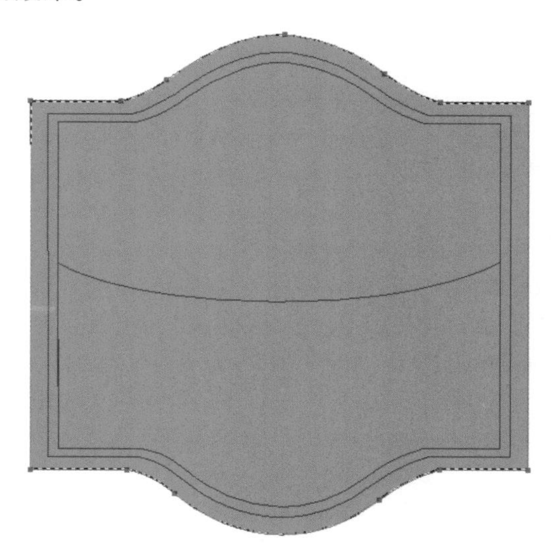

图11-111 载入选区并填充前景色后的效果

⑬ 使用路径选择工具在画面中选择要载入选区的路径，在【路径】面板中单击【将路径作为选区载入】按钮，得到如图11-112所示的选区。设置前景色为白色，按“Alt”+“Delete”键填充前景色，得到如图11-113所示的效果。

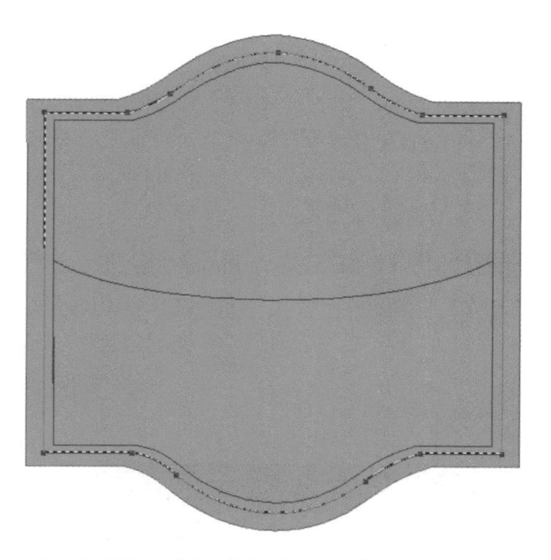

图11-112 选择路径并载入选区后的画面

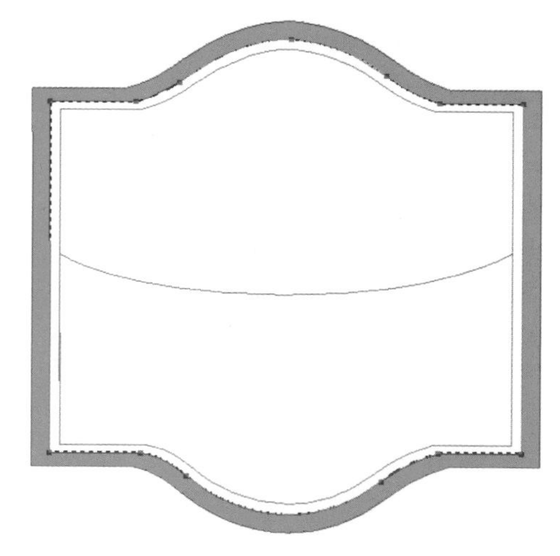

图11-113 填充前景色后的效果

⑭ 使用路径选择工具在画面中选择如图11-114所示的路径，在【路径】面板中单击【将路径作为选区载入】按钮，使所选路径载入选区，接着设置前景色为R0、G68、B29，按“Alt”+“Delete”键填充前景色，得到如图11-115所示的效果。

⑮ 使用路径选择工具在画面中选择如图11-116所示的路径，在【路径】面板中单击【将路径作为选区载入】按钮，得到所需的选区，设置前景色为R4、G76、B164，按“Alt”+“Delete”键填充前景色，得到如图11-117所示的效果。

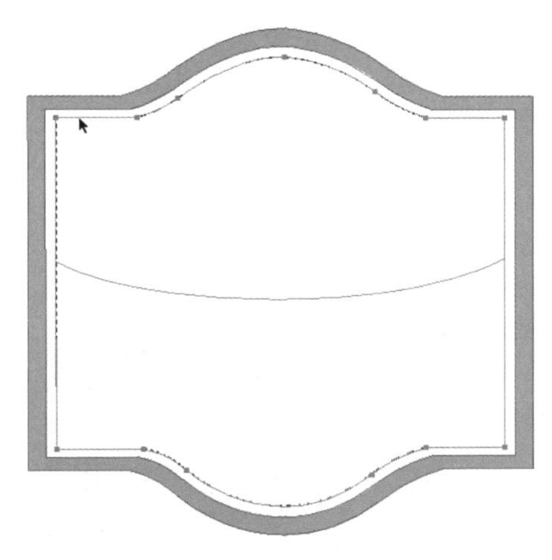

图11-114　选择路径并载入选区的画面

图11-115　填充前景色后的效果

图11-116　选择路径并载入选区后的画面

图11-117　填充前景色后的效果

16 在【路径】面板的灰色区域单击以隐藏路径，如图11-118所示，再按“Ctrl”+“D”键取消选择，得到如图11-119所示的效果。

图11-118　隐藏路径

图11-119　取消选择后的效果

⑰ 按“Ctrl”+“O”键打开一张雪景图片，按“Ctrl”键将该图片拖动到画面中，并排放到适当的位置，画面效果如图11-120所示，同时【图层】面板中自动添加了一个图层，如图11-121所示。

图11-120 打开图片并复制到画面中后的效果

图11-121 【图层】面板

⑱ 显示【路径】面板，在其中单击路径1，以显示路径，使用路径选择工具在画面中选择如图11-122所示的路径，然后在【路径】面板中单击【将路径作为选区载入】按钮，如图11-123所示，使所选的路径载入选区。

图11-122 选择路径并载入选区后的画面

图11-123 【路径】面板

⑲ 在【路径】面板中空档区域单击以隐藏路径，得到如图11-124所示的选区，接着在【图层】面板中单击（添加图层蒙版）按钮，为图层2添加图层蒙版，如图11-125所示，画面效果如图11-126所示。

⑳ 在工具箱中选择画笔工具，在选项栏中设置【画笔】为柔角65像素，【不透明度】为30%，然后在画面中雪景的上方进行涂抹，涂抹后得到如图11-127所示的效果。

图11-124 隐藏路径后的画面

图11-125 添加图层蒙版

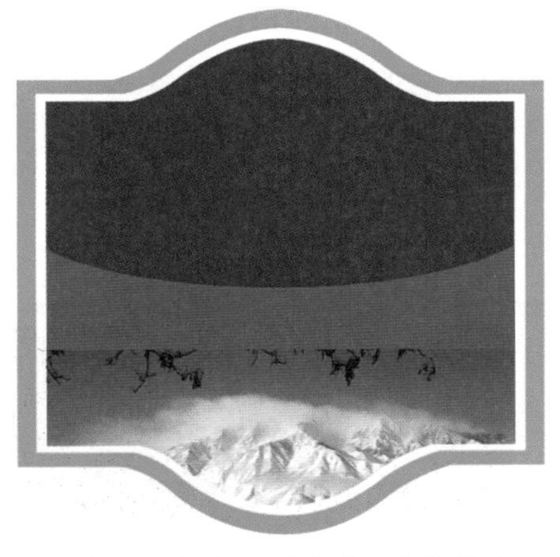

图11-126 添加图层蒙版后的效果

图11-127 隐藏部分内容后的效果

21 在【图层】面板中单击■（创建新图层）按钮，新建图层3，如图11-128所示。

22 在工具箱中设置前景色为R212、G148、B4，选择自定形状工具，在选项栏中选择像素，在形状弹出式面板中选择所需的形状，如图11-129所示，然后在画面的上方绘制出一个适当大小的形状，如图11-130所示。

23 在工具箱中选择横排文字工具，在选项栏中设置【字体】为Rosewood Std，【字体大小】为60点，在画面中适当的位置单击并输入“XUE FENG”拼音，如图11-131所示。

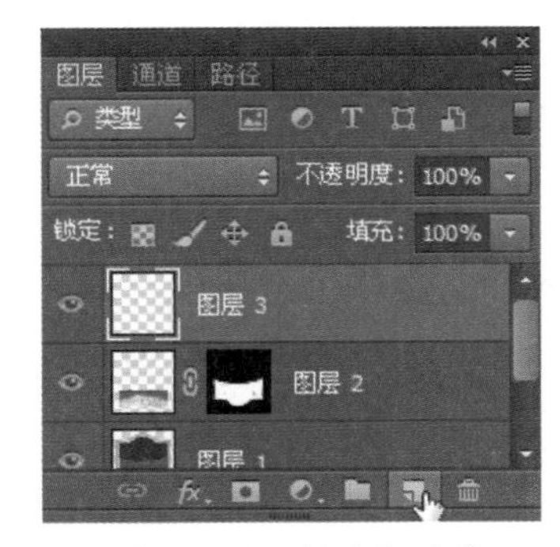

图11-128 创建新图层

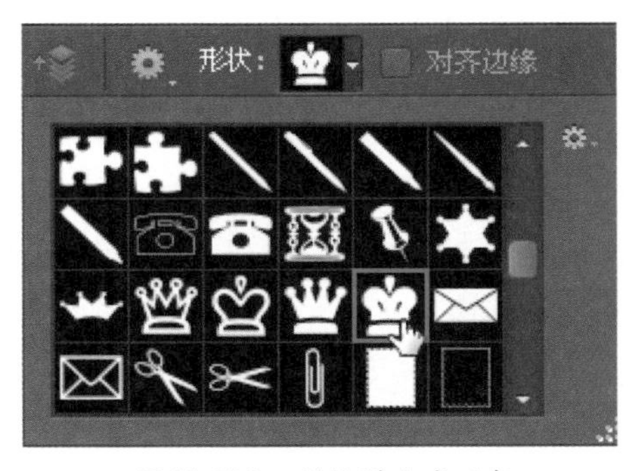

图11-129 形状弹出式面板

图11-130 绘制形状

图11-131 输入拼音

24 在画面中适当的位置单击并输入文字“雪峰啤酒”，如图11-132所示，在画面中分别输入所需的文字，字体、字体大小和颜色视需而定，输入好文字后得到如图11-133所示的效果。

图11-132 输入文字

图11-133 输入文字

25 使用文字工具在画面中选择文字“COOL”，在选项栏中单击（创建文字变形）按钮，在弹出的【变形文字】对话框中设置【样式】为挤压，【弯曲】为+1%，【水平扭曲】为+53%，其他为默认值，如图11-134所示，单击【确定】按钮，得到如图11-135所示的效果。

26 使用文字工具选择“ICE”文字，在选项栏中单击【创建文字变形】按钮，在弹出的【变形文字】对话框中设置【样式】为挤压，【弯曲】为+1%，【水平扭曲】为-49%，其他不变，如图11-136所示，单击【确定】按钮，得到如图11-137所示的效果。

27 在【图层】面板中双击“冰爽型”文字图层，弹出【图层样式】对话框，在其左边栏中单击【描边】选项，在右边栏中设置【颜色】为白色，其他参数为默认值，如图11-138所示，设置好后单击【确定】按钮，得到如图11-139所示的效果。

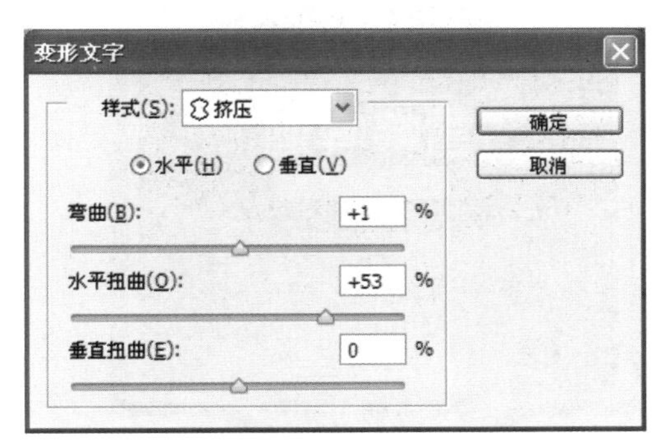

图11-134 【变形文字】对话框

图11-135 文字变形后的效果

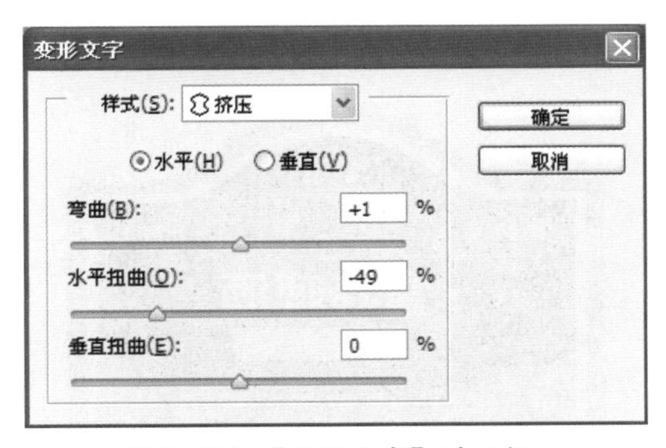

图11-136 【变形文字】对话框

图11-137 文字变形后的效果

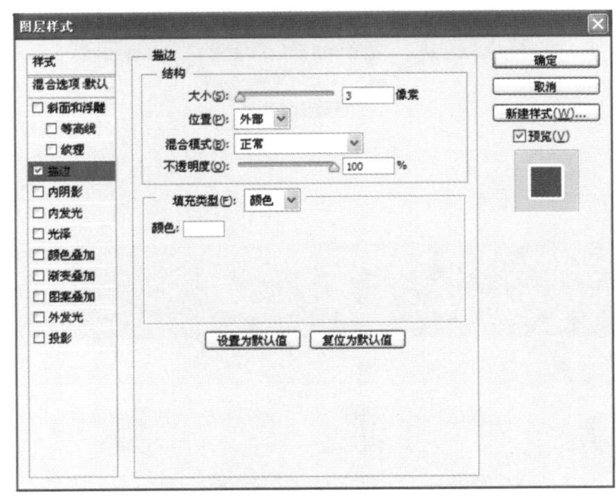

图11-138 【图层样式】对话框

图11-139 设置描边后的效果

28 在【图层】面板中新建图层4，将图层4拖到“XUE FENG”文字图层的下面，如图11-140所示，在工具箱设置前景色为R189、G189、B189，选择矩形工具，在选项栏中选择像素，在“Xue Feng Pi Jiu”拼音的下面绘制出一个适当大小的矩形，效果如图11-141所示。

图11-140 【图层】面板

图11-141 绘制矩形

29 在工具箱中设置前景色为白色，选择自定形状工具，在选项栏的形状弹出式面板中选择所需的形状，如图11-142所示，然后在画面上绘制出所需的形状，如图11-143所示，然后按“Ctrl”+“S”键存盘保存，啤酒标签就制作完成了。

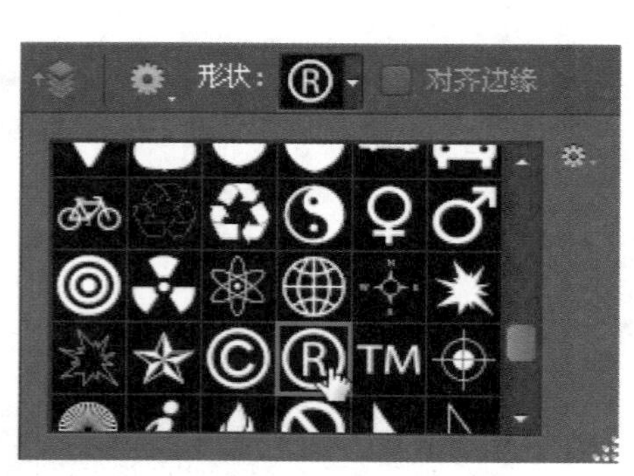

图11-142 形状弹出式面板

图11-143 绘制形状

11.4 啤酒标签合成

实例说明

在制作封面、广告以及影像合成、图像装饰时，可以使用本例“啤酒标签合成”的制作方法。如图11-144所示为范例效果图，如图11-145所示为类似范例的实际应用效果图。

图11-144 啤酒标签合成最终效果图

图11-145 精彩效果欣赏

设计思路

先打开盖印制作好的标签作为一个新图层，再使用打开、移动工具、自由变换、使图层载入选区、球面化、反向、清除、取消选择、画笔工具、添加图层蒙版、描边等工具与命令将标签贴到易拉罐上；然后使用横排文字工具、创建文字变形为画面添加文字；最后使用打开、移动工具、自由变换、羽化、通过复制的图层、混合模式、添加图层蒙版、画笔工具、色阶等工具与命令将易拉罐融入到画面中，以达到广告宣传的目的。如图11-146所示为制作流程图。

① 打开制作好的啤酒标签

② 把标签拖到易拉罐文件中并进行变换调整

③ 添加图层蒙版并涂抹标签边缘后的效果

④ 文字变形后的效果

⑤ 把制作好的易拉罐拖到水珠图片上并执行变换调整

⑥ 添加水珠后的效果

⑦ 最终效果图

图11-146 制作流程图

操作步骤

01 按“Ctrl”+“O”键从配套光盘的素材库中打开已制作好的啤酒标签作品，如图11-147所示。

02 在【图层】面板中单击图层1，以它为当前图层，关闭背景层的眼睛图标，使它为不可见，如图11-148所示。按“Ctrl”+“Shift”+“E”键合并所有可见图层，将它们合并为图层1，如图11-149所示。

图11-147　打开的文件

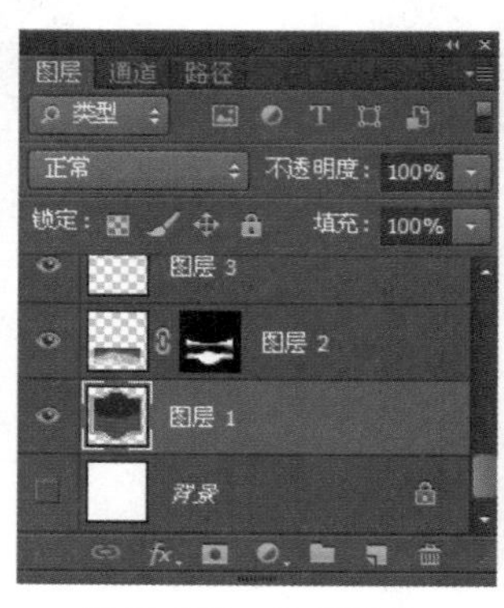

图11-148　隐藏图层

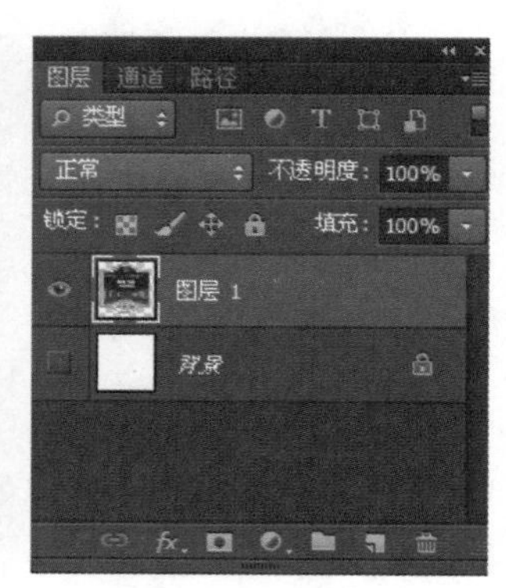

图11-149　合并所有可见图层

03 从配套光盘的素材库中打开一个有易拉罐的文件，如图11-150所示。

04 使用移动工具把标签图片拖到有易拉罐的文件中，并排放到适当的位置，效果如图11-151所示。

图11-150　打开的文件

图11-151　复制图像

05 按“Ctrl”+“T”键执行【自由变换】命令，按“Shift”键拖动右上角的控制点向内到适当的位置，以等比缩小标签，如图11-152所示，在变换框内双击确认变换，效果如图11-153所示。

06 按“Ctrl”键在【图层】面板中单击图层1的缩览图，如图11-154所示，使图层1的内容载入选区，如图11-155所示。

07 在菜单中执行【滤镜】→【扭曲】→【球面化】命令，在弹出的对话框中设置【数量】为100%，【模式】为水平优先，如图11-156所示，单击【确定】按钮，得到如图11-157所示的效果。

图11-152 调整变换框

图11-153 确认变换后效果

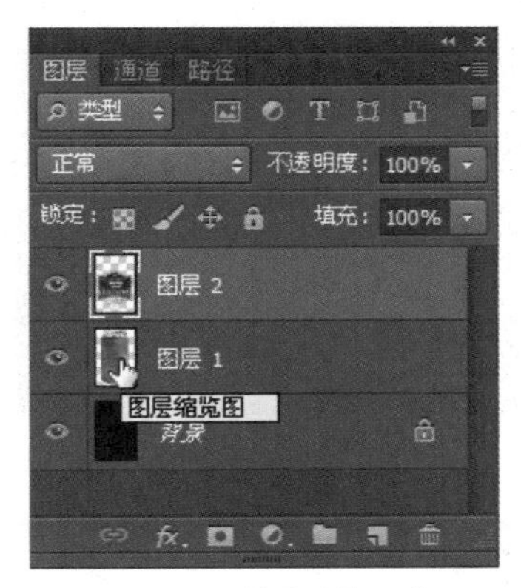

图11-154 【图层】面板

图11-155 载入选区后的画面

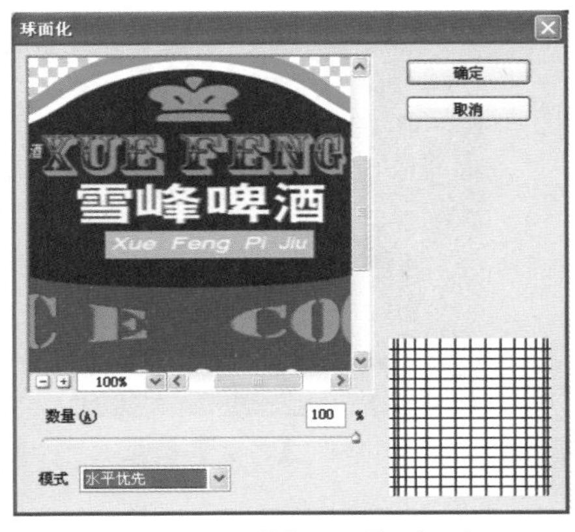

图11-156 【球面化】对话框

图11-157 执行【球面化】命令后的效果

08 在菜单中执行【选择】→【反向】命令，反选选区，效果如图11-158所示，按“Delete”键删除选区内容，然后按“Ctrl”+“D”键取消选择，得到如图11-159所示的效果。

09 在工具箱中选择画笔工具，在选项栏中设置【画笔】为■，【不透明度】为20%，在【图层】面板中单击【添加图层蒙版】按钮，为图层2添加图层蒙版，如图11-160所示，在标签的两边进行涂抹，涂抹后的效果如图11-161所示。

⑩ 按“Ctrl”键在【图层】面板中单击图层2的缩览图，如图11-162所示，使图层2的内容载入选区，如图11-163所示。

图11-158　反选的选区

图11-159　删除选区内容后的效果

图11-160　添加图层蒙版

图11-161　隐藏部分内容后的效果

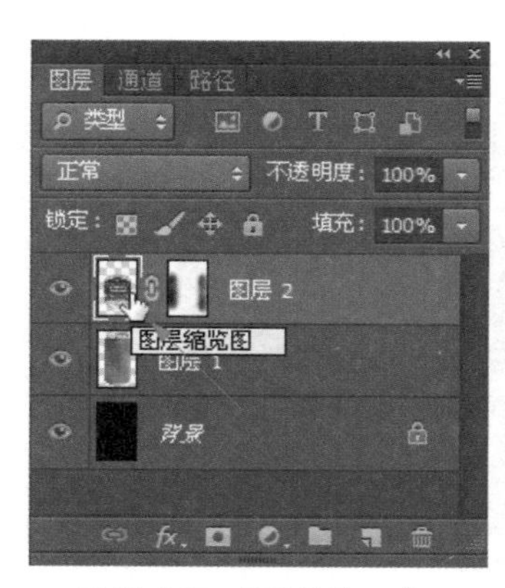

图11-162　【图层】面板

图11-163　载入选区后的画面

⑪ 在【图层】面板中新建图层3，将图层3拖到图层2的下面，如图11-164所示。

⑫ 在菜单中执行【编辑】→【描边】命令，在弹出的对话框中设置【宽度】为2像素，【颜色】为黑色，【位置】为内部，其他为默认值，如图11-165所示，单击【确定】按钮，效果如图11-166所示。

⑬ 在【图层】面板中新建图层4，关闭图层3，如图11-167所示，在菜单中执行【编辑】→【描边】命令，在弹出的对话框中设置【颜色】为白色，其他不变，单击【确定】按钮，按“Ctrl”+“D”键取消选择，得到如图11-168所示的效果。

⑭ 在工具箱中选择移动工具，在键盘上按↑（向上键）1次，得到如图11-169所示的效果。

图11-164　新建图层

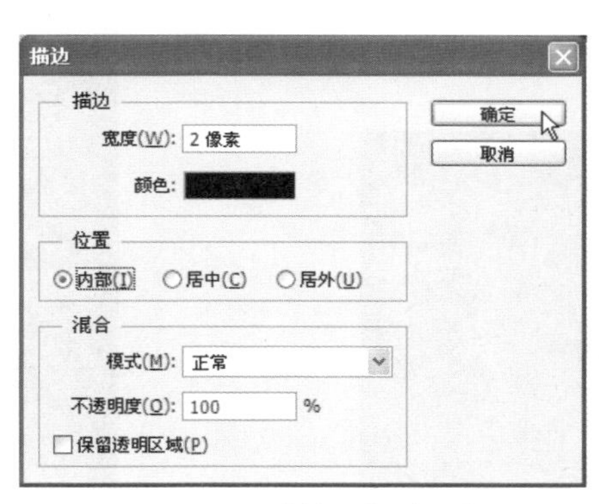

图11-165　【描边】对话框

图11-166　描边后的效果

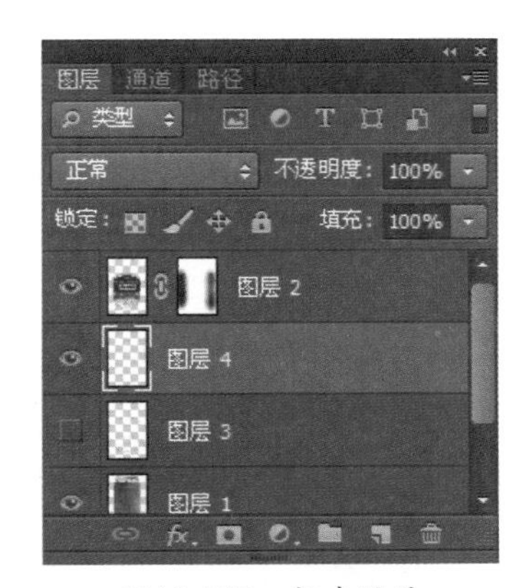

图11-167　新建图层

图11-168　描边后的效果

图11-169　移动图像后的效果

⑮ 在【图层】面板中单击【添加图层蒙版】按钮，为图层4添加图层蒙版，如图11-170所示，选择画笔工具，在选项栏中设置【不透明度】为100%，然后在白色的描边线条上进行涂抹，涂抹后的效果如图11-171所示。

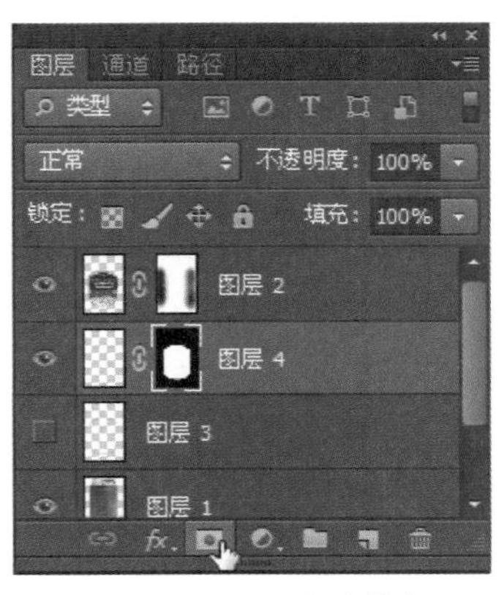

图11-170　添加图层蒙版

图11-171　隐藏部分内容后的效果

16 在【图层】面板中单击图层3，以它为当前图层，单击图层3左边的方框显示出眼睛图标，以显示图层3的内容，如图11-172所示。在工具箱中选择移动工具，在键盘上按向下键1次，结果如图11-173所示。

图11-172 【图层】面板

图11-173 移动图像后的效果

17 在【图层】面板中单击【添加图层蒙版】按钮，为图层3添加图层蒙版，如图11-174所示，选择画笔工具，在黑色线条上进行涂抹，涂抹后的效果如图11-175所示。

18 在工具箱中选择横排文字工具，在选项栏中设置【字体】为文鼎CS大黑，【字体大小】为24点，然后在罐口下的适当位置单击并输入文字“雪峰啤酒”，确认文字输入后的效果如图11-176所示。

图11-174 添加图层蒙版

图11-175 隐藏部分内容后的效果

图11-176 输入文字

19 在文字工具的选项栏中单击（创建文字变形）按钮，在弹出的对话框中设置【样式】为扇形，【弯曲】为-18%，其他为默认值，如图11-177所示，单击【确定】按钮，得到如图11-178所示的效果。

20 在【图层】面板中设置文字图层的【不透明度】为80%，如图11-179所示，画面效果如图11-180所示。

21 使用同样的方法在罐底适当位置单击并输入所需的文字，对它进行适当变形，再在【图层】面板中设置【不透明度】为80%，如图11-181所示，画面效果如图11-182所示，按“Ctrl”+“Shift”+“S”键将它另存作为备份。

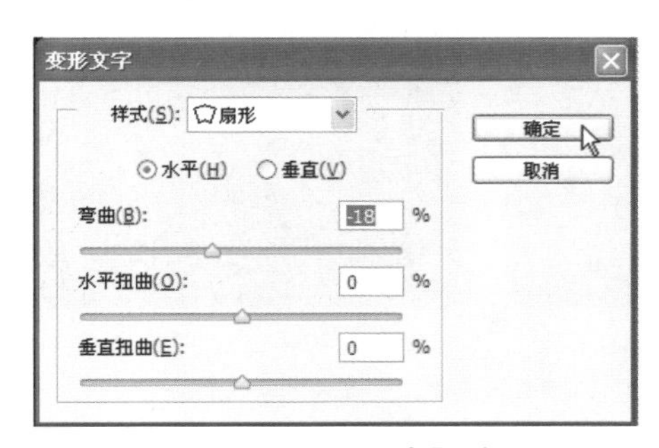

图11-177 【变形文字】对话框

图11-178 文字变形后的效果

图11-179 【图层】面板

图11-180 设置不透明度后的效果

图11-181 【图层】面板

图11-182 输入文字

22 在【图层】面板中单击图层1，以它为当前图层，关闭背景层的眼睛图标，使它为不可见，如图11-183所示。按“Ctrl”+“Shift”+“E”键合并所有可见图层，得到图层1，如图11-184所示。

图11-183 【图层】面板

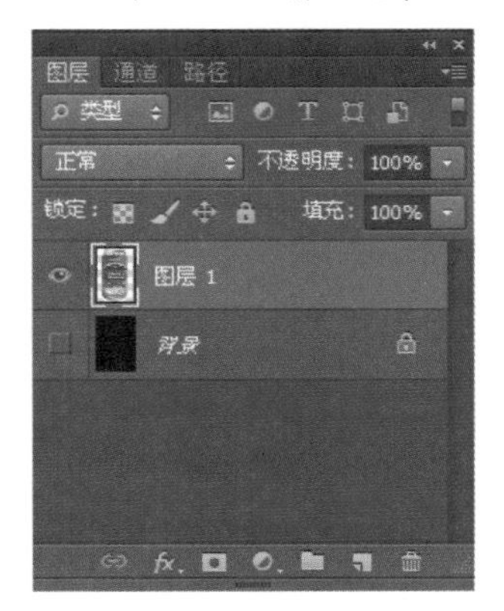

图11-184 【图层】面板

23 从配套光盘的素材库中打开一张水珠图片，如图11-185所示。

24 使用移动工具将制作好的易拉罐拖到水珠图片上，并排放到适当位置，画面效果如图11-186所示，【图层】面板如图11-187所示。

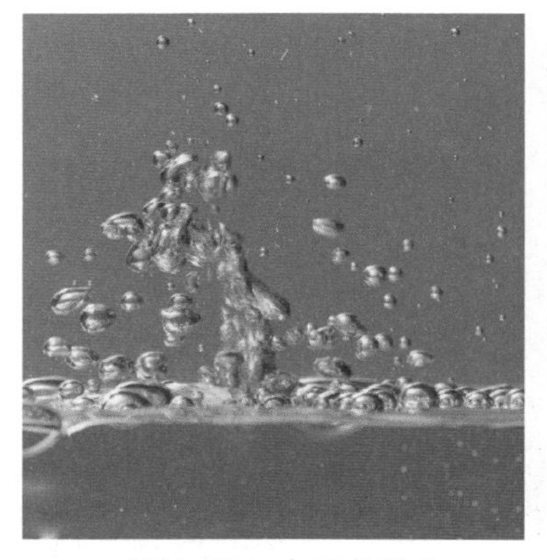

图11-185 打开的图片

图11-186 复制图像

图11-187 复制图像后的【图层】面板

25 按“Ctrl”+“T”键执行【自由变换】命令，将易拉罐进行适当旋转，如图11-188所示，在变换框内双击，确认变换后的效果如图11-189所示。

图11-188 调整变换框

图11-189 确认变换后的效果

26 在【图层】面板中单击背景层，以它为当前图层，如图11-190所示，使用矩形选框工具在画面下方绘制出一个矩形选框，如图11-191所示。

27 在菜单中执行【选择】→【修改】→【羽化】命令，在弹出的对话框中设置【羽化半径】为60像素，如图11-192所示，单击【确定】按钮。

图11-190 【图层】面板

图11-191　绘制矩形选框

图11-192　【羽化选区】对话框

28 按“Ctrl”+“J”键复制背景层为图层2，如图11-193所示，在【图层】面板中将图层2拖到最上面，如图11-194所示。

图11-193　复制图层

图11-194　更改图层顺序

29 在【图层】面板中设置图层2的【混合模式】为强光，如图11-195所示，画面效果如图11-196所示。

图11-195　【图层】面板

图11-196　设置混合模式后的效果

30 在【图层】面板中单击图层1，以它为当前图层，单击【添加图层蒙版】按钮，为图层1添加图层蒙版，如图11-197所示，然后在工具箱中选择画笔工具，在画面中罐底的下方进行涂抹，涂抹后的效果如图11-198所示。

图11-197 添加图层蒙版

图11-198 隐藏部分内容后的效果

31 在【图层】面板中以背景层为当前图层，关闭图层1和图层2的内容，如图11-199所示，画面效果如图11-200所示。

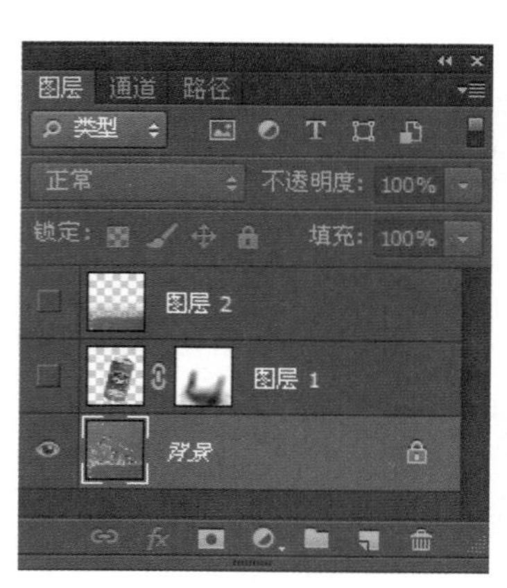

图11-199 【图层】面板

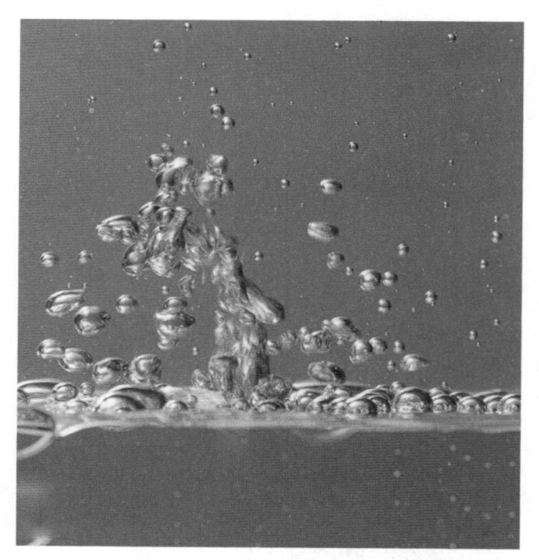

图11-200 关闭图层后的画面效果

32 显示【通道】面板，在其中查看哪个通道中的对比度强，这里“红”通道的对比比较明显，所以复制“红”通道为“红 副本”通道，如图11-201所示，画面效果如图11-202所示。

33 按“Ctrl”+“L”键执行【色阶】命令，在弹出的【色阶】对话框中设置【输入色阶】为34、1.00、224，如图11-203所示，单击【确定】按钮，得到如图11-204所示的效果。

34 按“Ctrl”键单击“红 副本”的通道缩览图标，如图11-205所示，使“红 副本”通道载入选区，得到如图11-206所示的画面。

图11-201 复制通道

图11-202 显示红副本通道时的画面效果

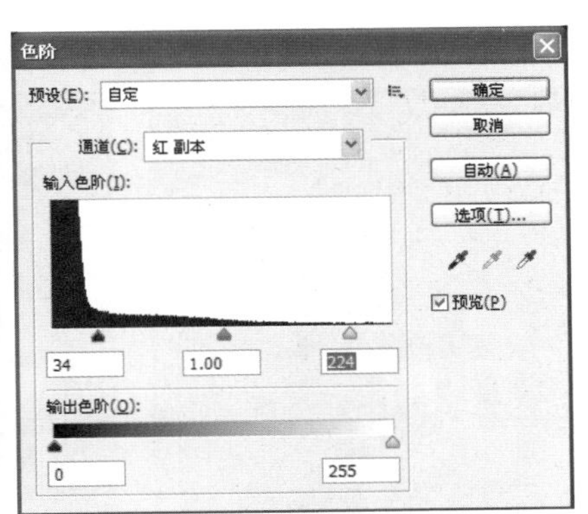

图11-203 【色阶】对话框

图11-204 调整色阶后的画面效果

图11-205 【通道】面板

图11-206 载入选区的画面

35 显示【图层】面板，在其中单击背景层，如图11-207所示，画面效果如图11-208所示。

图11-207 【图层】面板

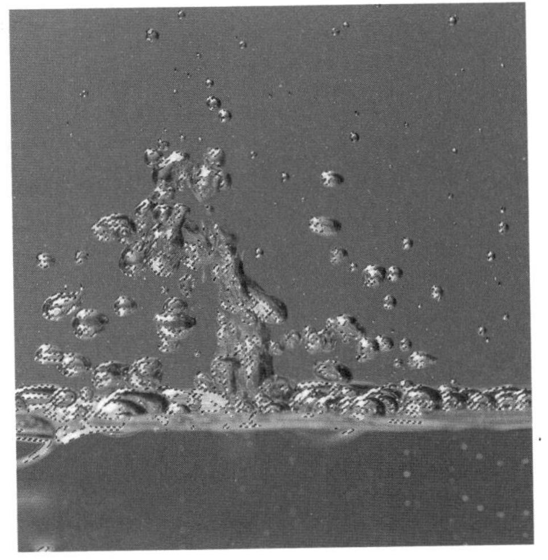
图11-208 返回到RGB复合通道时的画面效果

36 按“Ctrl”+“J”键复制选区内容为图层3，如图11-209所示，在【图层】面板中将图层3拖到最上面，并显示图层1、图层2的内容，如图11-210所示，画面效果如图11-211所示。

图11-209　复制选区内容

图11-210　更改图层顺序

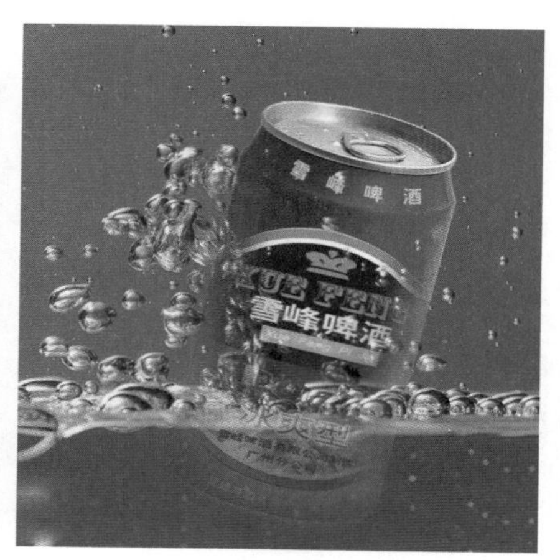

图11-211　更改图层顺序后的效果

37 从配套光盘的素材库中打开一张水珠图片，如图11-212所示。

38 显示【通道】面板，在其中查看哪个通道中的对比度强，这里的“红”通道对比比较明显，所以复制“红”通道为“红 副本”通道，如图11-213所示，画面效果如图11-214所示。

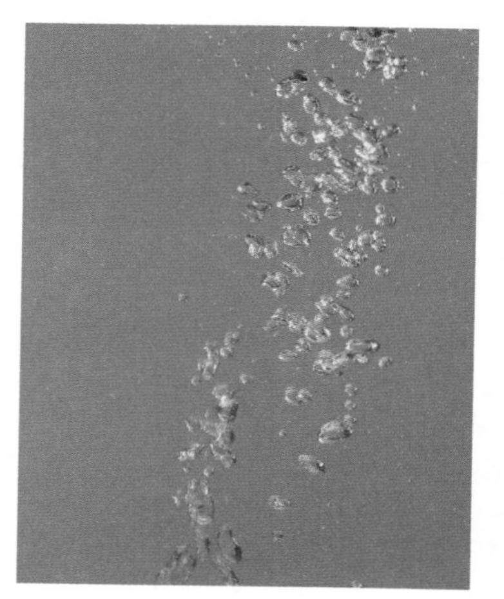
图11-212　打开的图片

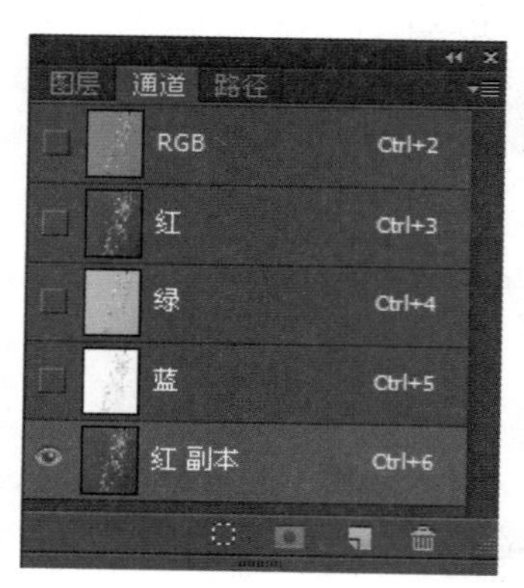

图11-213　复制通道

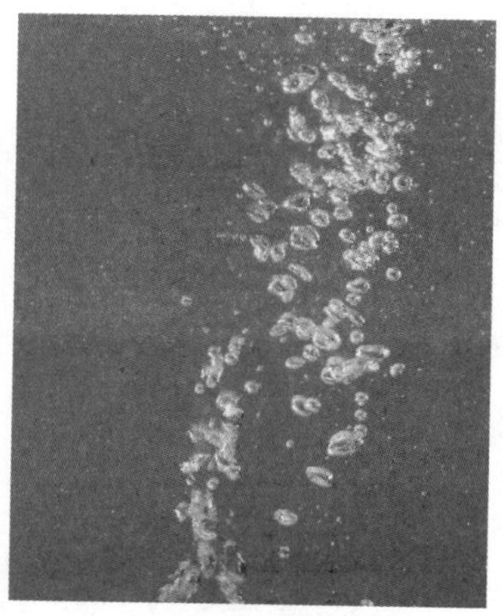
图11-214　显示红副本通道时的画面效果

39 按“Ctrl”+“L”键执行【色阶】命令，在弹出的【色阶】对话框中设置【输入色阶】为68、1.00、242，如图11-215所示，单击【确定】按钮，得到如图11-216所示的效果。

40 按“Ctrl”键单击“红 副本”的通道缩览图，如图11-217所示，得到如图11-218所示的画面。

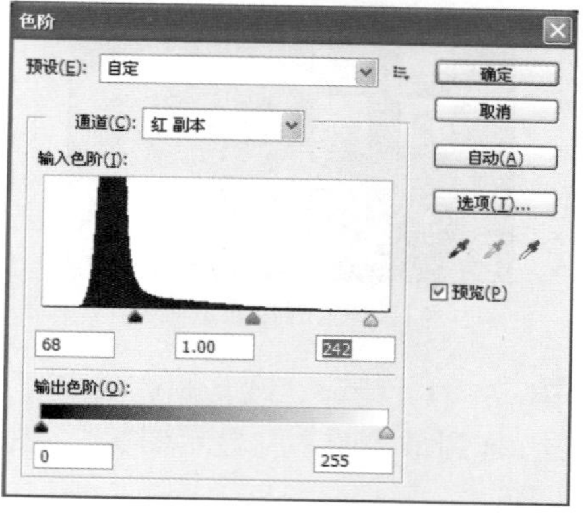

图11-215　【色阶】对话框

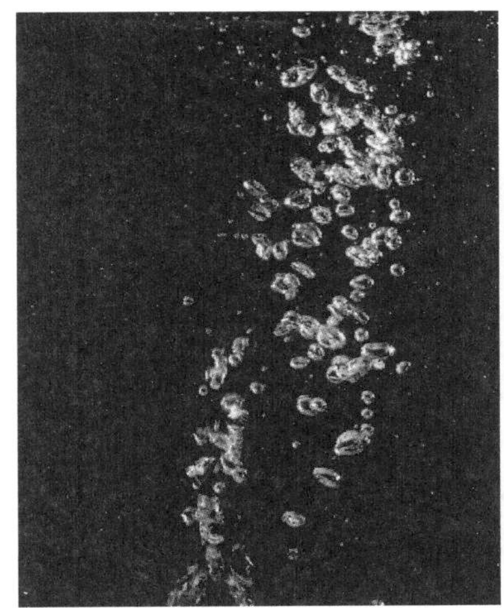

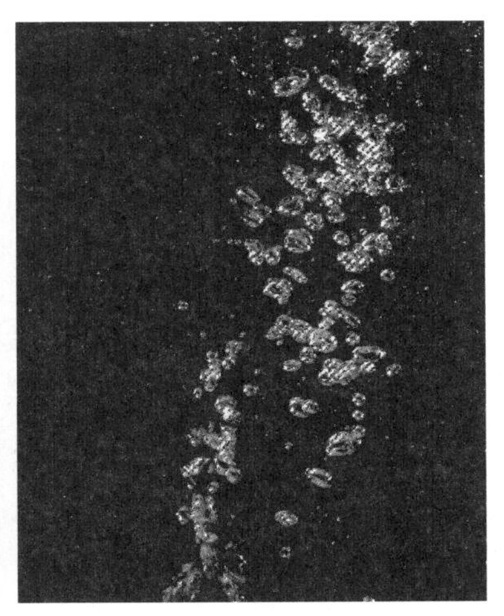

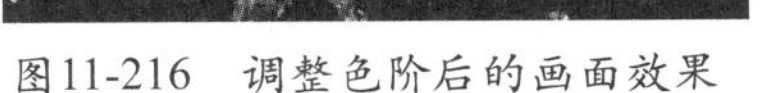

图11-216 调整色阶后的画面效果　　图11-217 【通道】面板　　图11-218 载入选区后的画面

41 在【通道】面板中单击“RGB”复合通道，切换到复合通道，如图11-219所示，画面效果如图11-220所示。

图11-219 【通道】面板

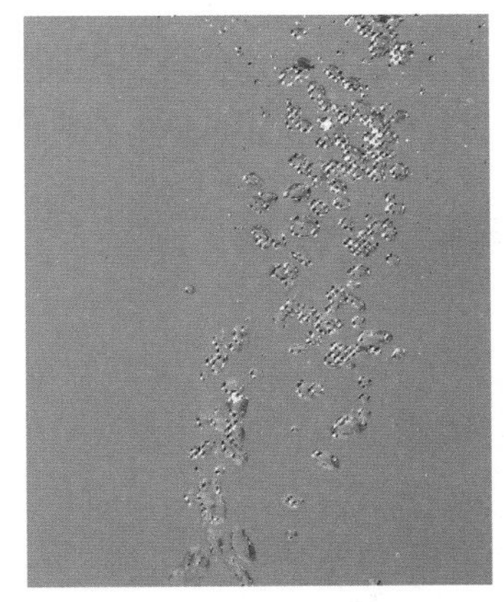

图11-220 返回到RGB复合通道时的画面效果

42 按“Ctrl”+“C”键进行复制，以易拉罐为当前文件，然后按“Ctrl”+“V”键进行粘贴，得到图层4，如图11-221所示，画面效果如图11-222所示。

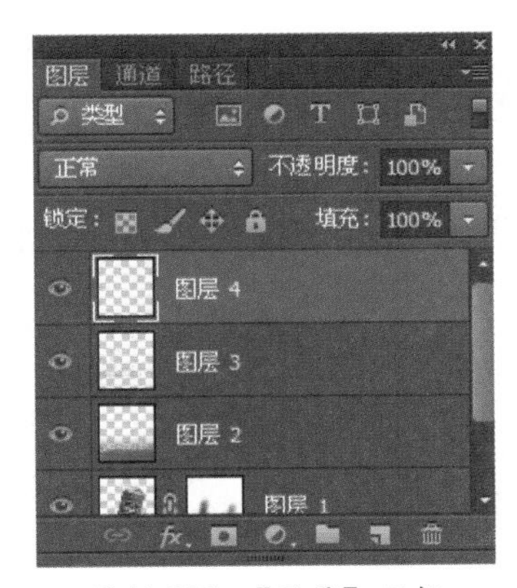

图11-221 【图层】面板

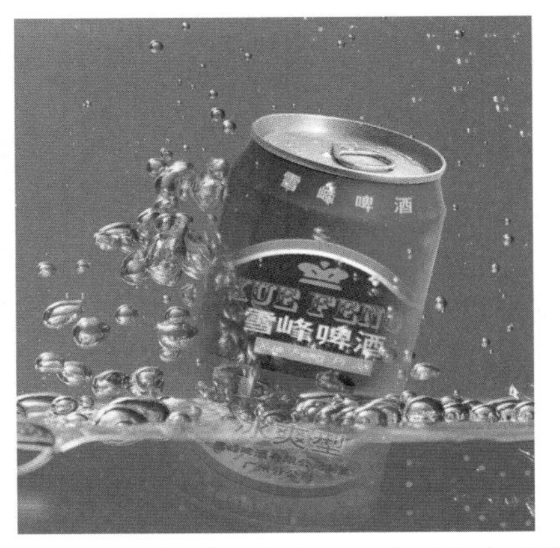

图11-222 将选区内容复制到指定图像中的效果

43 按“Ctrl”+“T”键执行【自由变换】命令，在选项栏设置W: 30.00% H: 30.00%（水平缩放和垂直缩放为30%），结果如图11-223所示，在变换框内双击，确认变换后的效果如图11-224所示。

图11-223　调整变换框

图11-224　确认变换后的效果

44 按“Ctrl”+“J”键复制图层4为图层4副本，【图层】面板如图11-225所示，再使用移动工具向右移动到适当位置，画面效果如图11-226所示。

45 按“Ctrl”+“E”键向下合并，将图层4副本和图层4合并为图层4，如图11-227所示。

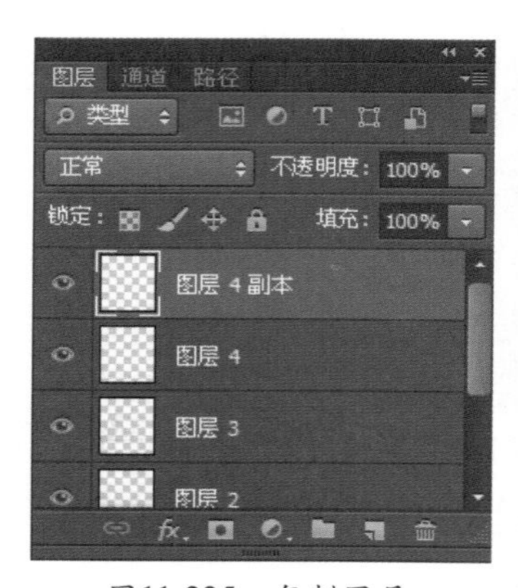

图11-225　复制图层

图11-226　移动图层副本内容后的效果

图11-227　向下合并图层

46 按“Ctrl”键在【图层】面板中单击图层1的缩览图，如图11-228所示，使图层1的内容载入选区，得到如图11-229所示的画面。

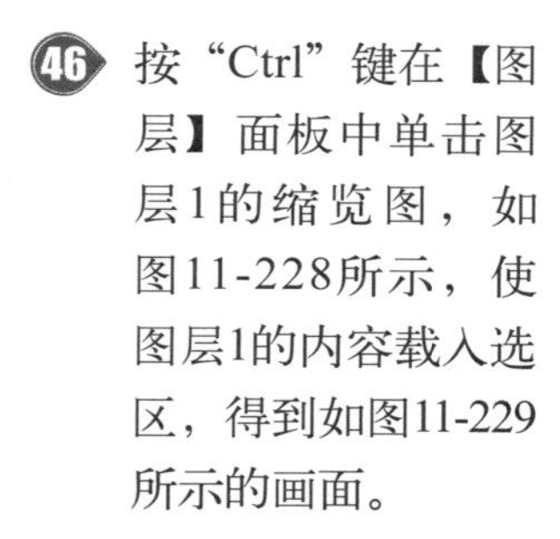
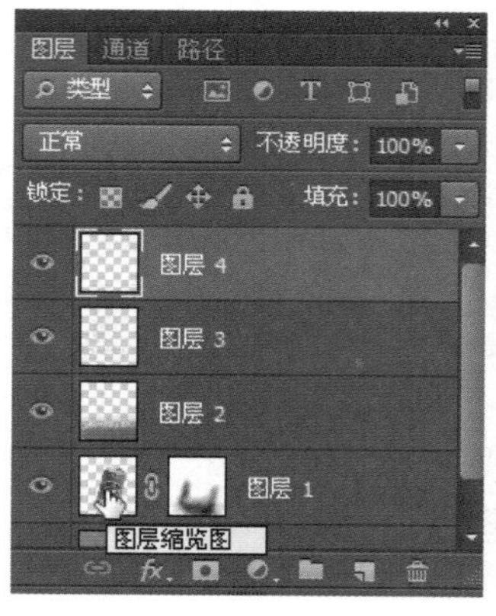

图11-228　【图层】面板

图11-229　载入选区后的画面

47 在【图层】面板中单击【添加图层蒙版】按钮，为图层4添加图层蒙版，设置【不透明度】为80%，如图11-230所示，得到如图11-231所示的效果。

图11-230 添加图层蒙版

图11-231 设置不透明度后的效果

48 如果觉得下面的颜色太蓝了，可以在【图层】面板中关闭图层2，以图层1为当前图层，单击图层1的图层蒙版缩览图，进入蒙版模式编辑，如图11-232所示。选择画笔工具，在选项栏中设置【不透明度】为15%，对易拉罐底进行涂抹，涂抹后的效果如图11-233所示，作品就制作完成了。

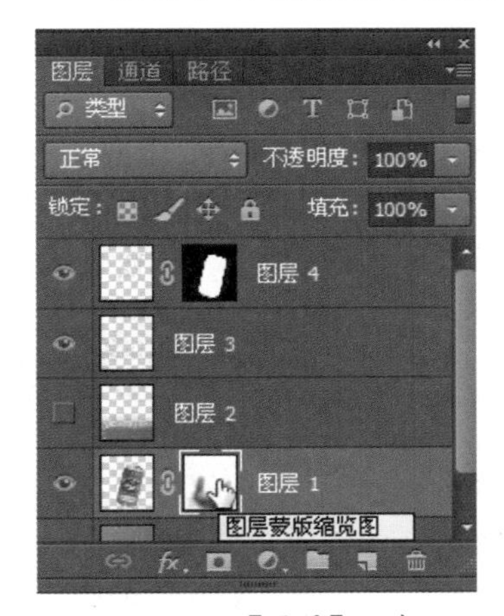

图11-232 【图层】面板

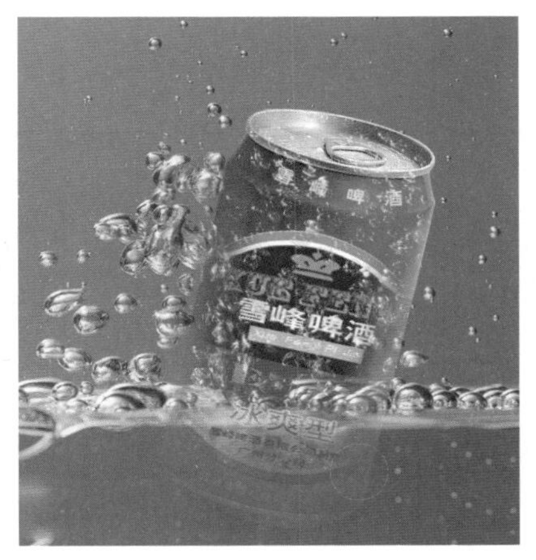

图11-233 隐藏部分内容后的效果

11.5 室内设计

实例说明

在制作室内效果图、室内装修设计和绘制游戏场景时，可以使用本例“室内设计”的制作方法。如图11-234所示为范例效果图，如图11-235所示为类似范例的实际应用效果图。

图11-234　室内设计最终效果图

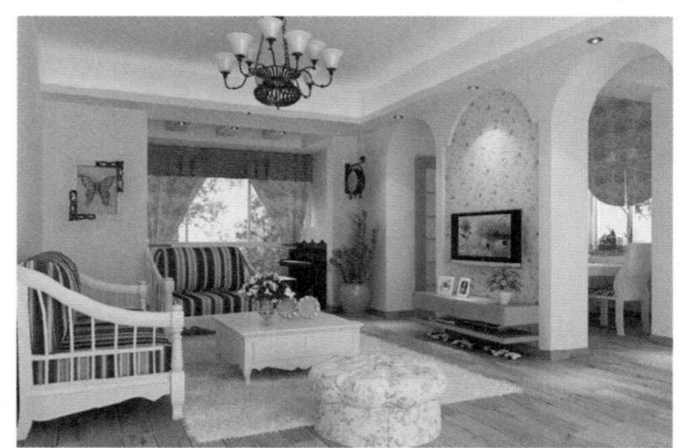

图11-235　精彩效果欣赏

设计思路

先新建一个空白文档，再使用创建新路径、钢笔工具、路径选择工具、将路径作为选区载入、创建新图层、渐变工具、打开、全选、复制、贴入、曲线、90度（顺时针）等工具与命令绘制出室内结构图；然后使用打开、全选、复制、粘贴、不透明度、多边形套索工具、填充、拖动并复制、合并图层、椭圆工具、添加图层蒙版、自由变换、通过复制的图层、垂直翻转、曲线等工具与命令为房间添加装饰品与光线。如图11-236所示为制作流程图。

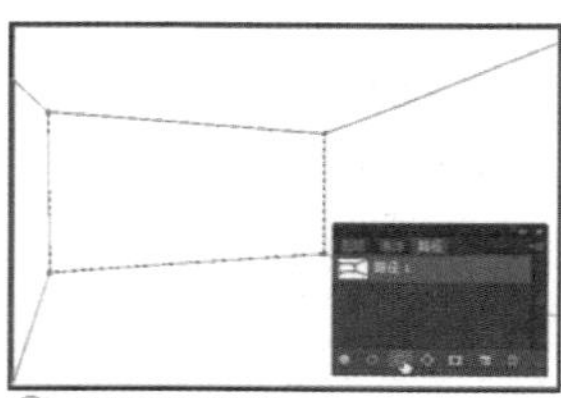

① 绘制墙面的结构图

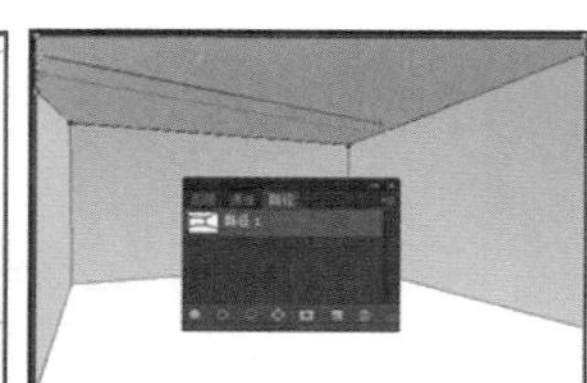

② 给墙面进行渐变填充

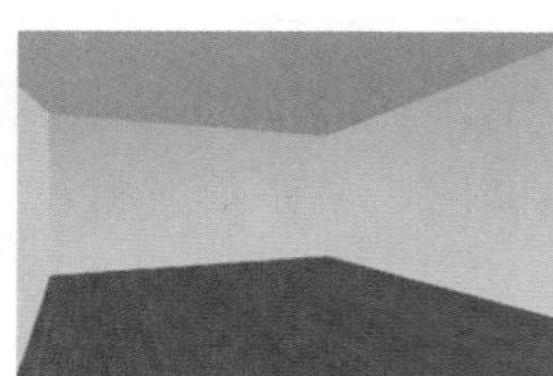

③ 添加木纹地板后的效果

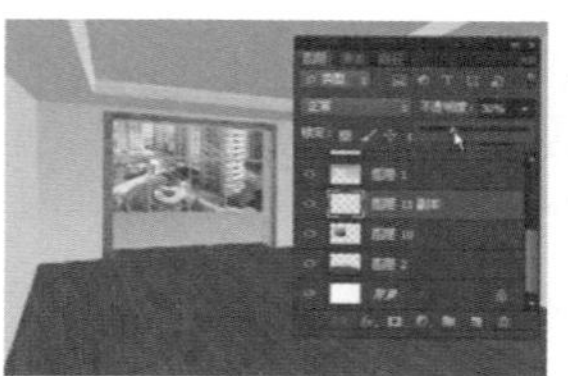

④ 绘制吊顶和门框后的效果

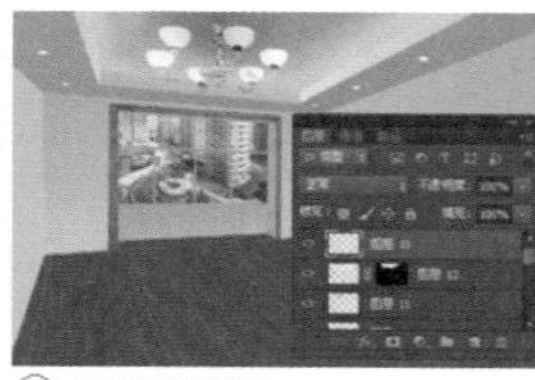

⑤ 添加灯具后的效果

⑥ 给房间添加家具后的效果

⑦ 给沙发添加投影后的效果

⑧ 最终效果图

图11-236　制作流程图

操作步骤

（1）绘制房间的结构

01 按“Ctrl”+“N”键弹出【新建】对话框，在其中设置所需的参数，如图11-237所示，设置好后单击【确定】按钮，即可新建一个空白的图像文件。

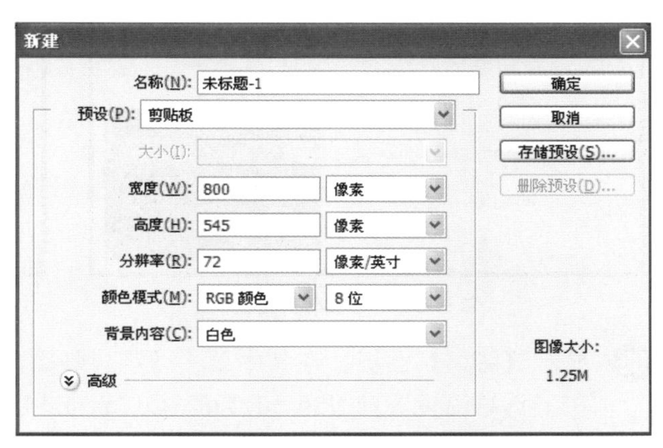

图11-237 【新建】对话框

02 显示【路径】面板，在其中单击【创建新路径】按钮，新建路径1，如图11-238所示，在工具箱中选择钢笔工具，在选项栏中选择路径，然后在画面中绘制一个梯形路径，用来表示侧面墙壁，如图11-239所示。

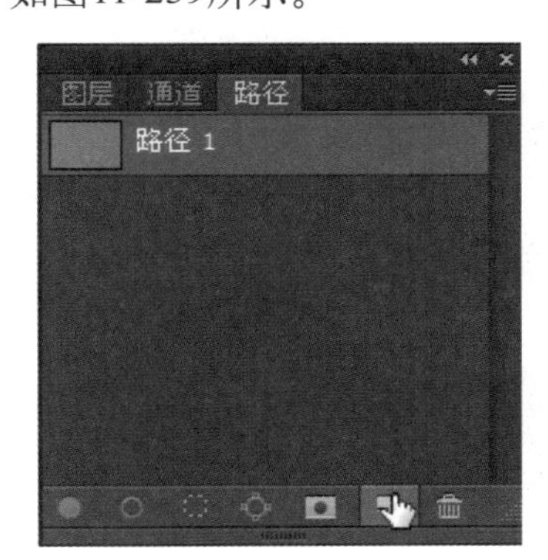

图11-238 【路径】面板

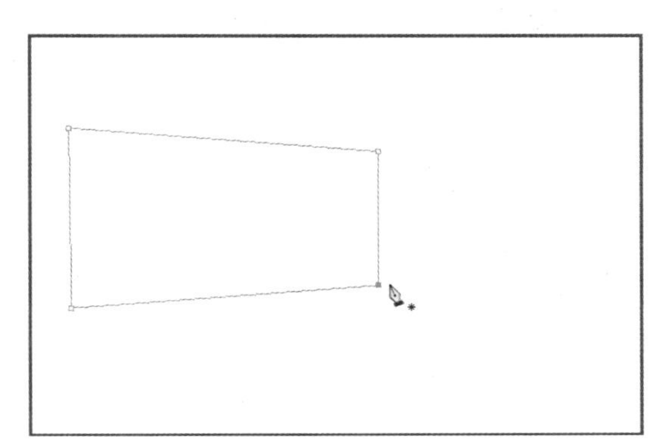

图11-239 绘制侧面墙壁

03 使用钢笔工具在画面中继续绘制墙面的结构图，如图11-240、图11-241所示。

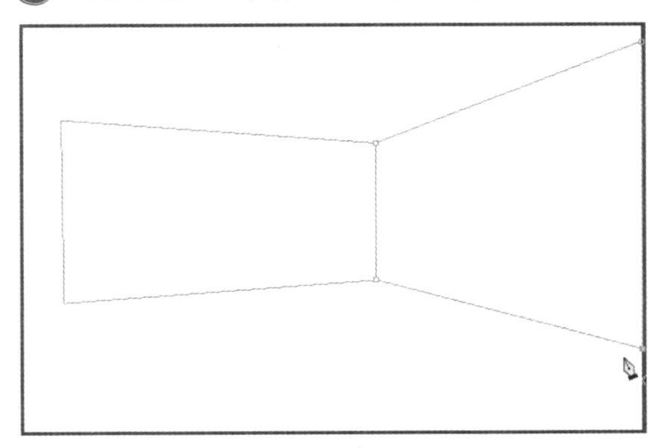

图11-240 绘制墙面的结构图

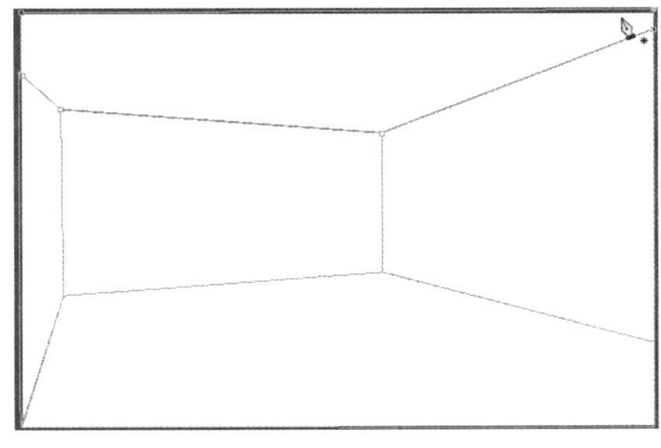

图11-241 绘制墙面的结构图

04 在工具箱中选择路径选择工具，在画面中选择要进行渐变填充的路径，如图11-242所示，在【路径】面板中单击(将路径作为选区载入)按钮，将路径载入选区，如图11-243所示。

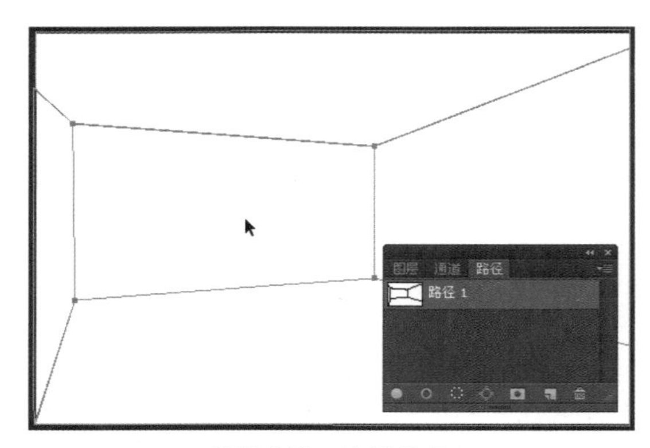

图11-242 选择路径

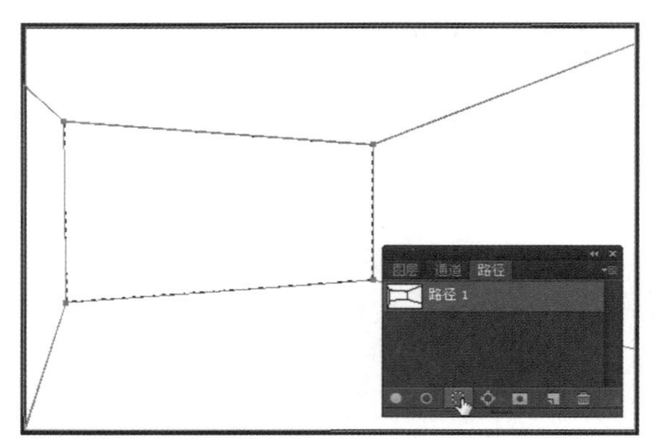

图11-243 将路径载入选区

05 显示【图层】面板，在其中单击【创建新图层】按钮，新建图层1，如图11-244所示，在工具箱中设置前景色为R208、G175、B148，背景色为R223、G210、B194，选择渐变工具，在选项栏的渐变拾色器中选择“前景色到背景色”渐变，如图11-245所示，然后在画面中拖动鼠标，为选区进行渐变填充，填充渐变颜色后的效果如图11-246所示。

图11-244 【图层】面板

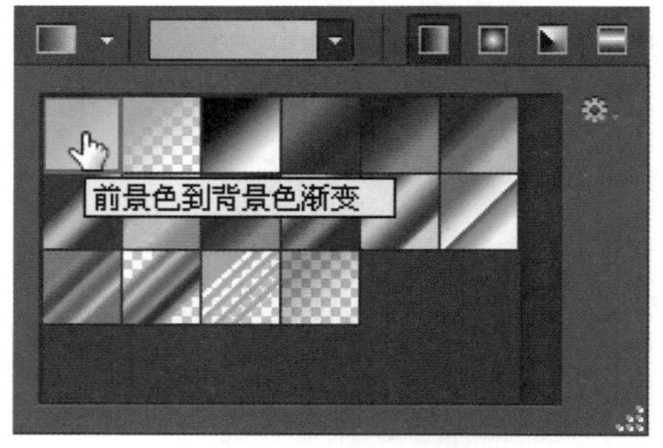

图11-245 渐变拾色器

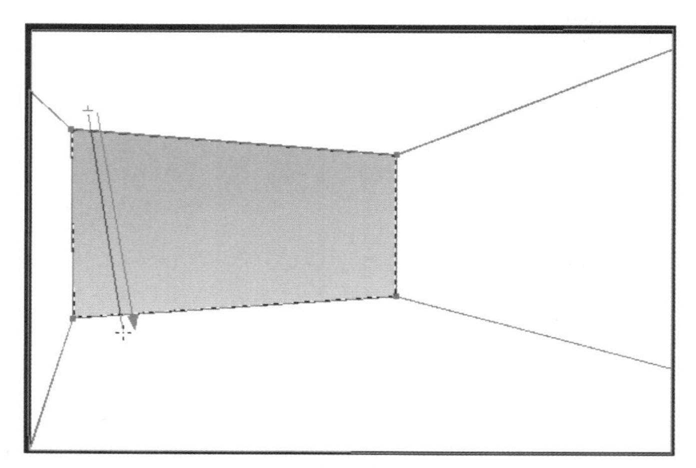

图11-246 渐变填充后的效果

06 使用路径选择工具在画面中选择表示右侧墙面的路径，在【路径】面板中单击▣按钮，将所选路径载入选区，如图11-247所示，使用渐变工具对选区进行渐变填充，如图11-248所示。

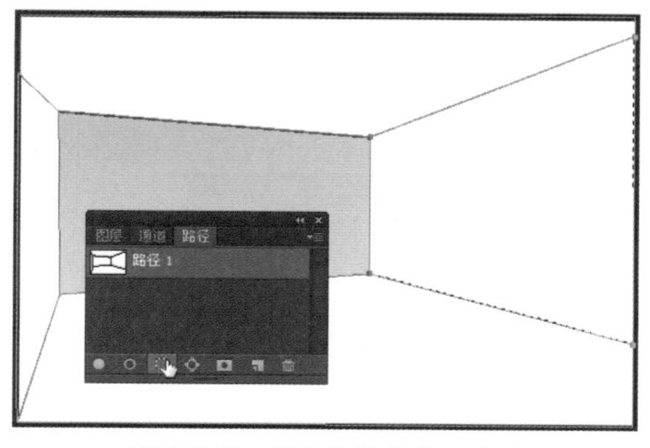

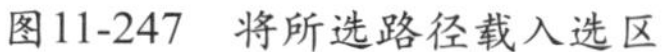
图11-247　将所选路径载入选区

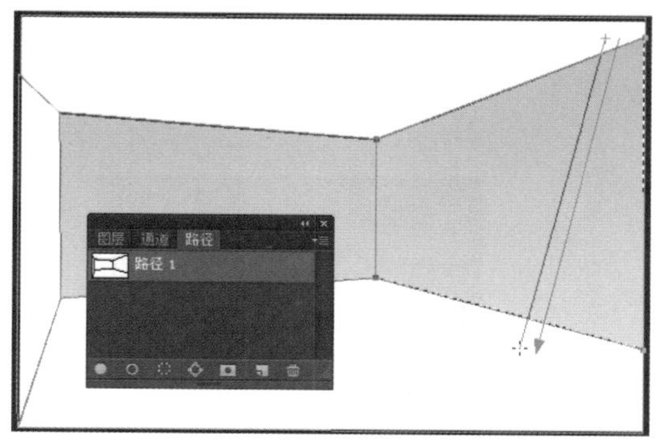

图11-248　渐变填充后的效果

07 设置前景色为R225、G208、B190，背景色为R214、G199、B192，使用路径选择工具，在画面中选择表示左侧墙面的路径，在【路径】面板中单击按钮，将所选路径载入选区，使用渐变工具对选区进行渐变填充，如图11-249所示。

08 设置前景色为R185、G149、B115，背景色为R176、G160、B150，使用路径选择工具，在画面中选择表示顶墙面的路径，在【路径】面板中单击按钮，将所选路径载入选区，使用渐变工具对选区进行渐变填充，如图11-250所示。

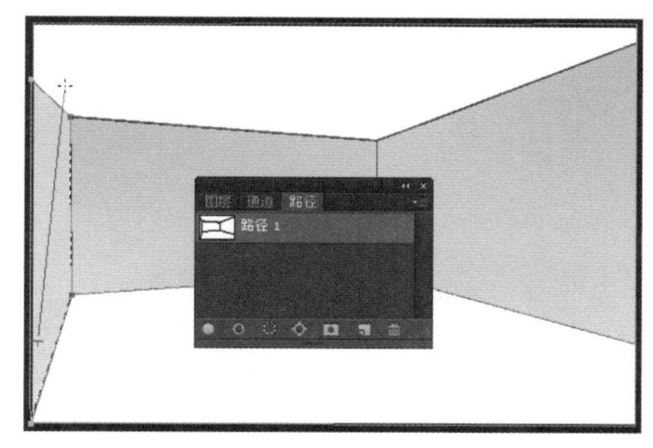

图11-249　渐变填充

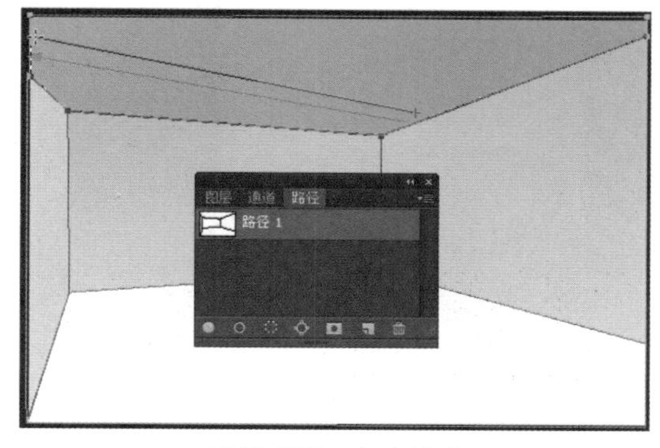

图11-250　渐变填充

09 按“Ctrl”+“D”键取消选择，在【路径】面板的空档区域单击，将路径隐藏，隐藏路径后的效果如图11-251所示。

10 按“Ctrl”+“O”键从配套光盘的素材库中打开一个有木纹的图像文件，如图11-252所示。

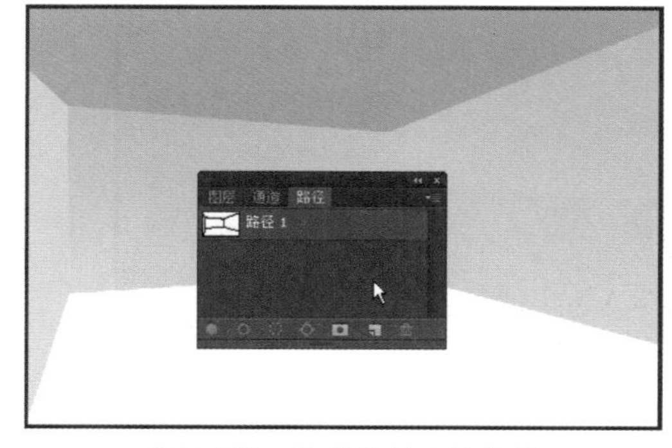

图11-251　隐藏路径后的效果

图11-252　打开的木纹

⑪ 使用移动工具将其拖动到正在编辑的文件中，并排放到适当位置，【图层】面板如图11-253所示，然后将该对象所在的图层（如图层2）拖动到背景层的上层，如图11-254所示。

图11-253 【图层】面板

图11-254 【图层】面板

⑫ 按“Ctrl”+“T”键执行【自由变换】命令，显示变换框，按“Ctrl”键拖动变换框四角的控制柄，调整其透视效果，调整好后的效果如图11-255所示，然后在变换框中双击确认变换，得到如图11-256所示的效果。房间的结构就基本完成了。

图11-255 自由变换调整

图11-256 调整好后的效果

（2）给房间进行吊顶

⑬ 在【路径】面板中单击【创建新路径】按钮，新建路径2，如图11-257所示，使用钢笔工具在画面中顶墙面上绘制出一个四边形路径，表示吊顶的范围，如图11-258所示。

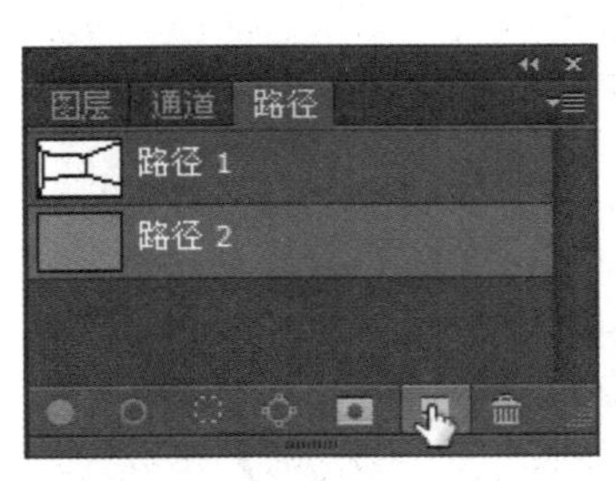

图11-257 【路径】面板

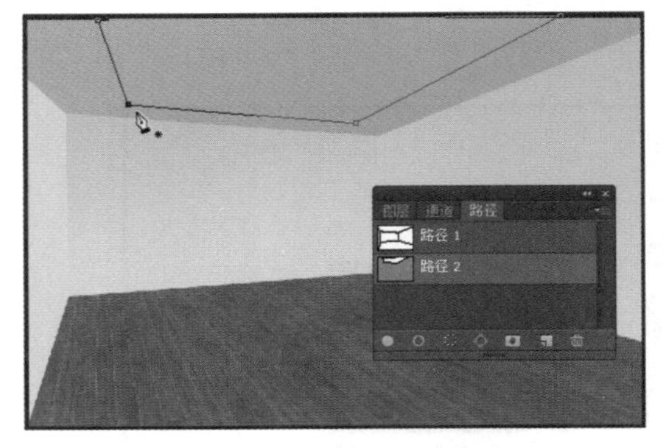

图11-258 绘制吊顶的范围

⑭ 使用钢笔工具在画面中绘制表示吊顶厚度的路径，如图11-259所示。

15 使用路径选择工具在画面中选择表示吊顶厚度的一个路径，在【路径】面板中单击 按钮，将所选路径载入选区，如图11-260所示。

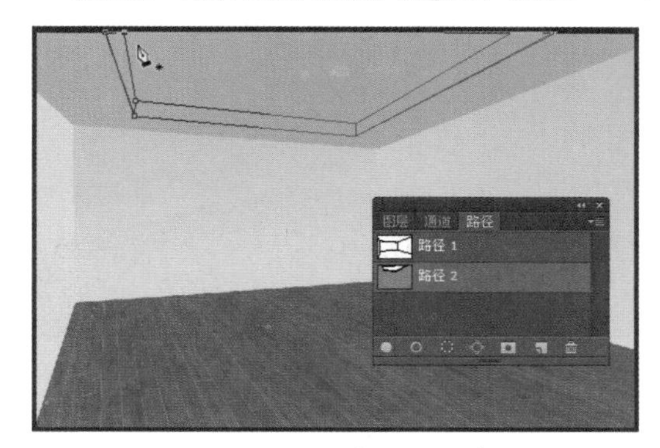

图11-259 绘制吊顶厚度

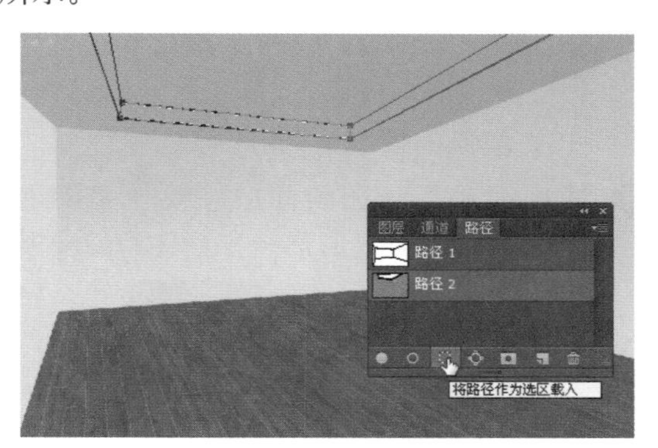

图11-260 将所选路径载入选区

16 显示【图层】面板，在其中先激活图层1，再单击【创建新图层】按钮，新建图层3，如图11-261所示，在工具箱中设置前景色为R211、G179、B154，背景色为R222、G206、B188，然后使用渐变工具对选区进行渐变填充，填充渐变颜色后的效果如图11-262所示。

图11-261 【图层】面板

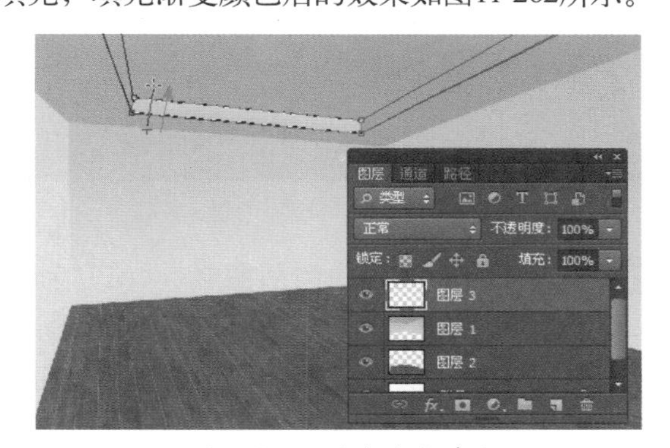

图11-262 进行渐变填充

17 设置前景色为R222、G208、B191，背景色为R242、G230、B215，使用路径选择工具，在画面中选择要填充渐变颜色的路径，在【路径】面板中单击 按钮，将所选路径载入选区，使用渐变工具对选区进行渐变填充，如图11-263所示。

18 使用路径选择工具在画面中选择要填充渐变颜色的路径，在【路径】面板中单击 按钮，将所选路径载入选区，再用渐变工具对选区进行渐变填充，如图11-264所示。

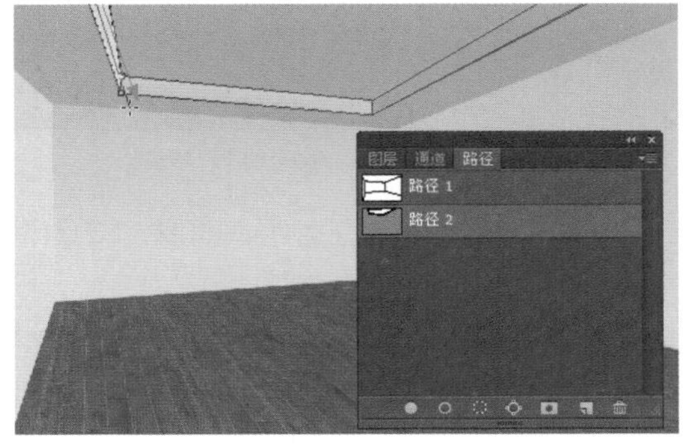

图11-263 进行渐变填充

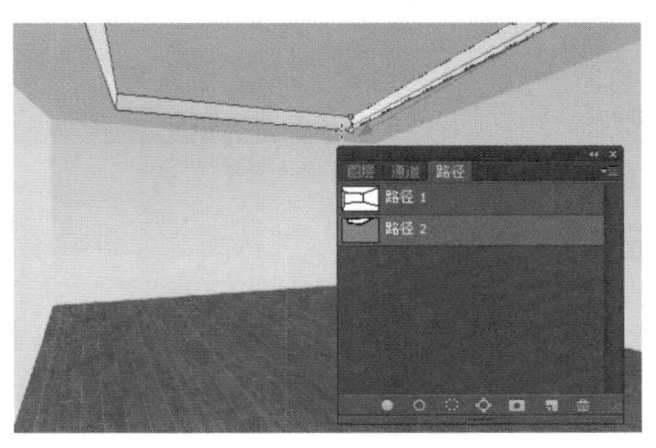

图11-264 进行渐变填充

19 在【路径】面板的灰色区域单击隐藏路径，再按“Ctrl”+“D”键取消选择，画面效果如图11-265所示，简单的吊顶效果就制作完成了。

（3）绘制门框

20 使用钢笔工具在画面中需要挖墙的地方绘制一个四边形路径，如图11-266所示，在【路径】面板中单击■按钮，将所选路径载入选区，如图11-267所示。

图11-265　简单的吊顶效果

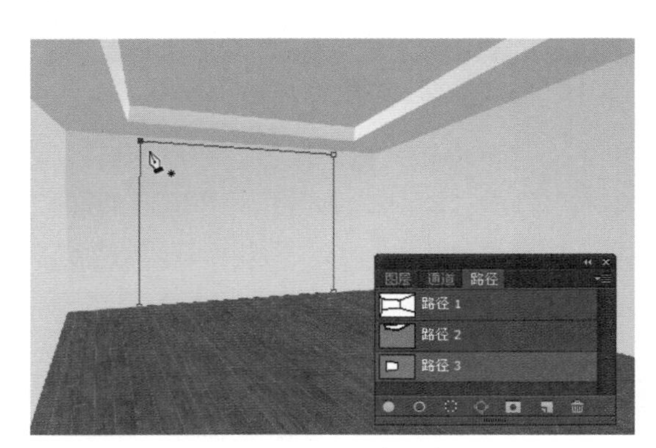

图11-266　绘制门框

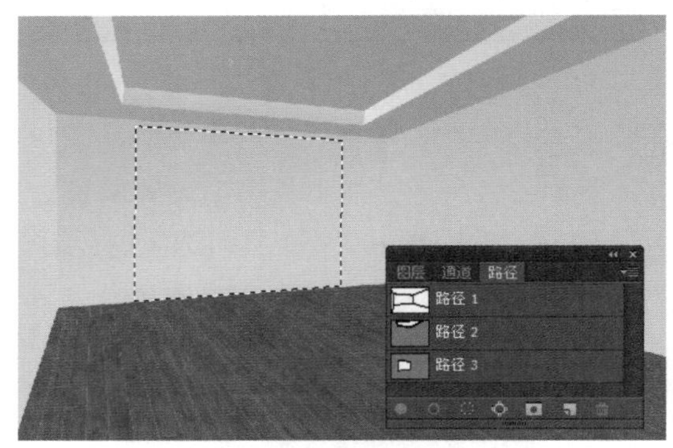

图11-267　将所选路径载入选区

21 在【图层】面板中激活图层1，使它为当前可用图层，然后按“Del”键将选区内容删除，删除后的效果如图11-268所示。

22 使用钢笔工具在画面中绘制出几个四边形路径，如图11-269所示，以便在其中贴入木板，体现出包边效果。

图11-268　删除后的效果

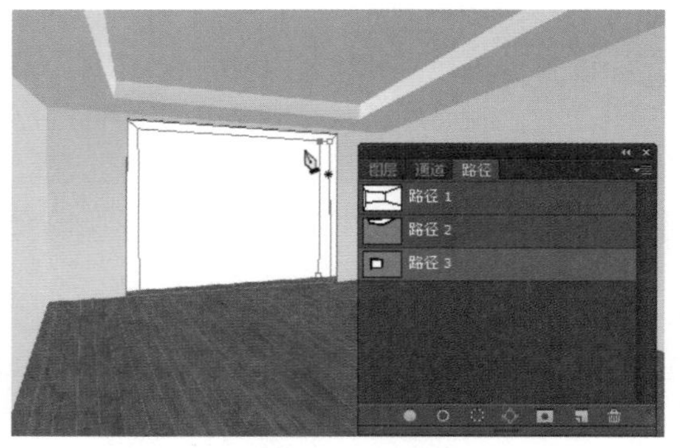

图11-269　绘制门框

23 按“Ctrl”+“O”键从配套光盘的素材库中打开一个有木板的文件，再按“Ctrl”+“A”键全选，如图11-270所示，然后按“Ctrl”+“C”键进行复制。

24 激活正在编辑的文件，使用路径选择工具在画面中选择要贴木板的路径，在【路径】面板中单击■按钮，将所选路径载入选区，如图11-271所示，然后在菜单中执行【编辑】→【选择性粘贴】→【贴入】命令，得到如图11-272所示的效果。

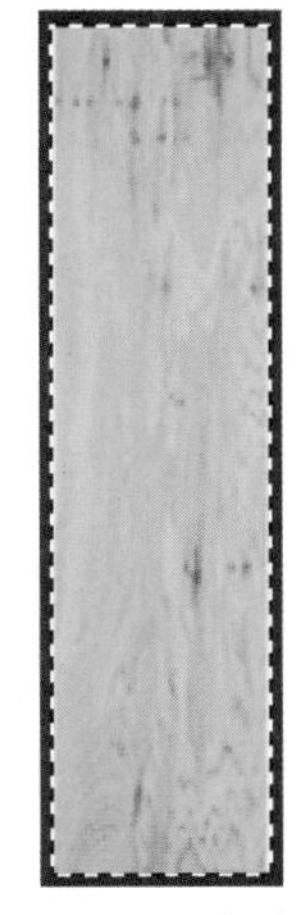

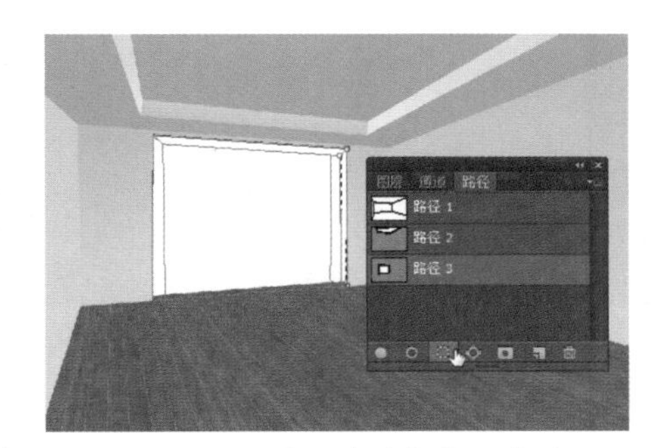

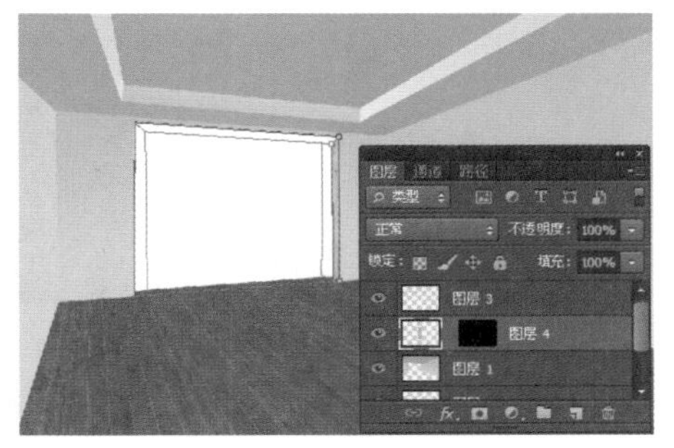

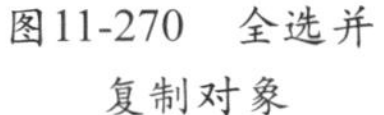

图11-270 全选并复制对象　　图11-271 将所选路径载入选区　　图11-272 贴入对象

25 使用路径选择工具在画面中选择要贴木板的路径，在【路径】面板中单击按钮，将所选路径载入选区，如图11-273所示，然后在菜单中执行【编辑】→【选择性粘贴】→【贴入】命令，得到如图11-274所示的效果。

图11-273 将所选路径载入选区

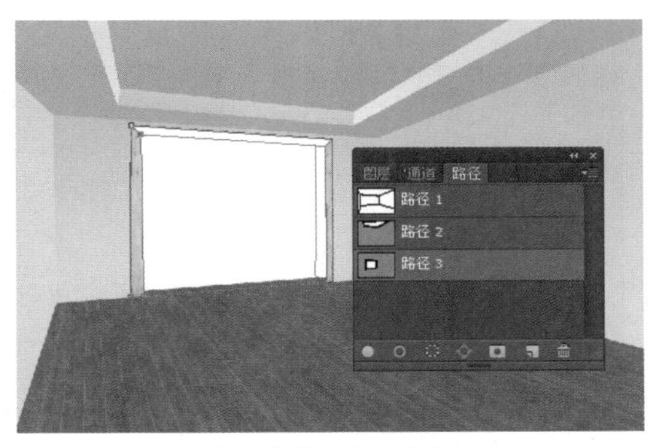

图11-274 贴入对象

26 激活打开的木板文件，在菜单中执行【图像】→【旋转画布】→【90度（顺时针）】命令，将画布进行旋转，再按“Ctrl”+“A”键全选，如图11-275所示，然后按“Ctrl”+“C”键进行复制。

图11-275 全选并复制对象

27 激活正在编辑的文件，使用路径选择工具在画面中选择要贴木板的路径，再在【路径】面板中单击按钮，将所选路径载入选区，如图11-276所示，然后在菜单中执行【编辑】→【选择性粘贴】→【贴入】命令，得到如图11-277所示的效果。

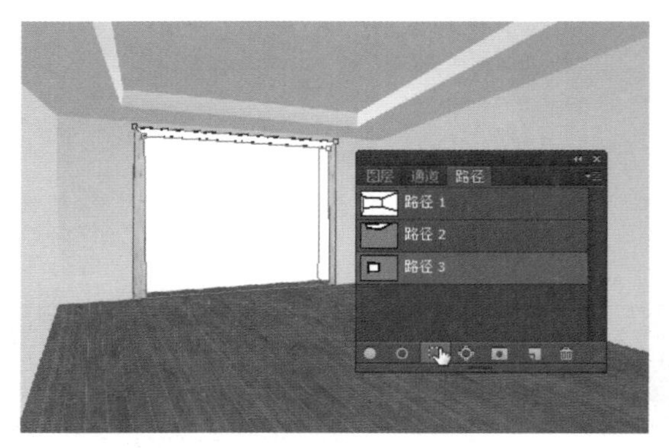

图11-276　将所选路径载入选区

图11-277　贴入对象

28. 显示【图层】面板，按“Shift”键在【图层】面板中单击要选择的图层，如图11-278所示，再按“Ctrl”+“E”键将它们合并为一个图层，结果如图11-279所示。

29. 按“Ctrl”+“M”键弹出【曲线】对话框，在其中将网格中的直线调整为如图11-280所示的曲线，调整好后单击【确定】按钮，将门框调暗，调整后的效果如图11-281所示。

30. 激活打开的木板文件，在菜单中执行【图像】→【旋转画布】→【90度（顺时针）】命令，将画布进行旋转，再按“Ctrl”+“A”键全选，如图11-282所示，然后按“Ctrl”+“C”键进行复制。

图11-278　【图层】面板

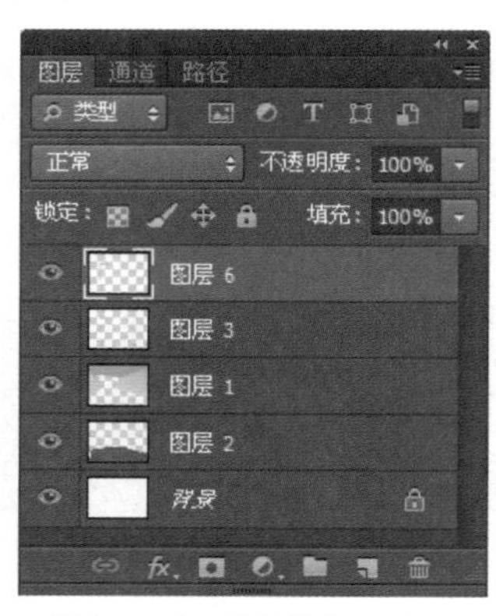

图11-279　【图层】面板

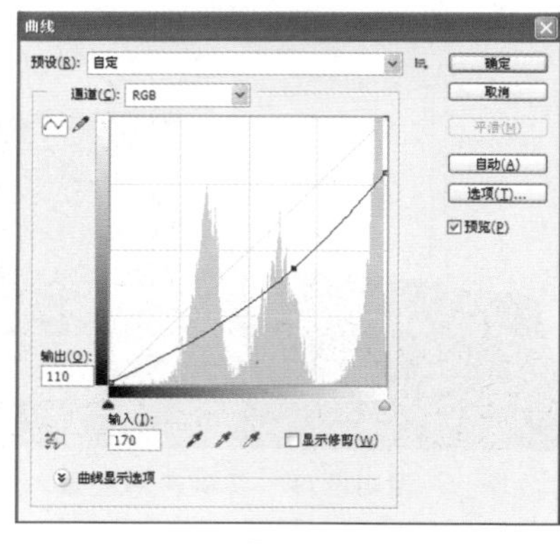

图11-280　【曲线】对话框

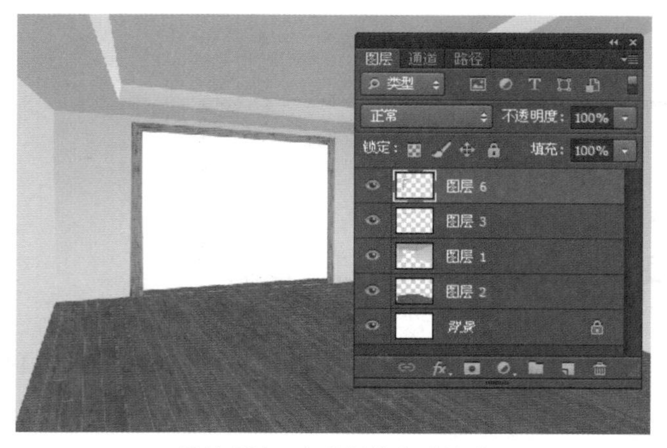

图11-281　曲线调整后的效果

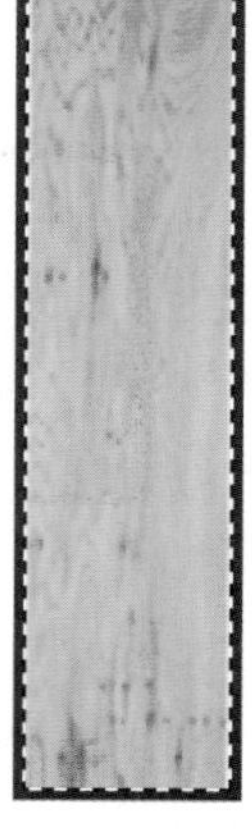

图11-282　全选与复制对象

31 激活正在编辑的文件，使用路径选择工具在画面中选择要贴木板的路径，再在【路径】面板中单击▣按钮，将所选路径载入选区，如图11-283所示，然后在菜单中执行【编辑】→【选择性粘贴】→【贴入】命令，得到如图11-284所示的效果。

图11-283 将所选路径载入选区

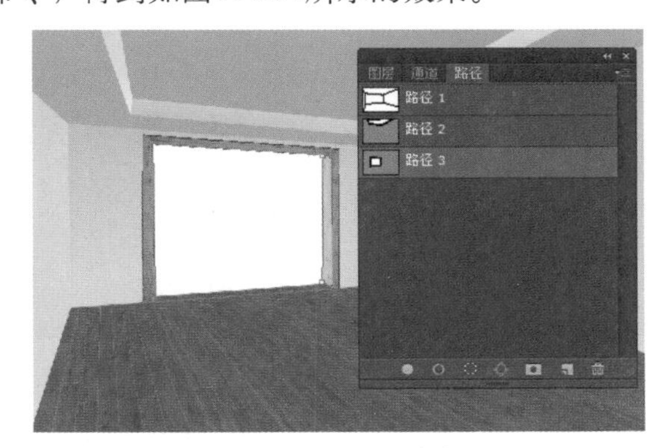

图11-284 贴入后的效果

32 在【路径】面板的空档区域单击，隐藏路径显示，如图11-285所示。

（4）绘制玻璃窗

33 在【路径】面板中单击【创建新路径】按钮，新建路径4，使用钢笔工具绘制表示玻璃窗的结构图，如图11-286所示。

图11-285 门框效果

图11-286 绘制玻璃窗的结构图

34 显示【图层】面板，在其中单击【创建新图层】按钮，新建图层8，如图11-287所示。

图11-287 【图层】面板

35 设置前景色为R187、G164、B151，背景色为R211、G194、B179，使用路径选择工具在画面中选择要进行渐变填充的路径，在【路径】面板中单击▣按钮，将所选路径载入选区，如图11-288所示，然后用渐变工具对选区进行渐变填充，如图11-289所示。

36 按住“Shift”键并使用路径选择工具在画面中选择填充颜色的路径，如图11-290所示，再在【路径】面板中单击▣按钮，将所选路径载入选区，如图11-291所示，然后在【路径】面板的空档区域单击隐藏路径显示。

图11-288 将所选路径载入选区

图11-289 进行渐变填充

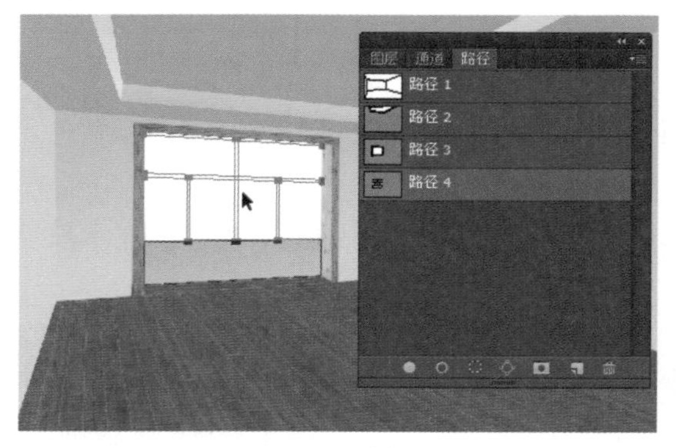

图11-290 选择路径

图11-291 将所选路径载入选区

37 设置前景色为R182、G176、B162，按“Alt”＋“Del”键将选区填充前景色，如图11-292所示，然后按“Ctrl”＋“D”键取消选择，得到如图11-293所示的效果。

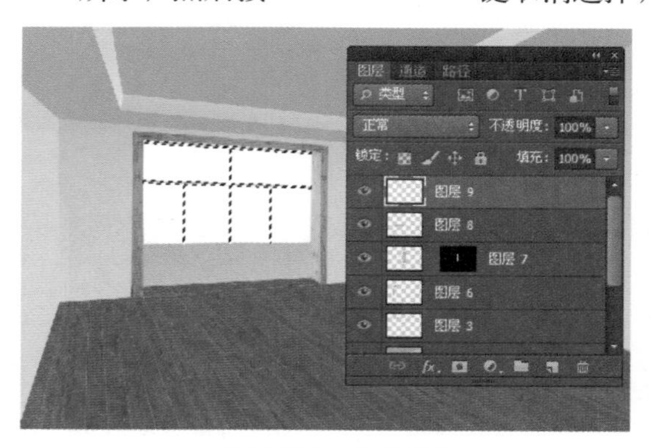

图11-292 填充颜色

图11-293 取消选择后的效果

38 在工具箱中选择矩形工具，在选项栏中选择像素，然后在画面中框架上留白处用前景色进行绘制，绘制好后的效果如图11-294所示，房间基本装修就完成了。

（5）为房间添加装饰品与光线

39 按“Ctrl”＋“O”键从配套光盘的素材库中打开一个户外风景的文件，如图11-295所示，再按“Ctrl”＋“A”键全选，然后按“Ctrl”＋“C”键进行复制。

图11-294　房间基本装修效果

图11-295　打开的户外风景文件

40 激活正在编辑的文件，在【图层】面板中激活图层2，如图11-296所示，然后在菜单中执行【编辑】→【粘贴】命令，或按“Ctrl”+“V”键，将复制的内容粘贴到画面中来，得到如图11-297所示的效果。

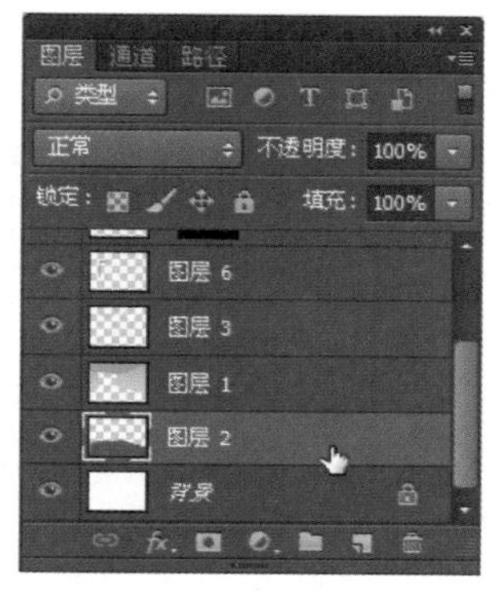
图11-296　【图层】面板

图11-297　将复制的内容粘贴到画面中

41 在【图层】面板中设置其【不透明度】为80%，降低户外风景图片的不透明度，如图11-298所示。

42 在【图层】面板中新建图层11，如图11-299所示，接着在工具箱中选择多边形套索工具，在选项栏中选择按钮，然后在画面中玻璃窗中绘制出如图11-300所示的选区，用来表示光线。

43 设置前景色为白色，按“Alt”+“Del”键填充前景色，再按“Ctrl”+“D”键取消选择，画面效果如图11-301所示。

图11-298　改变不透明度

图11-299　【图层】面板

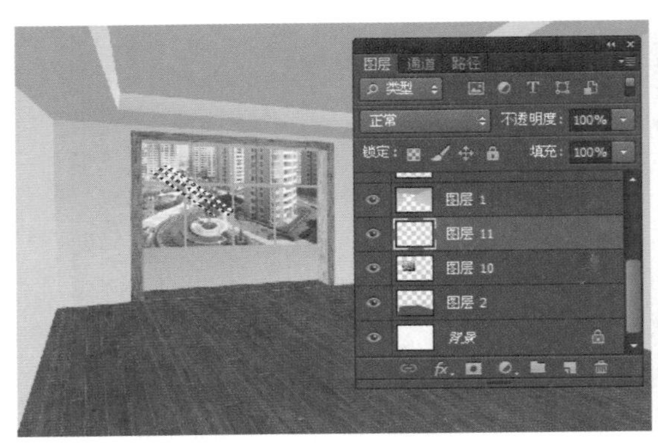

图11-300　绘制光线选区

图11-301　填充颜色

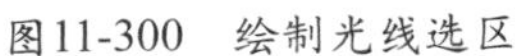

44 按“Alt”+“Ctrl”键将其向右拖动到适当位置，以复制一个副本，如图11-302所示。

45 按“Shift”键在【图层】面板中单击图层11，以同时选择图层11与图层11副本，如图11-303所示，再按“Ctrl”+“E”键将选择的图层合并为一个图层，结果如图11-304所示，然后设置【不透明度】为30%，将其不透明度降低，如图11-305所示。

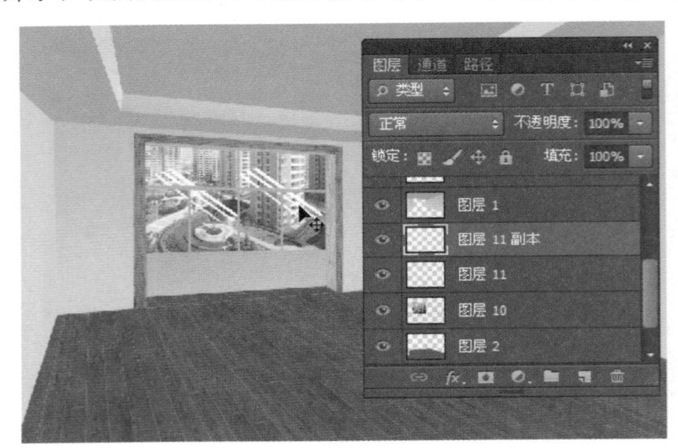

图11-302　复制一个副本

图11-303　【图层】面板

图11-304　【图层】面板

图11-305　设置不透明度

46 从配套光盘的素材库中打开一个有吊灯的文件，如图11-306所示，使用移动工具将其拖动到正在编辑的文件中来，排放到适当位置，并将其图层拖到最上面，如图11-307所示。

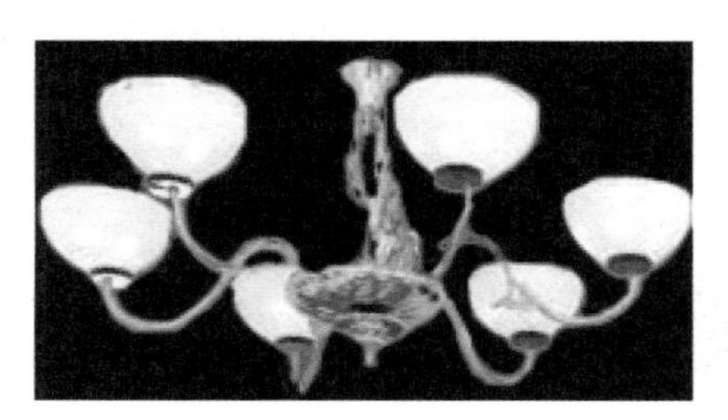

图11-306　打开的吊灯文件

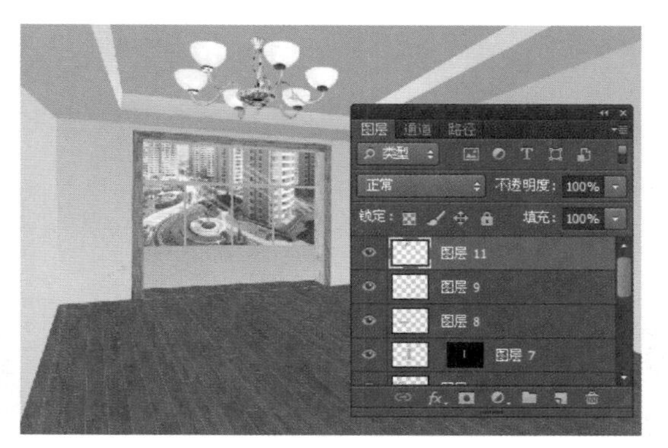

图11-307　复制并排放吊灯

47 在【图层】面板中新建图层12，如图11-308所示，在工具箱中设置前景色为白色，选择画笔工具，在选项栏中设置参数为，然后在画面中需要加亮的区域进行绘制，绘制后的效果如图11-309所示。

图11-308　【图层】面板

图11-309　在需要加亮的区域进行绘制

48 使用多边形套索工具在画面中沿着吊顶边缘进行勾画，如图11-310所示，然后在【图层】面板中单击【添加图层蒙版】按钮，为选区建立图层蒙版，效果如图11-311所示。

图11-310　勾画吊顶边缘

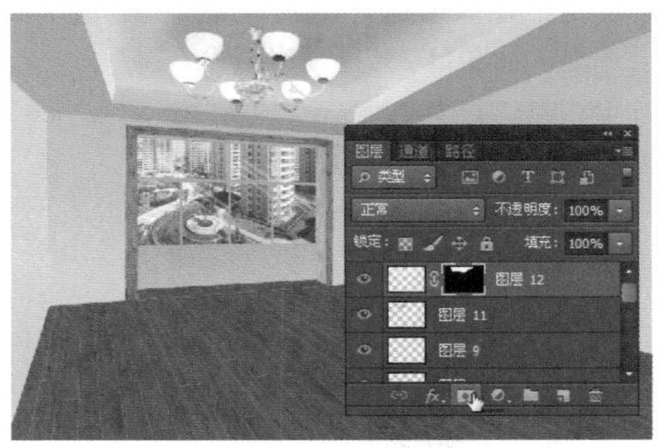

图11-311　添加图层蒙版后的效果

49 在【图层】面板中的图层12名称后单击，由蒙版模式编辑转换为标准模式编辑，如图11-312所示，在工具箱中设置前景色为黑色，选择画笔工具，在选项栏中设置参数为，然后在吊灯上方进行绘制，绘制吊灯的投影，绘制好后的效果如图11-313所示。

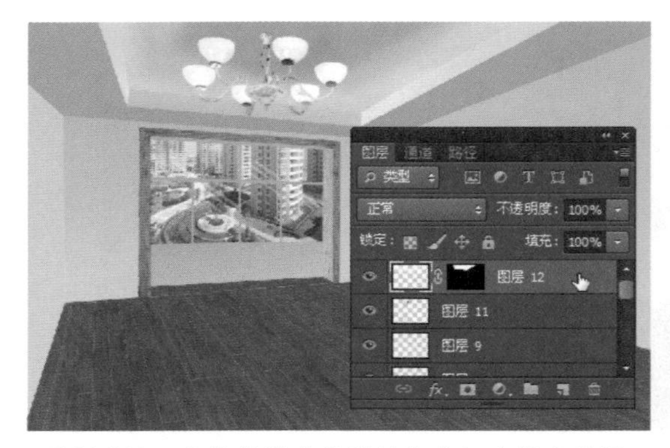

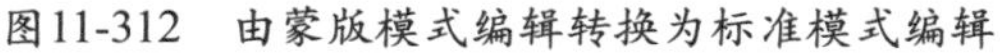

图11-312　由蒙版模式编辑转换为标准模式编辑

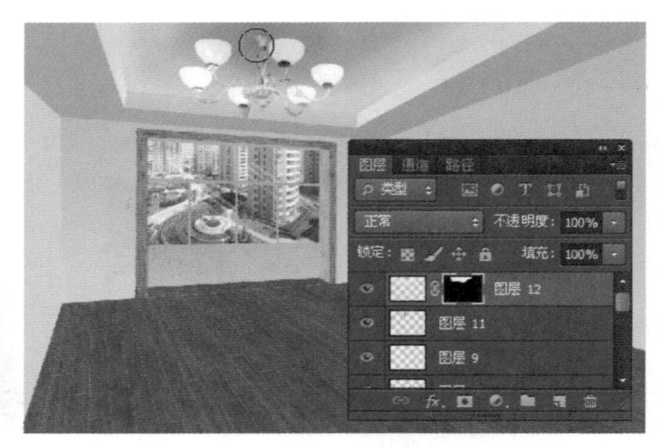

图11-313　绘制吊灯的投影

50 在【图层】面板中新建图层13，如图11-314所示，在工具箱中设置前景色为白色，选择椭圆工具，在选项栏中选择像素，然后在画面中绘制多个椭圆，用来表示小灯泡，绘制好后的效果如图11-315所示。

图11-314　【图层】面板

图11-315　绘制小灯泡

51 在【图层】面板中新建图层14，如图11-316所示，在工具箱中选择画笔工具，在选项栏中设置参数为（选项栏：模式：正常　不透明度：30%），然后在画面中绘制小灯泡所照射的范围，如图11-317所示。

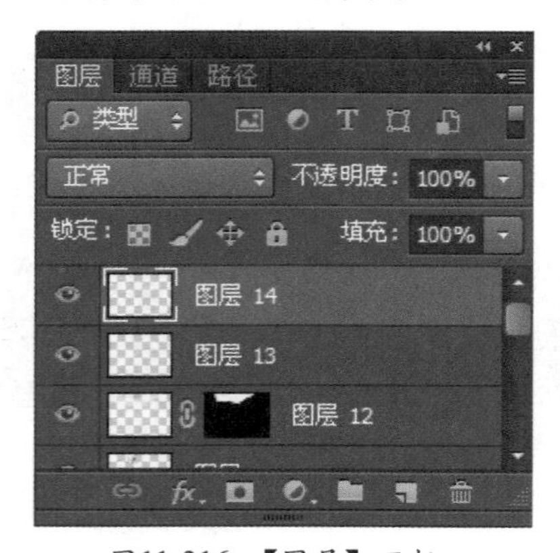

图11-316　【图层】面板

图11-317　绘制小灯泡所照射的范围

52 从配套光盘素材库中打开一个有电视机与电视柜的图像，如图11-318所示，使用移动工具将其拖动到室内设计文件中来，并排放到适当位置，如图11-319所示。

图11-318 打开有电视机与电视柜的图像

图11-319 复制并排放到适当位置

53 使用上步同样的方法将其他的物件打开，并依次排放到室内设计文件的相应位置，排放好后的效果，如图11-320所示。

图11-320 复制并排放到适当位置

54 在移动工具的选项栏中选择【自动选择】选项，在其后的列表中选择图层，再在画面中单击要编辑的对象，以选择该对象所在的图层，然后用矩形选框工具在画面中框选出所需的部分，如图11-321所示，接着在【图层】面板中单击【添加图层蒙版】按钮，为该图层添加图层蒙版，以隐藏不需要的部分，如图11-322所示。

图11-321 框选对象

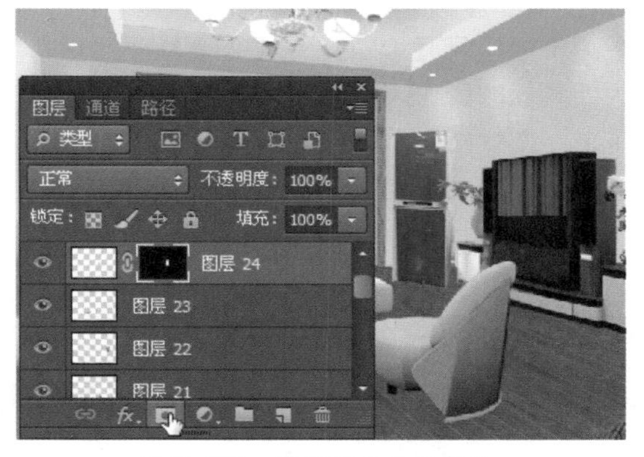

图11-322 隐藏不需要的部分

55 从配套光盘的素材库中打开一个有树的文件，使用移动工具将其拖动到文件中，并将其排放到适当位置，如图11-323所示，然后在【图层】面板中将其所在的图层拖动到沙发的下层，如图11-324所示。

56 从配套光盘的素材库中打开一个有图像的文件，使用移动工具将其拖动到文件中，将其排放到适当位置，如图11-325所示，然后按“Ctrl”+“T”键将其调整到所需的大小并与电视机屏幕对齐，如图11-326所示，调整好后在变换框中双击确认变换。

图11-323 打开有树的文件

图11-324 调整图层顺序

图11-325 打开图像文件

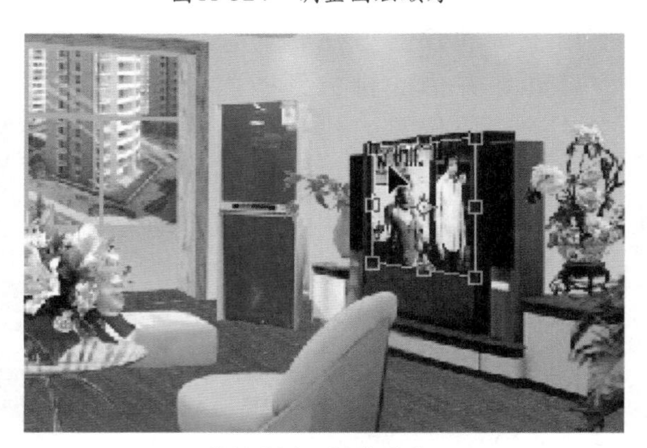

图11-326 调整图像

57 使用移动工具在画面中单击表示茶几的对象，按“Ctrl”+“J”键复制一个副本，结果如图11-327所示。

58 在菜单中执行【编辑】→【变换】→【垂直翻转】命令，将茶几进行垂直翻转，翻转后的效果如图11-328所示，然后按“Ctrl”+“T”键对其进行适当旋转与调整，如图11-329所示，调整好后在变换框中双击确认变换。

59 在【图层】面板中设置茶几副本所在图层的【不透明度】为30%，如图11-330所示。

图11-327 【图层】面板

图11-328 将茶几进行垂直翻转

图11-329 旋转与调整茶几

图11-330 设置不透明度

60 使用移动工具先在画面中单击沙发，选择沙发所在图层，在【图层】面板中选择它下一层图层，单击【创建新图层】按钮，新建一个图层，如图11-331所示。在工具箱中选择画笔工具，在选项栏中设置参数为，在画面中沙发下面进行绘制，绘制出沙发的投影，绘制好后的效果如图11-332所示。

图11-331 【图层】面板

图11-332 绘制投影

61 在【路径】面板中单击【创建新路径】按钮，新建路径5，使用钢笔工具在画面中勾画出两个四边形路径，如图11-333所示，用来表示由外界射入光线的范围。

62 使用路径选择工具在画面中选择要载入选区的路径，在【路径】面板中单击按钮，将路径载入选区，然后在【图层】面板中激活图层2（即木地板所在图层），如图11-334所示。

图11-333 勾画由外界射入光线的范围

图11-334 将路径载入选区

63 按“Ctrl”+“M”键执行【曲线】命令，弹出【曲线】对话框，在其中将网格中的直线调整为如图11-335所示的曲线，调整好后单击【确定】按钮，将选区内容调亮，调亮后的效果如图11-336所示。

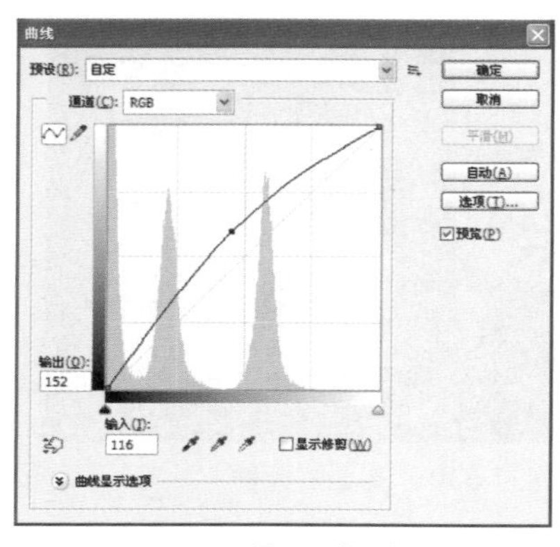

图11-335 【曲线】对话框

图11-336 调亮后的效果

64 使用路径选择工具的画面中选择另一个路径，在【路径】面板中单击按钮，将路径载入选区，如图11-337所示。

65 按“Ctrl”+“M”键执行【曲线】命令，弹出【曲线】对话框，在其中将网格中的直线调整为如图11-338所示的曲线，调整好后单击【确定】按钮，将选区内容调亮，调亮后的效果如图11-339所示。

66 在【路径】面板的空档区域单击隐藏路径，画面效果如图11-340所示，作品就制作完成了。

图11-337 将路径载入选区

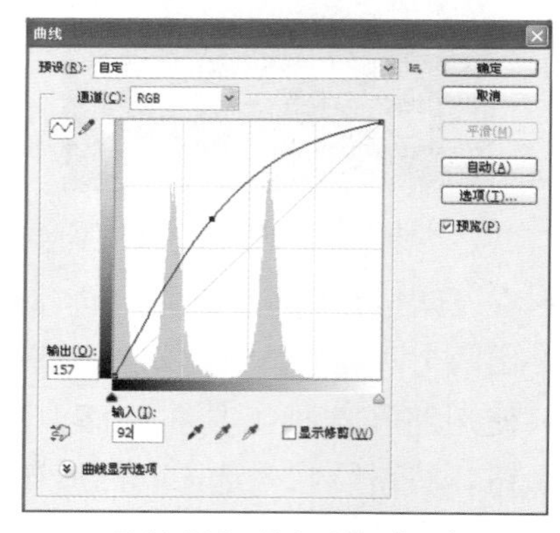

图11-338 【曲线】对话框

图11-339 调亮后的效果

图11-340 最终效果

11.6 室外建筑效果

实例说明

在进行室外广告设计、园林设计、小区样板图设计时，可以使用本例“室外建筑效果”的制作方法。如图11-341所示为范例效果图，如图11-342所示为类似范例的实际应用效果图。

图11-341　室外建筑效果最终效果图

图11-342　精彩效果欣赏

设计思路

本例利用Photoshop CS6将多幅图像组合成室外建筑效果，先打开一幅有天空、有草地的图像，再使用移动工具、自由变换、垂直翻转、添加图层蒙版等工具与命令将建筑主题与其他风景点及人物依次添加到画面，以组合成风景秀丽的室外建筑效果图。如图11-343所示为制作流程图。

① 打开的风景图片

② 复制图片并排放到适当位置

③ 复制建筑物并排放到适当位置

④ 分别复制树丛水池等内容并排放到适当位置

⑤ 复制人物并排放到适当位置

⑥ 最终效果图

图11-343　制作流程图

操作步骤

(1) 添加景物

01 按“Ctrl”+“N”键新建一个大小为650×420像素，【分辨率】为100像素/英寸，【颜色模式】为RGB颜色，【背景内容】为白色的文件。

02 按“Ctrl”+“O”键从配套光盘的素材库中打开一张风景图片，如图11-344所示，再在工具箱中选择移动工具，将其拖动到新建的文件中，并排放到画面的顶部，如图11-345所示。

图11-344　打开的图片

图11-345　复制图片并排放到适当位置

03 从配套光盘的素材库中打开一张有草坪的图片，如图11-346所示，再将其拖动到画面中，并排放到画面的底部，如图11-347所示。

图11-346　打开的图片

图11-347　复制图片并排放到适当位置

04 从配套光盘的素材库中打开一张有树的图片，如图11-348所示，再将其拖动到画面中，并排放到画面中草坪的上方适当位置，如图11-349所示。

图11-348　打开的图片

图11-349　复制图片并排放到适当位置

05 在【图层】面板中设置图层3的【填充】为50%，如图11-350所示，其画面效果如图11-351所示，这样做的目的是将其作为远处的树。

图11-350 【图层】面板

图11-351 设置【填充】后的效果

06 从配套光盘的素材库中打开一张有建筑物的图片，如图11-352所示，再将其拖动到画面中，并排放到画面的中央，以表示主体，如图11-353所示。

图11-352 打开的图片

图11-353 复制图片并排放到适当位置

07 从配套光盘的素材库中打开一张有石板路的图片，如图11-354所示，再将其拖动到画面中，并排放到建筑物的前面，如图11-355所示。

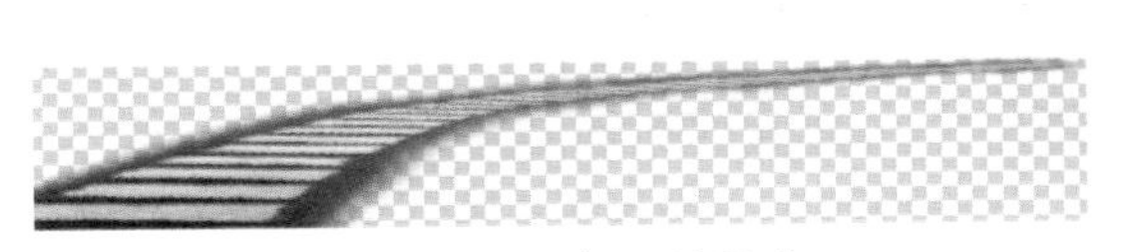
图11-354 打开的图片

图11-355 复制图片并排放到适当位置

08 从配套光盘的素材库中打开一张有水池的图片，如图11-356所示，再将其拖动到画面中，并排放到画面的右下角适当位置，如图11-357所示。

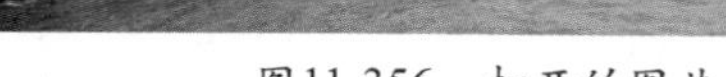

图11-356 打开的图片

图11-357 复制图片并排放到适当位置

09 从配套光盘的素材库中打开一张有树的图片，如图11-358所示，再将其拖动到画面中，并排放到画面的左边适当位置，如图11-359所示。

图11-358 打开的图片

图11-359 复制图片并排放到适当位置

10 从配套光盘的素材库中打开有树丛的图片，再将其拖动到画面中，并排放到草坪的适当位置，如图11-360所示。

11 从配套光盘的素材库中打开一张有一排修剪过的树丛的图片，再将其拖动到画面中，并排放到画面的水池的边缘，如图11-361所示。

图11-360 复制图片并排放到适当位置

图11-361 复制图片并排放到适当位置

12 按“Ctrl”＋“J”键复制这一排树丛，按“Ctrl”＋“T”键执行【自由变换】命令，将其进行适当旋转，旋转后再移动到适当位置，如图11-362所示，调整好后，在变换框中双击确认变换，得到如图11-363所示的效果。

图11-362 执行【自由变换】调整

图11-363 调整后的效果

13 用前面的同样的方法从配套光盘的素材库中打开相应的图片，并依次复制到画面中，再排放到相应的位置，如图11-364所示。

14 从配套光盘的素材库中打开一张有人物的图片，如图11-365所示，再将其拖动到画面中，并排放到画面的石板路上，为画面添加生机，如图11-366所示。

15 使用前面的同样的方法从配套光盘的素材库中打开相应的图片，依次复制到画面中，再排放到相应的位置，如图11-367所示。

图11-364 复制图片并排放到适当位置

图11-365 打开的人物图片

图11-366 复制人物并排放到适当位置

图11-367 复制人物并排放到适当位置

16 在【图层】面板中将刚复制的人物拖到图层10副本的下面，如图11-368所示，得到如图11-369所示效果。

图11-368 【图层】面板

图11-369 调整排列顺序后的效果

⑰ 从配套光盘的素材库中打开一张有树的图片，如图11-370所示，再将其拖动到画面中，排放到画面的右上角适当位置，如图11-371所示。

图11-370 打开的图片

图11-371 复制图片并排放到适当位置

（2）制作投影

⑱ 排放好景物后需要制作它们的投影，使它们融合到画面中。在【图层】面板中先激活建筑物所在图层，再按“Ctrl”+“J”键复制一个副本，如图11-372所示，然后将它拖到水池所在图层的上面，如图11-373所示。

图11-372 【图层】面板

图11-373 【图层】面板

⑲ 在菜单中执行【编辑】→【变换】→【垂直翻转】命令，将建筑物所在的副本图层进行垂直翻转，然后将其向下移动到适当位置，如图11-374所示。

⑳ 在【图层】面板中设置图层4副本（即建筑物副本）的【填充】为30%，即可得到如图11-375所示的效果。

图11-374　将建筑物进行垂直翻转

图11-375　设置【填充】后的效果

㉑ 在【图层】面板中单击【添加图层蒙版】按钮，为图层4副本添加图层蒙版，如图11-376所示，再选择画笔工具，在选项栏中设置【画笔】为尖角19像素，其他参数为默认值，然后在画面中需要隐藏的区域进行涂抹，以将其隐藏，涂抹后的效果如图11-377所示。

图11-376　添加图层蒙版

图11-377　修改图层蒙版后的效果

㉒ 在移动工具的选项栏中选择【自动选择】选项，在其后的列表中选择图层，使用移动工具在画面中单击带有小孩的人物组合，即可在【图层】面板中选择它们所在图层（如图层15），按“Ctrl”+“J”键复制图层15为图层15副本，激活图层15，如图11-378所示，再按“Ctrl”+“T”键将其适当调小并进行扭曲，如图11-379所示，调整后在选项栏中单击【提交】按钮，确认变换，结果如图11-380所示。

㉓ 在【图层】面板中单击【锁定透明像素】按钮，锁定图层15的透明像素，如图11-381所示，设置前景色为黑色，再按“Alt”+“Delete”键填充黑色，得到如图11-382所示的效果。

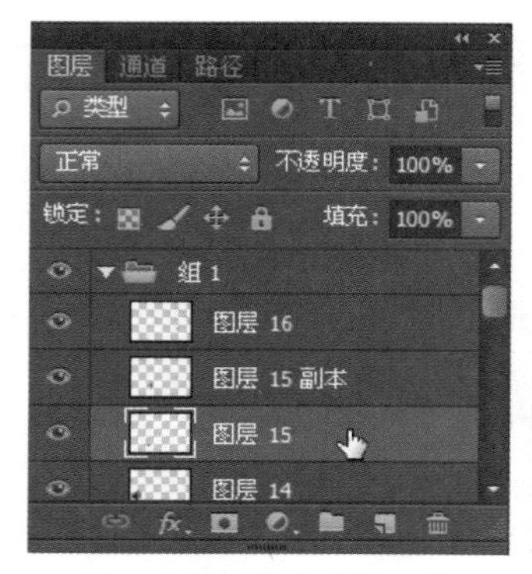

图11-378 【图层】面板

图11-379 执行【自由变换】调整

图11-380 执行【自由变换】调整

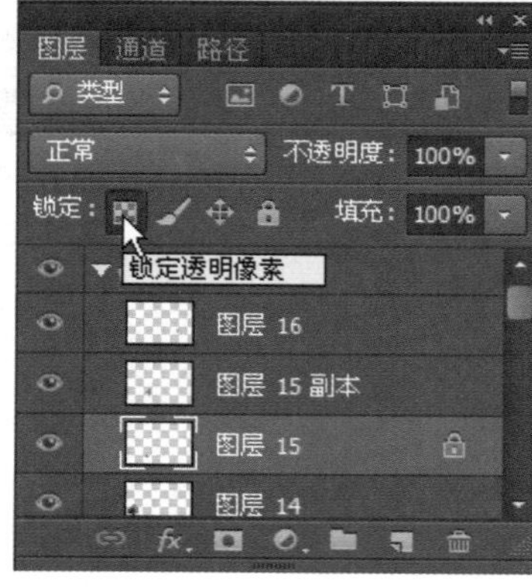

图11-381 【图层】面板

图11-382 填充黑色后的效果

24 在【图层】面板中设置图层15的【填充】为50%，如图11-383所示，得到如图11-384所示的投影效果，作品就制作完成了。

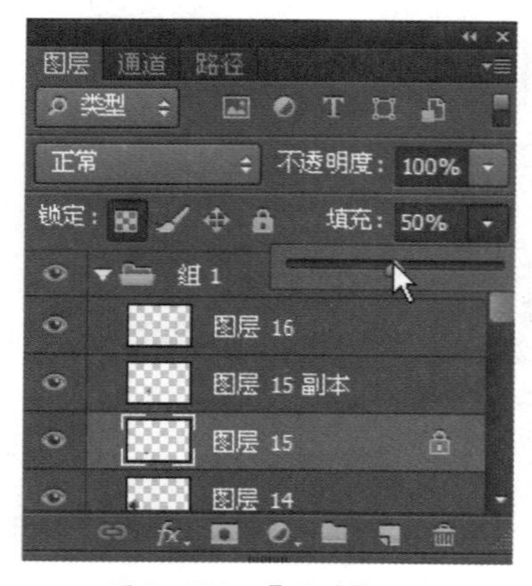

图11-383 【图层】面板

图11-384 最终效果图